岩土工程颗粒流数值
模拟技术应用案例

石 崇 褚卫江 张一平 陈 晓 著

中国建筑工业出版社

图书在版编目（CIP）数据

岩土工程颗粒流数值模拟技术应用案例/石崇等著
. —北京：中国建筑工业出版社，2023.9
ISBN 978-7-112-28712-3

Ⅰ. ①岩…　Ⅱ. ①石…　Ⅲ. ①岩土工程-颗粒-流体
动力学-数值模拟-案例-研究　Ⅳ.①TU4

中国国家版本馆 CIP 数据核字（2023）第 083750 号

　　本书是《颗粒流（PFC5.0）数值模拟技术及应用》的姊妹篇，颗粒流数值模拟技术在工程领域的应用相当广泛，在水利、建筑、矿山、地质等领域都能见到它的使用。

　　本书是由河海大学的老师和他的研究生团队共同编写完成。全书共有 14 章内容，主要包括：第 1 章颗粒离散元模拟岩土工程相关技术，第 2 章考虑矿物组分研究非均质岩石材料的力学性质，第 3 章改进平行粘结模型细观参数的快速标定，第 4 章峰后脆—延力学特征细观离散元数值模拟研究，第 5 章混凝土应变率效应试验与细观数值模拟研究，第 6 章软伺服砂卵石混合介质压缩力学特性研究，第 7 章基于空心圆筒试验研究岩石的卸荷力学特性研究，第 8 章含裂隙岩石单轴压缩破坏试验与数值模拟研究，第 9 章热力耦合作用下花岗岩细观损伤模型研究，第 10 章柱状装药爆炸颗粒流数值模拟研究，第 11 章土石混合体细观特征对边坡滑面形成影响研究，第 12 章基于 FLAC—PFC 耦合的降雨滑坡模拟应用研究，第 13 章红石岩地震滑坡机理数值模拟研究，第 14 章基于 Python 驱动 PFC 开展数值计算研究。

　　全书内容翔实、丰富，书中既有技术总结，又有与之相关的案例说明，非常适合对颗粒流数值模拟感兴趣的师生阅读使用。

责任编辑：张伯熙
责任校对：李辰馨

岩土工程颗粒流数值模拟技术应用案例
石　崇　褚卫江　张一平　陈　晓　著
*
中国建筑工业出版社出版、发行（北京海淀三里河路 9 号）
各地新华书店、建筑书店经销
霸州市顺浩图文科技发展有限公司制版
北京圣夫亚美印刷有限公司印刷
*
开本：787 毫米×1092 毫米　1/16　印张：25¾　字数：622 千字
2023 年 10 月第一版　2023 年 10 月第一次印刷
定价：**86.00** 元
ISBN 978-7-112-28712-3
（40025）

前　言

　　砂土、土石混合体、堆石坝、抛石基床、铁路路基、钙质土等，本质上都是由散体介质胶结或者架空而成，通过颗粒介质材料承受并传递荷载。即使是岩石、混凝土等强度很高的介质，内部也存在大量的微观裂隙、骨料等形成的细观特征。"万物皆流，无物常驻"，这些细观特征的存在导致介质在变形时，其破坏是由点及面、由局部到整体逐步变化。这个过程及其作用机理广受岩土工程领域研究人员的关注，大量的研究人员致力于此并尝试采用各种方法描述这一机理，从而为岩土工程的稳定性控制与宏观决策提供依据。

　　岩土工程发展至今，数值模拟方法功不可没，为大量无法描述或解析的工程实践提供了量化方法，颗粒离散元法（PFC）就是其中的佼佼者。它以圆盘（圆球）为基本单元，而后逐步发展出簇（多个颗粒粘结在一起）、块（rblock）相结合的多种细观颗粒构造方法，并充分结合工科领域的 AutoCAD、犀牛等前处理软件，耦合 FLAC3D、3DEC 等有限差分法、块体离散元方法的功能，能实现连续—非连续的耦合、结构单元—实体单元—细观颗粒的耦合、力学—水—热等多场的耦合，对于研究岩土介质的变形破坏机理，是一种优秀的工具。

　　自 PFC5.0 版本诞生后，逐步发展到现在的 PFC6.0、PFC7.0，由于其算法的改进，可以充分利用多线程计算，因此，对于个人计算机而言计算速度更快、前后处理更方便，大大拓展了颗粒流方法在岩土工程科学研究中的应用。在作者看来其可应用范围，小到微观尺度、大可到星系空间，无所不能。

　　然而，PFC 方法的学习是以"命令驱动式"为特点，它要求学习者应有编程思想、有解决问题的抽象思维，因此，初学时需要参考别人编写的代码、案例。为了提高学习效率，本书编写人员将近年编写的案例集结成册，供同行参考。本书共分为 14 章，书中内容和相关程序均由河海大学轩辕石课题组合作编写、开发而成，各章撰写人员如下：

第 1 章由石崇、褚卫江撰写

第 2 章由杨文坤、石崇撰写

第 3 章由李汪洋、石崇撰写

第 4 章由张一平、石崇撰写

第 5 章由陈晓、石崇撰写

第 6 章由宁宇、石崇撰写

第 7 章由石崇撰写

第 8 章由金成、石崇撰写

第 9 章由张一平、石崇撰写

第 10 章由石崇撰写

第 11 章由陈晓、石崇撰写

第 12 章由陈闻潇、石崇撰写

第 13 章由李汪洋、石崇撰写

第 14 章由张一平、石崇撰写

最终由石崇、褚卫江汇总并统稿。感谢课题组研究颗粒离散元理论与应用的孟庆祥（副教授）、朱淳（教授）、张玉龙（博士后）、张聪（博士后）、王盛年（博士）、吴苏（博士）、李德杰（博士）、黄肖（博士）、杨博（硕士），在读硕士研究生董家豪、司宪志、郝李坤、孙冰岐、张文浩、王乐荣、马金城、胡承富、骈俊宝、李同、丁祎格、罗沙、胡晓斌等，大家的辛勤付出与平时研讨的内容在书中体现，在此致以衷心的感谢。另外为了说明问题，本书还改编了大量网络已有的共享代码，由于涉及大量的代码整理及编写，以及作者的个人能力有限，书中难免出现很多错误或者观点不完善的地方，敬请读者包涵与指正。

本书参与研究的成员同属于河海大学，并受如下基金课题联合资助：

国家自然科学基金重点基金：柱状节理岩体界面渗流—应力耦合灾变演化机理与控制理论研究（No. 41831278）

国家重点研发计划：堰塞坝病险情辨别与探测技术（No. 2018YFC1508501）

南太湖精英计划领军型创新团队："环南太湖智慧地下空间开发关键技术研究及其产业示范应用"

国家重点基础研究发展计划（973 计划）："强震区重大岩石地下工程地震灾变机理与抗震设计理论"第三课题（No. 2015CB057903）

国家自然科学基金面上项目：强震区胶凝堆积体多尺度动力特性与灾变机理（No. 51679071）

国家自然科学基金面上项目：杂填土与软土互嵌致沉机理与模型研究（No. 51778211）

目　　录

第1章 颗粒离散元模拟岩土工程相关技术

近年来，采用颗粒流 PFC2D/3D 方法研究岩土介质的力学性质与破坏机理是岩土工程领域的重要手段。然而，采用离散元法分析岩土体材料特性的基础是如何构建合理的颗粒离散元数值分析模型，如何设置颗粒离散体系的边界条件、确定细观参数取值，因此，了解数值模拟过程中的这些细节设置原则，掌握设置的技巧对获得良好的模拟效果非常必要。

1.1 颗粒离散元力学原理

颗粒离散元基于非连续介质理论，颗粒体系需满足平衡方程和物理方程，但不需满足变形协调方程。颗粒的运动不是完全无约束的，颗粒体系在演变过程中会受相邻颗粒间的接触力影响，颗粒间的接触力则取决于颗粒间的相对叠加量和采用的接触模型。

1.1.1 颗粒运动定律

颗粒运动定律原理如图 1-1-1 所示，颗粒离散元法中颗粒的物理方程是由颗粒间的接触力与相对位移的关系及所采用的接触模型本构关系确定。依据颗粒所受的合力、合力矩及牛顿第二定律，可确定颗粒的加速度和角速度。

1.1.2 颗粒离散元接触模型

当前颗粒离散元法中已有诸多接触模型，如线性模型、线性接触粘结模型、赫兹接触模型、线性平行粘结模型、光滑节理模型、抗转动线性模型和博格斯细观接触模型等，在具体计算中如何选取接触模型应根据研究对象决定。

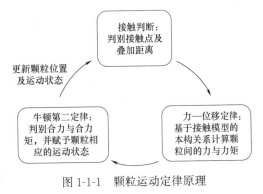

图 1-1-1 颗粒运动定律原理

1. 线性模型

线性模型提供了线性力和阻尼力，阻尼力用来反映黏性行为，线性力可提供线弹性力（不抗拉）和摩擦。如图 1-1-2 所示，Piece 表示接触对象（可以是 cluster 中的球 ball、刚性簇的球 pebble、刚性块 rblock、墙中面 facet，本书中均如此），线性力可用法向力和切向力表示。阻尼力由黏壶提供，黏壶可由法向和切向临界阻尼比控制。线性模型颗粒间的接触无法承受拉力，所以线性法向力一直是受压状态。

线性模型中接触力和力矩见式（1-1）。

$$F_c = F^l + F^d, \quad M_c \equiv 0 \tag{1-1}$$

其中，线性接触力 F^l 和阻尼力 F^d 见式（1-2）。

$$F^l = -F_n^l \hat{n}_c + F_s^l, \quad F^d = -F_n^d \hat{n}_c + F_s^d \qquad (1-2)$$

式中，F_n^l 为法向线性力；F_s^l 为切向线性力；$\hat{n}_c$ 为线性力单位向量的法向分量；F_n^d 为法向阻尼力；F_s^d 为切向阻尼力。

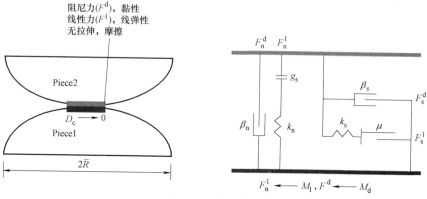

图 1-1-2　线性模型

2. 线性接触粘结模型

线性接触粘结模型靠一个无限小、线弹性和粘结或者摩擦界面受力，此界面在粘结或非粘结状态均无法抵抗转动。线性接触粘结模型见图 1-1-3，在颗粒间的接触处于粘结状态时，接触模型是线弹性的，直到受力状态超出强度极限以及粘结被破坏才会使界面处于非粘结状态。非粘结状态时，线性接触粘结模型处于线弹性和摩擦状态，当剪切力超出库仑极限时，会发生滑动。在非粘结状态下，线性接触粘结模型等同于线性模型。

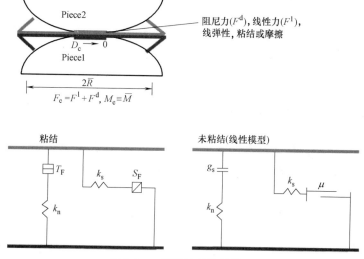

图 1-1-3　线性接触粘结模型

在粘结状态下，法向力增量更新模式见式（1-3）。

$$F_n^l = (F_n^l)_0 + k_n \Delta \delta_n \qquad (1-3)$$

式中，$(F_n^l)_0$ 为前一时步的法向力；k_n 为接触的法向刚度；$\Delta \delta_n$ 为接触的法向相对位移。

粘结状态下，切向力在增量更新模式的表达式见式（1-4）。

$$F_s^1 = (F_s^1)_0 - k_s \Delta \delta_s \tag{1-4}$$

式中，$(F_s^1)_0$ 为前一时步的切向力；k_s 为接触的切向刚度；$\Delta \delta_s$ 为接触的切向相对位移。

3. 线性平行粘结模型

线性平行粘结模型有平行粘结和线性接触，而线性接触在受压时方可发挥作用，与线性模型作用机理相似。但是因为颗粒间的转动会被平行粘结部分所抵抗，因此颗粒接触位置的相对运动也导致了在胶结材料中产生力和弯矩。粘结边界处的最大法向应力和最大切向应力会影响作用于粘结颗粒上的力和弯矩。

如图 1-1-4 所示，线性平行粘结模型中接触力和力矩见式（1-5）。

$$F_c = F^1 + F^d + \overline{F}, \quad M_c = \overline{M} \tag{1-5}$$

式中，F^1 是线性力；F^d 是阻尼力；$\overline{F}$ 是平行粘结力；$\overline{M}$ 是平行粘结力矩。

平行粘结力和平行粘结力矩见式（1-6）。

$$\overline{F} = -\overline{F}_n \hat{n}_c + \overline{F}_s, \quad \overline{M} = \overline{M}_t \hat{n}_c + \overline{M}_b \tag{1-6}$$

式中，$\overline{F}_n$ 是法向平行粘结力；$\overline{F}_s$ 是切向平行粘结力；$\hat{n}_c$ 是单位方向向量的法向分量；$\overline{M}_t$ 是转动力矩；$\overline{M}_b$ 是弯矩。另外，在二维情况下，转动力矩恒等于 0。

当达到抗拉强度时，粘结受拉破坏见式（1-7）。

$$\overline{\sigma} > \overline{\sigma}_c \tag{1-7}$$

式中，$\overline{\sigma}$ 是拉应力；$\overline{\sigma}_c$ 是粘结抗拉强度。

如果粘结并未受拉破坏，而是达到抗剪强度，粘结发生剪切破坏，见式（1-8）。

$$\overline{\tau} = \overline{c} - \sigma \tan \overline{\phi} > \overline{\tau}_c \tag{1-8}$$

式中，$\overline{\tau}$ 为剪切应力；$\overline{\tau}_c$ 为粘结的抗剪强度；$\overline{\phi}$ 为摩擦角；$\overline{c}$ 为黏聚强度。

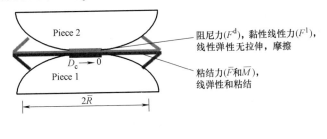

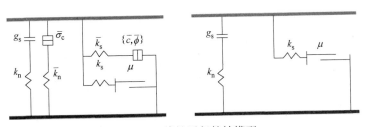

图 1-1-4　线性平行粘结模型

4. 光滑节理模型

光滑节理模型（图1-1-5）可反映线弹性在粘结状态或者线弹性与可膨胀的摩擦界面的宏观力学行为。粘结界面的力学行为是线弹性的，直到应力状态超出强度极限导致粘结破坏，粘结界面转换为非粘结界面。非粘结界面的力学行为也是线弹性的，并且伴随着可膨胀的摩擦行为，而界面的滑动服从库仑极限强度准则。光滑节理模型的界面不能抵抗相对转动。

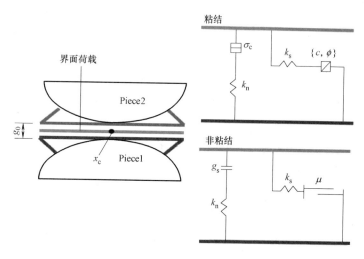

图1-1-5 光滑节理模型

由于光滑节理的方向和接触的法向不一致，因此，将相对位移的增量分解为节理的法向增量和剪切方向相对位移增量，见式（1-9）。

$$\Delta\delta = \Delta\hat{\delta}_n \hat{n}_j + \Delta\hat{\delta}_s \tag{1-9}$$

式中，$\Delta\delta$ 为相对位移的增量；$\Delta\hat{\delta}_n$ 为相对位移法向增量；$\hat{n}_j$ 为节理的法向单位向量；$\Delta\hat{\delta}_s$ 为节理剪切方向相对位移增量。

累计法向和剪切方向位移更新方程式见式（1-10）、式（1-11）。

$$\hat{\delta}_n = \hat{\delta}_n - \Delta\hat{\delta}_n \tag{1-10}$$

$$\hat{\delta}_s = \hat{\delta}_s + \Delta\hat{\delta}_s \tag{1-11}$$

式中，$\hat{\delta}_n$ 为法向累计位移；$\Delta\hat{\delta}_n$ 为法向增量位移；$\hat{\delta}_s$ 为剪切方向累积位移；$\Delta\hat{\delta}_s$ 为剪切方向增量位移。

光滑节理模型的力—位移定律更新接触力见式（1-12）。

$$F_c = F, \quad M_c \equiv 0 \tag{1-12}$$

式中，F 是光滑节理力，这个力被分解为法向力和剪切力，见式（1-13）。

$$F = -F_n \hat{n}_j + F_s \tag{1-13}$$

式中，F_n 为光滑节理力的法向力；$\hat{n}_j$ 为光滑节理的法向单位向量；F_s 为光滑节理力的剪切方向力。当 $F_n > 0$ 时，即光滑节理是受拉的。

其他模型可参考 PFC 软件帮助内容，在此略去不述。

1.2　颗粒离散体系边界条件

1.2.1　颗粒—接触体系的基本要求

目前颗粒离散元法被用于诸多岩土室内试验的数值模拟中，如压缩试验、剪切试验、弯曲试验、劈裂试验等，构建合理的颗粒离散体系模型是利用颗粒离散元法研究岩土工程问题的必要条件，而为了确保数值结果的正确性，必须保证颗粒离散体系的合理性。

为科学合理地反映材料真实的物理特性和宏观、微观力学特性，颗粒离散体系数值模型应该满足：

（1）颗粒体系的密度与所模拟材料的密度一致。

（2）颗粒体系中，颗粒半径范围分布合理。

（3）颗粒体系中，颗粒间相互接触数足够多，确保力与力矩可在颗粒间自由传递。

（4）颗粒数值模型的尺寸与目标模型的尺寸保持较高的一致性。

（5）颗粒数值模型中的颗粒受力合理，且达到受力平衡。

但是，离散颗粒体系在初始构建后一般无法直接达到合理的状态，所以常采用伺服的方式使颗粒体系的粘结状态和受力状态合理或者通过颗粒内部的自我调整达到平衡。

伺服的方法是通过控制颗粒体系的边界对初始颗粒体系进行调整，进而使得其处于合理的目标状态。墙（wall）的控制方式分为刚性伺服与柔性伺服，前者是边界墙采用一致运动强迫颗粒体系一起运动，后者是将墙分成多个小区域，每个小区域的运动有所区别。

颗粒内部调整方法是通过颗粒体系半径的缩放，使得颗粒体系达到想要的状态。

无论采用哪一种方法，只有当颗粒体系处于合理状态时，利用该状态颗粒体系开展的标定与工程数值模拟才有借鉴意义。

1.2.2　单纯控制墙的运动方式

在许多岩土工程模拟中，边界只用来约束颗粒并传递力的作用，不需要对颗粒体系进行伺服作用，此时，内部的岩土颗粒往往呈现松散状态，依靠重力自然堆积平衡。这种情况下，可以利用各种几何构造方法（geometry 相关命令）先形成几何，再将其转化成墙，用 fish 命令控制墙的运动，并强迫内部颗粒运动，如谷仓、料斗等。例 1-2-1 为一个球磨机破岩代码实例（该代码来自网络，仅对其编写过程进行标注说明，供读者理解边界设置的目的），该模型采用两个套筒作为边界控制条件，其中，内筒设置一定的孔洞，当矿石在套筒转动过程中与钢球碰撞、破碎，由于矿石粒径小于内套筒的孔洞尺寸，矿石可以从内套筒的孔洞中漏出，其实现代码如例 1-2-1 所示，运行过程如图 1-2-1 所示。

例 1-2-1 球磨机破岩代码实例 (PFC5.0)

(本代码采用 PFC5.0 版本编制，代码不区分大小写)

```
new
domain extent-3 3
wall generate circle position 0 0 radius 1 resolution 0.05
ball generate num 100 radius 0.05 group steelball range annulus center 0 0 radius 0 0.9
cmat default model linear property kn 1e9 ks 5e8 fric 0.2 dp_nratio 0.0
ball attribute density 7850 damp 0.0
cycle 2000 calm 50
set gravity 9.8
solve aratio 1e-5
;;;
ball attribute damp 0
cmat default type ball-facet model linear property kn 1e9 ks 5e8 fric 0.8 lin_mode 1 dp_nratio 0.1
contact property lin_force 0 0 lin_mode 1
def delete_facet
    num= wall.facet.num
    loop m (1,num)
      nn=m-m/5 * 5
      if nn = 0 then
          command
              wall delete range id [m] by facet
          end command
        end if
      end loop
end
@delete_facet
wall generate circle position 0 0 radius 1.5 resolution 0.05
define create_rock
  loop n(1,15)
    command
      ball generate cubic radius 0.02 box [−0.7+0.1 * (n−1)] [−0.65+0.1 * (n−1)]  0.1 0.15 group
'rock'
      ball generate cubic radius 0.02 box [−0.7+0.1 * (n−1)] [−0.65+0.1 * (n−1)]  0.2 0.25 group
'rock'
      ball generate cubic radius 0.02 box [−0.7+0.1 * (n−1)] [−0.65+0.1 * (n−1)]  0.3 0.35 group
'rock'
      ball generate cubic radius 0.02 box [−0.7+0.1 * (n−1)] [−0.65+0.1 * (n−1)]  0.4 0.45 group
'rock'
      ball generate cubic radius 0.02 box [−0.7+0.1 * (n−1)] [−0.65+0.1 * (n−1)]  0.5 0.55 group
```

6

'rock'

      endcommand

   endloop

end

@create_rock

ball attribute density 2400 range group ' rock '

clean

contact groupbehavior and

cmat add 1 model linear property kn 1e9 ks 5e8 fric 0. 2 dp_nratio 0. 1 range group ' steelball '

cmat apply range group ' steelball '

cmat add 2 model linearpbond property kn 1e8 ks 1e8 fric 0. 3　dp_nratio 0. 1 lin_mode 1 . . .

pb_rmul 1 pb_kn 1e8 pb_ks 1e8 pb_ten 2e5 pb_coh 1e7 pb_fa 15　range　group ' rock '

cmat apply range group ' rock '

contact method bond gap 1×10^{-3} range group ' rock '

cycle 20000

ball attribute displacement multiply 0

ball attribute velocity multiply 0

set ori on

[count＝0]

def bond_break_rock

    count ＝ count＋1

end

wall attribute centrotation 0 0 spin-2 range name ' circle wall1 '

set fish callback bond_break @bond_break_rock

his id 1 @count

solve time 20

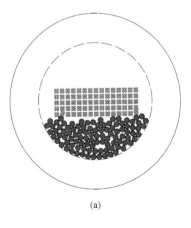

(a)

图 1-2-1　运行过程（一）

（a）模型

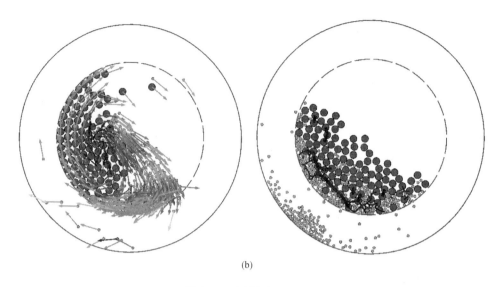

(b)

图 1-2-1　运行过程（二）

（b）矿料破碎过程

这种边界控制方法适用于自然堆积类的岩土介质，如铲斗作用过程、岩石破碎问题、粮仓卸料过程、渣土溜槽运输等，重点在边界 wall 的构造、散体介质的接触性质等。

1.2.3　边界墙刚性伺服法

为了使颗粒体系达到均匀、低叠加量等要求，通常采用 Cundall 等提出的刚性伺服原理对模型施加一定围压，促使颗粒体系达到目标初始应力状态，然后赋予接触参数，并进行力学特性研究。

注意：刚性伺服的围压是依赖经验取值的，通常其数量级接近强度的数量级，如对土体可取几个甚至几十个千帕，对岩石可取几个兆帕。一般伺服围压越大，体系的配位数（单位面积或体积内的平均接触数目）越多，体系越适合模拟强粘结性岩土体。

刚性伺服采用赋予刚性墙速度实现对颗粒体系模型施加围压的目的，二维状况时，边界刚性墙的法向速度见式（1-14）。

$$\dot{u}_{\mathrm{n}}^{\mathrm{w}} = G(\sigma^{\mathrm{m}} - \sigma^{\mathrm{r}}) = G\Delta\sigma \tag{1-14}$$

式中，$\dot{u}_{\mathrm{n}}^{\mathrm{w}}$ 为刚性边界墙体的法向速度；G 为刚性伺服参数；σ^{m} 为每一时步所监测的应力；σ^{r} 为目标应力；$\Delta\sigma$ 为监测应力与目标应力的差值。

每一时步监测的应力 σ^{m} 见式（1-15）。

$$\sigma^{\mathrm{m}} = \sqrt{f_{\mathrm{wx}}^2 + f_{\mathrm{wy}}^2} / A \tag{1-15}$$

式中，f_{wx} 为刚性边界墙与颗粒体系在 x 方向接触力的总和；f_{wy} 为刚性边界墙与颗粒体系在 y 方向接触力的总和；A 为刚性边界墙体的面积（二维时，即为长度）。

刚性伺服参数 G 见式（1-16）。

$$G = \frac{\alpha A}{K_{\mathrm{n}}^{(\mathrm{w})} N_{\mathrm{c}} \Delta t} \tag{1-16}$$

式中，α 为应力释放因子（按经验取 $0.0 \sim 1.0$）；$K_{n}^{(w)}$ 为刚性边界墙与颗粒接触的平均接触刚度；N_c 为刚性边界墙与颗粒体系的接触数量；Δt 为时间步长。

刚性伺服实现技术已较为成熟，所以在此不过多赘述。

1.2.4 边界柔性伺服法

柔性伺服是 Corriveau 等最先提出的，采用柔性伺服对模型调整，一般是在模型边界上取单层颗粒，按照设定的伺服应力换算到每个边界颗粒，从而迫使内部颗粒达到伺服状态。该方法可以克服刚性伺服边界必须一致变形的问题。柔性伺服体系的构建受柔性颗粒链刚度与颗粒体系刚度比值、伺服速度、目标颗粒体系参数的共同影响。

基于 Corriveau 柔性伺服原理，任意形状的复杂目标应力状态的颗粒体系模型的构建方法如下所示：

1. 柔性伺服控制获得颗粒模型方法

如图 1-2-2 所示为柔性伺服颗粒体系数值模型，边界由 14 段线段构成，因此可适用任意凹凸形状，且如图中箭头所示方向，将各线段垂直向内方向设置为伺服正方向。

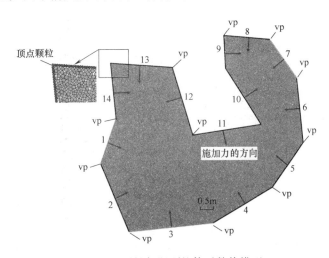

图 1-2-2 柔性伺服颗粒体系数值模型

根据模型的边界，确定边界的各个顶点，并生成 14 个顶点颗粒如图 1-2-2 所示，顶点颗粒即为 vp 颗粒。固定各顶点颗粒的位置，在后续伺服过程中不允许顶点颗粒发生移动。根据模型边界生成柔性颗粒链，每条柔性颗粒链的端点颗粒即为顶点颗粒。柔性颗粒链与顶点颗粒的半径均相同，允许颗粒之间有一定的重叠量。

为了模拟围压的柔性施加，允许柔性颗粒间可传递力，但不可进行力矩的传递，所以将接触粘结模型用在柔性颗粒之间的接触。且为了确保柔性颗粒链不发生断裂，对柔性颗粒链施加较高的粘结强度。此模型的面积为 41.14m^2，离散颗粒体系中的颗粒总数为 18548 个，其中边界颗粒数为 951 个，内部颗粒数为 17597 个。

颗粒体系内部颗粒和边界颗粒参数见表 1-2-1。生成模型边界颗粒后，在数值模型内部生成颗粒，并基于动态膨胀法使颗粒充满整个数值模型。在模型内部布置较多的测量圆以监测模型内的应力状态、颗粒配位数等信息。测量区域是指在 PFC 模型中所测量的物理量的值的区域（3D 时是体积，2D 时是面积）。

颗粒体系内部颗粒和边界颗粒参数 表 1-2-1

内部颗粒		边界颗粒	
半径(m)	0.02~0.03	半径(m)	0.0209
接触模型	线性模型	接触模型	线性接触粘结模型
有效模量(MPa)	100	有效模量(MPa)	10
刚度比	3.0	刚度比	3.0
阻尼	0.2	法向临界阻尼比	0.7
孔隙率	0.15	切向临界阻尼比	0.5

测量区域返回的是该区域内或与该区域相交对象的物理量平均值,见式(1-17)。

$$Q_a = \frac{Q_m}{A} \tag{1-17}$$

式中,Q_a 为测量圆所测得物理量的值;Q_m 为测量区域的物理量的总值;A 为测量圆的面积或体积。

A 的测量区域中的平均应力 $\bar{\sigma}$ 见式(1-18)。

$$\bar{\sigma} = -\frac{1}{A} \sum_{N_c} F^{(c)} \otimes L^{(c)} \tag{1-18}$$

式中,N_c 是测量区域内部和边界上接触的总数目;$F^{(c)}$ 是接触力向量;$L^{(c)}$ 是连接相互接触的两个颗粒质心的向量;$\otimes$ 是张量积,且规定压应力为负值。

按照一定的规则布置测量圆,且应使每个测量圆包括 20 个接触以上。由图 1-2-3(a)可知颗粒体系中所有测量圆所监测的应力分布情况,测量圆监测的应力在 $0.85 \sim 1.15$MPa 的测量圆的数量占测量圆总数的 98.12%,所有测量圆应力平均值为 1.0MPa。

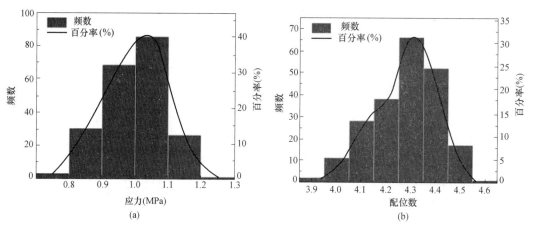

图 1-2-3 测量圆监测量
(a)应力分布情况;(b)配位数分布情况

此方法构建的应力状态基本处于目标应力附近,即此方法可构建较理想的应力状态。采用一系列测量圆可减少由一个测量圆所测应力代表整体应力而产生的误差。

此外,颗粒间力传递的必要条件是颗粒之间形成接触,而细观组构的重要特性就是接触点的密度,其可用配位数描述:

$$N_t = \frac{2N_c}{A} \qquad (1\text{-}19)$$

式中，N_t 为配位数；N_c 为测量范围颗粒体系中的有效接触数目；A 为测量范围面积。

当悬浮颗粒较少，颗粒相互接触更充分，颗粒之间力的传递更自由。颗粒间的接触力由颗粒间的相互重叠量控制，所以颗粒之间充分、合理地接触是颗粒之间合理传递力的前提条件。颗粒接触间的接触力见式（1-20）、式（1-21）。

$$F_n = k_n \Delta \delta_n \qquad (1\text{-}20)$$
$$F_s = k_s \Delta \delta_s \qquad (1\text{-}21)$$

式中，F_n、F_s 分别为颗粒法向、切向接触力；k_n、k_s 分别为法向、切向刚度；$\Delta \delta_n$、$\Delta \delta_s$ 分别为颗粒法向、切向重叠量。k_n、k_s 计算见式（1-22）和式（1-23）。

$$\frac{1}{k_n} = \frac{1}{k_n^1} + \frac{1}{k_n^2} \qquad (1\text{-}22)$$

$$\frac{1}{k_s} = \frac{1}{k_s^1} + \frac{1}{k_s^2} \qquad (1\text{-}23)$$

式中，k_n^1、k_n^2 分别为相互接触的两个颗粒的法向刚度；k_s^1、k_s^2 分别为互相接触的两个颗粒的切向刚度。

如图 1-2-3（b）所示，此颗粒体系中颗粒配位数均大于 3.85，配位数在 4.0～4.5 的颗粒占颗粒总数的 99.53%。此时该颗粒体系中颗粒的配位数均较大，可认为颗粒之间接触较为充分，接触力传力途径更多样，更易达到合理的应力状态。

如图 1-2-4 所示，考虑柔性伺服过程中允许模型边界发生少量的变形，所以模型边界

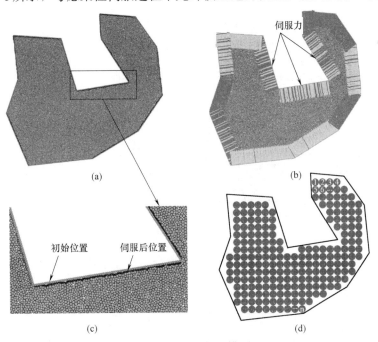

图 1-2-4　柔性伺服模型
（a）模型示意图；（b）集中力施加图；（c）伺服变形图；（d）测量圆布置图

附近的测量圆的设置需与颗粒体系模型的边界留有一定位置，否则可能在伺服过程中存在测量圆测量的部分区域中物理量的值为 0，即会使所测量的物理量失真。

然后，通过柔性颗粒链对颗粒体系施加荷载。根据 Wang 等提出的方法，如图 1-2-4 所示，将相应的集中力施加在柔性颗粒上，以实现对离散元模型施加围压，进而实现对颗粒体系的柔性加载。

如图 1-2-5 所示，对柔性颗粒施加集中力，该柔性伺服中的等效集中力见式（1-24）～式（1-27）。

$$F_x = F_c \frac{y_1 - y_2}{\sqrt{(y_1 - y_2)^2 + (x_1 - x_2)^2}} \qquad (1\text{-}24)$$

$$F_y = F_c \frac{x_1 - x_2}{\sqrt{(y_1 - y_2)^2 + (x_1 - x_2)^2}} \qquad (1\text{-}25)$$

$$\frac{F_x}{2} = F_{xa} = F_{xb} \qquad (1\text{-}26)$$

$$\frac{F_y}{2} = F_{ya} = F_{yb} \qquad (1\text{-}27)$$

式中，颗粒体系边界处的柔性颗粒链中颗粒 a 和 b 的坐标分别为 (x_1, y_1) 和 (x_2, y_2)。

对柔性颗粒施加集中力见图 1-2-5。图中，F_c 是 ab 部分的等效集中力；F_{xa}、F_{xb} 分别是 F_c 作用在颗粒 a 和颗粒 b 上的 x 方向上集中力；F_{ya}、F_{yb} 分别是 F_c 作用在颗粒 a 和颗粒 b 上的 y 方向上的集中力。

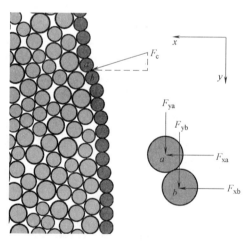

图 1-2-5　对柔性颗粒施加集中力

基于模型内部所有测量圆监测的应力平均值与目标应力值的差值进行动态伺服，其伺服公式见式（1-28）。

$$t_r' = t_r \times \left(1 - \frac{\sigma_m - \sigma_r}{\sigma_r}\right) = t_r \times \frac{2\sigma_r - \sigma_m}{\sigma_r} \qquad (1\text{-}28)$$

式中，t_r 为第 r 时步施加的等效集中力；t_r' 为第 $r+1$ 时步所需施加的等效集中力；σ_r 为模型所需要的应力；σ_m 为所有测量圆监测的应力平均值。

12

如图 1-2-6（b）所示，伺服过程中颗粒在所受荷载的作用下，在模型内部移动、调整，直至应力状态达到目标应力状态。为了使颗粒能够较自由的移动，在伺服阶段给颗粒设置较小的阻尼。如图 1-2-6（b）所示，颗粒在接触力的作用下进行调整和运动的过程中，可能导致局部涡旋的产生。当形成局部涡旋的颗粒群在颗粒体系数值模型伺服稳定后，会出现如图 1-2-6（c）所示的环状接触力链骨架。在环状接触力链骨架中心可能存在悬浮颗粒，悬浮颗粒与周围颗粒不存在接触，所以不会对周围颗粒产生力的作用，这就是部分颗粒群造成局部涡旋现象的原因。图 1-2-6（a）为颗粒体系数值模型柔性伺服稳定后的力链图，在较大尺度上看，模型力链是较为均匀的，即该模型的应力状态较为均匀。而在小尺度上看，边界施加的作用力并没有被所有颗粒均匀承担，而是由一部分颗粒承担了较大的力，即力链较粗的颗粒承担了较多的力，这也就是颗粒体系中存在的"骨架效应"。为使颗粒体系内部力的传递更自由、充分，可考虑将悬浮颗粒半径略微增大直至其与周围颗粒产生 2 个接触为止。由于悬浮颗粒数量很少，且仅是略微增大悬浮颗粒半径，所以增大悬浮颗粒半径后颗粒体系的孔隙率几乎不产生影响。

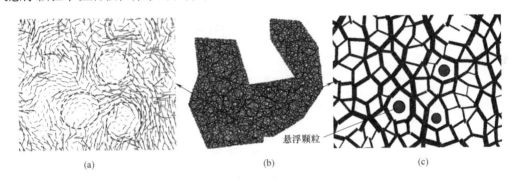

图 1-2-6　柔性伺服过程

（a）伺服稳定后的力链图；（b）伺服过程中出现的局部涡旋现象；（c）环状接触力链骨架

柔性伺服是允许柔性颗粒链产生变形的，即在柔性伺服过程中允许试样产生变形，但是在伺服过程中试样不能产生过大的变形，所以，为保证伺服后试样的外形不发生较大变化，必须将柔性伺服过程中试样的面积改变率（二维情况）控制在允许范围内。

现定义柔性伺服面积改变率为：柔性伺服过程中面积变化量的绝对值与试样原始面积的比值，见式（1-29）。

$$A_\mathrm{c} = \frac{|A_\mathrm{p} - A_\mathrm{i}|}{A_\mathrm{i}} = \frac{|\Delta A|}{A_\mathrm{i}} \tag{1-29}$$

式中，A_c 为柔性伺服面积改变率；A_p 为柔性伺服每时刻的试样面积；A_i 为试样初始面积；ΔA 为模型面积改变量。

面积改变率计算原理图如图 1-2-7 所示，a、b、c、d 分别为颗粒的初始圆心位置，a'、b'、c'、d' 分别为伺服过程中对应的颗粒圆心位置。四边形 $abb'a'$ 的面积即为 ab 颗粒移动所产生的面积改变量，面积改变量均取绝对值。为计算四边形 $abb'a'$ 的面积，假设 4 个颗粒圆心位置分别为 a（x_1，y_1）、b（x_2，y_2）、a'（x_1'，y_1'）、b'（x_2'，y_2'），由此可得四边形 $abb'a'$ 的面积，见式（1-30）。

13

$$\Delta A_i = \frac{1}{2} \left| (x_1 y_2 - x_2 y_1) + (x_2 y_1 - x_1 y_2) + (x_1 y_2 - x_2 y_1) + (x_2 y_1 - x_1 y_2) \right|$$

(1-30)

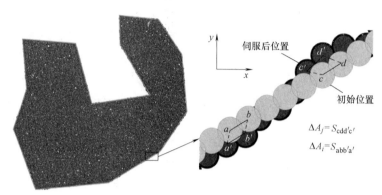

图 1-2-7 面积改变率计算原理图

整个模型的面积改变量为所有相邻柔性颗粒间面积改变量的和。

柔性伺服流程图如图 1-2-8 所示。

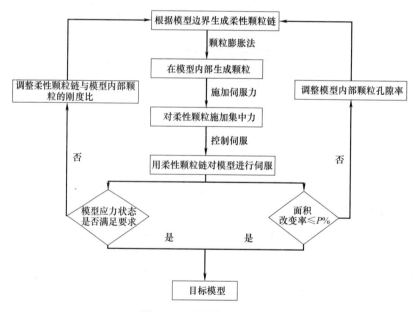

图 1-2-8 柔性伺服流程图

2. 柔性伺服颗粒体系的控制参数

离散体系参数的选取至关重要，所以为了构建合理的颗粒离散体系模型，接下来探究颗粒体系参数取值的合理范围。

1）合理孔隙率

孔隙率是离散介质体系中较为重要的参数，不同的孔隙率会对颗粒体系的颗粒分布状态、接触情况等有很大的影响。因此，颗粒体系的孔隙率是构建合理颗粒数值模型的重要条件，孔隙率的计算式见式（1-31）。

$$n = \frac{V_v}{V_v + V_s} = \frac{V_v}{V} \qquad (1\text{-}31)$$

式中，n 为孔隙率；V_v 和 V_s 分别为颗粒体系中孔隙的体积和颗粒的体积；V 为颗粒体系的实际总体积。

此外，配位数为颗粒体系中单个颗粒接触的颗粒平均数，可反映颗粒体系的应力分布和密实度等情况，所以正确监测颗粒体系模型的配位数是至关重要的。为了准确监测配位数，还需使颗粒体系中的悬浮颗粒尽量少。

表 1-2-2 数据为 9 组数值试验数据，9 组试验仅改变颗粒体系的孔隙率，其余参数均保持一致。颗粒体系悬浮颗粒数与面积概率如表 1-2-2 所示，由表 1-2-2 可知，孔隙率在 0.08~0.18，模型伺服稳定后的悬浮颗粒数与颗粒总数的比值均较小，此状态下其配位数较接近于有效配位数。当孔隙率为 0.19、0.22 时，悬浮颗粒数为 0，但是其面积改变率较大，分别为 16.6%、19.4%，因此，二维情况下孔隙率超过 0.19 不合理。

颗粒体系悬浮颗粒数与面积概率　　　　　　　　表 1-2-2

孔隙率	0.08	0.1	0.12	0.14	0.16	0.17	0.18	0.19	0.22
悬浮颗粒数(N_F)	97	93	105	86	58	59	57	0	0
颗粒总数(N)	20095	19653	19222	18817	18433	18244	18030	17805	17194
百分比(N_F/N)	0.48%	0.47%	0.55%	0.46%	0.31%	0.32%	0.32%	0	0
面积改变率(%)	8.3	5.65	3.39	1.6	2.72	1.09	5.85	16.6	19.4

当孔隙率小于 0.14 时，孔隙率越小其面积改变率越大。这是因为当围压控制在 1MPa，孔隙率小于 0.14 时，其模型需要向外膨胀达到目标应力状态。此时，孔隙率越小，颗粒体系膨胀的量越大，即面积改变率越大。当孔隙率大于 0.14，其面积改变率先增大，再减小，再增大。这是因为当目标围压为 1MPa、孔隙率大于 0.14 时，模型需要向内压缩才能达到目标应力状态。

由图 1-2-9（a）可知：当颗粒离散体系数值模型的孔隙率为 0.19、0.22 时，颗粒体系的最终伺服应力分别为 0.926MPa、0.908MPa。最终伺服围压与目标围压存在一些差距，即当颗粒体系孔隙率过大时，无法达到很好的伺服效果，且此时面积改变率过大，其趋近目标应力状态所需的时间也相对较长。所以，为构建合理的颗粒离散体系，其孔隙率不宜过大。

当颗粒体系孔隙率为 0.08 时，其初始围压为 2.282MPa，相对其他孔隙率其初始围压较大。此孔隙率下颗粒体系的面积改变率，如图 1-2-9（b）所示达到了 8.3%，与其他孔隙率相比，面积改变率较大。所以，为构建合理的颗粒离散体系，颗粒体系的孔隙率也不宜过小。

颗粒体系配位数如图 1-2-10 所示。当颗粒模型的孔隙率为 0.08~0.18 时，配位数从 4.576 缓慢增长至 4.734，即在一定的孔隙率范围内，孔隙率的改变对颗粒体系的平均配位数影响不大。

当颗粒体系的孔隙率为 0.19 和 0.22 时，颗粒模型的平均配位数突增至 5.3 左右。因

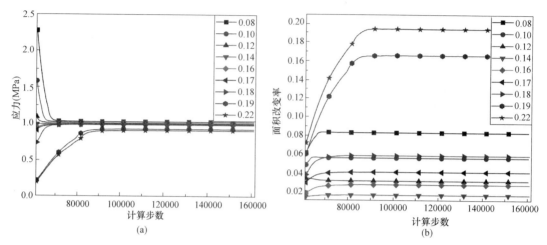

图 1-2-9　颗粒体系伺服应力与面积改变率

(a) 伺服应力时程曲线；(b) 面积改变率时程曲线

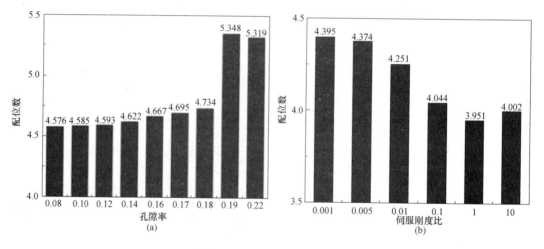

图 1-2-10　颗粒体系配位数

(a) 不同孔隙率下的配位数；(b) 不同刚度比下的配位数

为此孔隙率偏大，当达到目标应力状态时，颗粒体系的面积改变率较大，压缩较大，颗粒之间重叠量增大，接触增多，颗粒体系的平均配位数随之增大。

为减少颗粒体系中的悬浮颗粒数目，建议模型孔隙率为 0.08～0.18，此时颗粒体系中悬浮颗粒数占颗粒体系总数的比值均不超过 0.55%。同时，考虑模型的面积改变率不宜过大且可以达到目标应力状态，所以建议模型孔隙率为 0.12～0.17。综上所述，为构建合理的颗粒离散体系模型，建议模型的孔隙率为 0.12～0.17。

2）合理伺服刚度比

柔性伺服与刚性伺服最主要的区别在于：

（1）两种伺服模式伺服荷载的施加原理不同，刚性伺服是控制刚性墙体的速度对控制颗粒体系施加的荷载，柔性伺服是对柔性颗粒施加相应的等效集中力。

16

（2）可将刚性伺服的墙体看作是不发生变形的墙体，且墙体刚度远大于试样颗粒的刚度，柔性伺服的柔性颗粒链可以发生变形，且柔性颗粒的刚度可以小于试样颗粒的刚度。

伺服刚度比是柔性颗粒刚度与试样颗粒刚度的比值，见式（1-32）。

$$k_r = \frac{k_f}{k_p} \tag{1-32}$$

式中，k_r 为伺服刚度比；k_f 为柔性颗粒刚度；k_p 为试样颗粒刚度。

由刚性伺服与柔性伺服的两大区别可知，在柔性伺服中使用合理的伺服刚度比是十分重要的。如图 1-2-11 所示，为探求合理的伺服刚度比，作者进行了 6 组数值试验，此 6 组试验仅改变各组的伺服刚度比，其余参数均保持一致。

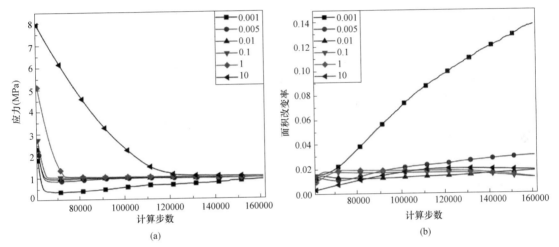

图 1-2-11　6 组数值试验
(a) 应力时程曲线；(b) 面积改变率时程曲线

图 1-2-11（a）为在伺服刚度比分别为 0.001、0.005、0.01、1、10 的状态下伺服，其最终应力状态均能达到目标应力状态。伺服刚度比为 10，其最初的应力状态为 8MPa，应力大于目标应力，动态调整柔性颗粒施加的集中应力，直至达到目标应力状态。伺服刚度比为 10，在图 1-2-11（a）中，应力曲线有一段较均匀下降，然后逐渐趋近目标应力状态。而当伺服刚度比为 1、0.1、0.01 时，应力有一段急剧降至目标应力附近的区段，随后再逐渐趋近目标应力状态。当伺服刚度比为 0.005、0.001 时，应力先急剧降至小于目标应力，随后再逐渐趋近目标应力状态。

如图 1-2-11（b）所示，当伺服刚度比为 10、1、0.1、0.01 时，试样的面积改变率均小于 2%，即在伺服过程中试样仅产生微小的变形。当伺服刚度比为 0.005 时，试样在伺服过程中的最大面积改变率为 3.05%，而当伺服刚度比为 0.001 时，试样的面积改变率急剧增大，当试样达到目标应力状态时，试样的面积改变率已高达 13.8%，即此状态下的离散颗粒体系模型是不合理的。

当刚度比从 0.001 增加至 1 时颗粒体系的平均配位数从 4.395 缓慢下降至 3.951，即在一定的刚度比范围内，颗粒体系的平均配位数随刚度比的增加而缓慢下降。当刚度比从 1 增加至 10 时，平均配位数存在略微增加的现象。总体来看，刚度比对颗粒体系平均配

17

位数存在着趋势上的影响，但影响程度较小。

所以，为使试样尽快达到目标应力状态，减少伺服时间，可选取伺服刚度比为 0.005～0.1。同时，为保证伺服过程中试样面积改变率在合理范围内，可选取伺服刚度比为 0.01～10。因此，为构建合理的颗粒离散体系，建议选取的伺服刚度比为 0.01～0.1。

需要说明的是：边界柔性伺服法如果设定边界应力较大，宜采用逐步增加荷载逼近设定应力。

1.2.5 颗粒膨胀应力控制法

边界刚性伺服法与边界柔性伺服法都是从边界入手，沿着边界法向向内或向外运动强制颗粒体系满足均匀的应力分布。但如果模型较大、内部颗粒较多，边界微量的运动需要一定时间才能达到模型内部，因此往往需要较长的计算时间才能达到效果。

如果计算模型难以进行边界运动，如一个三维滑坡体（滑坡体采用颗粒离散元方法模拟，而滑床采用连续实体模型模拟），滑坡体非常不规则，采用刚性、柔性伺服法都很难实现，此时采用颗粒膨胀应力控制法更容易实现边界运动。

测量圆控制颗粒膨胀的二维伺服法代码，见例 1-2-2。

例 1-2-2　测量圆控制颗粒膨胀的二维伺服法代码

```
res ini
measure delete
define create_measures_according_to_model_shichong
    xxmin＝100000.
    xxmax＝－100000.
    yymin＝100000.
    yymax＝－100000.
    loop foreach local bp ball. list
        xx1＝ball. pos. x(bp)＋ball. radius(bp)
        xx2＝ball. pos. x(bp)－ball. radius(bp)
        yy1＝ball. pos. y(bp)＋ball. radius(bp)
        yy2＝ball. pos. y(bp)－ball. radius(bp)
        if xx1 ＞ xxmax then
            xxmax＝xx1
        endif
        if xx2 ＜ xxmin then
            xxmin＝xx2
        endif
        if yy2 ＜ yymin then
            yymin＝yy2
        endif
        if yy1 ＞ yymax then
            yymax＝yy1
```

```
        endif
    end_loop
    measure_radius＝  1. 0
    nnnx＝int((xxmax－xxmin)/2/measure_radius)
    nnny＝int((yymax－yymin)/2/measure_radius)
    nums＝0
    loop n (1,nnnx)
        x0＝xxmin＋2. 0 * measure_radius * (n－0. 5)
        loop m (1,nnny)
            nums＝nums＋1
            y0＝yymin＋2. 0 * measure_radius * (m－0. 5)
            command
                measure create id [nums] radius [measure_radius] x [x0] y [y0]
            endcommand
        endloop
    endloop
end
@create_measures_according_to_model_shichong
define delete_some_measure
    num111＝measure. num
    loop foreach mp measure. list
        por＝measure. porosity(mp)
        if por ＞ 0. 25 then
            v ＝ measure. delete(mp)
        endif
    endloop
end
@delete_some_measure
measure delete range geometry shichong distance [measure_radius]
[txx＝－1. 0e6]
[nstep＝0]
define ball_expand_coefficient
    str＝0. 0
    num_meas＝0
    loop foreach 111 measure. list
        num_meas＝num_meas＋1
        stress_xx＝measure. stress. xx(111)
        stress_yy＝measure. stress. yy(111)
        stress_pj＝(stress_xx＋stress_yy)/2. 0
        str＝str＋stress_pj
```

```
        rad_mea＝measure. radius(111)
        x0＝measure. pos. x(111)
        y0＝measure. pos. y(111)
        dddsigma＝txx-stress_pj
        gangdu＝0. 0
        num＝0
        loop foreach cp contact. list
            x1＝contact. pos. x(cp)
            y1＝contact. pos. y(cp)
            dd＝math. sqrt((x1－x0)^2＋(y1－y0)^2)
            if dd ＜ rad_mea then
                gangdu＝gangdu＋contact. prop(cp,' kn')
                num＝num＋1
            endif
        endloop
        gangdu＝gangdu/float(num)
        loop foreach bp ball. list
            x1＝ball. pos. x(bp)
            y1＝ball. pos. y(bp)
            dd＝math. sqrt((x1－x0)^2＋(y1－y0)^2)
            if dd ＜ rad_mea then
                dddrrr＝dddsigma/gangdu ＊ 0. 1
                ball. radius(bp)＝ball. radius(bp)－dddrrr
            endif
        endloop
    endloop
    str＝str/float(num_meas)
end
@wball_expand_coefficient
[load＝0]
[nstep_total＝0]
define   load
    nstep_total＝nstep_total＋1
    if nstep_total ＞ 100000
      load＝1
    endif
    nstep＝nstep＋1
    if nstep ＞＝1000
      ball_expand_coefficient
      nstep＝0
```

```
        endif
        sss1=math. abs((str−txx)/txx)
        sss2=mech. solve("aratio")
        if sss1 > 0. 05 then
            exit
        endif
        if sss2 > 1e-5 then
            exit
        endif
        load=1
    end
    ;cyc 1000000
    measure create id 1000 x 0. 00 y 0. 0 rad [8. 0]
    hist id 1 @sss1
    hist id 2 @sss2
    history id 3 meas stressxx id 1000
    history id 4 meas stressyy id 1000
    history id 5 @str
    plot create plot 'hist'
    plot    hist 1 2
    plot create plot 'stress'
    plot add hist 3 4 5
    solve fishhalt @load
```

　　该模型为一个圆形区域, 如图 1-2-12 (a) 所示, 伺服中的接触力如图 1-2-12 (b) 所示, 平均应力随伺服时间步变化如图 1-2-12 (c) 所示。

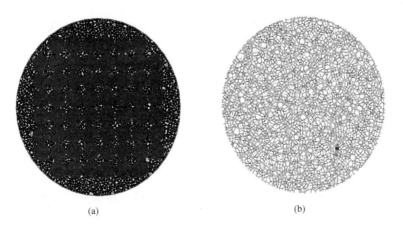

(a)　　　　　　　　　　　　　　　(b)

图 1-2-12　测量圆控制颗粒膨胀的伺服法计算效果 (一)

(a) 圆形区域; (b) 接触力

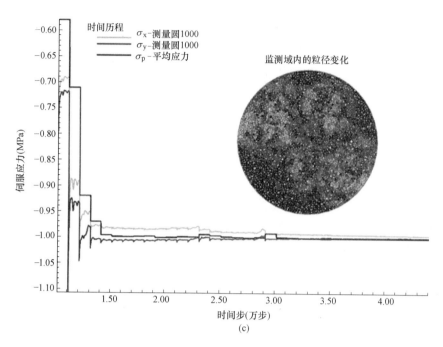

图 1-2-12　测量圆控制颗粒膨胀的伺服法计算效果（二）

(c) 应力逼近过程

从图 1-2-12 可以看出，利用一定测量圆，控制测量圆范围内的颗粒矢量膨胀或者缩小，可以使得内部颗粒体系的应力接近 1.0MPa，得到的结果与整体模型的测量圆（接近整体模型大小）一致，表明采用该方法可以使颗粒体系满足要求。

对代码进行适当修改，也可直接利用边界 wall 实现均匀应力控制。该方法避免了复杂的边界 wall 伺服，更加方便。该方法对于滑坡体等非规则、复杂轮廓模型颗粒体系的状态的控制更有优势。

注意：任何复杂模型，如果不进行伺服控制，只靠经验取值很容易因局部应力集中造成颗粒体系四散飞溅，也会使得标定细观力学参数与实际工程模型无法对应，造成标定失效。

1.3　基本颗粒体系的构造方法

1.3.1　颗粒体系的基本构成方式

颗粒是形成细观结构的基本单元，颗粒外轮廓的形状与介质的宏观力学特性密切相关。在 PFC 方法中，颗粒一般采用纯 ball、clump（多 pebble 叠加）、rblock（刚性块）三种形式来构造。

采用纯 ball 构造颗粒最简单，对于复杂模型只要能用多段线逼近其外轮廓，可以用几何控制颗粒体系的生成。但单纯用圆盘（球）模拟岩土体，由于圆盘（球）间摩擦性能降低，特别是原本紧密的体系在产生裂隙、孔隙率增大时性能大幅下降，导致其抗剪强度往往难以逼近试验值。解决这个问题主要有两种途径：一种途径是采用提高摩擦系数或者用抗转动的接触模型，第二种途径是将多个 ball 利用一定规则用粘结模型粘结在一起，构成 cluster（可破坏簇）。

clump（刚性簇）是将一系列圆盘（球）固定在相对位置，参与颗粒体系的受力变形，无论荷载有多大，簇内圆盘（球）相对位置不发生改变。因此，簇内不会发生破坏。可用于土石混合体的骨架颗粒、混凝土中的骨架等。但为了使颗粒轮廓逼近，组成 clump 的 pebble 数目较多，会导致计算量大幅度增加。

rblock（刚性块）来源于块体离散元，每个刚性块必须为凸多面体，在参与计算时采用 rblock 的外接圆判断与周围对象的接触，且每个刚性块体与其他对象之间只有一个接触，这样简化加快了计算速度，但是可能造成局部块体应力集中（在其位置旋转，难以平衡）。如果用 rblock 模拟土石混合体的骨架，当含量较低时效果较好，如果 rblock 含量很多或者块体极不规则效果变差。完全采用 rblock 块体模拟滑坡、建筑倒塌往往有个别位置失真，需要引起注意。

1.3.2 随机颗粒外轮廓的命令实现方法

要模拟颗粒体系，通常采用已知颗粒的外轮廓（一定数量的空间三角形围成的闭合空间）作为模板，然后基于模板形状利用体积或者粒径随机缩放构造不同粒径的颗粒。因此，对构造颗粒体系首先要分析颗粒轮廓的细观特征，细观轮廓获取主要有两种方法：一种是对典型颗粒用激光扫描、CT 扫描等方法直接获取颗粒轮廓，另一种方法是对典型颗粒的外轮廓进行数字化描述，构建颗粒轮廓。典型颗粒外轮廓如图 1-3-1 所示，第一行为卵石、第二行为碎石、第三行为表面粗糙的砾石颗粒。几种典型的颗粒簇构造方法见图 1-3-2。

图 1-3-1　典型颗粒外轮廓

得到颗粒外轮廓后，可以利用 PFC 命令随机生成颗粒体系，典型代码如例 1-3-1 所示（注释：rblock 只能在 PFC6.0.21 以上版本运行）。

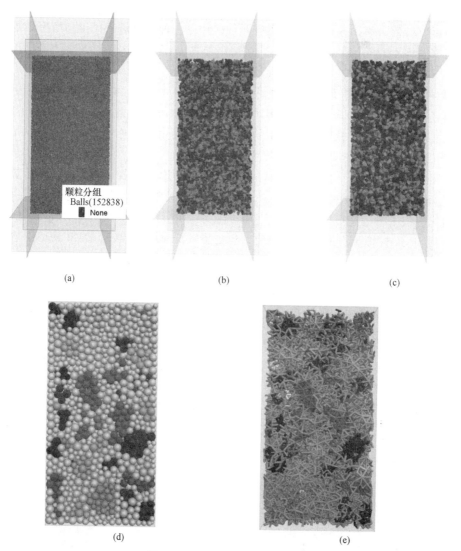

图 1-3-2　几种典型的颗粒簇构造方法

（a）单纯 ball 颗粒；（b）clump 随机颗粒；（c）rblock 随机颗粒；

（d）ball 构成的柔性颗粒簇；（e）接触分组及分布

例 1-3-1　颗粒体系的常用构造实例

方法一：直接在模型范围内生成致密的纯 ball 颗粒体系，代码如下（粒径参数、范围参数略）

ball distribute porosity 0.3 radius @radmin @radmax box ［－xx］［xx］［－yy］［yy］［－zz］［zz］

方法二：采用模板控制生成 clump 颗粒

```
geometry import 'moban1. stl' format stl
clump template create   ...
            name 'moban1'...
            geometry 'moban1'...
            bubblepack      ...
```

24

```
                           distance 120. 0 . . .
                           ratio 0. 1      . . .
                           radfactor 1. 05   . . .
                      surfcalculate
clump distribute   diameter
                   porosity 0. 40
                   number-bins   5
                   bin 1
                        template ' moban1 '
                        azimuth 0. 0 360. 0
                        tilt 0. 0 360. 0
                        elevation 0. 0 360. 0
                        size [radmin] [radmax]
                        volume-fraction 0. 2
                        group ' s1 '
                   bin 2
                        template ' moban2 '
                        azimuth 0. 0 360. 0
                        tilt 0. 0 360. 0
                        elevation 0. 0 360. 0
                        size [radmin * 0. 8] [radmax * 0. 8]
                        volume-fraction 0. 2
                        group ' s2 '
                   bin 3
                        template ' moban3 '
                        azimuth 0. 0 360. 0
                        tilt 0. 0 360. 0
                        elevation 0. 0 360. 0
                          size [radmin * 0. 7] [radmax * 0. 7]
                        volume-fraction 0. 2
                          group ' s3 '
                   bin 4
                        template ' moban4 '
                        azimuth 0. 0 360. 0
                        tilt 0. 0 360. 0
                        elevation 0. 0 360. 0
                          size [radmin * 0. 6] [radmax * 0. 6]
                        volume-fraction 0. 2
                          group ' s4 '
                   bin 5
                        template ' moban5 '
                        azimuth 0. 0 360. 0
                        tilt 0. 0 360. 0
```

25

```
                    elevation 0. 0 360. 0
                    size [radmin * 0. 5] [radmax * 0. 5]
                    group 's5'
                    volume-fraction 0. 2   ...
                    resolution 1. 0 box [-xx] [xx] [-yy] [yy] [-zz] [zz]
clump attribute damp 0. 3 density 3000
model mechanical timestep scale
model cycle 5000 calm 100
model mechanical timestep automatic
model solve ratio-average   1e-5 calm 100
```

方法三:利用模板生成 rblock

```
geometry import 'moban1. stl'   format stl
rblock template create from-geometry 'moban1'
geometry import 'moban2. stl'
rblock template create from-geometry 'moban2'
geometry import 'moban3. stl'
rblock template create from-geometry 'moban3'
geometry import 'moban4. stl'
rblock template create from-geometry 'moban4'
geometry import 'moban5. stl'
rblock template create from-geometry 'moban5'
rblock distribute …
```

由于 PFC2D/3D 没有几何的随机构造与投放方法,因此无法直接在模型内随机投放颗粒外轮廓,只能通过编程将颗粒放置在试样内再导入。但是在 PFC6.0 版本出现 rblock 块体后,可以随机投放 rblock,并导出其外轮廓几何轮廓,因此可以借助 rblock 的生成作为中介,构造随机的颗粒轮廓,典型实现代码如例 1-3-2 所示。

例 1-3-2　构造随机轮廓典型实现代码

```
;(由于 rblock 只有在 PFC6. 0 版本以上才有,因此以下代码只能用于 PFC6. 0 及以上版本)
model new
Fish define parameter_setup
    xx=0. 5
    yy=0. 5
    zz=1. 0
    radmin=0. 02
    radmax=0. 04
    emod0=1. 0e7
    kratio0=2. 0
end
@parameter_setup
domain extent [-xx * 1. 5] [xx * 1. 5] [-yy * 1. 5] [yy * 1. 5] [-zz * 1. 5] [zz * 1. 5]
domain condition destroy
```

```
model random 10001
cmat default model linear   prop kn 1e8 fric 0.3
wall generate   box [-xx] [xx] [-yy] [yy] [-zz] [zz]


geometry import 'moban1. stl' format stl
rblock template create from-geometry 'moban1'
rblock distribute
                diameter
                porosity 0.50
                number-bins   1
                bin 1
                     template 'moban1'
                     azimuth 0.0 360.0
                     tilt 0.0 360.0
                     elevation 0.0 360.0
                     size [0.1] [0.3]
                     volume-fraction 1
                     group 's1'
                     resolution 1.0 box [-xx] [xx] [-yy] [yy] [-zz] [zz]
rblock attribute damp 0.3 density 3000
model mechanical timestep scale
model cycle 5000 calm 1000
model mechanical timestep auto
model cycle 5000
geometry delete
[nnn=0]
fish def creatgroup
    loop foreach local rp rblock. list
        nnn=nnn+1
        name=' rblock'+string(nnn)
        rblock. group(rp)=name
        command
            rblock export to-geometry @name split slot 'Default' range group [name]
        endcommand
    endloop
end
@creatgroup
rblock delete
ball distribute porosity 0.3 radius @radmin @radmax box [-xx] [xx] [-yy] [yy] [-zz] [zz]
ball attribute damp 0.3 density 3000
model mechanical timestep scale
model cycle 5000 calm 100
model mechanical timestep automatic
```

```
model solve ratio-average   1e-5
fish define assign_material
    loop foreach gs geom. set. list
            name111=geom. set. name(gs)
            command
                ball group @name111 range geometry-space @name111 count odd
                contact group @name111 range geometry-space @name111 count odd
            endcommand
    endloop
end
@assign_material
fish define contact_between_particles
    loop foreach cp contact. list(' ball-ball')
            bp1=contact. end1(cp)
            bp2=contact. end2(cp)
            ss11=ball. group(bp1)
            ss22=ball. group(bp2)
            if ss11 ≠ ss22 then
                contact. group(cp)=' boundary'
            endif
    endloop
end
@contact_between_particles
```

1.3.3 单元—刚性块—几何转化方法

事实上，有限差分法中的单元（zone）、离散元中的 rblock 以及控制颗粒生成的几何（geometry）是可以相互转化的。如例 1-3-3 所示代码可将 FLAC3D6.0 建立的实体单元利用 fish 函数转化为 rblock 块体。

例 1-3-3　采用 FLAC3D 等软件生成的实体单元转化 rblock 法

```
;model res ' ini_state'
fish define area_3d(x1,y1,z1,x2,y2,z2,x3,y3,z3)
    vx1=x2－x1
    vy1=y2－y1
    vz1=z2－z1
    vx2=x3－x1
    vy2=y3－y1
    vz2=z3－z1
    vx=vy1 * vz2－vz1 * vy2
    vy=vz1 * vx2－vx1 * vz2
    vz=vx1 * vy2－vy1 * vx2
    s=0. 5 * math. sqrt(vx * vx＋vy * vy＋vz * vz)
    area_3d=math. abs(s)
```

```
            end
fish define zone_to_rblock
        p_z＝zone. head
        tetranum＝0
        bricknum＝0
        wedgenum＝0
        pyramidnum＝0
        num_total＝0
        loop while p_z ≠ null
            z1_code   ＝zone. code( p_z)
            z2_code   ＝ zone. group( p_z)
            sss＝zone. model( p_z)
            ;if sss='null' then
            nflag＝0
            if z2_code='2' then
                if sss ＝ 'null' then
                    nflag＝1
                endif
            endif
            if nflag＝1 then
            if  z1_code＝4 then
                    tetranum＝tetranum＋1
                    n1＝zone. gp( p_z, 1)
                    n2＝zone. gp( p_z, 2)
                    n3＝zone. gp( p_z, 3)
                    n4＝zone. gp( p_z, 3)
                    n5＝zone. gp( p_z, 4)
                    n6＝zone. gp( p_z, 4)
                    n7＝zone. gp( p_z, 4)
                    n8＝zone. gp( p_z, 4)
                    num_total＝num_total＋1
            else
                if  Z1_code＝0 then
                    bricknum＝bricknum ＋ 1
                    n1＝zone. gp( p_z, 1)
                    n2＝zone. gp( p_z, 2)
                    n3＝zone. gp( p_z, 5)
                    n4＝zone. gp( p_z, 3)
                    n5＝zone. gp( p_z, 4)
                    n6＝zone. gp( p_z, 7)
                    n7＝zone. gp( p_z, 8)
                    n8＝zone. gp( p_z, 6)
                    num_total＝num_total＋1
```

```
        else
          if  z1_code=1 then
            wedgenum= edgenum+1
            n1=zone. gp(p_z, 1)
            n2=zone. gp(p_z, 4)
            n3=zone. gp(p_z, 2)
            n4=zone. gp(p_z, 2)
            n5=zone. gp(p_z, 3)
            n6=zone. gp(p_z, 6)
            n7=zone. gp(p_z, 5)
            n8=zone. gp(p_z, 5)
            num_total=num_total+1
          else
            if  Z1_code=2 then
              pyramidnum=pyramidnum+1
              n1=zone. gp(p_z, 1)
              n2=zone. gp(p_z, 2)
              n3=zone. gp(p_z, 5)
              n4=zone. gp(p_z, 3)
              n5=zone. gp(p_z, 4)
              n6=zone. gp(p_z, 4)
              n7=zone. gp(p_z, 4)
              n8=zone. gp(p_z, 4)
              num_total=num_total+1
            endif
          endif
        endif
endif
gname=' deposit'+string(num_total)
ggg = geom. set. create(gname)
x1=gp. pos. x(n1)
y1=gp. pos. y(n1)
z1=gp. pos. z(n1)
x2=gp. pos. x(n2)
y2=gp. pos. y(n2)
z2=gp. pos. z(n2)
x3=gp. pos. x(n3)
y3=gp. pos. y(n3)
z3=gp. pos. z(n3)
x4=gp. pos. x(n4)
y4=gp. pos. y(n4)
z4=gp. pos. z(n4)
x5=gp. pos. x(n5)
```

```
    y5＝gp. pos. y(n5)
    z5＝gp. pos. z(n5)
    x6＝gp. pos. x(n6)
    y6＝gp. pos. y(n6)
    z6＝gp. pos. z(n6)
    x7＝gp. pos. x(n7)
    y7＝gp. pos. y(n7)
    z7＝gp. pos. z(n7)
    x8＝gp. pos. x(n8)
    y8＝gp. pos. y(n8)
    z8＝gp. pos. z(n8)
s1＝area_3d(x1,y1,z1,x2,y2,z2,x3,y3,z3)
if s1 ＞1e-5 then
command
  geometry polygon create by-positions ([x1],[y1],[z1]) ([x2],[y2],[z2]) ([x3],[y3],[z3])
endcommand
endif
s1＝area_3d(x1,y1,z1,x3,y3,z3,x4,y4,z4)
if s1 ＞1e-5 then
command
geometry polygon create by-positions ([x1],[y1],[z1]) ([x3],[y3],[z3]) ([x4],[y4],[z4])
endcommand
endif
s1＝area_3d(x1,y1,z1,x5,y5,z5,x6,y6,z6)
if s1 ＞1e-5 then
command
geometry polygon create by-positions ([x1],[y1],[z1]) ([x5],[y5],[z5]) ([x6],[y6],[z6])
endcommand
endif
s1＝area_3d(x1,y1,z1,x6,y6,z6,x2,y2,z2)
if s1 ＞1e-5 then
command
geometry polygon create by-positions ([x1],[y1],[z1]) ([x6],[y6],[z6]) ([x2],[y2],[z2])
endcommand
endif
s1＝area_3d(x2,y2,z2,x6,y6,z6,x7,y7,z7)
if s1 ＞1e-5 then
command
geometry polygon create by-positions ([x2],[y2],[z2]) ([x6],[y6],[z6])([x7],[y7],[z7])
endcommand
endif
s1＝area_3d(x2,y2,z2,x7,y7,z7,x3,y3,z3)
if s1 ＞1e-5 then
```

command

geometry polygon create by-positions ([x2],[y2],[z2]) ([x7],[y7],[z7]) ([x3],[y3],[z3])

endcommand

endif

s1=area_3d(x5,y5,z5,x8,y8,z8,x7,y7,z7)

if s1 >1e-5 then

command

geometry polygon create by-positions ([x5],[y5],[z5]) ([x8],[y8],[z8]) ([x7],[y7],[z7])

endcommand

endif

s1=area_3d(x5,y5,z5,x7,y7,z7,x6,y6,z6)

if s1 >1e-5 then

command

geometry polygon create by-positions ([x5],[y5],[z5]) ([x7],[y7],[z7]) ([x6],[y6],[z6])

endcommand

endif

s1=area_3d(x1,y1,z1,x4,y4,z4,x8,y8,z8)

if s1 >1e-5 then

command

geometry polygon create by-positions ([x1],[y1],[z1]) ([x4],[y4],[z4]) ([x8],[y8],[z8])

endcommand

endif

s1=area_3d(x1,y1,z1,x8,y8,z8,x5,y5,z5)

if s1 >1e-5 then

command

geometry polygon create by-positions ([x1],[y1],[z1]) ([x8],[y8],[z8])([x5],[y5],[z5])

endcommand

endif

s1=area_3d(x4,y4,z4,x3,y3,z3,x7,y7,z7)

if s1 >1e-5 then

command

geometry polygon create by-positions ([x4],[y4],[z4]) ([x3],[y3],[z3])([x7],[y7],[z7])

endcommand

endif

s1=area_3d(x4,y4,z4,x8,y8,z8,x7,y7,z7)

if s1 >1e-5 then

command

geometry polygon create by-positions ([x4],[y4],[z4]) ([x8],[y8],[z8])([x7],[y7],[z7])

endcommand

endif

Command

 rblock create from-geometry [gname] id [num_total] rounding relative 0. 0001 group [z2_code]

geometry delete

```
        endcommand
      endif
      p_z = zone. next(p_z)
    Endloop
end
@zone_to_rblock
```

图 1-3-3（a）是所有单元为 FLAC3D 的实体模型，图 1-3-3（b）是将 PFC3D 中烟囱替换为 rblock 模型。依托该实例，只要在地表的面上建立一层耦合的 wall，即可模拟烟囱倒塌的过程。

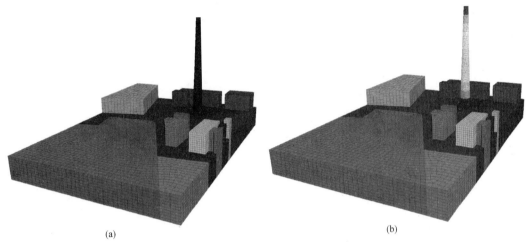

(a)   (b)

图 1-3-3 将部分单元转化为 rblock 的耦合模型

(a) 所有单元为 FLAC3D 的实体模型；(b) 将 PFC3D 中烟囱替换为 rblock 模型

在很多颗粒构成方法中，voronoi 多面体是一种很常见的颗粒构造方法。在 PFC6.0 版本中，采用 rblock construct 命令可以实现这一功能。见例 1-3-4，先生成一些尺寸较大的颗粒，利用颗粒中心生成 voronoi 多面体形成的 rblock，将其外轮廓转化为几何（geometry）。再重新生成较小的颗粒体系，利用 geometry 控制颗粒、接触分组，从而模拟晶体结构。多晶结构颗粒体系效果图如图 1-3-4 所示。

例 1-3-4 三维 voronoi 多晶细观结构构造方法

```
model new
def parameter_setup
    xx=1.0
    yy=1.0
    zz=2.0
    radmin=0.02
    radmax=0.03
    emod0=1.0e8
    kratio0=2.0
end
@parameter_setup
domain extent [-xx * 1.5] [xx * 1.5] [-yy * 1.5] [yy * 1.5] [-zz * 1.5] [zz * 1.5]
```

```
domain condition destroy
model random 10001
cmat default model linear method deform emod @emod0 kratio @kratio0 prop fric 0. 3
ball distribute porosity 0. 4 radius [0. 1] [0. 3] box [−xx] [xx] [−yy] [yy] [−zz] [zz]
ball   attribute damp 0. 3 density 3000
model mechanical timestep scale
model cycle 5000 calm 500
model mechanical timestep automatic
model cyc 10000
rblock construct from-balls polydisperse true
[nnn=0]
fish def creatgroup
    loop foreach local rp rblock. list
        nnn=nnn+1
        name=' rblock'+string(nnn)
        rblock. group(rp)=name
        command
            rblock export to-geometry @name split slot ' Default' range group [name]
        endcommand
    endloop
end
@creatgroup
ball delete
rblock delete
ball distribute porosity 0. 35 radius @radmin @radmax box [−xx] [xx] [−yy] [yy] [−zz] [zz]
ball   attribute damp 0. 3 density 3000
model mechanical timestep scale
model cycle 5000 calm 100
model mechanical timestep automatic
model solve ratio-average   1e-5 calm 100
fish def geometry_expand(xishu)
    loop foreach gs geom. set. list
        loop foreach n geom. node. list(gs)
            geom. node. pos(n,1) = geom. node. pos(n,1) * xishu
            geom. node. pos(n,2) = geom. node. pos(n,2) * xishu
            geom. node. pos(n,3) = geom. node. pos(n,3) * xishu
        endloop
    endloop
end
[geometry_expand(1. 1)]
fish define assign_material
  loop foreach gs geom. set. list
        name111=geom. set. name(gs)
```

34

```
            command
                ball group @name111 range geometry-space @name111 count odd
                contact group @name111 range geometry-space @name111 count odd
            endcommand
        endloop
end
@assign_material
fish define contact_between_particles
    loop foreach cp contact. list(' ball-ball')
            bp1＝contact. end1(cp)
            bp2＝contact. end2(cp)
            ss11＝ball. group(bp1)
            ss22＝ball. group(bp2)
            if ss11 ≠ ss22 then
                contact. group(cp)＝' boundary'
            endif
    endloop
end
@contact_between_particles
```

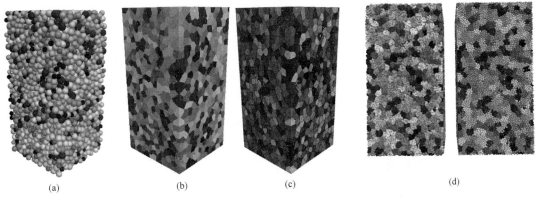

(a)   (b)   (c)   (d)

图 1-3-4　多晶结构颗粒体系效果图

（a）大尺寸 ball 控制 voronoi 尺寸；（b）voronoi 刚性块；（c）刚性块外几何尺寸；
（d）划分后的晶体结构（左侧为接触、右侧为颗粒）

　　注意：利用 rblock construct 命令构造 voronoi 多晶结构时，当颗粒范围为长方体，则形状效果更好，如果是圆柱或者不规则区域，边界上的多面体会自动默认超出范围，故需要自己编程处理。

1.4　保证颗粒流数值模拟效果的措施

　　控制数值模拟曲线的因素有三方面：模型细观特征、接触参数、边界条件。颗粒离散元法的使用，需要在颗粒体系建立、参数标定、边界控制方面谨慎处理，方能得到较好的效果。典型数值模型的接触如图1-4-1所示。接触包括试样内接触、试样与wall间接触两部分，其在力学计算时表现如下：

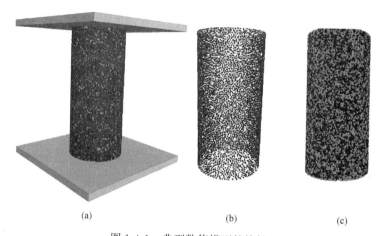

图 1-4-1 典型数值模型的接触

（a）典型试样（三轴压缩，隐藏了侧向wall）；（b）试样与wall间接触；（c）试样内接触

1）对于试样与wall间接触控制加载条件

（1）如果接触刚度过大，容易导致接触仅发生在少数点。

（2）随着围压增加，峰值强度的增大幅度与试验实际增加的幅度不符。

2）试样内部接触控制岩石（土）的力学性质

（1）不同的簇连接方式，使得岩土介质的压拉破坏比破坏模式、曲线形式相差很大。

（2）非圆形颗粒、软硬介质组合模拟效果更好。

典型应力—应变曲线（图1-4-2）、压缩过程中泊松比变化与破坏模式（图1-4-3），对模型状态的控制尤其重要（伺服、加载等）。在单轴条件下的破坏模式可能是脆性的，也可能是剪切破坏，在试验中如此，在数值模拟中也是如此。

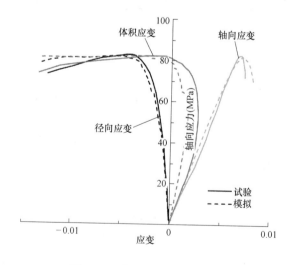

图 1-4-2 典型应力—应变曲线

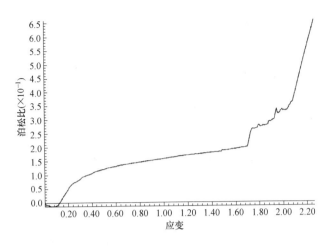

图 1-4-3　压缩过程中泊松比变化与破坏模式

1.4.1　模型的初始状态控制

为保证细观参数的正确性及适用性，数值试样与室内试验试样尺寸应保持一致，并且应确保在不同试验方式下，数值试验与室内试验对应的结果均能保持较好的一致性，可确保选取参数的科学性。

但是，如果标定参数是为了大尺度工程分析，此时，用于标定的颗粒体系（颗粒粒径等）应由工程尺度（计算规模/计算机处理能力）决定，只要保证应力应变曲线与试验一致即可。

如果片面要求颗粒尺寸与试验结果一致，那么只能重复室内试验，无法提供给大规模的工程计算使用。

给相同的接触参数，不同初始状态模型内激活的接触数目、配位数、重叠量均不相同，在受载作用下体现出的宏观力学性质也有区别。因此，需要对标定模型、工程模型采用相同的初始状态控制，标定的细关参数才有相关性。

为了验证这一想法，建立 2m×4m 矩形二维模型，用不同的压紧应力（伺服应力）构造模型，颗粒总数为 13643 个，最小、最大颗粒半径为 1cm、1.5cm，赋予相同的细观参数和边界控制条件后，进行单轴压缩得到的曲线力学性质相差很大。压紧应力对模型曲线影响如图 1-4-4 所示，采用 1.0MPa 压紧应力，接触数量为 29113 个，得到的曲线峰值强度约 110MPa，弹性模量为 17.43GPa；采用 5.0MPa 压紧应力，接触数量为 31737 个，峰值强度 174MPa，弹性模量 21.29GPa；采用 10.0MPa 压紧应力，接触数量 32218 个，峰值应力为 254MPa，

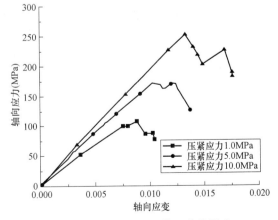

图 1-4-4　压紧应力对模型曲线影响

弹性模量为 24.29GPa。

这一规律表明：

（1）在采用确定的一套细观参数模拟介质物理力学性质时，对颗粒体系必须采用相同的压紧应力，否则颗粒体系就会表现出不同的力学性能。

（2）在相同的颗粒体系下，采用压紧应力（伺服应力），颗粒体系形成的激活接触数量不同，使得宏观弹性模量、泊松比、峰值应力等数值不同。

因此，为了控制模型的初始状态（赋予岩土体力学参数前），一般采用刚/柔性伺服方法，利用边界墙/颗粒对模型施加外部力，促使颗粒体系处于均匀压紧状态，同时为了预防边界满足要求而内部未平衡，还需要颗粒体系不平衡力趋于零。这通常体现在伺服控制函数内，如例 1-4-1 所示。

例 1-4-1　伺服控制函数编写

```
define stop_me
  if nsteps <= 20000
    exit
  endif
    if math. abs((wszz-tszz)/tszz) > tol
    exit
  endif
    if math. abs((wsrr_outer- tsrr_outer) / tsrr_outer) > tol
    exit
  endif
    if mech. solve("aratio")>1e-5
      exit
  endif
  stop_me=1
end
sovle fishhalt @stop_me
```

在例 1-4-1 中，对几种条件的顺序可以根据需要组合，当第一个不满足时即跳至程序末尾，这样做可以减少判断次数加快计算速度。只有依次条件均满足时才满足条件退出。

1.4.2　确保参数赋值准确有效

颗粒体系的宏观性质是由细观参数决定的，不同的赋值策略决定了颗粒体系的宏观表现。针对这一问题必须要搞清楚 contact 与 cmat 两个命令的区别。contact 对当前激活的接触进行属性定义或修改，cmat 对未来产生的接触进行属性定义或修改。

对于一个处于平衡状态（均匀、压紧、不平衡力低）的颗粒体系，如果赋予相同的平行粘结模型，可以采用如例 1-4-2 所示方式施加接触参数。

例 1-4-2　常见的接触施加方法（平行粘结）

```
Clean
contact groupbehavior contact
contact group 'contact1111' range contact type 'ball-ball'
contact model linearpbond range　group 'contact1111'
```

```
contact method bond gap 0 range group 'contact1111'
contact method pb_deformability emod [pb_modules * 1.0] krat [pb_kratio] deform emod [emod000] kra-
tio [pb_kratio] range group 'contact1111'
contact property pb_ten [ten_] pb_coh [coh_] fric [fric_coefficient]   pb_fa [fric_] pb_mcf [coeff_mcf]
pb_rmul 1.0 range group 'contact1111'
contact property   lin_mode 1 dp_nratio 0.3 dp_sratio 0.3 range group 'contact1111'
```

但是，自然界中的岩土物质由于矿物成分不同，里面存有软硬不同、粘结差异很大的介质，因此受压缩、拉伸、剪切时，性质相差很大，需要考虑按不同矿物，或者采用某一统计分布赋予参数，这样可以使得宏观压拉强度比值更接近工程实际比值，如例 1-4-3 所示。

例 1-4-3　部分解除修改属性

```
def part_contact_turn_off
    loop foreach cp contact.list.all('ball-ball')
        sss000=contact.model(cp)
        if sss000 == 'linearpbond' then
            x=math.random.uniform
            if x<0.4   then
                contact.group(cp)='contact2222'
            endif
        endif
    endloop
end
@part_contact_turn_off
contact model linearpbond range   group 'contact2222'
contact method bond gap   0 range group 'contact2222'
contact method pb_deformability emod [pb_modules * moduls_bili] krat [pb_kratio * kratio_bili] deform
emod [emod000] kratio [pb_kratio] range group 'contact2222'
contact property pb_ten [ten_ * strength_bili] pb_coh [coh_ * strength_bili] fric [fric_coefficient * 1.0]
pb_fa [fric_] pb_mcf [coeff_mcf] pb_rmul 1.0 range group 'contact2222'
contact property   lin_mode 1 dp_nratio 0.3 dp_sratio 0.0 range group 'contact2222'
```

有的时候，需要研究颗粒之间的运动状态，此时应该采用 cmat 与 contact 命令共同定义颗粒体系的参数，才能获得良好的效果。图 1-4-5 为三种颗粒（A、B、C）构成的体系，按接触对象区分并分别设置属性见例 1-4-4。

图 1-4-5　三种颗粒（A、B、C）构成的体系

例 1-4-4 按接触对象区分并分别设置属性

```
res ini
define obtain_typeid
    typeid_ball_facet＝contact. typeid(' ball-facet')
    typeid_ball_ball＝contact. typeid(' ball-ball')
end
@obtain_typeid
define assign_current_contact_group
  loop foreach contact contact. list
    bp1＝contact. end1(contact)
    bp2＝contact. end2(contact)
    type_con＝type. pointer. id(contact)
    if type_con＝＝typeid_ball_ball        then
        sss1＝ball. group(bp1)
        sss2＝ball. group(bp2)
        if sss1＝＝' A' & sss2＝＝' A' then
            emod1＝1e5
            pb_emod1＝1e5
            kratio1＝1. 0
            area1＝math. pi * (math. min(ball. radius(bp1),ball. radius(bp2)))^2
            contact. group(contact)＝' A-A'
            contact. model(contact) ＝' linearpbond'

contact. prop(contact,' kn')＝emod1 * area1/(ball. radius(bp1)＋ball. radius(bp2))
            contact. prop(contact,' ks')＝contact. prop(contact,' kn')/kratio1

contact. prop(contact,' pb_kn')＝pb_emod1/(ball. radius(bp1)＋ball. radius(bp2))
            contact. prop(contact,' pb_ks')＝contact. prop(contact,' pb_kn')/kratio1
            contact. prop(contact,' dp_nratio')＝0. 5
            contact. prop(contact,' dp_sratio')＝0. 5
            contact. prop(contact,' pb_ten')＝4e3
            contact. prop(contact,' pb_coh')＝4e3
            contact. prop(contact,' fric')＝0. 5
        endif
        if sss1＝＝' B' & sss2＝＝' B' then
            contact. group(contact)＝' B-B'
            contact. model(contact) ＝' linearpbond'
            emod2＝1e5
            pb_emod2＝1e5
            kratio2＝1. 0
            area2＝math. pi * (math. min(ball. radius(bp1),ball. radius(bp2)))^2

contact. prop(contact,' kn')＝emod2 * area2/(ball. radius(bp1)＋ball. radius(bp2))
```

40

```
                contact. prop(contact,' ks')=contact. prop(contact,' kn')/kratio2

contact. prop(contact,' pb_kn')=pb_emod2/(ball. radius(bp1)+ball. radius(bp2))
                contact. prop(contact,' pb_ks')=contact. prop(contact,' pb_kn')/kratio2
                contact. prop(contact,' dp_nratio')=0. 5
                contact. prop(contact,' dp_sratio')=0. 5
                contact. prop(contact,' pb_ten')=4e3
                contact. prop(contact,' pb_coh')=4e3
                contact. prop(contact,' fric')=0. 5
            endif
            if sss1=='C' & sss2=='C' then
                contact. group(contact)='C-C'
                contact. model(contact) ='linearpbond'
                emod3=1e5
                pb_emod3=1e5
                kratio3=1. 0
                area3=math. pi * (math. min(ball. radius(bp1),ball. radius(bp2)))^2

contact. prop(contact,' kn')=emod3 * area3/(ball. radius(bp1)+ball. radius(bp2))
                contact. prop(contact,' ks')=contact. prop(contact,' kn')/kratio3

contact. prop(contact,' pb_kn')=pb_emod3/(ball. radius(bp1)+ball. radius(bp2))
                contact. prop(contact,' pb_ks')=contact. prop(contact,' pb_kn')/kratio3
                contact. prop(contact,' dp_nratio')=0. 5
                contact. prop(contact,' dp_sratio')=0. 5
                contact. prop(contact,' pb_ten')=4e3
                contact. prop(contact,' pb_coh')=4e3
                contact. prop(contact,' fric')=0. 5
            endif

            if sss1=='A' & sss2=='B' then
                contact. group(contact)='A-B'
                contact. model(contact) ='linearpbond'
                emod4=1e5
                pb_emod4=1e5
                kratio4=1. 0
                area4=math. pi * (math. min(ball. radius(bp1),ball. radius(bp2)))^2

contact. prop(contact,' kn')=emod4 * area4/(ball. radius(bp1)+ball. radius(bp2))
                contact. prop(contact,' ks')=contact. prop(contact,' kn')/kratio4

contact. prop(contact,' pb_kn')=pb_emod4/(ball. radius(bp1)+ball. radius(bp2))
                contact. prop(contact,' pb_ks')=contact. prop(contact,' pb_kn')/kratio4
```

```
            contact. prop(contact,' dp_nratio')=0. 5
            contact. prop(contact,' dp_sratio')=0. 5
            contact. prop(contact,' pb_ten')=4e3
            contact. prop(contact,' pb_coh')=4e3
            contact. prop(contact,' fric')=0. 5
        endif
        if sss1=='B' & sss2=='A' then
            contact. group(contact)='A-B'
            contact. model(contact) ='linearpbond'
            emod4=1e5
            pb_emod4=1e5
            kratio4=1. 0
            area4=math. pi * (math. min(ball. radius(bp1),ball. radius(bp2)))^2

contact. prop(contact,' kn')=emod4 * area4/(ball. radius(bp1)+ball. radius(bp2))
            contact. prop(contact,' ks')=contact. prop(contact,' kn')/kratio4

contact. prop(contact,' pb_kn')=pb_emod4/(ball. radius(bp1)+ball. radius(bp2))
            contact. prop(contact,' pb_ks')=contact. prop(contact,' pb_kn')/kratio4
            contact. prop(contact,' dp_nratio')=0. 5
            contact. prop(contact,' dp_sratio')=0. 5
            contact. prop(contact,' pb_ten')=4e3
            contact. prop(contact,' pb_coh')=4e3
            contact. prop(contact,' fric')=0. 5
        endif

        if sss1=='A' & sss2=='C' then
            contact. group(contact)='A-C'
            contact. model(contact) ='linearpbond'
            emod5=1e5
            pb_emod5=1e5
            kratio5=1. 0
            area5=math. pi * (math. min(ball. radius(bp1),ball. radius(bp2)))^2

contact. prop(contact,' kn')=emod5 * area5/(ball. radius(bp1)+ball. radius(bp2))
            contact. prop(contact,' ks')=contact. prop(contact,' kn')/kratio5

contact. prop(contact,' pb_kn')=pb_emod5/(ball. radius(bp1)+ball. radius(bp2))
            contact. prop(contact,' pb_ks')=contact. prop(contact,' pb_kn')/kratio5
            contact. prop(contact,' dp_nratio')=0. 5
            contact. prop(contact,' dp_sratio')=0. 5
            contact. prop(contact,' pb_ten')=4e3
            contact. prop(contact,' pb_coh')=4e3
```

```
      contact. prop(contact,' fric')=0. 5
  endif
  if sss1=='C' & SSS2=='A' then
      contact. group(contact)='A-C'
      contact. model(contact) ='linearpbond'
      emod5=1e5
      pb_emod5=1e5
      kratio5=1. 0
      area5=math. pi * (math. min(ball. radius(bp1),ball. radius(bp2)))^2

contact. prop(contact,' kn')=emod5 * area5/(ball. radius(bp1)+ball. radius(bp2))
      contact. prop(contact,' ks')=contact. prop(contact,' kn')/kratio5

contact. prop(contact,' pb_kn')=pb_emod5/(ball. radius(bp1)+ball. radius(bp2))
      contact. prop(contact,' pb_ks')=contact. prop(contact,' pb_kn')/kratio5
      contact. prop(contact,' dp_nratio')=0. 5
      contact. prop(contact,' dp_sratio')=0. 5
      contact. prop(contact,' pb_ten')=4e3
      contact. prop(contact,' pb_coh')=4e3
      contact. prop(contact,' fric')=0. 5
  ENDIF

  if sss1=='B' & sss2=='C' then
      contact. group(contact)='B-C'
      contact. model(contact) ='linearpbond'
      emod6=1e5
      pb_emod6=1e5
      kratio6=1. 0
      area6=math. pi * (math. min(ball. radius(bp1),ball. radius(bp2)))^2

contact. prop(contact,' kn')=emod6 * area6/(ball. radius(bp1)+ball. radius(bp2))
      contact. prop(contact,' ks')=contact. prop(contact,' kn')/kratio6

contact. prop(contact,' pb_kn')=pb_emod6/(ball. radius(bp1)+ball. radius(bp2))
      contact. prop(contact,' pb_ks')=contact. prop(contact,' pb_kn')/kratio6
      contact. prop(contact,' dp_nratio')=0. 5
      contact. prop(contact,' dp_sratio')=0. 5
      contact. prop(contact,' pb_ten')=4e3
      contact. prop(contact,' pb_coh')=4e3
      contact. prop(contact,' fric')=0. 5
  endif
  if sss1=='C' & SSS2=='B' then
      contact. group(contact)='B-C'
```

```
        contact. model(contact) =' linearpbond'
        emod6=1e5
        pb_emod6=1e5
        kratio6=1. 0
        area6=math. pi * (math. min(ball. radius(bp1),ball. radius(bp2)))^2

contact. prop(contact,' kn')=emod6 * area6/(ball. radius(bp1)+ball. radius(bp2))
        contact. prop(contact,' ks')=contact. prop(contact,' kn')/kratio6

contact. prop(contact,' pb_kn')=pb_emod6/(ball. radius(bp1)+ball. radius(bp2))
        contact. prop(contact,' pb_ks')=contact. prop(contact,' pb_kn')/kratio6
        contact. prop(contact,' dp_nratio')=0. 5
        contact. prop(contact,' dp_sratio')=0. 5
        contact. prop(contact,' pb_ten')=4e3
        contact. prop(contact,' pb_coh')=4e3
        contact. prop(contact,' fric')=0. 5
      ENDIF
    endif
    if type_con==typeid_ball_facet      then
      wp=contact. end2(contact)
      wp2=wall. facet. wall(wp)
      if wall. id(wp2) = 6 then
        contact. group(contact)=' ball-facet111'
        contact. model(contact) =' linearpbond'
        emod7=1e5
        pb_emod7=1e5
        kratio7=1. 0
        area7=math. pi * (ball. radius(bp1))^2
        contact. prop(contact,' kn')=emod7 * area7/(ball. radius(bp1))
        contact. prop(contact,' ks')=contact. prop(contact,' kn')/kratio7
        contact. prop(contact,' pb_kn')=pb_emod7/(ball. radius(bp1))
        contact. prop(contact,' pb_ks')=contact. prop(contact,' pb_kn')/kratio7
        contact. prop(contact,' dp_nratio')=0. 5
        contact. prop(contact,' dp_sratio')=0. 5
        contact. prop(contact,' pb_ten')=4e5
        contact. prop(contact,' pb_coh')=4e5
        contact. prop(contact,' fric')=0. 5
      endif
      if wall. id(wp2) # 6 then
        contact. group(contact)=' ball-facet222'
        contact. model(contact) =' linearpbond'
        emod8=1e5
        pb_emod8=1e5
```

44

```
        kratio8＝1.0
        area8＝math. pi＊(ball. radius(bp1))^2
        contact. prop(contact,' kn')＝emod8＊area7/(ball. radius(bp1))
        contact. prop(contact,' ks')＝contact. prop(contact,' kn')/kratio8
        contact. prop(contact,' pb_kn')＝pb_emod8/(ball. radius(bp1))
        contact. prop(contact,' pb_ks')＝contact. prop(contact,' pb_kn')/kratio8
        contact. prop(contact,' dp_nratio')＝0.5
        contact. prop(contact,' dp_sratio')＝0.5
        contact. prop(contact,' pb_ten')＝4e3
        contact. prop(contact,' pb_coh')＝4e3
        contact. prop(contact,' fric')＝0.5
      endif
    endif
  endloop
end
@assign_current_contact_group
```

但是以上方法只是定义了当前已经存在的接触，对于运动的颗粒体系，有些接触会由于颗粒间距变大而不被激活，有些新接触会产生，因此必须对新产生的接触进行参数定义。这里要搞清几个问题：

（1）一个接触一旦产生，该接触就会被记录到接触列表中。即使该接触在后面处于未被激活状态，一旦再次被激活，该接触仍然用原来的指针，不会产生新的接触。

（2）接触状态、参数可以通过例 1-4-5 中 fish 函数控制。

（3）如果不定义新产生的接触，其参数将由接触链表（cmat）控制，并不会被自动赋予想要的参数。

这可以在新接触产生时，调用赋参函数来实现，运行后不同的接触分组如图 1-4-6 所示。

例 1-4-5　接触状态控制 fish 函数

```
define assign_contact_group(entries)
    local contact      = entries(1)
    local bp1＝contact. end1(contact)
    local bp2＝contact. end2(contact)
    type_con＝type. pointer. id(contact)
    ;contact. typeid(' ball-ball')
    if type_con＝＝typeid_ball_ball     then
        sss1＝ball. group(bp1)
        sss2＝ball. group(bp2)
      if sss1＝＝' A' & sss2＝＝' A' then
          emod1＝1e5
          pb_emod1＝1e5
          kratio1＝1.0
          area1＝math. pi＊(math. min(ball. radius(bp1),ball. radius(bp2)))^2
          contact. group(contact)＝' A-A'
          contact. model(contact)＝' linearpbond'
```

45

```
contact. prop(contact,' kn')=emod1 * area1/(ball. radius(bp1)+ball. radius(bp2))
        contact. prop(contact,' ks')=contact. prop(contact,' kn')/kratio1

contact. prop(contact,' pb_kn')=pb_emod1/(ball. radius(bp1)+ball. radius(bp2))
        contact. prop(contact,' pb_ks')=contact. prop(contact,' pb_kn')/kratio1
        contact. prop(contact,' dp_nratio')=0. 5
        contact. prop(contact,' dp_sratio')=0. 5
        contact. prop(contact,' pb_ten')=4e3
        contact. prop(contact,' pb_coh')=4e3
        contact. prop(contact,' fric')=0. 5
    endif
    if sss1=='B' & sss2=='B' then
        contact. group(contact)='B-B'
        contact. model(contact) ='linearpbond'
        emod2=1e5
        pb_emod2=1e5
        kratio2=1. 0
        area2=math. pi * (math. min(ball. radius(bp1),ball. radius(bp2)))^2

contact. prop(contact,' kn')=emod2 * area2/(ball. radius(bp1)+ball. radius(bp2))
        contact. prop(contact,' ks')=contact. prop(contact,' kn')/kratio2

contact. prop(contact,' pb_kn')=pb_emod2/(ball. radius(bp1)+ball. radius(bp2))
        contact. prop(contact,' pb_ks')=contact. prop(contact,' pb_kn')/kratio2
        contact. prop(contact,' dp_nratio')=0. 5
        contact. prop(contact,' dp_sratio')=0. 5
        contact. prop(contact,' pb_ten')=4e3
        contact. prop(contact,' pb_coh')=4e3
        contact. prop(contact,' fric')=0. 5
    endif
    if sss1=='C' & sss2=='C' then
        contact. group(contact)='C-C'
        contact. model(contact) ='linearpbond'
        emod3=1e5
        pb_emod3=1e5
        kratio3=1. 0
        area3=math. pi * (math. min(ball. radius(bp1),ball. radius(bp2)))^2

contact. prop(contact,' kn')=emod3 * area3/(ball. radius(bp1)+ball. radius(bp2))
        contact. prop(contact,' ks')=contact. prop(contact,' kn')/kratio3

contact. prop(contact,' pb_kn')=pb_emod3/(ball. radius(bp1)+ball. radius(bp2))
```

```
        contact. prop(contact,' pb_ks')＝contact. prop(contact,' pb_kn')/kratio3
        contact. prop(contact,' dp_nratio')＝0. 5
        contact. prop(contact,' dp_sratio')＝0. 5
        contact. prop(contact,' pb_ten')＝4e3
        contact. prop(contact,' pb_coh')＝4e3
        contact. prop(contact,' fric')＝0. 5
    endif

    if sss1＝＝' A' & sss2＝＝' B' then
        contact. group(contact)＝' A-B'
        contact. model(contact) ＝' linearpbond'
        emod4＝1e5
        pb_emod4＝1e5
        kratio4＝1. 0
        area4＝math. pi * (math. min(ball. radius(bp1),ball. radius(bp2)))^2

contact. prop(contact,' kn')＝emod4 * area4/(ball. radius(bp1)＋ball. radius(bp2))
        contact. prop(contact,' ks')＝contact. prop(contact,' kn')/kratio4

contact. prop(contact,' pb_kn')＝pb_emod4/(ball. radius(bp1)＋ball. radius(bp2))
        contact. prop(contact,' pb_ks')＝contact. prop(contact,' pb_kn')/kratio4
        contact. prop(contact,' dp_nratio')＝0. 5
        contact. prop(contact,' dp_sratio')＝0. 5
        contact. prop(contact,' pb_ten')＝4e3
        contact. prop(contact,' pb_coh')＝4e3
        contact. prop(contact,' fric')＝0. 5
    endif
    if sss1＝＝' B' & sss2＝＝' A' then
        contact. group(contact)＝' A-B'
        contact. model(contact) ＝' linearpbond'
        emod4＝1e5
        pb_emod4＝1e5
        kratio4＝1. 0
        area4＝math. pi * (math. min(ball. radius(bp1),ball. radius(bp2)))^2

contact. prop(contact,' kn')＝emod4 * area4/(ball. radius(bp1)＋ball. radius(bp2))
        contact. prop(contact,' ks')＝contact. prop(contact,' kn')/kratio4

contact. prop(contact,' pb_kn')＝pb_emod4/(ball. radius(bp1)＋ball. radius(bp2))
        contact. prop(contact,' pb_ks')＝contact. prop(contact,' pb_kn')/kratio4
        contact. prop(contact,' dp_nratio')＝0. 5
        contact. prop(contact,' dp_sratio')＝0. 5
        contact. prop(contact,' pb_ten')＝4e3
```

```
        contact. prop(contact,' pb_coh')＝4e3
        contact. prop(contact,' fric')＝0. 5
    endif

    if sss1＝＝' A' & sss2＝＝' C' then
        contact. group(contact)＝' A-C'
        contact. model(contact) ＝' linearpbond'
        emod5＝1e5
        pb_emod5＝1e5
        kratio5＝1. 0
        area5＝math. pi * (math. min(ball. radius(bp1),ball. radius(bp2)))^2

contact. prop(contact,' kn')＝emod5 * area5/(ball. radius(bp1)＋ball. radius(bp2))
        contact. prop(contact,' ks')＝contact. prop(contact,' kn')/kratio5

contact. prop(contact,' pb_kn')＝pb_emod5/(ball. radius(bp1)＋ball. radius(bp2))
        contact. prop(contact,' pb_ks')＝contact. prop(contact,' pb_kn')/kratio5
        contact. prop(contact,' dp_nratio')＝0. 5
        contact. prop(contact,' dp_sratio')＝0. 5
        contact. prop(contact,' pb_ten')＝4e3
        contact. prop(contact,' pb_coh')＝4e3
        contact. prop(contact,' fric')＝0. 5
    endif
    if sss1＝＝' C' & SSS2＝＝' A' then
        contact. group(contact)＝' A-C'
        contact. model(contact) ＝' linearpbond'
        emod5＝1e5
        pb_emod5＝1e5
        kratio5＝1. 0
        area5＝math. pi * (math. min(ball. radius(bp1),ball. radius(bp2)))^2

contact. prop(contact,' kn')＝emod5 * area5/(ball. radius(bp1)＋ball. radius(bp2))
        contact. prop(contact,' ks')＝contact. prop(contact,' kn')/kratio5

contact. prop(contact,' pb_kn')＝pb_emod5/(ball. radius(bp1)＋ball. radius(bp2))
        contact. prop(contact,' pb_ks')＝contact. prop(contact,' pb_kn')/kratio5
        contact. prop(contact,' dp_nratio')＝0. 5
        contact. prop(contact,' dp_sratio')＝0. 5
        contact. prop(contact,' pb_ten')＝4e3
        contact. prop(contact,' pb_coh')＝4e3
        contact. prop(contact,' fric')＝0. 5
    ENDIF
```

```
        if sss1=='B' & sss2=='C' then
            contact. group(contact)='B-C'
            contact. model(contact) ='linearpbond'
            emod6=1e5
            pb_emod6=1e5
            kratio6=1.0
            area6=math. pi * (math. min(ball. radius(bp1),ball. radius(bp2)))^2

contact. prop(contact,'kn')=emod6 * area6/(ball. radius(bp1)+ball. radius(bp2))
            contact. prop(contact,'ks')=contact. prop(contact,'kn')/kratio6

contact. prop(contact,'pb_kn')=pb_emod6/(ball. radius(bp1)+ball. radius(bp2))
            contact. prop(contact,'pb_ks')=contact. prop(contact,'pb_kn')/kratio6
            contact. prop(contact,'dp_nratio')=0.5
            contact. prop(contact,'dp_sratio')=0.5
            contact. prop(contact,'pb_ten')=4e3
            contact. prop(contact,'pb_coh')=4e3
            contact. prop(contact,'fric')=0.5
        endif
        if sss1=='C' & SSS2=='B' then
            contact. group(contact)='B-C'
            contact. model(contact) ='linearpbond'
            emod6=1e5
            pb_emod6=1e5
            kratio6=1.0
            area6=math. pi * (math. min(ball. radius(bp1),ball. radius(bp2)))^2

contact. prop(contact,'kn')=emod6 * area6/(ball. radius(bp1)+ball. radius(bp2))
            contact. prop(contact,'ks')=contact. prop(contact,'kn')/kratio6

contact. prop(contact,'pb_kn')=pb_emod6/(ball. radius(bp1)+ball. radius(bp2))
            contact. prop(contact,'pb_ks')=contact. prop(contact,'pb_kn')/kratio6
            contact. prop(contact,'dp_nratio')=0.5
            contact. prop(contact,'dp_sratio')=0.5
            contact. prop(contact,'pb_ten')=4e3
            contact. prop(contact,'pb_coh')=4e3
            contact. prop(contact,'fric')=0.5
        ENDIF
    endif
    if type_con==typeid_ball_facet      then
        wp=contact. end2(contact)
        wp2=wall. facet. wall(wp)
        if wall. id(wp2) = 6 then
```

```
            contact. group(contact) =' ball-facet111'
            contact. model(contact)  =' linearpbond'
            emod7＝1e5
            pb_emod7＝1e5
            kratio7＝1. 0
            area7＝math. pi * (ball. radius(bp1))^2
            contact. prop(contact,' kn')＝emod7 * area7/(ball. radius(bp1))
            contact. prop(contact,' ks')＝contact. prop(contact,' kn')/kratio7
            contact. prop(contact,' pb_kn')＝pb_emod7/(ball. radius(bp1))
            contact. prop(contact,' pb_ks')＝contact. prop(contact,' pb_kn')/kratio7
            contact. prop(contact,' dp_nratio')＝0. 5
            contact. prop(contact,' dp_sratio')＝0. 5
            contact. prop(contact,' pb_ten')＝4e5
            contact. prop(contact,' pb_coh')＝4e5
            contact. prop(contact,' fric')＝0. 5
        endif
        if wall. id(wp2)  ≠ 6 then
            contact. group(contact)=' ball-facet222'
            contact. model(contact)  =' linearpbond'
            emod8＝1e5
            pb_emod8＝1e5
            kratio8＝1. 0
            area8＝math. pi * (ball. radius(bp1))^2
            contact. prop(contact,' kn')＝emod8 * area7/(ball. radius(bp1))
            contact. prop(contact,' ks')＝contact. prop(contact,' kn')/kratio8
            contact. prop(contact,' pb_kn')＝pb_emod8/(ball. radius(bp1))
            contact. prop(contact,' pb_ks')＝contact. prop(contact,' pb_kn')/kratio8
            contact. prop(contact,' dp_nratio')＝0. 5
            contact. prop(contact,' dp_sratio')＝0. 5
            contact. prop(contact,' pb_ten')＝4e3
            contact. prop(contact,' pb_coh')＝4e3
            contact. prop(contact,' fric')＝0. 5
        endif
    endif
end
set fish callback contact_activated @assign_contact_group
```

图 1-4-6 运行后不同的接触分组

1.4.3 加载速率的影响

当岩土材料承受动态荷载时，它所表现出来的力学特性与在静载作用时的力学特性存在较大差异。国际上普遍用应变率反映其变化规律，并对常见的动力学问题进行了分类。不同荷载下对应的应变率范围如图 1-4-7 所示。

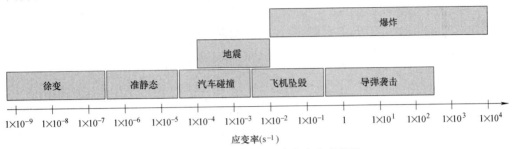

图 1-4-7　不同荷载下对应的应变率范围

但是，PFC 中数值计算的时间步是系统优化得出的自动时间步，要想让结果收敛，该时间步通常非常小（$1\times10^{-8}\sim1\times10^{-7}$），其模拟真实物理时间 1s 即需要上百万步。如果采用与试验室相同的加载率计算，计算一个二维 1 万颗粒的试样单轴压缩所耗费的时间都需要几天，这显然是不切实际的，因此，常提高加载速率，尽快得到结果。

但是，由于 PFC 中的计算采用的是动力学方法，在加载试样时，模型由原来的恒压稳定态转变为加载态，此时，将会在试样内产生应力波，出现曲线振荡。针对这种问题，最开始加载时速度不要快，可尝试加载率由 0 逐步增加到设计加载率。

另外，颗粒体系对不同应变率下的加载也有影响，图 1-4-8 为不同加载率下的应力—应变曲线，该图表明：

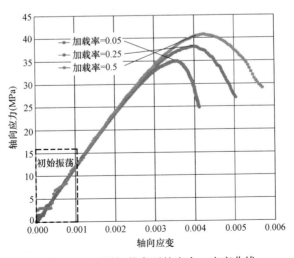

图 1-4-8　不同加载率下的应力—应变曲线

（1）随着应变率的增加，加载初期的振动幅度越大，加载初始不宜将速度直接赋予较大的定值。

（2）加载稳定后，加载率对曲线的影响不大，可以适当采用较高的加载率。

（3）随着加载率的增加，弹性模量变化很小，可认为与应变率关系不大；峰值强度变化明显，但与实际试验体现出的规律很难恰好吻合。

这种差异性是由于试样内的细观结构很难与实际吻合引起的。因此寄希望设置不同加载速率模拟相关效应是不现实的。如果要模拟应变率，需要岩土力学参数随应变率变化。例 1-4-6 为边界加载速度控制对比，其中采用变速加载计算的曲线如图 1-4-9 所示。

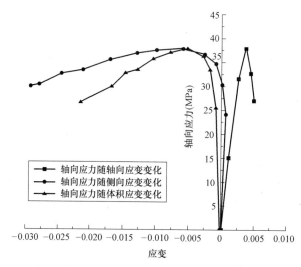

图 1-4-9　采用变速加载计算的曲线

例 1-4-6　边界加载速度控制对比

方法一：加载板定速加载

[rate＝0.05]

wall attribute zvelocity [－rate * _wH0] range id 6

wall attribute zvelocity [rate * _wH0] range id 5

方法二：加载板变速加载

[rate＝0.05]

```
define apply_zvel_ban
  strain_kz＝1e-3
  xishu＝math. abs(wezz)/strain_kz
  if xishu<0.05
    xishu=0.05
  endif
  if xishu >1.0
    xishu=1.0
    command
      set fish callback 1 remove @apply_zvel_ban
    endcommand
  endif
  wall. vel. z(wadd6)＝－rate * _wH0
  wall. vel. z(wadd5)＝rate * _wH0
```

```
end
set fish callback—1 @apply_zvel_ban
```

1.4.4 模型尺寸效应

在颗粒离散元数值模拟方法中，试样模型的尺寸对试验结果会产生一定影响。在保证试样形状不变的条件下，改变模型尺寸大小，并同比例改变颗粒尺寸大小，可研究尺寸效应对颗粒离散元双轴压缩试验的影响。

基础试样尺寸为 0.05m×0.1m，颗粒大小为 0.1～0.2mm，对试样放大 3 倍、5 倍、10 倍、30 倍、50 倍，对应试样尺寸分别为 0.15m×0.3m、0.25m×0.5m、0.5m×1m、1.5m×3m、2.5m×5m，对应颗粒大小分别为 0.3～0.6mm、0.5～1.0mm、1～2mm、3～6mm、5～10mm，不同尺寸下双轴压缩模拟试验结果如图 1-4-10 所示。结果发现：基准试样弹性模量为 28.2GPa，单轴抗压强度为 131MPa；0.15m×0.3m 试样弹性模量为 26.4GPa，单轴抗压强度为 114MPa；0.25m×0.5m 试样弹性模量为 25.8GPa，单轴抗压强度为 108MPa；0.5m×1m 试样弹性模量为 25.0GPa，单轴抗压强度为 101MPa；1.5m×3m 试样弹性模量为 23.8GPa，单轴抗压强度为 90MPa；2.5m×5m 试样弹性模量为 23.2GPa，单轴抗压强度为 86MPa。

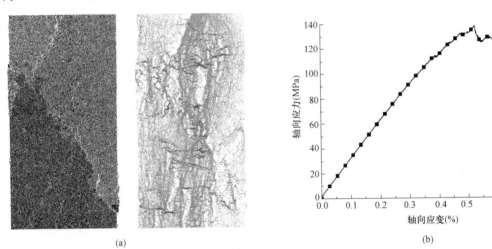

图 1-4-10　不同尺寸下双轴压缩模拟试验结果
（a）基准样单轴压缩破坏：裂隙（左），力链（右）；（b）基准样单轴压缩应力—应变曲线

不同颗粒尺寸模型宏观参数随尺寸比变化规律如图 1-4-11 所示，不同尺寸下颗粒离散元模型计算得到的结果不相同。但通过对弹性模量、单轴抗压强度拟合，可以得到式（1-32）和式（1-33），在一定尺寸范围内，颗粒离散元双轴压缩试验模拟得到的弹性模量和单轴抗压强度随模型尺寸变化符合一定规律。当采用与实际试样不同尺寸的数值模型时，只需对结果按式（1-33）和式（1-34）进行修正，即可得到实际情况下的试验结果。

$$E = 28.01X^{-0.049} \tag{1-33}$$

$$\sigma_c = 129.32X^{-0.106} \tag{1-34}$$

式中，E 为弹性模量；σ_c 为单轴抗压强度；X 为模型尺寸与基准试样尺寸之比。

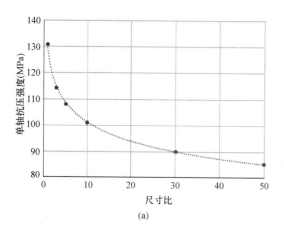
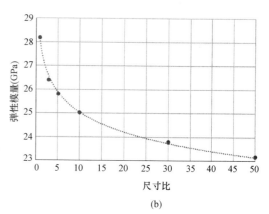

|(a)|(b)|

图 1-4-11　不同颗粒尺寸模型宏观参数随尺寸比变化规律

（a）不同颗粒尺寸下单轴抗压强度规律；（b）不同颗粒尺寸下弹性模量规律

根据尺寸效应分析，假设计算是为了开展滑坡计算，而滑坡计算采用的颗粒是半径 5～10mm 的颗粒，采用 1MPa 围压压紧，那么标定用的模型也必须采用半径 5～10mm 的颗粒，采用 1MPa 作为初始条件。

采用其他粒径、伺服控制条件得到的宏观力学特性必然不能吻合大尺度计算，这一点必须要牢记。

1.5　根据曲线计算宏观力学参数

1.5.1　弹性模量计算

岩石力学中经常用弹性模量、变形模量研究变形。弹性模量一般是指单轴（无侧压）情况下应力—应变曲线的斜率，变形模量为单轴（无侧压）应力—应变曲线峰值强度与原点连线的斜率。由于岩石多是非线性的，因此变形模量一般小于弹性模量。

要在 PFC 中计算这两个模量，只需要在进行单轴计算时分别定义两个函数即可。计算弹性模量可以在应力—应变曲线上取两个点，程序自动获取这两个点的轴向应变、轴向应力，即可利用公式计算弹性模量。代码如例 1-5-1 所示，计算原理如图 1-5-1 所示。

例 1-5-1　两点计算弹性模量函数

```
[nnnflag111＝0]
[nnnflag222＝0]
define compute_elastic_modulus
    axial_strain_wall＝math. abs（wezz）
    if axial_strain_wall ＞ 1e-4 then
      if nnnflag111 ＝ 0 then
        strain1＝axial_strain_wall
        stress1＝math. abs（wszz2）
        nnnflag111＝1
      endif
```

```
        endif
        if axial_strain_wall > 2. e-3 then
            if nnnflag222 = 0 then
                strain2＝axial_strain_wall
                stress2＝math. abs(wszz2)
                nnnflag222＝1
                compute_elastic_modulus＝(stress2－stress1)/(strain2－strain1)
                command
                set fish callback 9 remove @compute_elastic_modulus
                endcommand
            endif
        endif
end
set fish callback 9 @compute_elastic_modulus
```

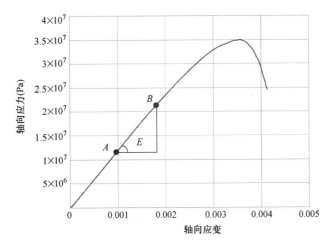

图 1-5-1　弹性模量计算原理

　　计算变形模量则更为简单，只需要找到峰值应力与峰值应变，即可定义该模量，可以采用如例 1-5-2 所示程序计算子函数。

例 1-5-2　变形模量计算子函数

```
[peak_str＝0]
define bulk_moduls
    abs_stress ＝ math. abs(wszz2)
    if abs_stress > peak_str then
        peak_str ＝ abs_stress
        peak_strain ＝math. abs(wezz)
        bulk_moduls＝peak_str/peak_strain
    endif
end
set fish callback 9. 01 @bulk_moduls
```

1.5.2 泊松比计算

泊松比是岩石工程中表征侧向变形的参数，其定义为：单轴压缩条件下，侧向应变与轴向应变值的比。在用 PFC 进行数值模拟时，一般有三种计算方法。

方法一，利用伺服用的 wall 计算试样的平均轴向应变、侧向应变，然后利用公式得出泊松比，如例 1-5-3 所示。但是，由于计算泊松比时，基于单轴压缩条件，此时，计算径向变形的墙（wall）必须贴紧试样，才能得出理想的结果，因此，通常需要辅助较小的围压、较小的 ball-facet 接触刚度来实现。

例 1-5-3 利用加载 wall 得到应变计算泊松比

```
define wezz
    wezz＝（_wdz-_wH0）/ _wH0
end
define wexx
    wexx＝（_wdr-_wdr0)/_wdr0
end
［nnnflag333＝0］
［nnnflag444＝0］
define possion_pingjun
    possion0＝－wexx/wezz
    if axial_strain_wall ＞ 1e-3 then
        if nnnflag333 ＝ 0 then
            possion1＝possion0
            nnnflag333＝1
        endif
    endif
    if axial_strain_wall ＞ 2e-3 then
        if nnnflag444 ＝ 0 then
            possion2＝possion0
            nnnflag444＝1
            possion_pingjun＝(possion1＋possion2)/2.0
        endif
    endif
end
set fish callback 9.01 @possion_pingjun
;hist id 100 @possion_pingjun
```

方法二，在计算泊松比时采用单轴压缩试样，在试样外围选取几个典型的球（ball），通过 ball 之间的相对变形计算应变，进而得到泊松比，选择边界颗粒计算应变再计算泊松比方法如例 1-5-4 所示。方法二与方法一相比，得到的泊松比值更稳定，但方法一采用低伺服应力近似计算结果的好坏取决于边界墙接触参数，需要合理设置参数，因此，方法二实用性更好。

例 1-5-4　选择边界颗粒计算应变再计算泊松比方法

```
define compute_lateral_strain
    xmin=100000
    xmax=-100000
    ymin=100000
    ymax=-100000
    loop foreach bp ball. list
        xc=ball. pos. x(bp)
        yc=ball. pos. y(bp)
        if xc>xmax then
            xmax=xc
        endif
        if xc<xmin then
            xmin=xc
        endif
        if yc<ymin then
            ymin=yc
        endif
        if yc>ymax then
            ymax=yc
        endif
    endloop
    vect_111=vector(xmin,0.0,height/2.0)
    vect_222=vector(xmax,0.0,height/2.0)
    vect_333=vector(0.0,ymin,height/2.0)
    vect_444=vector(0.0,ymax,height/2.0)
    gage_111=ball. near(vect_111)
    gage_222=ball. near(vect_222)
    gage_333=ball. near(vect_333)
    gage_444=ball. near(vect_444)
    width111=ball. pos(gage_222,1)-ball. pos(gage_111,1)
    width222=ball. pos(gage_444,2)-ball. pos(gage_333,2)
    lateral_strain000=(width111+width222)/2.0
end
@compute_lateral_strain
define lateral_strain
    width111=ball. pos(gage_222,1)-ball. pos(gage_111,1)
    width222=ball. pos(gage_444,2)-ball. pos(gage_333,2)
lateral_strain=((width111+width222)/2.0-lateral_strain000)/(lateral_strain000)
end
define possion2222
    possion2222=-lateral_strain/wezz
end
```

hist id 1 @possion2222

方法三，采用测量圆计算。首先，在试样内设置一个或多个测量圆；其次，利用应变率张量乘以时间步累积得到应变；最后，再利用泊松比定义计算。测量圆计算泊松比如例1-5-5所示。该方法得到的泊松比容易受测量圆的位置所影响，尤其加载开始试样未平衡时，泊松比偏差较大。

例 1-5-5　测量圆计算泊松比

```
measure create id 1    x 0.00 y 0.0 z [height/2.0] rad [width * 0.5 * 0.8]
define ini_msrate(id)
   global mstrains = matrix(3,3)
   global mp = measure. find(id)
end
@ini_msrate(1)
define    accumulate_strain
    msrate = measure. strainrate. full(mp)
    mstrains = mstrains + msrate * global. timestep
    wexx_measure = mstrains(1,1)
    weyy_measure = mstrains(2,2)
    wezz_measure = mstrains(3,3)
    if math. abs(wezz_measure) < 1e-6
       wezz_measure = math. sgn(wezz_measure) * 1e-6
    endif
    possion_meas = wexx_measure/wezz_measure
end
set fish callback 9. 2 @accumulate_strain
;history id 8 @possion_meas
```

为了对比三种方法监测的试样压缩过程中泊松比变化，采用三维试样进行压缩，记录其曲线变化。其中，wall 伺服围压取 0.001MPa（低围压模拟单轴压缩），三种方法计算的泊松比对比曲线如图 1-5-2 所示。三种方法计算得到的泊松比（线性段）均位于 0.24，因此，试样的泊松比定位在 0.24 是有一定可信度的。

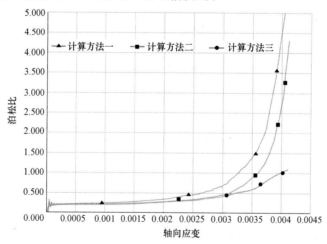

图 1-5-2　三种方法计算的泊松比对比曲线

1.5.3　峰值强度

峰值强度是计算单轴、三轴强度的重要指标，也是计算岩土体抗剪强度的依据。在提取这些指标时，需要根据这些强度在应力—应变曲线上的特点来实现。峰值强度与峰值应变实现代码如例 1-5-6 所示。

例 1-5-6　峰值强度与峰值应变实现代码

```
[peak_str=1.0]
define peak_stress_wall
    abs_stress = math.abs(wszz)
    dd=math.sqrt((abs_stress-peak_str)^2)/peak_str
    peak_str = math.max(abs_stress,peak_str)
    if dd>0.001 then
        peak_strain_wall=math.abs(wezz)
    endif
end
set fish callback 9.01 @peak_stress_wall
```

如例 1-5-7 所示，为体积应变由剪缩到剪涨拐点应力。

例 1-5-7　体积应变由剪缩到剪涨拐点应力

```
define sigma_ci
    strain_v=-wvol
    peak_strain_v = math.max(strain_v,peak_strain_v)
    if  peak_strain_v >= strain_v then
        sigma_ci000=-wszz2
    endif
    if strain_v > 0 then
        if strain_v < 0.999 * peak_strain_v
            sigma_ci=sigma_ci000
            command
                set fish callback 9.01 remove @sigma_ci
            endcommand
        endif
    endif
end
set fish callback 9.01 @sigma_ci
```

1.5.4　抗剪强度

通过直接剪切或者三轴（双轴）试验，得到极限强度后，可以利用土力学公式，利用摩尔库仑强度公式计算强度。如果采用直接剪切试验，则可以直接用得到的几组极限状态（σ、τ），利用式（1-37）进行数据拟合，得到抗剪强度（黏聚力 c、摩擦角 ϕ）。

如果采用的是三轴压缩试验，则通过三组以上莫尔圆采用式（1-35）～式（1-37）进行拟合得出。

$$\tau = \sigma \tan\phi + c \tag{1-35}$$

经过几何关系转换可得：

$$\sin\phi = \frac{(\sigma_1 - \sigma_3)/2}{c \cdot \cot\phi + \dfrac{\sigma_1 + \sigma_3}{2}} \tag{1-36}$$

整理可得：

$$\sigma_1 = A + B\sigma_3,\ A = \frac{2c \cdot \cos\phi}{1 - \sin\phi},\ B = \frac{1 + \sin\phi}{1 - \sin\phi} \tag{1-37}$$

对多组试验数据进行线性回归，可以求得 A、B 的值，由 A、B 的值可用式（1-38）、式（1-39）求出黏聚力 c 和摩擦角 ϕ。

$$\phi = \arcsin\frac{B-1}{B+1} \tag{1-38}$$

$$c = \frac{A(1 - \sin\phi)}{2\cos\phi} \tag{1-39}$$

1.5.5　裂隙追踪

裂隙追踪是微、细观数值模拟的重要研究手段。在 PFC 中，裂隙是指接触（法向、切向）的状态，它通常可以在接触发生破坏时把位置记录下来，并采用几何方法显示在模型上，并在不同时刻更新。但应该注意如下几个问题：

（1）不是所有的接触模型都可以追踪裂隙，只有粘结模型才可以追踪裂隙。

（2）裂隙产生后会随时更新位置，追踪裂隙计算速度变慢。裂隙宽度、长度是根据接触对象估算的。

（3）PFC5.0 中只能追踪 ball-ball 接触，pebble-pebble 接触，粘结模型。如果含有 ball-facet 类型的粘结接触会报错，这是因为追踪函数里面有 wall 的指针调用错误，此时需要自己修改代码。如果有 ball-pebble 接触类型，会发现粘结破坏均无法被追踪（应该是软件 bug）。典型裂隙追踪代码如例 1-5-8 所示。

例 1-5-8　典型裂隙追踪代码

```
define add_crack(entries)
    local contact=entries(1)
    local mode=entries(2)
    local frac_pos=contact. pos(contact)
    local norm=contact. normal(contact)
    local dfn_label='crack'
    local   frac_size
    local   bp1=contact. end1(contact)
    local   bp2=contact. end2(contact)
    local   type_end1=type. pointer. id(bp1)
    local   type_end2=type. pointer. id(bp2)
    local   type1=type. pointer. id(contact)
    if  type1=typeid_contact_ball_ball then
```

```
        ret=math. min(ball. radius(bp1),ball. radius(bp2))
    endif
    if  type1=typeid_contact_ball_pebble then
        ret=math. min(ball. radius(bp1),clump. pebble. radius(bp2))
    endif
    if  type1=typeid_contact_pebble_pebble then
        ret=math. min(clump. pebble. radius(bp1),clump. pebble. radius(bp2))
    endif
    frac_size=ret
    local arg=array. create(5)
    arg(1)=' disk'
    arg(2)=frac_pos
    arg(3)=frac_size
    arg(4)=math. dip. from. normal(norm)/math. degrad
    arg(5)=math. ddir. from. normal(norm)/math. degrad
    if arg(5)<0. 0
       arg(5)=360. 0+arg(5)
    end_if
    ;if contact. group(contact)=' pbond111'    then
    crack_num=crack_num+1
    if mode=1 then
        dfn_label=dfn_label+'_tension'
    else if mode=2 then
        dfn_label=dfn_label+'_shear'
    endif
    global dfn=dfn. find(dfn_label)
    if dfn=null then
        dfn=dfn. add(0,dfn_label)
    endif
    local fnew=dfn. addfracture(dfn,arg)
    dfn. fracture. prop(fnew,' age')=mech. age
    dfn. fracture. extra(fnew,1)=bp1
    dfn. fracture. extra(fnew,2)=bp2
    crack_accum+=1
    if crack_accum>50
    if frag_time<mech. age
      frag_time=mech. age
      crack_accum=0
      command
          fragment compute
      endcommand
      loop for (local i=0,i<2,i=i+1)
        local name=' crack_tension'
```

```
        if i=1
            name=' crack_shear'
        endif
        dfn=dfn. find(name)
        if dfn # null
            loop foreach local frac dfn. fracturelist(dfn)
                local ball1=dfn. fracture. extra(frac,1)
                local ball2=dfn. fracture. extra(frac,2)
                if   ball1 # null
                if   ball2 # null
                    local len=dfn. fracture. diameter(frac)/2. 0
                if   type1=typeid_contact_pebble_pebble then
                        pos=(clump. pebble. pos(ball1)+clump. pebble. pos(ball2))/2. 0
                endif
                if   type1=typeid_contact_ball_ball then
                        pos=(ball. pos(ball1)+ball. pos(ball2))/2. 0
                endif
                if   type1=typeid_contact_ball_pebble then
                        pos=(ball. pos(ball1)+clump. pebble. pos(ball2))/2. 0
                endif
                if comp. x(pos)-len>xmin
                    if comp. x(pos)+len<xmax
                        if comp. y(pos)-len>ymin
                            if comp. y(pos)+len<ymax
                                if comp. z(pos)-len>zmin
                                    if comp. z(pos)+len<zmax
                                        dfn. fracture. pos(frac)=pos
                                    end_if
                                end_if
                            endif
                        endif
                    endif
                endif
            endif
            endif
            endloop
        endif
        endloop
    endif
    endif
    ;endif
end
def obtain_typeid
```

```
        typeid_ball＝ball. typeid
        typeid_clump＝clump. typeid
        typeid_clump_pebble＝clump. pebble. typeid
        typeid_wall＝wall. typeid
        typeid_wall_facet＝wall. facet. typeid
        typeid_contact_ball_ball＝contact. typeid(' ball-ball')
        typeid_contact_ball_facet＝contact. typeid(' ball-facet')
        typeid_contact_ball_pebble ＝ contact. typeid(' ball-pebble')
        typeid_contact_pebble_facet ＝ contact. typeid(' pebble-facet')
        typeid_contact_pebble_pebble ＝ contact. typeid(' pebble-pebble')
end
@obtain_typeid
define track_init
        command
                dfn delete
                ball result clear
                clump result clear
                fragment clear
                fragment register ball-ball
                ;fragment register ball-pebble
                fragment register pebble-pebble
        endcommand
        command
                set fish callback bond_break remove @add_crack
                set fish callback bond_break @add_crack
        endcommand
        global crack_accum＝0
        global crack_num＝0
        global track_time0＝mech. age
        global frag_time＝mech. age
        global xmin＝domain. min. x()
        global ymin＝domain. min. y()
        global zmin＝domain. min. z()
        global xmax＝domain. max. x()
        global ymax＝domain. max. y()
        global zmax＝domain. max. z()
end
@track_init
```

1.5.6　应力场

PFC 方法对象是以接触为主体的散体体系，因此，颗粒之间以接触力为主。如果需要分析应力场，通常采用平均应力的方法考虑（测量圆方法）。对于处于颗粒集合体中的某一颗粒 P，作用在其上的应力可由式（1-40）计算。

$$\sigma_{ij} = \frac{1}{V^{P}} \sum_{c \subset N_c} f_j^{(c)} d_i^{(c)}$$

(1-40)

式中，i、j 为笛卡尔分量；V^P 为颗粒的体积；N_c 为接触个数；$f_j^{(c)}$ 为 j 方向接触力分量；$d_i^{(c)}$ 为两颗粒连线在 i 方向的向量分量。

如果对所有的颗粒循环，以围绕该颗粒的接触计算该颗粒处的平均应力，可以近似评估应力场的变化（注意由于有些颗粒周围接触较少，结果变动幅度很大），利用式（1-38）计算应力场的代码可编制如例 1-5-9 所示的程序，结果中轴向应力分布与力链对比图如图 1-5-3 所示。

例 1-5-9 逐个颗粒估算应力场

```
[typeid_contact_ball_ball=contact. typeid(' ball-ball')]
[typeid_contact_ball_facet=contact. typeid(' ball-facet')]
define   compute_particle_average_stress_3D
  loop foreach bp ball. list
      ssxx=0. 0
      ssyy=0. 0
      sszz=0. 0
      ssxy=0. 0
      ssyx=0. 0
      ssxz=0. 0
      sszx=0. 0
      ssyz=0. 0
      sszy=0. 0
      loop foreach cp ball. contactmap(bp)
        cf=contact. force. global(cp)
        type1=type. pointer. id(cp)
        if type1=typeid_contact_ball_ball
          cl=ball. pos(contact. end2(cp))-ball. pos(contact. end1(cp))
        endif
        if type1=typeid_contact_ball_facet
          cl=contact. pos(cp)-ball. pos(contact. end1(cp))
        endif
        ssxx=ssxx+comp. x(cf) * comp. x(cl)
        ssyy=ssyy+comp. y(cf) * comp. y(cl)
        sszz=sszz+comp. z(cf) * comp. z(cl)
        ssxy=ssxy+comp. x(cf) * comp. y(cl)
        ssyx=ssyx+comp. y(cf) * comp. x(cl)
        ssxz=ssxz+comp. x(cf) * comp. z(cl)
        sszx=sszx+comp. z(cf) * comp. x(cl)
        ssyz=ssyz+comp. y(cf) * comp. z(cl)
        sszy=sszy+comp. z(cf) * comp. y(cl)
      endloop
```

```
vol=4.0/3.0 * math.pi * ball.radius(bp) * ball.radius(bp) * ball.radius(bp)
ssxx=−ssxx/vol
ssyy=−ssyy/vol
sszz=−sszz/vol
ssxy=−ssxy/vol
ssyx=−ssyx/vol
ssxz=−ssxz/vol
sszx=−sszx/vol
ssyz=−ssyz/vol
sszy=−sszy/vol
ball.extra(bp,21)=ssxx
ball.extra(bp,22)=ssyy
ball.extra(bp,23)=sszz
ball.extra(bp,24)=ssxy
ball.extra(bp,25)=ssyx
ball.extra(bp,26)=ssxz
ball.extra(bp,27)=sszx
ball.extra(bp,28)=ssyz
ball.extra(bp,29)=sszy
    endloop
end
set fish callback 5.0 @compute_particle_average_stress_3D
plot create plot 'extras'
plot ball colorby numericattribute extra extraindex 23
```

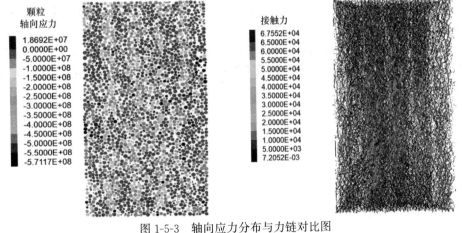

图 1-5-3　轴向应力分布与力链对比图

1.6　本章小结

颗粒离散元数值模型需要从颗粒体系的细观构成、边界条件、细观参数标定方面进行细致考虑，才可以得到合理、高效的计算结果：

（1）构建合理的颗粒离散体系是利用颗粒离散元法从数值计算角度反映实际工程、材料的力学特性及其变化规律的基础，且要求颗粒半径尺寸分布、叠加量及颗粒间的接触精度均在合理的范围内，唯有如此才能合理地反映材料的宏观特性，并揭示细观结构特性对材料细观尺度破坏机理的影响。

（2）颗粒体系合理的边界条件是构建合理颗粒离散体系的必要条件，而伺服机制常被应用于利用边界条件控制颗粒离散体系的科学合理性。刚性伺服可被较好地运用于构建边界应力条件呈线性的情况，刚性伺服效率较高；而对于边界应力条件复杂非线性的情况下，刚性伺服无法较好得到与实际情况一致的应力边界，而柔性伺服可实现任意复杂边界形状及复杂应力边界的情况。因此，为高效合理地实现与实际应力边界一致的效果，刚性伺服与柔性伺服应根据边界形状与边界应力分布情况进行相应的选取。柔性伺服合理的伺服刚度比为 0.01～0.1，孔隙率为 0.12～0.17。柔性伺服可利用颗粒体系接触力链的均匀合理性及模型面积改变率作为合理性判断的指标。

（3）颗粒体系中的细观参数决定了材料的宏观、细观物理力学特性，进行合理的细观参数标定得出合理的细观参数是得到合理的、与实际相符的物理力学参数的必要条件。细观参数合理性的判断指标为标定所得的细观参数的数值模型在不同力学试验所获得结果与室内试验结果一致。

（4）为提高颗粒离散元法计算效率，可在有围压的情况下采用将试样尺寸与颗粒半径同比例扩大的方式，扩大计算时间步长，该方式可大大提高颗粒离散元计算效率。在有围压的情况下，试样尺寸与构成颗粒半径同比例扩大后的模型的宏观、细观力学特性，均可与原尺寸试样结果保持较好的一致性。

（5）在传统边界条件控制基础上，论述了几种边界伺服的特点与实现方法，并提出了一种更为快速、高效的膨胀应力控制法，模型可以快速达到期望状态。

（6）将合理的数值模型划分，分为试样细观特征、边界接触、加载条件等因素，分别论述不同控制手段引起的计算问题，并建议合理的取值范围。

（7）介绍在计算过程中如何通过自编 fish 函数获取岩石的宏观力学特征，如弹性模量、泊松比、峰值强度、抗剪强度，以及追踪应力场、裂隙发育过程等的方法，并对相应代码进行了注释说明。

第2章　考虑矿物组分研究非均质岩石材料的力学性质

由于岩土介质天然的不均匀性，如何考虑介质中的不均质特性（如空洞、微裂隙、矿物组分等）来研究材料力学的行为早就引起了学者们的关注。早期是采用有限单元法，将不同的单元赋予不同的材料参数，逐步发展为单元之间可以相对变形的离散元方法。

传统离散元模型未考虑岩石内不同矿物细观组成及其力学性质的差异，将不同矿物均一化，各向同性化标定细观参数，这与岩石矿物真实组成与力学特征分布不符。事实上，岩石通常由不同矿物胶结而成，如花岗岩由石英、长石、云母构成，因此数值模拟应该考虑岩石矿物组成和力学性质的不同，标定不同的细观参数。然而获取能准确反映宏观力学行为的细观参数，构建符合岩石细观组成的数值模型，仍是一项具有挑战性的工作，但却是理解岩石细观破坏过程、预测细观破坏过程的重要基础。

研究岩石材料宏细观参数规律，在考虑标定合理的细观参数的同时，也需要考虑岩石不同矿物的细观组成，建立反映岩石矿物真实结构和组成的离散元数值模型。N. Cho，C. D. Martin（2007）研究表明：调整颗粒参数对单轴压缩和拉伸试验宏观力学行为作用甚微，而建立以簇状颗粒为基础的离散元模型可以有效地反映岩石宏观力学性质。这表明采用离散元方法模拟岩石的应力应变曲线，需要构造颗粒簇以及针对不同矿物标定不同的细观力学参数才能获得理想的效果。

本章借助图像识别技术获取花岗岩矿物细观结构，制备反映不同矿物组成的二维簇状离散元试样，通过花岗岩室内试验得到的宏观力学性质，对不同的矿物标定不同的细观参数，反映矿物细观力学组成。给出了一种对不同类型矿物簇细观参数简单、快速的标定流程，解决了数值试验拉压性质相差较大、材料模拟效果不够理想的问题，并研究了不同矿物含量与损伤威布尔分布对岩石宏观力学性质的影响。

2.1　岩石的组分分析与随机构造

2.1.1　细观组分的获取方法

在计算机中，数字图像是由矩阵像素点构成，每个像素点颜色值是由红（R）、绿（G）、蓝（B）三个分量合成。由数码相机获取的图像属于RGB彩色图像，每一个像素点可由三维矩阵表示，见式（2-1）。

$$f(x,y) = \begin{bmatrix} f(1,1) & f(1,2) & \cdots & f(1,N) \\ f(2,1) & f(2,2) & \cdots & f(2,N) \\ & \cdots & \cdots & \\ f(M,1) & f(M,2) & \cdots & f(M,N) \end{bmatrix} \tag{2-1}$$

式中，$f(x, y)$ 表示像素点 (x, y) 处的颜色值，取值为 $[0, 255]$；(x, y) 代表图像对应像素点矩阵中的行号、列号；M、N 代表图像中像素点的行数和列数。

识别岩石材料的细观结构特征，在于获取不同矿物组分的比例与分布情况。为避免各种因素（如光照等）对图像识别的影响，对原始图像进行灰度化以及消噪、中等滤波处理，提高不同矿物之间的对比性。图像识别是将图像划分成不同的部分和子集，提取图像中不同矿物边界的过程。此处采用简单有效、使用广泛的 Ostu 图像分割算法，其对图像单阈值分割效果较好，但对于 2 种以上多灰度子集的图像分割，需要将其推广到多阈值分割。基本思路为：假设有一张图像的灰度分级为 $[0, L]$，灰度为 i 的像素个数为 n_i，像素总个数为 $N = \sum_{i=1}^{L} n_i$，则不同灰度值出现的概率为 $p_i = n_i / N$，则整幅图像灰度的均值、方差分别用 μ、σ^2 表示，见式（2-2）和式（2-3）。

$$\mu = \sum_{i=1}^{L} i p_i \tag{2-2}$$

$$\sigma^2 = \sum_{i=1}^{L} (i - \mu)^2 p_i \tag{2-3}$$

对阈值进行 n 类分割，则灰度阈值组为 $t_k = \{t_1, t_2, t_3, \cdots, t_{n-1}\}$，每组灰度区域的灰度值为 $T_1[0, t_1]$，$T_2[t_1, t_2]$，$T_3[t_2, t_3]$，$\cdots$，$T_n [t_{n-1}, L]$。第 k 类占总灰度的比例、灰度均值、方差标记为 ω_k、μ_k、σ_k^2，其中，$k = 0, 1, \cdots, n-1$，见式（2-4）～式（2-6）。

$$\omega_k = \sum_{i=t_k}^{i=t_{k+1}} p_i \tag{2-4}$$

$$\mu_k = \sum_{i=t_k}^{i=t_{k+1}} i p_i / \omega_k \tag{2-5}$$

$$\sigma_k^2 = \sum_{i=t_k}^{i=t_{k+1}} (i - \mu_k)^2 p_i / \omega_k \quad (1 < t_k < L) \tag{2-6}$$

可得到类内灰度特性离散程度的统计度量阈值类内差 $\sigma_W^2 = \sum_{k=0}^{n-1} \omega_k \sigma_k^2$，并由约束方程 $\sigma_B^2 + \sigma_W^2 = \sigma^2$，推导后得到多阈值类间差 σ_B^2，当其最大时，表明每两类之间距离统计最大化，得到最优阈值组后对数字图像进行分割。由于 Ostu 算法本质上是一种穷举搜索算法，在推广到多阈值分割时，阈值分割个数 n 越多，会导致计算量过大和计算时间较长。此处对花岗岩数字图像进行阈值分割，花岗岩内部主要包括石英、长石、云母三种矿物，因此只需要进行三阈值分割，可得阈值类间差，见式（2-7）。

$$\sigma_B^2 = \omega_0 \omega_1 (\mu_0 - \mu_1)^2 + \omega_0 \omega_2 (\mu_0 - \mu_2)^2 + \omega_1 \omega_2 (\mu_1 - \mu_2)^2 \tag{2-7}$$

对花岗岩图像进行图像识别与阈值划分，得到花岗岩矿物细观结构表征和阈值分割如图 2-1-1 所示，云母、石英、长石灰度值分别为 0～50、50～150、150～250，云母、石英、长石面积百分比分别为 4.81%、35.86%、59.32%。Ostu 多阈值图像分割算法对花岗岩细观表征识别效果较好，为离散元模型构建提供依据。

2.1.2 随机数值"试样"的制备

根据数字图像获取的花岗岩细观特征，利用元胞自动机模拟方法建立与矿物组成比例一致的二维离散元试样，使接触良好的圆盘自动演化随机生成矿物细观结构从而近似模拟岩石的结构特征。然而，用数码相机拍摄的矿物图像具有唯一性，完全按照数字图像建立数值模型的代表性仍然较差。研究表明：只要矿物含量的比例、分布能够与图像基本一致，就能较好地反映矿物组成对宏观力学性质的影响。

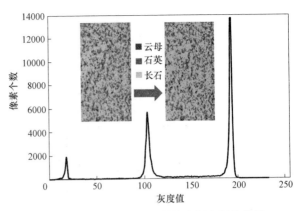

图 2-1-1 花岗岩矿物细观结构表征和阈值分割

假定岩石中含有 T 类矿物，初始时将颗粒属性默认为含量最多的矿物，其他矿物通过设置种子随机演化生成，每一种矿物第 S 个种子周围选择 i 个相互接触的颗粒进行元胞自动演化，根据矿物种子组分含量判断种子周围颗粒矿物类型，矿物种子周围第 i 个颗粒成为同类型矿物的概率 $\eta_T = (A_T - A_S)/A_T$ （A_T 为数值试样中第 T 种矿物最终的目标面积，二维），A_S 为该矿物产生第 S 个矿物种子时的已有面积），直至该种矿物含量满足要求，随机颗粒簇聚类生成方法如图 2-1-2 所示。一方面考虑矿物的随机性，另一方面考虑沉积过程的"聚团"效应，虽然每块"聚团"的真实形状与数字图像不完全一致，但"聚团"分布是随机的，可得到矿物含量、分布与数字图像基本一致的离散元数值模型。元胞自动机演化程序流程如图 2-1-3 所示。

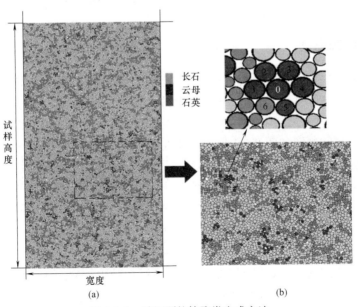

图 2-1-2 随机颗粒簇聚类生成方法

（a）随机生成的颗粒簇矿物；（b）基于种子周围接触元胞演化的局部放大图

69

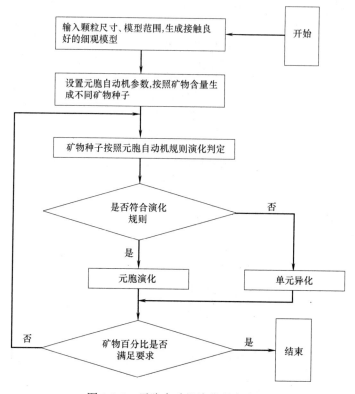

图 2-1-3 元胞自动机演化程序流程

2.2 花岗岩细观力学参数标定

2.2.1 接触模型

颗粒离散元法中以相互接触的圆盘或球来模拟矿物颗粒，通过将球以及接触的属性分类表现不同矿物模拟岩石中的细观矿物构成。基于 Potyondy 提出的粘结颗粒模型（BPM）发展的线性平行粘结模型（LPBM）适用于模拟岩石等强胶结材料细观力学性质。平行粘结模型组成结构图如图 2-2-1 所示。线性组件只能传递颗粒间的弹性相互作用，不能承受拉力和转动。平行粘结组件提供粘结作用，可传递颗粒之间的力和力矩，直至其接触处的相对运动超过粘结强度时，粘结断裂，此时平行粘结模型等效于线性模型。平行粘结模型中接触力与动量的力—位移变化准则见式（2-8）、式（2-9）。

$$F_c = F_l + F_d + F_b \tag{2-8}$$

$$M_c = M_b \tag{2-9}$$

式中，F_l 为线性力；F_d 为阻尼力；F_b 为平行粘结力；M_b 为平行粘结力矩；F_c 为更新的接触力；M_c 为更新的接触弯矩。

在线性平行粘结模型中，线性组件由阻尼力和线性力组成。阻尼力通过对所有颗粒每一个计算时步指定阻尼系数 α（此处默认值 0.7）来实现，阻尼力的大小见式（2-10）。

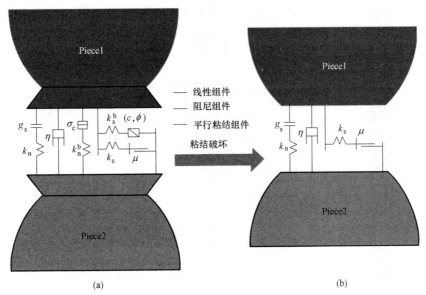

图 2-2-1　平行粘结模型组成结构图

（a）平行粘结模型；（b）粘结破坏模型

$$F_d = -\alpha |F| \text{sign}(V) \tag{2-10}$$

式中，$|F|$ 为颗粒不平衡力的量级；$\text{sign}(V)$ 表示颗粒的速度的符号（正负）。

线性力的大小可以向法向和切向方向分解见式（2-11）。

$$F_l = F_n^{\,1} n_i + F_s^{\,1} t_i \tag{2-11}$$

式中，$F_n^{\,1}$ 为法向力分量；$F_s^{\,1}$ 为切向力分量；n_i、t_i 分别为接触平面的单位矢量。

法向接触力和切向接触力（相对更新）见式（2-12）和式（2-13）。

$$F_n^{\,1} = F_{n0} + k_n g_s \tag{2-12}$$

$$F_s^{\,1} = F_{s0} + k_s \Delta\delta_s \tag{2-13}$$

式中，k_n 为接触法向刚度；g_s 为两个颗粒重叠量；F_{n0} 为初始法相接触力；k_s 为切向刚度；F_{s0} 为初始线性剪切力；$\Delta\delta_s$ 为相对剪切位移增量。当 $F_s^{\,1} > \mu F_n^{\,1}$ 时，令 $F_s^{\,1} = \mu F_n^{\,1}$，$\mu = \min(\mu^1, \mu^2)$ 为两个接触颗粒的接触摩擦系数，控制颗粒切向滑动情况。为使模型体现岩石试验过程中的泊松效应，横向和纵向变形满足变形规律，这可通过设置法向与切向刚度比实现，见式（2-14）和式（2-15）。

$$k_n = AE^* / L \tag{2-14}$$

$$k_s = k_n / k^* \tag{2-15}$$

其中，$A = 2rt$，$t = 1$（二维，在此处应用），r 为球—球或者球体与墙体之间的接触半径；$L = R^{(1)} + R^{(2)}$（球—球接触），$L = R^{(1)}$（球墙接触），$R^{(1)}$、$R^{(2)}$ 为两个颗粒的半径；E^* 为线性元件中有效模量；k^* 为法向与切向接触刚度比。

平行粘结组件部分的平行粘结力和力矩的大小见式（2-16）和式（2-17）。

$$F_i^b = F_n^b n_i + F_s^b t_i \tag{2-16}$$

$$M_i^b = M_n^b n_i + M_s^b t_i \tag{2-17}$$

其中，F_n^b、F_s^b 分别为法向和切向粘结力；M_n^b、M_s^b 为扭矩和弯矩，二维时扭矩为

0，$M_s^b = M_s^b - k_n I \Delta\theta_s$，其中 $I = 2/3R^3 t$，$t = 1$ 为粘结截面的惯性矩；$\Delta\theta_s$ 为弯曲相对旋转增量。平行粘结组件的张拉和剪切强度为 σ 和 τ，当应力超过 σ 和 τ 时平行粘结被破坏。

2.2.2 岩石性质标定依据

在花岗岩数字图像拍摄处位置，钻取三组 50mm×100mm 试样，进行室内常规力学试验，得到单轴压缩试验应力—应变曲线，如图 2-2-2 所示。考虑到试验结果的离散性，以试验 2 应力—应变曲线作为标定目标曲线，单轴压缩下杨氏模量为 21.04GPa，峰值强度为 216.43MPa，泊松比为 0.22，同时借助劈裂试验得试样的抗拉强度为 19.96MPa。

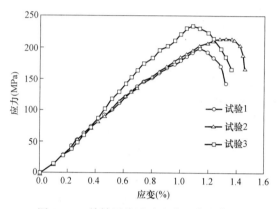

图 2-2-2　单轴压缩试验应力—应变曲线

2.2.3 LPBM 模型参数标定流程

图 2-2-3 为宏（细）观参数拟合规律。详细的标定流程如下：

（1）根据室内试验压拉强度比确定 LPBM 模型细观充填—基质粘结强度比。

以含量较多的长石为基质，石英和云母为填充物，通过改变充填—基质粘结强度比，分析试样单轴压缩与拉伸强度比（压拉强度比）随细观粘结强度比的变化规律，其他参数按照经验取值并保持不变，得到结果如图 2-2-4 所示。一般岩石的抗压强度—抗拉强度比值为 8~15，因此充填—基质粘结强度比在 0.1~0.2 较符合实际情况。所以，选取石英与长石的粘结强度比为 0.15，云母与长石的粘结强度比为 0.12。

（2）根据宏观杨氏模量标定单轴拉伸数值试验细观粘结有效模量。基于对石英、长石、云母宏观变形难易程度的认识，可知石英长石抵抗变形能力接近且比云母好，假定云母、长石、石英的细观模量比为 1:1:0.2。线性元件中的有效模量初始设置为一较小值，通过等比例改变不同矿物粘结有效模量 $\overline{E}^*$ 的大小，其他参数保持不变，进行单轴拉伸试验，拟合得到杨氏模量与石英粘结有效模量的关系，见式（2-18）。

$$E = 0.673\overline{E}^* + 0.207 \tag{2-18}$$

式中，E 为宏观杨氏模量；$\overline{E}^*$ 为石英粘结有效模量。室内试验的宏观杨氏模量为 21.04GPa，可求石英粘结有效模量为 30.96GPa。

（3）固定粘结有效模量值，等比例改变线性元件中不同矿物有效模量进行单轴压缩试验，拟合得到杨氏模量与其取值关系，见式（2-19）。

$$E = 0.211E^* + 19.007 \tag{2-19}$$

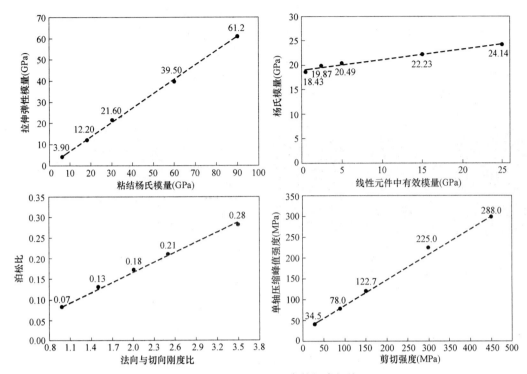

图 2-2-3　宏（细）观参数拟合规律

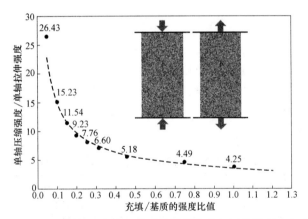

图 2-2-4　不同细观充填—基质粘结强度比与压拉强度比大小

式中，E 为宏观杨氏模量；E^* 为线性元件中石英的有效模量。已知杨氏模量为 21.04GPa，可求细观线性有效模量为 9.64GPa。

（4）假定花岗岩内部不同矿物的刚度比相同，标定影响宏观泊松比大小的细观参数法向切向刚度比 k^*，改变 k^* 的大小进行单轴压缩，拟合得泊松比与 k^* 的对应关系见式（2-20）。

$$\mu = 0.0815k^* + 0.0024 \tag{2-20}$$

式中，μ 为泊松比；k^* 为法向与切向刚度比，将泊松比 0.22 代入得 k^* 为 2.7。

（5）改变矿物颗粒法向-切向粘结强度比（$\bar{\sigma}_c/\bar{\tau}_c$），研究不同粘结强度组合下的试样破坏形式。

73

设置法向—切向粘结强度比分别为 0.5、1.0、2.0，得到试样的破坏形式如图 2-2-5 所示。比值越大，颗粒间越容易出现剪切破坏；比值越小，颗粒间越容易出现法向破坏。D. O. Potyond 认为在花岗岩中不能完全排除微张拉裂隙的存在，张拉和剪切微裂隙均可能出现，应设置法向粘结强度等于切向粘结强度。单轴压缩下宏观破坏为剪切破坏，此处取 1.0，并保持该值不变。

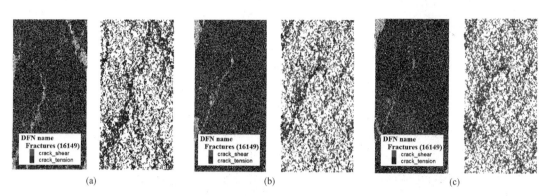

(a)   (b)   (c)

图 2-2-5　不同法向—切向粘结强度比的破坏形式

(a) 粘结强度比 0.5；(b) 粘结强度比 1.0；(c) 粘结强度比 2.0

（6）假定切向粘结强度为 100MPa，法向粘结强度为 110MPa，在此数据上乘以 0.1、0.3、1.0、1.5、3.0、4.5 进行单轴压缩试验，得到单轴压缩峰值强度与切向粘结强度关系，见式（2-21）。

$$UCS = 0.612\bar{\tau}_c + 24.82 \tag{2-21}$$

式中，UCS 为单轴抗压强度；$\bar{\tau}_c$ 为颗粒间粘结剪切强度。将试验峰值强度 216.43MPa 代入，得张拉强度 344.4MPa，剪切强度取 313.09MPa。

（7）考虑不同的微观参数之间的相互作用，对微观参数进行小规模的调整。考虑云母与石英相比具有较低的内聚性，云母与长石的粘结强度比设定为 0.12，而石英与长石之间的比为 0.15，如表 2-2-1 所示。

花岗岩不同组分的细观模型参数经验标定结果　　　　　　　　　　表 2-2-1

矿物组成	线性有效模量（GPa）	平行粘结有效模量（GPa）	法向/切向刚度比	法向/切向粘结强度比	法向粘结强度（MPa）	切向粘结强度（MPa）
云母	1.9	6.8	2.7	1.0	49.6	49.6
石英	7.5	28	2.7	1.0	66.2	66.2
长石	9.6	32	2.7	1.0	332.5	332.5

试验室结果和数值结果之间的比较如图 2-2-6（a）所示，数值试验得到弹性模量为 20.6GPa，峰值强度为 226.67MPa，这与试验中得到的弹性模量和峰值强度基本一致。同时，还进行了巴西劈裂测试，并在图 2-2-6（b）中获得了巴西劈裂试验强度 BTS，精确值为 16.7MPa。二维圆盘模型的裂隙分布表明：微拉伸裂隙的扩展是数值试样的主要破坏模式，这与在试验室测试中观察到的现象相似，数值结果与试验室测试的结果基本一致。

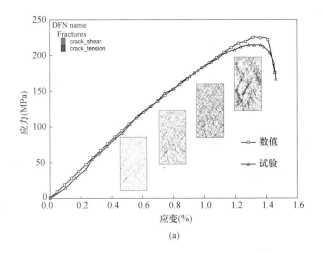

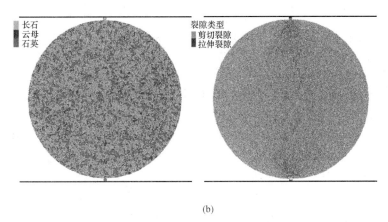

(b)

图 2-2-6 花岗岩单轴压缩试验与数值标定结果对比

（a）试验室结果和数值结果之间的比较；（b）巴西劈裂测试模型（左）和裂隙分布（右）

2.3 花岗岩力学性质数值模拟研究

2.3.1 不同围岩下花岗岩力学性质的变化规律

围压是影响岩石力学性质的重要因素。为分析不同围压下花岗岩的力学性质变化，控制细观参数不变，改变数值试样围压大小，得到不同围压下应力—应变曲线如图 2-3-1 所示。可以看出：随着围压的增大，岩石的弹性模量、峰值强度都不断提高，同时，也可以看出：随着围压的增大，花岗岩的破坏类型仍为弹脆性破坏，这说明基于线性平行粘结模型标定的细观参数，可用于反映不同围压下花岗岩的力学性质的变化。

另外，从数值结果可以看出，在低围压下的试样表现出脆性破坏，而当围压较高时，其转变为延性破坏。试样被破坏后，仍保持一定的残余强度，该强度随围压增加。峰后应力—应变曲线从脆性转变为韧性和理想塑性。数值结果与传统试验室岩石测试所呈现的现象一致；这些结果表明：基于 BPM 和伺服边界控制方法校准的微观参数，可以用来描述

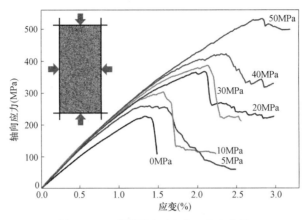

图 2-3-1　不同围压下应力—应变曲线

花岗岩在不同围压下的力学行为。

2.3.2　不同矿物含量对花岗岩力学性质的影响

岩石是由一种或者多种矿物组成的集合体，不同矿物的细观力学性质也不相同，岩石内部矿物含量不同进而导致其细观力学分布不同。为了分析不同矿物含量对花岗岩单轴压缩试验宏观力学性的影响，以花岗岩中含量较多的长石为基质，以石英和云母为填充物，假定三种不同比例的充填—基质矿物含量，填充物40％、45％、50％，基质60％、55％、50％进行数值模拟研究。

不同矿物含量下应力—应变曲线和破坏形态如图 2-3-2 所示。当花岗岩中基质含量减少，填充物含量提高时，花岗岩的单轴抗压强度和弹性模量均逐渐减小，试样的剪切裂隙破坏范围增大，这表明矿物的含量是影响岩石宏观力学性质的因素之一。对于由不同矿物组成的岩石材料采用数值方法分析时需要考虑岩石不同矿物含量的影响，建立符合真实岩石矿物组成的离散元模型是分析其微观破坏机理的基础，这也反映出利用簇状离散元模型分析岩石破坏机理的合理性。

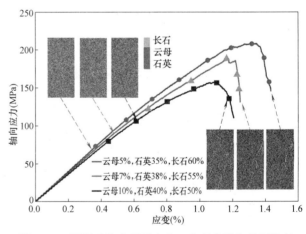

图 2-3-2　不同矿物含量下应力—应变曲线和破坏形态

2.3.3　矿物损伤分布对花岗岩力学性质的影响

从细观角度上看，岩石的各向异性不仅受到不同矿物含量的影响，岩石中矿物内部存在的微裂隙和孔隙也会使矿物内部的力学参数存在一定的各向异性和离散性，如矿物颗粒之间的法向与切向粘结强度存在一定的离散性。岩石中的微裂隙是在自然界中受到各种地质活动和环境共同作用下形成，采用可以描述材料磨损累计失效的威布尔分布表示岩石内部损伤分布，威布尔分布概率密度分布函数见式（2-22）。

$$f(x) = \frac{\beta}{\alpha} \left(\frac{x}{\alpha} \right)^{\beta-1} \mathrm{e}^{-(x/\alpha)^\beta} \quad x \geqslant 0 \tag{2-22}$$

式中，α 为尺度参数；β 为形状参数；其概率累计函数为 $f(x) = 1 - \mathrm{e}^{-(x/\alpha)^\beta}$，$x \geqslant 0$，则威布尔分布随机变量 x 的产生：$x = \alpha^{1/\beta} [\ln(1-R)]^{1.0/\beta}$。

岩石中实现模拟矿物损伤分布的方法是：将矿物颗粒之间的法向—切向粘结强度值，在原始参数基础上，乘以一个随机变量 x，该系数的大小满足威布尔分布。尺度参数控制 x 平均值大小，形状参数控制影响系数的分布形式，形状参数越大，随机变量值分布越集中，使矿物中颗粒与颗粒之间的法向—切向粘结强度值集中在尺度参数附近。形状参数越小时，随机变量值分布越分散，使矿物的法向—切向粘结强度值分布越分散。通过这种方式，使矿物颗粒之间的法向与切向粘结强度值满足威布尔分布规律。

不同形状参数下的威布尔分布及应力—应变曲线如图 2-3-3 所示。随着形状参数值增大，矿物颗粒法向—切向粘结强度参数分布越集中，花岗岩单轴压缩时的弹性模量逐渐增大，单轴抗压强度逐渐增大，抗压能力增强。这说明矿物细观粘结强度的分布离散性对岩石的力学性质产生较大的影响，也说明对矿物颗粒采用均一的参数会导致数值结果的片面性。因此，数值方法应尽可能考虑岩石细观损伤程度对宏观力学性质的影响。

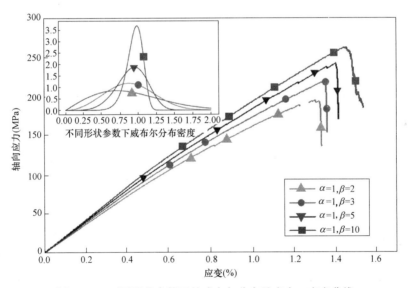

图 2-3-3　不同形状参数下的威布尔分布及应力—应变曲线

2.4　讨　论

颗粒离散元数值方法虽然避免了使用复杂本构模型，但需要提高细观参数标定的准确性，而参数的准确性又要求对不同矿物标定不同的细观力学参数，因此又需要建立符合真实岩石结构的细观模型。正如 Curry 所说，离散元模型是颗粒固有属性（尺寸、形状、密度等）和力学属性（刚度、弹性、塑性等）的结合。

本章依据图像识别技术获取矿物细观组成结构，利用元胞自动机方法制备离散元数值试样，并对不同的矿物标定不同的细观参数，这种由不同矿物组成的簇状颗粒离散元模型与将岩石试样视为同一矿物组成、并用同一参数进行计算的数值方法相比更加合理。

Cho N指出传统PFC模型的缺陷之一是宏观拉伸与压缩强度比相对于室内试验结果偏大，而在此处通过选取合理的充填与基质的粘结强度比解决了岩石材料拉压强度比与室内试验不一致的问题，数值试验结果验证了模型和标定参数的合理性，可为其他由不同矿物组成岩石的数值试验的细观参数标定提供指导作用。但是本章的分析仅限于较低的微填料与基体的粘结强度比，该比小于1.0。显然抗压强度比随填料—基体粘结强度比的增加而降低，在这种情况下我们进行了一些积极的探索，随着填料—基体粘结强度比的变化进行了单轴压缩、拉伸和巴西劈裂试验，结果见表2-4-1。表中的数据表明，UCS、无侧限抗拉强度（UTS）和BTS均随着填料—基质的粘结强度比降低而增加，但变化程度明显不同。

不同填充强度下宏观强度比变化 　　　　　　　　表2-4-1

充填介质/基质 材料强度	UCS （MPa）	UTS （MPa）	BTS （MPa）	强度比 UCS/UTS	强度比 UCS/BTS
0.01	148.78	5.08	10.23	29.28	14.54
0.05	157.00	5.94	10.57	26.43	14.85
0.10	192.50	12.64	13.20	15.23	14.58
0.15	225.00	19.50	16.70	11.54	13.47
0.25	236.79	30.50	17.35	7.76	13.64
0.45	262.32	50.63	18.02	5.18	14.56
0.75	334.00	74.42	22.68	4.49	14.72
1.00	356.40	83.78	22.85	4.25	15.58

此处参数标定过程中假定为接触模型中刚度与粘结强度正相关，即刚度和粘结强度同时增大或减小，这是因为如果假定刚度与粘结强度在不相关的假定下，应力—应变曲线会出现不同程度的硬化。另外，一些学者研究了颗粒形状对宏观岩石力学参数的影响，此处采用的是圆形颗粒构建颗粒簇，未考虑颗粒的形状对计算结果的影响，模拟结果仍较理想。

基于岩石矿物真实结构构建簇状离散元模型对研究岩石细观破坏机理研究起着重要的作用。建立符合岩石真实矿物含量和结构的三维离散元数值模型，在未来仍是一个巨大的挑战，此处宏细观参数标定方法虽然简单、有效，但忽视了不同微观参数之间的相互关系对岩石宏观力学行为的影响，因此仍需要研究不同矿物颗粒簇各细观参数的相互影响对岩石宏观力学性质的影响。除此之外，获取不同矿物内部损伤分布并应用在数值模型中是我们理解岩石材料破坏机理所需要考虑的因素。

2.5　研究结论

本章构建了符合岩石真实矿物比例的簇状离散元数值试样，并根据岩石室内试验结果建立了不同矿物细观参数快速标定流程，相对准确地模拟了岩石试样的力学性质，得到结论如下：

（1）不同矿物集簇的粘结强度对宏观拉压强度比产生重大影响，调整数值模型充填物—基质的粘结强度比，可以得到符合岩石力学性质的拉压强度比。构建圆形颗粒簇离散元模型可以较好地模拟岩石宏观力学特性。

（2）基于 LPBM 的参数标定流程得到的数值结果与试验结果基本吻合，表明该标定方法可以快速获取岩石不同矿物的细观参数。

（3）岩石细观矿物含量比例对试样的宏观力学性质有较大影响，离散元数值模型的构建考虑了岩石矿物组成比例。

（4）岩石矿物细观粘结强度损伤分布会影响岩石的宏观力学特性。对于受侵蚀作用的岩石采用数值方法分析时，细观力学参数标定过程应考虑宏观损伤效应。

2.6　命令流实例

```
res biaxial-isoloose
gui proj save aaaaaa
ball attribute velocity multiply 0. 0
ball attribute displacement multiply 0. 0
ball attribute contactforce multiply 0. 0 contactmoment multiply 0. 0
set random 10001
ball group ' quartz'
[area_feldspar_and_mica＝0. 0]
define area_particles
  area_total＝0. 0
  loop foreach local bp ball. list
    area_total＝area_total＋math. pi * ball. radius(bp) * ball. radius(bp)
  endloop
end
@area_particles
[num_feldspar＝0]
[num_mica＝0]
define mak_clusters_sc
  loop foreach local bp ball. list
    xx＝math. random. uniform
    if xx ＜ 0. 2 then
      ball. group(bp)=' feldspar'
area_feldspar＝area_feldspar＋math. pi * ball. radius(bp) * ball. radius(bp)
      num_feldspar＝num_feldspar＋1
    endif
    if xx ＞ 0. 98 then
      ball. group(bp)=' mica'
area_mica＝area_mica＋math. pi * ball. radius(bp) * ball. radius(bp)
```

```
                num_mica=num_mica+1
            endif
        endloop
    loop foreach  bp   ball. list
            sssname=ball. group(bp)
        if sssname == 'quartz' then
            continue
        endif
        loop foreach local cp ball. contactmap(bp,contact. typeid(' ball-ball'))  ;ball
            if contact. end1(cp) = bp then   ;;;
                bp_other = contact. end2(cp)
            else
                bp_other = contact. end1(cp)    ;;;
            endif
            if ball. group(bp_other) # 'quartz' then
                continue
            endif
            if rat111 < 0. 5932   then
                if sssname=='feldspar' then
                ball. group(bp_other)='feldspar'
area_feldspar=area_feldspar+math. pi * ball. radius(bp_other) * ball. radius(bp_other)
                num_feldspar=num_feldspar+1
                rat111=area_feldspar/area_total
            endif
          endif
            if rat222<0. 0481 then
                if sssname =='mica' then
                ball. group(bp_other)='mica'

area_mica=area_mica+math. pi * ball. radius(bp_other) * ball. radius(bp_other)
                num_mica=num_mica+1
                rat222=area_mica/area_total
            endif
          endif
        endloop
      endloop
end
@mak_clusters_sc
[pb_modules=45. 48e9 * 1. 05]
[emod000=12. 39e9 * 1. 05]
[ten_=33. 5e7 * 1. 0]
[coh_=33. 5e7 * 1. 0]
Clean
```

```
contact model linear   range contact type 'ball-facet'
contact method deform emod 2.5e9 kratio 2.0 range contact type 'ball-facet'
contact model linearpbond   range contact type 'ball-ball'
contact group 'pbond_feldspar' range contact type 'ball-ball'
contact method bond gap 1e-3
define assign_contact_group
    num_mica=0
    num_quartz=0
    num_feldspar=0
    num_total=0
    num_111=0
    loop foreach local cp contact.list
      if type.pointer(cp) = 'ball-ball' then
        s = contact.model(cp)
        if s ='linearpbond' then
          num_total=num_total+1
          bp1=contact.end1(cp)
          bp2=contact.end2(cp)
          sss111=ball.group(bp1)
          sss222=ball.group(bp2)
          if sss111 = 'quartz' then
            if sss222 = 'quartz' then
            contact.group(cp)='pbond_quartz'
            num_quartz=num_quartz+1
            endif
          endif
          if sss111 = 'mica' then
            if sss222 = 'mica' then
              contact.group(cp)='pbond_mica'
              num_mica=num_mica+1
            endif
          endif
          if sss111 = 'feldspar' then
            if sss222 = 'feldspar' then
              num_feldspar= num_feldspar+1
            endif
          endif
          if sss111 # sss222 then
            num_111= num_111+1
            contact.group(cp)='pbond_boundary'
            if sss111='mica' then
              contact.group(cp)='pbond_mica'
              num_mica=num_mica+1
```

```
        endif
          if sss222=' mica' then
            contact. group(cp)=' pbond_mica'
            num_mica=num_mica+1
          endif
        if sss111 = ' feldspar' then
          if sss222 = ' quartz' then
          freq = math. random. uniform
            if freq < rat111 then
              num_feldspar= num_feldspar+1
              contact. group(cp)=' pbond_feldspar'
            else
              contact. group(cp)=' pbond_quartz'
              num_quartz=num_quartz+1
            endif
          endif
        endif
        if sss111 = ' quartz' then
          if sss222 = ' feldspar' then
            freq = math. random. uniform
            if freq < rat111 then
              num_feldspar= num_feldspar+1
              contact. group(cp)=' pbond_feldspar'
            else
              contact. group(cp)=' pbond_quartz'
              num_quartz=num_quartz+1
            endif
          endif
        endif
      endif
    endif
  endif
 endloop
 num=contact. num(' ball-ball')   ;
 rat333=(num_mica+num_quartz)/float(num)
end
@assign_contact_group
contact groupbehavior contact
contact method deform emod [emod000 * 0. 7] krat 2. 0 range group pbond_feldspar
contact method pb_deform emod [pb_modules * 0. 7] kratio 2. 0 range group pbond_feldspar
contact property dp_nratio 0. 0 dp_sratio 0. 0 range group pbond_feldspar
contact property fric 1. 5 range group pbond_feldspar
contact property pb_rmul 1. 1 pb_mcf 0. 5 lin_mode 1 pb_ten [ten_ * 1. 0] pb_coh [coh_ * 1. 0] pb_fa 45
```

```
range group pbond_feldspar
;contact model linearpbond   range group 'pbond_quartz'
contact method bond gap 1e-3 range group 'pbond_quartz
contact method deform emod [emod000 * 0. 6] krat 2. 0 range group 'pbond_quartz'
contact method pb_deform emod [pb_modules * 0. 6] kratio 2. 0 range group 'pbond_quartz'
contact property dp_nratio 0. 0 dp_sratio 0. 0 range group 'pbond_quartz'
contact property fric 1. 5 range group 'pbond_quartz'
contact property pb_rmul 1. 1 pb_mcf 0. 5 lin_mode 1 pb_ten [ten_ * 0. 05] pb_coh [coh_ * 0. 05] pb_fa 45
range group 'pbond_quartz'
;contact model linearpbond   range group 'pbond_mica'
contact method bond gap   1e-3 range group 'pbond_mica'
contact method deform emod [emod000 * 0. 15] krat 2. 0 range group 'pbond_mica'
contact method pb_deform emod [pb_modules * 0. 15] kratio 2. 0 range group 'pbond_mica'
contact property dp_nratio 0. 0 dp_sratio 0. 0 range group 'pbond_mica'
contact property fric 1. 5 range group 'pbond_mica'
contact property pb_rmul 1. 1 pb_mcf 0. 5 lin_mode 1 pb_ten [ten_ * 0. 05] pb_coh [coh_ * 0. 05] pb_fa 45
range group 'pbond_mica'
    ball attribute damp 0. 1
def weibull_random(alfa,beta)
    freq = math. random. uniform   ;0~1
    weibull_random =alfa * (-math. ln(1. 0-freq))^(1. 0/beta)
end
define weibull_parameter
    loop foreach local cp contact. list
      if type. pointer(cp) = 'ball-ball' then
        s = contact. model(cp)
        xishu=1. 0
        if s ='linearpbond' then
          sss=contact. group(cp)
          alfa=1. 0
          beta=3. 3
          if sss = 'pbond_feldspar' then
              alfa=1. 0
              beta=3. 3
          endif
          if sss = 'pbond_mica' then
              alfa=1. 0
              beta=3. 3
          endif
          if sss = 'pbond_quartz' then
              alfa=1. 0
              beta=3. 3
          endif
```

```
                freq = math. random. uniform
                xishu=weibull_random(alfa,beta)
                ;
                contact. prop(cp,' pb_ten')                                        =
contact. prop(cp,' pb_ten') * xishu
                contact. prop(cp,' pb_coh')                                        =
contact. prop(cp,' pb_coh') * xishu
                contact. prop(cp,' pb_kn') = contact. prop(cp,' pb_kn') * xishu
                contact. prop(cp,' pb_ks') = contact. prop(cp,' pb_ks') * xishu
                ;contact. prop(cp,' kn') = contact. prop(cp,' kn') * xishu
                ;contact. prop(cp,' ks') = contact. prop(cp,' ks') * xishu
            endif
          endif
       endloop
end
@weibull_parameter
[txx = -0. 001e6]
[tyy = -0. 001e6]
wall servo activate on xforce [ txx * wly] vmax 10. 0 range set name ' vesselRight'
wall servo activate on xforce [-txx * wly] vmax 10. 0 range set name ' vesselLeft'
wall servo activate on yforce [ tyy * wlx] vmax 10. 0 range set name ' vesselTop'
wall servo activate on yforce [-tyy * wlx] vmax 10. 0 range set name ' vesselBottom'
cyc 20000
ball attribute velocity multiply 0. 0
ball attribute displacement multiply 0. 0
ball attribute contactforce multiply 0. 0 contactmoment multiply 0. 0
;call fracture. p2fis
;@track_init
call BiaxialTest
save ' biaxial-final'
hist write-4-55-57 vs-52 file aaa-0MPa-case444. txt truncate
```

第3章 改进平行粘结模型细观参数的快速标定

PFC3D 在岩石损伤、围岩稳定性、节理岩体破坏机制等方面已经有诸多应用，其中，平行粘结模型经常用来模拟岩石性质，但该模型在建立宏观参数与细观参数联系时非常困难，导致宏观试验与数值试验曲线难以吻合。

国内外学者针对土石混合体、岩石等材料，已经尝试使用多种方法确定细观参数和宏观力学性质间定性或定量关系。Nardin. A. 等定性地研究了黏性材料细观参数及其宏观特性之间的关系。POTYONDY D. O. 和 CUNDALL P. A. 系统总结了平行粘结模型在 Lac du Bonnet 花岗岩隧道工程模拟中的应用，并给出了模型细观参数的选取方法。刘良军等基于研究线性平行粘结接触模型中的细观参数与单轴压缩试验应力—应变曲线及试样破坏形式的对应关系，将细观参数分为四类。刘富有等选择平直节理接触模型作为岩石模拟的基本模型，用单轴压缩和巴西劈裂数值试验测试岩石宏观参数，对数值试验进行正交设计，采用多因素方差分析和回归分析研究宏观参数与细观参数之间的关系。刘相如等基于平直节理接触模型，研究接触面单元数 N、平直节理模量 E_c、平直节理刚度比 k_r、摩擦系数 μ、平直节理抗拉强度 σ_c、平直节理黏聚力 c、平直节理内摩擦角 ϕ 等 7 种细观参数对岩石宏观力学参数的影响。

通常采用 PFC 方法模拟岩石等高粘结材料的单轴抗拉强度相对较高，导致单轴抗压强度和单轴抗拉强度比值（UCS/UTS）为 3～4。而实际很多岩石的 UCS/UTS 常常超过 10，甚至达到 20～30。目前，多采用抑制颗粒旋转簇，平行粘结模型，提高 UCS/UTS 值，但单轴抗压强度受簇中颗粒数影响较大。本章对常规平行粘结模型进行改进，建立了 13 个参数控制的数值模型，并开展正交试验，分析了岩石宏观与细观参数间的定性与定量关系，建立了一种快速达到压拉比等宏观参数的标定方法。

3.1 常用的线性平行粘结模型

在采用数值方法研究岩石工程的破坏机理时，尤其是模拟岩石材料时，线性平行粘结模型使用最为广泛。

线性平行粘结模型如图 3-1-1 所示，其更新接触力和接触力矩的力—位移法则见式（3-1）。

$$F_c = F^1 + F^d + \overline{F}, \quad M_c = \overline{M} \tag{3-1}$$

式中，F_c、M_c 是颗粒接触面上的广义内力和力矩；F^1 是线性力；F^d 是阻尼力；$\overline{F}$ 是平行粘结力；$\overline{M}$ 是平行粘结力矩。

平行粘结力可以分解成法向力和切向力，平行粘结力矩可以分解成扭矩和弯矩，见式（3-2）和式（3-3）。

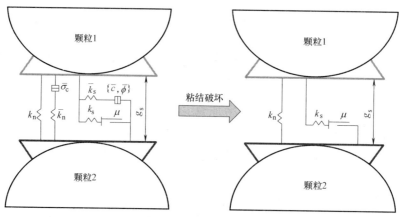

图 3-1-1　线性平行粘结模型

$$\overline{F}=-\overline{F}_\mathrm{n}\hat{n}_\mathrm{c}+\overline{F}_\mathrm{s} \tag{3-2}$$

$$\overline{M}=\overline{M}_\mathrm{b} \tag{3-3}$$

式中，$\overline{F}_\mathrm{n}>0$ 时为拉力。上述的剪切力和弯矩位于颗粒间的接触平面上，在接触平面坐标系中的表达方式见式（3-4）和式（3-5）。

$$\overline{F}_\mathrm{s}=\overline{F}_\mathrm{st}\hat{t}_\mathrm{c} \tag{3-4}$$

$$\overline{M}_\mathrm{b}=\overline{M}_\mathrm{bs}\hat{s}_\mathrm{c} \tag{3-5}$$

平行粘结模型为两个接触颗粒之间距离小于 g_s 的区域提供了力学性能表现。大理岩试样由岩石颗粒胶结而成，其接触的力学机制与平行粘结模型十分相似，因此，本章采用平行粘结模型模拟大理岩细观结构中颗粒与胶结的相互作用。平行粘结模型中有 μ、E^*、$\overline{E}^*$、$\overline{\sigma}_\mathrm{c}$、$\overline{c}$、$\overline{\phi}$、$\overline{k}^*$ 等参数需要确定。其中，μ 为颗粒间摩擦系数；E^* 为线性有效模量；$\overline{E}^*$ 为粘结有效模量；$\overline{\sigma}_\mathrm{c}$ 为粘结抗拉强度；$\overline{c}$ 为黏聚力；$\overline{\phi}$ 为粘结摩擦角；$\overline{k}^*$ 为法向—切向刚度比。

对于线性模型方法中的参数 E^* 和 k^*，均匀、各向同性、颗粒间连接良好的材料的杨氏模量 E 和泊松比 ν 与这两个参数有很大相关性：E 随着 E^* 值的增加而增加；ν 随着 k^* 值的增加而增加到其极限值。法向和切向刚度与 E^* 和 k^* 间的关系按式（3-6）设置。

$$k_\mathrm{n}=AE^*/L, \quad k_\mathrm{s}=k_\mathrm{n}/k^* \tag{3-6}$$

式中，$A=\pi r^2$，$r=\begin{cases} \min(R^{(1)},R^{(2)}), & \text{ball-ball} \\ R^{(1)}, & \text{ball-facet} \end{cases}$，$R^{(1)}$ 和 $R^{(2)}$ 分别为产生接触的两个颗粒的半径。

同样，对于线性平行粘结模型方法中的参数 $\overline{E}^*$ 和 $\overline{k}^*$ 也有下述关系：

$$\overline{k}_\mathrm{n}=\overline{E}^*/L, \quad \overline{k}_\mathrm{s}=\overline{k}_\mathrm{n}/\overline{k}^* \tag{3-7}$$

当颗粒间拉应力 $\overline{\sigma}>\overline{\sigma}_\mathrm{c}$，平行粘结模型中粘结将被拉断。如果粘结没有被拉断，那么进行剪切强度极限的判定，剪切强度 $\overline{\tau}_\mathrm{c}=\overline{c}-\overline{\sigma}\tan\overline{\phi}$，如果剪切强度 $\overline{\tau}>\overline{\tau}_\mathrm{c}$，那么，粘结被剪断。式中，$\overline{\sigma}$ 和 $\overline{\tau}$ 分别是产生平行粘结的两个颗粒的接触横截面上的平均正应力和平均切应力。

3.2 考虑细观特征分布的颗粒体系改进模型

基于线性平行粘结模型所计算得出的单轴抗拉强度往往较高，导致单轴抗压强度和单轴抗拉强度之比为 3~4，无法满足很多岩石的实际需求（单轴抗压强度/单轴抗拉强度常常超过 10）。

出于提升压拉比的需求，对线性平行粘结模型进行改进，将模型产生的 ball-ball 接触，以不同填充基质配合比随机分为强接触和弱接触两组，如图 3-2-1 所示。模型不同接触组参数设置见表 3-2-1，表中 R_E 表示弱接触组粘结有效模量与强接触组粘结有效模量的比值，R_k 表示粘结法切向刚度比与线性法切向刚度比的比值，R_σ 表示弱接触组抗拉强度和黏聚力与强接触组抗拉强度和黏聚力的比值，其余字母解释见 P87 相关内容。

模型不同接触组参数设置　　　　　　　　　　表 3-2-1

模型细观参数	强接触	弱接触
粘结有效模量	$\overline{E}^*$	$\overline{E}^* \times R_E$
线性法切向刚度比	k^*	k^*
粘结法切向刚度比	$\overline{k}^* \times R_k$	$\overline{k}^* \times R_k$
抗拉强度	$\overline{\sigma}_c$	$\overline{\sigma}_c \times R_\sigma$
黏聚力	$\overline{c}$	$\overline{c} \times R_\sigma$

自然界中的岩石作为一种破坏程度不同的物质，使用威布尔分布描述岩土材料的累积损伤。特别是在形状参数较大的情况下，可以采用威布尔分布表示矿物间内部胶结强度的随机分布，威布尔分布的概率密度函数见式（3-8）。

$$f(x)=\begin{cases}\dfrac{\beta}{\alpha^\beta}x^{\beta-1}\mathrm{e}^{-(x/\alpha)^\beta}, & x\geqslant0,\alpha\geqslant0,\beta\geqslant0 \\ 0, & \text{其他}\end{cases} \tag{3-8}$$

式中，α 和 β 分别为控制概率密度函数均值和峰值的尺度和形状参数。

威布尔分布的概率分布函数见式（3-9）。

$$F(x)=1-\mathrm{e}^{-(x/\alpha)^\beta}, \quad x\geqslant0 \tag{3-9}$$

蒙特卡洛方法是一种以概率统计理论为指导的数值计算方法。通过蒙特卡洛方法构造 $(0,1)$ 区间上均匀分布的随机数 f，然后生成一个服从威布尔分布的随机变量 x。x 的表达式见式（3-10）。

$$x=\alpha\cdot\left[-\ln(1-f)\right]^{\frac{1}{\beta}} \tag{3-10}$$

改进模型，使其由 13 个参数构成，它们是：粘结有效模量 $\overline{E}^*$、线性有效模量/粘结有效模量 $E^*/\overline{E}^*$、粘结法切向刚度比 $\overline{k}^*$、抗拉强度 $\overline{\sigma}_c$、黏聚力/抗拉强度 $\overline{c}/\overline{\sigma}_c$、摩擦系数 μ、摩擦角 $\overline{\phi}$、力矩分配系数 $\overline{\beta}$、填料比例 R_f、威布尔分布系数 β、强度比 R_σ、模量比 R_E 和刚度比 R_k。其中，R_f 表示 ball-ball 接触分组中弱接触组接触数与总接触数的比值，抗拉强度、黏聚力和粘结有效模量按表 3-2-1 赋值后再乘以威布尔分布的随机变量 x 以实现离散效果，威布尔分布中系数 α 设为 1.0。图 3-2-2 为不同参数值的威布尔分布曲线。

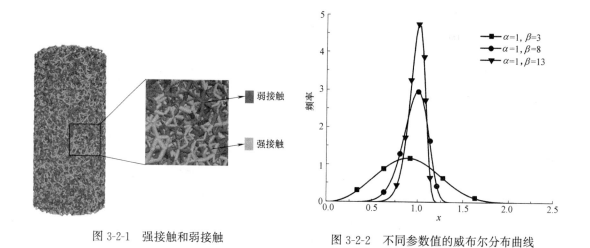

<table>
<tr><td>图 3-2-1　强接触和弱接触</td><td>图 3-2-2　不同参数值的威布尔分布曲线</td></tr>
</table>

3.3　正交试验数值模拟

3.3.1　正交试验原理

正交试验设计是一种主要的设计方法，是寻求因素水平较优组合的一种简单、高效、快速的试验设计方法。在正交试验设计中，各因素的水平根据先验知识确定，然后进行全部因素水平的组合，再从所有试验点中，依据正交性选择部分有代表性试验点试验，选出的这部分试验点构成因素水平表。

3.3.2　宏观试验参数

根据室内常规三轴试验曲线，选取弹性模量 E、泊松比 ν、单轴抗压强度 UCS、单轴抗拉强度 UTS、内摩擦角 ϕ、黏聚力 c、裂纹损伤应力 σ_{cd} 作为试验的宏观参数。考虑对岩石高压拉比的要求，采用 UCS/UTS 来代替单轴抗拉强度 UTS。

岩石体积应变压缩膨胀的拐点被称为裂纹损伤应力 σ_{cd}，当应力超过 σ_{cd} 后，即使应力保持不变，也会有越来越多的微裂纹导致岩石被破坏，因此裂纹损伤应力 σ_{cd} 可以作为岩石的长期强度指标。σ_{cd} 对于单轴抗压强度 UCS 是相对值，此处定义裂纹损伤应力水平指标 σ_{cd}/UCS 作为试验的宏观参数。

细观宏观参数选取如表 3-3-1 所示，如果能建立细观参数与宏观参数之间的内在规律，无疑可以大大节约标定参数的时间。

细观宏观参数选取　　　　　　　　　　　　　　　　　　　　表 3-3-1

细观参数	宏观参数
粘结有效模量 $\bar{E}^*$	弹性模量 E
线性有效模量/粘结有效模量 $E^*/\bar{E}^*$	泊松比 ν

细观参数	宏观参数
粘结法切向刚度比 $\bar{k}^*$	单轴抗压强度 UCS
抗拉强度 $\bar{\sigma}_c$	单轴抗压强度/单轴抗拉强度 UCS/UTS
黏聚力/抗拉强度 $\bar{c}/\bar{\sigma}_c$	裂纹损伤应力/单轴抗压强度 σ_{cd}/UCS
摩擦系数 μ	内摩擦角 ϕ
摩擦角 $\bar{\phi}$	黏聚力 c
力矩分配系数 $\bar{\beta}$	
填料比 R_f	
威布尔分布系数 β	
强度比 R_σ	
模量比 R_E	
刚度比 R_k	

3.3.3　PFC3D 数值试验

采用 PFC3D 数值方法进行研究，三维数值模型如图 3-3-1 所示，试样为圆柱体，半径为 25mm，高度为 100mm，四周和上下固定。试样颗粒共 23719 个，最大粒径为 1.5mm，最小粒径为 0.5mm，孔隙率为 0.35。

对模型进行单轴压缩和单轴拉伸数值试验，宏观参数确定曲线见图 3-3-2。根据结果曲线确定宏观参数单轴抗压强度 UCS 和单轴抗拉强度 UTS，弹性模量 E 取轴向应变 0.05％和 0.15％间的割线斜率，见式（3-11）。泊松比 ν 取轴向应变 0.1％和 0.2％对应值的平均值，见式（3-12）。裂纹损伤应力 σ_{cd} 取体积压缩膨胀转化点对应的轴向应力。最后，进行三轴压缩试验，根据莫尔圆确定黏聚力 c 和内摩擦角 ϕ。

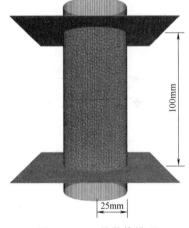

图 3-3-1　三维数值模型

$$E=(\sigma_2-\sigma_1)/(\varepsilon_2-\varepsilon_1) \tag{3-11}$$

$$\nu=(\nu_1+\nu_2)/2 \tag{3-12}$$

式中，σ_1、σ_2 分别是轴向应变为 0.05％和 0.15％时的应力；ε_1、ε_2 分别为轴向应变 0.05％和 0.15％；ν_1、ν_2 分别是轴向应变为 0.05％和 0.15％时应力的泊松比。

3.3.4　正交试验设计

选取表 3-3-1 中的 13 个细观参数作为正交试验研究因素，7 个宏观参数作为参数标定的指标，每个因素选取 3 个水平。各因素水平见表 3-3-2，正交数值试验方案见表 3-3-3。

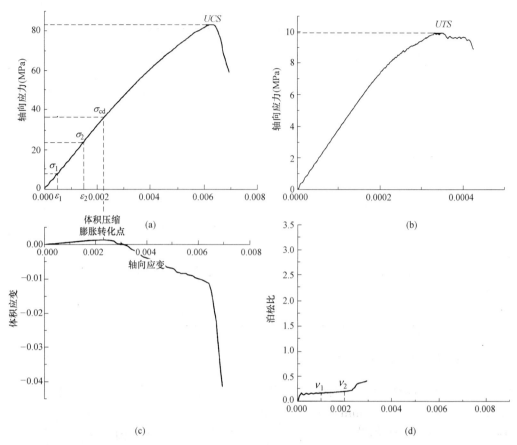

图 3-3-2 宏观参数确定曲线

因素水平表 表 3-3-2

序号	$\overline{E}^*$ (GPa)	$E^*/\overline{E}^*$	$\overline{k}^*$	$\overline{\sigma}_c$ (MPa)	$\overline{c}/\overline{\sigma}_c$	μ	$\overline{\phi}$ (°)	$\overline{\beta}$	R_f	β	R_σ	R_E	R_k
1	100	0.2	1	75	1	0.5	40	0.3	0.3	3	0.1	0.1	1
2	200	0.3	2	100	2	0.8	60	0.5	0.5	8	0.2	0.2	2
3	300	0.4	3	125	3	1.1	80	0.7	0.7	13	0.3	0.3	3

注：表 3-3-2 中字母解释见表 3-3-1 的内容。

正交数值试验方案 表 3-3-3

序号	$\overline{E}^*$ (GPa)	$E^*/\overline{E}^*$	$\overline{k}^*$	$\overline{\sigma}_c$ (MPa)	$\overline{c}/\overline{\sigma}_c$	μ	$\overline{\phi}$ (°)	$\overline{\beta}$	R_f	β	R_σ	R_E	R_k
1	100	0.2	1	75	1	0.5	40	0.3	0.3	3	0.1	0.1	1
2	100	0.2	1	75	2	0.8	60	0.5	0.5	8	0.2	0.2	2
3	100	0.2	1	75	3	1.1	80	0.7	0.7	13	0.3	0.3	3
4	100	0.3	2	100	1	0.5	40	0.5	0.5	8	0.3	0.3	3
5	100	0.3	2	100	2	0.8	60	0.7	0.7	13	0.1	0.1	1
6	100	0.3	2	100	3	1.1	80	0.3	0.3	3	0.2	0.2	2
7	100	0.4	3	125	1	0.5	40	0.7	0.7	13	0.2	0.2	2

序号	$\overline{E}^*$ (GPa)	$E^*/\overline{E}^*$	$\overline{k}^*$	$\overline{\sigma}_c$ (MPa)	$\overline{c}/\overline{\sigma}_c$	μ	$\overline{\phi}$ (°)	$\overline{\beta}$	R_f	β	R_σ	R_E	R_k
8	100	0.4	3	125	2	0.8	60	0.3	0.3	3	0.3	0.3	3
9	100	0.4	3	125	3	1.1	80	0.5	0.5	8	0.1	0.1	1
10	200	0.2	2	125	1	0.8	80	0.3	0.5	13	0.1	0.2	3
11	200	0.2	2	125	2	1.1	40	0.5	0.7	3	0.2	0.3	1
12	200	0.2	2	125	3	0.5	60	0.7	0.3	8	0.3	0.1	2
13	200	0.3	3	75	1	0.8	80	0.5	0.7	3	0.3	0.1	2
14	200	0.3	3	75	2	1.1	40	0.7	0.3	8	0.1	0.2	3
15	200	0.3	3	75	3	0.5	60	0.3	0.5	13	0.2	0.3	1
16	200	0.4	1	100	1	0.8	80	0.7	0.3	8	0.2	0.3	1
17	200	0.4	1	100	2	1.1	40	0.3	0.5	13	0.3	0.1	2
18	200	0.4	1	100	3	0.5	60	0.5	0.7	3	0.1	0.2	3
19	300	0.2	3	100	1	1.1	60	0.3	0.7	8	0.1	0.3	2
20	300	0.2	3	100	2	0.5	80	0.5	0.3	13	0.2	0.1	3
21	300	0.2	3	100	3	0.8	40	0.7	0.5	3	0.3	0.2	1
22	300	0.3	1	125	1	1.1	60	0.5	0.3	13	0.3	0.2	1
23	300	0.3	1	125	2	0.5	80	0.7	0.5	3	0.1	0.3	2
24	300	0.3	1	125	3	0.8	40	0.3	0.7	8	0.2	0.1	3
25	300	0.4	2	75	1	1.1	60	0.7	0.5	3	0.2	0.1	2
26	300	0.4	2	75	2	0.5	80	0.3	0.7	8	0.3	0.2	1
27	300	0.4	2	75	3	0.8	40	0.5	0.3	13	0.1	0.3	2

注：表 3-3-3 中字母解释见表 3-3-1 的内容。

3.4 结果分析

按照表 3-3-3 进行 PFC3D 单轴压缩、单轴拉伸及三轴压缩（围压 1MPa）的数值试验，得到的正交数值试验结果见表 3-4-1，宏观参数中压拉比为 3～19，可以很好地满足实际岩石的要求。

正交数值试验结果 表 3-4-1

序号	E (GPa)	ν	UCS (MPa)	UTS (MPa)	ϕ (°)	c (MPa)	σ_{cd} (MPa)	σ_{cd}/UCS	UCS/UTS
1	15.910	0.071	49.270	11.340	52.840	8.280	25.760	0.523	4.345
2	15.210	0.070	65.500	11.630	64.150	7.510	49.360	0.754	5.632
3	13.840	0.114	48.420	5.920	56.000	7.400	33.870	0.700	8.179
4	14.300	0.120	65.370	15.160	61.870	8.190	43.370	0.663	4.312
5	12.020	0.160	42.040	5.540	52.990	7.120	24.930	0.593	7.588
6	15.100	0.080	118.780	11.670	66.370	12.420	39.610	0.333	10.178

序号	E(GPa)	ν	UCS (MPa)	UTS (MPa)	ϕ (°)	c (MPa)	σ_{cd} (MPa)	σ_{cd}/UCS	UCS/UTS
7	11.990	0.200	54.360	9.790	45.720	11.060	28.670	0.527	5.553
8	14.930	0.110	165.330	24.450	62.840	19.970	39.920	0.241	6.762
9	13.860	0.150	84.820	8.050	64.360	9.650	41.490	0.489	10.537
10	17.420	0.100	44.100	2.510	64.030	5.080	24.000	0.544	17.570
11	17.360	0.070	74.470	10.870	57.890	11.070	37.610	0.505	6.851
12	18.730	0.090	101.810	27.790	54.220	16.430	34.130	0.335	3.664
13	14.410	0.160	19.400	1.560	55.860	2.980	13.090	0.675	12.436
14	19.030	0.080	53.470	12.070	60.100	7.140	25.050	0.468	4.430
15	18.680	0.070	84.840	9.210	61.530	10.760	37.290	0.440	9.212
16	21.380	0.030	39.810	4.880	63.240	4.730	27.120	0.681	8.158
17	19.720	0.050	134.700	21.010	65.970	14.330	36.580	0.272	6.411
18	17.690	0.100	41.520	4.030	55.030	6.540	22.420	0.540	10.303
19	18.650	0.196	41.960	2.240	59.500	5.720	30.490	0.727	18.732
20	19.790	0.070	57.050	8.560	60.940	7.390	35.600	0.624	6.665
21	19.160	0.073	58.590	14.830	62.440	7.170	32.150	0.549	3.951
22	22.450	0.030	83.500	21.060	66.830	8.560	36.680	0.439	3.965
23	21.210	0.040	47.920	4.760	59.580	6.510	27.180	0.567	10.067
24	19.030	0.090	101.820	13.360	67.220	10.020	36.940	0.363	7.621
25	20.180	0.070	33.840	5.320	57.300	4.960	20.970	0.620	6.361
26	20.060	0.080	41.990	4.320	61.920	5.250	27.760	0.661	9.720
27	21.950	0.040	70.910	15.170	66.190	7.480	33.670	0.475	4.674

注：表 3-4-1 中字母解释见 P89 相关内容。

3.4.1 各因素相关性分析

采用皮尔逊积矩相关系数计算各细观参数和宏观参数之间的相关性，计算公式如式（3-13）所示，计算结果见表 3-4-2。

$$r = \frac{\sum_{i=1}^{n}(X_i - \overline{X})(Y_i - \overline{Y})}{\sqrt{\sum_{i=1}^{n}(X_i - \overline{X})^2}\sqrt{\sum_{i=1}^{n}(Y_i - \overline{Y})^2}} \tag{3-13}$$

式中，X_i、Y_i 为第 i 组细观参数和宏观参数对应数值；$\overline{X}$、$\overline{Y}$ 为细观与宏观参数均值；n 为样本数目；r 为相关系数。

皮尔逊积矩相关系数 　　　　　　　　　　　　表 3-4-2

参数	E	ν	UCS	ϕ	c	σ_{cd}/UCS	UCS/UTS
$\overline{E}^*$	0.849	−0.387	−0.216	0.308	−0.350	0.067	0.105
$E^*/\overline{E}^*$	0.087	−0.024	0.174	0.094	0.097	−0.251	−0.086
$\overline{k}^*$	−0.245	0.515	0.010	−0.156	0.098	−0.033	0.165

续表

参数	E	ν	UCS	ϕ	c	σ_{cd}/UCS	UCS/UTS
$\bar{\sigma}_c$	−0.035	0.125	0.402	0.060	0.448	−0.435	0.092
$\bar{c}/\bar{\sigma}_c$	0.020	−0.170	0.387	0.232	0.347	−0.392	−0.160
μ	0.028	−0.001	0.180	0.361	0.010	−0.109	0.144
$\bar{\phi}$	−0.021	0.030	−0.222	0.107	−0.286	0.310	0.552
$\bar{\beta}$	−0.030	0.010	−0.419	−0.449	−0.237	0.313	−0.397
R_f	−0.372	0.570	−0.379	−0.367	−0.309	0.390	0.415
β	0.029	0.060	0.015	0.089	−0.009	0.020	−0.017
R_σ	−0.0022	−0.110	0.336	0.118	0.328	−0.131	−0.351
R_E	0.133	−0.121	0.020	0.150	0.008	0.169	0.138
R_k	−0.072	0.120	0.071	0.011	0.050	−0.039	0.096

注：表 3-4-2 中字母解释见 P88、P89 相关内容。

　　各宏观参数与细观参数对应的相关系数曲线如图 3-4-1（a）～（g）所示，图中字母解释见 P88 相关内容。

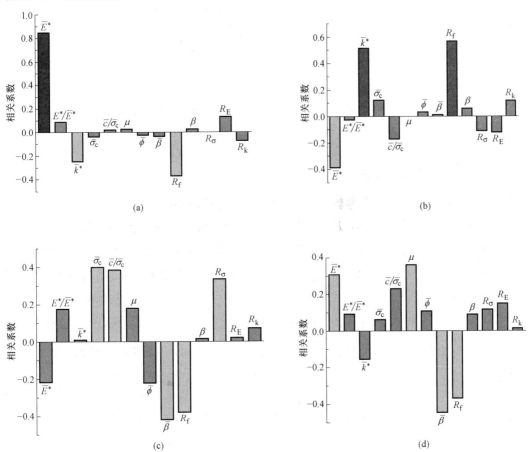

图 3-4-1　各宏观参数与细观参数对应的相关系数曲线（一）

（a）E；（b）ν；（c）UCS；（d）ϕ

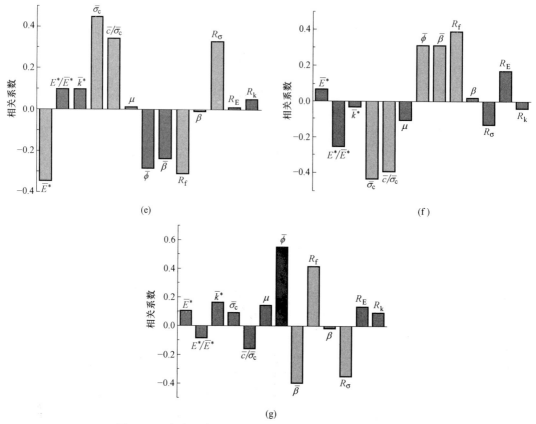

图 3-4-1　各宏观参数与细观参数对应的相关系数曲线（二）
(e) c；(f) σ_{cd}/UCS；(g) UCS/UTS

3.4.2　多元回归分析

根据图 3-4-1 可以得到各参数的主要影响因素，分析如下：

（1）从图 3-4-1（a）可知，$\overline{E}^*$ 对弹性模量 E 有非常显著的影响，R_f 和 $\overline{k}^*$ 对 E 影响较大，其他细观参数对 E 的影响可忽略，因此，认为 E 主要受 $\overline{E}^*$、$\overline{k}^*$、R_f 共同控制。

（2）从图 3-4-1（b）可知，$\overline{k}^*$ 和 R_f 对泊松比 ν 有显著影响，对 $\overline{E}^*$ 影响次之，其他细观参数对 ν 的影响可忽略，因此，认为 ν 主要受 $\overline{E}^*$、$\overline{k}^*$、R_f 共同控制。

（3）从图 3-4-1（c）可知，对单轴抗拉强度 UCS，$\overline{\sigma}_c$、$\overline{c}/\overline{\sigma}_c$、$\overline{\beta}$、$R_f$、$R_\sigma$ 对其影响较大，$\overline{E}^*$、$E^*/\overline{E}^*$、μ、$\overline{\phi}$ 对其影响次之，其他细观参数影响可忽略，因此，认为 UCS 主要受 $\overline{E}^*$、$E^*/\overline{E}^*$、$\overline{\sigma}_c$、$\overline{c}/\overline{\sigma}_c$、$\mu$、$\overline{\phi}$、$\overline{\beta}$、$R_f$、$R_\sigma$ 共同控制。

（4）从图 3-4-1（d）可知，对内摩擦角 ϕ，$\overline{E}^*$、μ、$\overline{\beta}$、R_f 对其影响较大，$\overline{c}/\overline{\sigma}_c$ 对其影响次之，其他细观参数对其影响程度一般且相差不大，不够突出，因此，认为 ϕ 主要受 $\overline{E}^*$、$\overline{c}/\overline{\sigma}_c$、$\mu$、$\overline{\beta}$、$R_f$ 共同控制。

（5）从图 3-4-1（e）可知，对黏聚力 c，$\overline{E}^*$、$\overline{\sigma}_c$、$\overline{c}/\overline{\sigma}_c$、$R_f$、$R_\sigma$ 对其影响较大，$\overline{\phi}$、$\overline{\beta}$ 对其影响次之，其他细观参数的影响可忽略，因此，认为 c 主要受 $\overline{E}^*$、$\overline{\sigma}_c$、$\overline{c}/\overline{\sigma}_c$、$\overline{\phi}$、

$\bar{\beta}$、R_f、R_σ 共同控制。

（6）从图 3-4-1（f）可知，对裂纹损伤应力与单轴抗压强度之比 σ_{cd}/UCS，$\bar{\sigma}_c$、$\bar{c}/\bar{\sigma}_c$、$\bar{\phi}$、$\bar{\beta}$、R_f 影响较大，$E^*/\bar{E}^*$、R_E 对其影响次之，其他细观参数影响相较而言可忽略，因此，认为 σ_{cd}/UCS 主要受 $E^*/\bar{E}^*$、$\bar{\sigma}_c$、$\bar{c}/\bar{\sigma}_c$、$\bar{\phi}$、$\bar{\beta}$、R_f、R_E 共同控制。

（7）从图 3-4-1（g）可知，$\bar{\phi}$ 对单轴抗压与抗拉强度之比 UCS/UTS 有显著影响，$\bar{\beta}$、R_f、R_σ 对其影响次之，其他细观参数对 UCS/UTS 的影响可忽略，因此，认为 UCS/UTS 主要受 $\bar{\phi}$、$\bar{\beta}$、R_f、R_σ 共同控制。

根据上述分析，用岩石宏观参数的主要细观影响因素对其进行多元线性回归分析，拟合公式见式（3-14）~式（3-20）。

$$E=0.031\bar{E}^*-0.886\bar{k}^*-6.728R_f+16.546 \quad R^2=0.909 \tag{3-14}$$

$$\nu=-0.0002\bar{E}^*+0.029\bar{k}^*+0.158R_f-0.0001 \quad R^2=0.706 \tag{3-15}$$

$$UCS=-0.087\bar{E}^*+70.061E^*/\bar{E}^*+0.646\bar{\sigma}_c+15.55\bar{c}/\bar{\sigma}_c+24.043\mu-0.446\bar{\phi}-$$
$$84.036\bar{\beta}-76.097R_f+135.056R_\sigma+28.910 \quad R^2=0.851 \tag{3-16}$$

$$\phi=0.019\bar{E}^*+1.454\bar{c}/\bar{\sigma}_c+7.531\mu-14.064\bar{\beta}-11.511R_f+60.247 \quad R^2=0.524$$
$$\tag{3-17}$$

$$c=-0.016\bar{E}^*+0.081\bar{\sigma}_c+1.573\bar{c}/\bar{\sigma}_c-0.065\bar{\phi}-5.364\bar{\beta}-7.011R_f+$$
$$14.867R_\sigma+7.653 \quad R^2=0.705 \tag{3-18}$$

$$\sigma_{cd}/UCS=-0.419E^*/\bar{E}^*-0.003\bar{\sigma}_c-0.065\bar{c}/\bar{\sigma}_c+0.003\bar{\phi}+0.260\bar{\beta}+$$
$$0.325R_f+0.281R_E+0.572 \quad R^2=0.699 \tag{3-19}$$

$$UCS/UTS=0.126\bar{\phi}-9.056\bar{\beta}+9.484R_f-16.026R_\sigma+3.352 \quad R^2=0.713 \tag{3-20}$$

从上述拟合公式可以看出，除式（3-16）外，其他公式的 R^2 大于 0.7，拟合效果较好，说明宏细观参数间的线性关系比较明显。式（3-17）的 R^2 较小，拟合效果一般，说明宏细观参数间关系复杂，不能简单地用线性关系描述，需进一步分析。图 3-4-2 为细观参数 ϕ 与对应宏观参数的试验平均值关系曲线。

从图 3-4-2 可以看出，μ 和 R_f 与内摩擦角 ϕ 呈现一定的对数关系，对其进行非线性曲线拟合，再结合其他变量进行拟合后的结果如式（3-21）所示。

$$\phi=0.019\bar{E}^*+1.454\bar{c}/\bar{\sigma}_c+0.974\ln(-0.840+1.692\mu)-14.064\bar{\beta}+$$
$$0.970\ln(1.942-2.767R_f)+64.236 \quad R^2=0.680 \tag{3-21}$$

经过修正后的宏细观参数间的拟合公式如式（3-22）~式（3-28）所示。

$$E=0.031\bar{E}^*-0.886\bar{k}^*-6.728R_f+16.546 \quad R^2=0.909 \tag{3-22}$$

$$\nu=-0.0002\bar{E}^*+0.029\bar{k}^*+0.158R_f-0.0001 \quad R^2=0.706 \tag{3-23}$$

$$UCS=-0.087\bar{E}^*+70.061E^*/\bar{E}^*+0.646\bar{\sigma}_c+15.55\bar{c}/\bar{\sigma}_c+24.043\mu-0.446\bar{\phi}-$$
$$84.036\bar{\beta}-76.097R_f+135.056R_\sigma+28.910 \quad R^2=0.851 \tag{3-24}$$

$$\phi=0.019\bar{E}^*+1.454\bar{c}/\bar{\sigma}_c+0.974\ln(-0.840+1.692\mu)-14.064\bar{\beta}+$$
$$0.970\ln(1.942-2.767R_f)+64.236 \quad R^2=0.680 \tag{3-25}$$

$$c=-0.016\bar{E}^*+0.081\bar{\sigma}_c+1.573\bar{c}/\bar{\sigma}_c-0.065\bar{\phi}-5.364\bar{\beta}-7.011R_f+$$

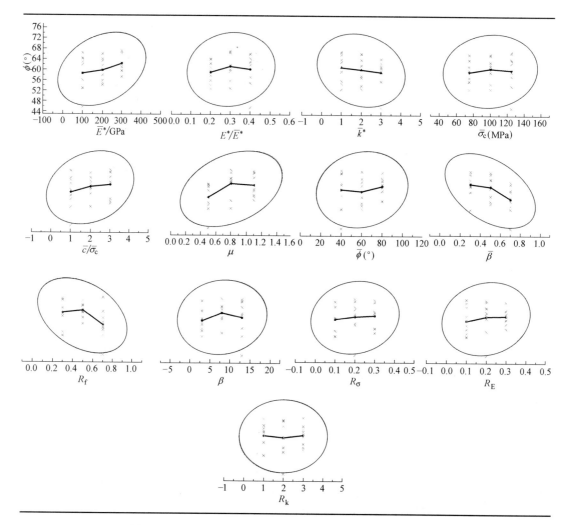

图 3-4-2 细观参数 ϕ 与对应宏观参数的试验平均值关系曲线

$$14.867R_\sigma + 7.653R^2 = 0.705 \tag{3-26}$$

$$\sigma_{cd}/UCS = -0.419E^*/\overline{E}^* - 0.003\overline{\sigma}_c - 0.065\overline{c}/\overline{\sigma}_c + 0.003\overline{\phi} + 0.260\overline{\beta} + 0.325R_f +$$
$$0.281R_E + 0.572R^2 = 0.699 \tag{3-27}$$

$$UCS/UTS = 0.126\overline{\phi} - 9.056\overline{\beta} + 9.484R_f - 16.026R_\sigma + 3.352R^2 = 0.713 \tag{3-28}$$

3.5 细观参数快速标定实例分析

对灰砂岩进行常规三轴压缩试验，得到的宏观力学参数进行模型细观参数标定，UCS/UTS 值取 12。

基本标定步骤如下：

（1）初步取 $E^*/\overline{E}^* = 0.3$、$\overline{k}^* = 3$、$\overline{\beta} = 0.5$、$R_f = 0.7$、$\beta = 3$、$R_E = 0.1$、$R_k = 2$。

（2）将已确定的宏观和细观参数代入式（3-21）～（3-27），计算得到剩余的细观参数

$\overline{E}^{*}=85$、$\overline{\sigma}_{c}=135$、$\overline{c}/\overline{\sigma}_{c}=2$、$\mu=0.7$、$\overline{\phi}=30$、$R_{\sigma}=0.1$。

（3）进行 PFC 初步数值模拟，通过单轴压缩、单轴拉伸以及三轴压缩试验得到宏观参数，根据初步模拟值和试验值的差值，以及宏细观参数间的趋势关系调整细观参数，减小误差，最终达到理想效果。

灰砂岩试样宏观参数试验值和模拟值如表 3-5-1 所示，误差除 σ_{cd}/UCS 以外，均在 7％以内，表明此处的快速标定方法是可行的。

灰砂岩试样宏观参数试验值和模拟值　　　　　　　　　　　表 3-5-1

宏观参数	E（GPa）	ν	UCS（MPa）	σ_{cd}/UCS	ϕ（°）	c（MPa）	UCS/UTS
试验值	12.07	0.202	82.53	0.514	38.30	22.08	12
模拟值	12.28	0.186	83.85	0.436	36.42	23.59	11.52
误差	1.7％	6.9％	1.3％	15.2％	4.9％	6.8％	4.0％

图 3-5-1 为单轴压缩情况下试验与数值压缩应力—应变曲线，模拟结果与室内试验结果基本相符。

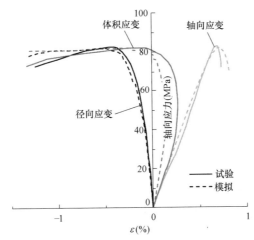

图 3-5-1　单轴压缩情况下试验与数值压缩应力—应变曲线

3.6　研究结论

以改进的线性平行粘结模型作为颗粒接触本构模型，对 PFC3D 模型进行正交数值试验，研究了线性平行粘结模型的细观参数，并探讨了 PFC3D 线性平行粘结模型细观参数的标定方法，得出以下主要结论：

（1）通过对线性平行粘结模型的改进措施，可以有效地提高数值模拟结果的 UCS/UTS，满足实际工程中岩石的需要。

（2）关联性研究表明：宏观参数与模型细观参数关系较复杂，个别参量无主导因素。此时，可先假定一部分参数取值，再利用标定的规律确定主要细观参数，简化标定过程。

（3）利用宏、细观参数之间的关系，依据干燥青灰砂岩的室内物理试验结果，对线性平行粘结模型的细观参数进行颗粒流标定，模拟结果与室内试验结果基本相等，表明可用该方法标定岩石力学参数。

由以上研究可以看出：PFC 软件中自带的各种细观模型，由于参数众多，在进行标定时应该找到各个参数的控制规律，然后利用因素分析找到最优的组合，才能实现岩土性质的准确模拟，这也是利用 PFC 开展数值模拟的重要内容。

3.7　命令流实例

3.7.1　颗粒生成

```
New
define setup
    expand_xishu＝10.0
    height ＝ 1.0 ＊ expand_xishu
    width ＝ 0.5 ＊ expand_xishu
    cylinder_axis_vec ＝ vector(0,0,1)
    cylinder_base_vec ＝ vector(0.0,0.0,[－0.2 ＊ height])
    cylinder_base_vec_middle ＝ vector(0.0,0.0,[0.5 ＊ height])
    cylinder_height   ＝ 1.4 ＊ height
    cylinder_rad      ＝ 0.5 ＊ width
    bottom_disk_position_vec ＝ vector(0.0,0.0,0.0)
    top_disk_position_vec   ＝ vector(0.0,0.0,[height])
    disk_rad                ＝ 1.5 ＊ cylinder_rad
    w_resolution ＝ 0.05
    poros ＝ 0.35
    rlo＝0.8e－2 ＊ expand_xishu   ;
    rhi＝1.2e－2 ＊ expand_xishu   ;
    dens＝3000
end
@setup
domain extent ([－width ＊ 1.05],[width ＊ 1.05]) ([－width ＊ 1.05],[width ＊ 1.05]) ([－0.3 ＊
height],[1.3 ＊ height])
domain condition destroy
set random 10001
cmat default model linear method deform emod 1e8 kratio 1.5
wall generate id 1 cylinder axis @cylinder_axis_vec  ...
                base @cylinder_base_vec  ...
                height [cylinder_height/2.0] ...
                radius @cylinder_rad ...
                cap false false ...
                onewall ...
                resolution @w_resolution
wall generate id 2 cylinder axis @cylinder_axis_vec ...
```

```
                    base @cylinder_base_vec_middle  ...
                    height [cylinder_height/2.0] ...
                    radius @cylinder_rad ...
                    cap false false ...
                    onewall ...
                    resolution @w_resolution
wall generate id 5 plane position @bottom_disk_position_vec ...
                    dip 0 ...
                    ddir 0
wall generate id 6 plane position @top_disk_position_vec ...
                    dip 0 ...
                    ddir 0
geometry set geo_cylinder
geometry generate cylinder axis (0,0,1) &
                    base (0.0,0.0,[-0.0*height]) height [1.0*height] &
                    cap true true &
                    radius [cylinder_rad] &
                    resolution 0.05
ball distribute porosity[poros]  &
                    resolution 1.0 &
                    numbins 1 &
                    bin 1 &
                        radius [rlo][rhi] &
                        volumefraction 1.0 &
                        group soil &
                    range geometry geo_cylinder   count odd direction (0.0 0.0 1.0)
ball   attri density [dens] damp 0.3
set timestep scale
cycle 5000 calm 100
ball delete range geometry geo_cylinder count odd not
set timestep auto
solve aratio 1e-3 calm 5000
calm   ;
ball   attribute spin multiply 0.0
ball   attribute velocity multiply 0.0
ball   attribute displacement multiply 0.0
ball attribute contactforce multiply 0.0 contactmoment multiply 0.0
save ini
```

3.7.2　伺服条件

```
res ini
cmat default model linear method deform emod 5e9   kratio 1.4
cmat default type ball-facet model linear method deform emod 1e9 kratio 1.4
```

```
cmat default type ball-ball model linear method deform emod 5e9 kratio 1. 4
cmat apply
cyc 1000 calm 100
ball    attribute spin multiply 0. 0
ball    attribute velocity multiply 0. 0
ball    attribute displacement multiply 0. 0
ball attribute contactforce multiply 0. 0 contactmoment multiply 0. 0
;gui project save aaaaaa
ball attribute damp 0. 7
;wall attribute zvel 0. 0 range id 1
;wall attribute zvel 0. 0 range id 2
def wall_addr
    wadd1 = wall. find(1)
    wadd2 = wall. find(2)
    wadd5 = wall. find(5)
    wadd6 = wall. find(6)
end
@wall_addr
[_wdr = width]
[_mvsRadVel = 0. 0]
def _mvsUpdateDim
    _wdr = _wdr + 2. 0 * _mvsRadVel * mech. timestep
End
set fish callback 1. 1 @_mvsUpdateDim
def _mvsRadForce
    local FrSum = 0. 0
    local Fgbl, nr
    force_top=0. 0
    force_bot=0. 0
    loop foreach local cp wall. contactmap( wadd2 )
        Fgbl = vector( comp. x( contact. force. global(cp) ),  ...
                        comp. y( contact. force. global(cp) ) )
        nr = math. unit( vector( comp. x( contact. pos(cp) ),  ...
                            comp. y( contact. pos(cp) ) ) )
        FrSum = FrSum - math. dot( Fgbl, nr )
    end_loop
    force_top=frsum
    loop foreach cp wall. contactmap( wadd1)
        Fgbl = vector( comp. x( contact. force. global(cp) ),  ...
                        comp. y( contact. force. global(cp) ) )
        nr = math. unit(vector(comp. x(contact. pos(cp)),  ...
                            comp. y(contact. pos(cp))))
        FrSum = FrSum-math. dot(Fgbl, nr)
```

```
       force_bot= force_top - math. dot(Fgbl，nr)
   end_loop
   _mvsRadForce = FrSum
end
def _mvsSetRadVel(rVel)
   _mvsRadVel = rVel
   local nr
   loop foreach local vp wall. vertexlist(wadd1)
      nr = math. unit(vector(comp. x(wall. vertex. pos(vp))，…
                          comp. y(wall. vertex. pos(vp)),0.0))
      wall. vertex. vel(vp) = rVel * nr
   end_loop
   loop foreach vp wall. vertexlist(wadd2)
      nr = math. unit(vector(comp. x(wall. vertex. pos(vp))，…
                          comp. y( wall. vertex. pos(vp)),0.0))
      wall. vertex. vel(vp) = rVel * nr
   end_loop
end
define compute_wAreas
   _wdz=wall. pos(wadd6，3)－wall. pos(wadd5，3)
   _wAz=0.25 * math. pi * _wdr * _wdr
   _wAr_outer=math. pi * _wdr * _wdz
end
define   compute_wStress
   compute_wAreas
   xxx111=wall. force. contact(wadd5，3)
   xxx222=wall. force. contact(wadd6，3)
   wszz=0.5 * (xxx111－xxx222)/_wAz
   wsrr_outer= _mvsRadForce / _wAr_outer
end
set fish callback 10.2 @compute_wStress
define compute_gain(fac)
   compute_wAreas
   global gz0 = 0.0
   loop foreach local contact wall. contactmap(wadd5)
      gz0 = gz0 + contact. prop(contact,"kn")
   endloop
   loop foreach contact wall. contactmap(wadd6)
      gz0 = gz0 + contact. prop(contact,"kn")
   endloop
 if gz0 < 1e7 then
      gz0=1.0e7
```

```
      endif
      global gr_outer0 = 0.0
      loop foreach contact wall. contactmap(wadd1)
         gr_outer0 = gr_outer0 + contact. prop(contact,"kn")
      endloop
      loop foreach contact wall. contactmap(wadd2)
         gr_outer0 = gr_outer0 + contact. prop(contact,"kn")
      endloop
      if gr_outer0 < 1e7 then
         gr_outer0 = 1.0e7
      endif
      gz = fac * 2.0 * _wAz / (gz0 * mech. timestep)
      gr_outer = fac * _wAr_outer / (gr_outer0 * mech. timestep)
   end
   [gain_safety_fac = 0.3]
   @compute_gain(@gain_safety_fac)
   [max_vel1 = 5.0]
   [max_vel2 = 5.0]
   define servo_walls
      compute_wStress
      zvel=0.0
      rvel=0.0
      if do_zservo = true then
         zvel0 = gz * (wszz−tszz)
         zvel = math. sgn(zvel0) * math. min(max_vel1,math. abs(zvel0))
         wall. vel( wadd5, 3 ) = zvel
         wall. vel( wadd6, 3 ) = −zvel
      endif
      if do_rservo_outer = true then
         rvel0 = −gr_outer * (wsrr_outer−tsrr_outer)
         rvel = math. sgn(rvel0) * math. min(max_vel2,math. abs(rvel0))
         _mvsSetRadVel( rvel )
      endif
   end
   [tsrr_outer = −0.1e6]
   [tszz = −0.1e6]
   [do_zservo = true]
   [do_rservo_outer = true]
   set fish callback   1.0 @servo_walls
   [stop_me = 0]
   [tol = 0.05]
   [gain_cnt = 0]
```

```
[gain_update_freq = 100]
[nsteps=0]
define stop_me
    nsteps=nsteps+1
    gain_cnt = gain_cnt + 1
    if gain_cnt >= gain_update_freq then
        compute_gain(gain_safety_fac)
        gain_cnt = 0
    endif
    sss111=math. abs((wszz-tszz)/tszz)
    sss222=math. abs((wsrr_outer-tsrr_outer) / tsrr_outer)
    sss333=mech. solve("aratio")
    if nsteps < 2000 then
        exit
    endif
    if do_zservo = true then
    if math. abs((wszz−tszz)/tszz) > tol
        exit
    endif
    endif
if do_rservo_outer = true then
    if math. abs((wsrr_outer−tsrr_outer)/tsrr_outer)>tol
        exit
    endif
endif
if nsteps>20000
        stop_me=1
        exit
    endif
if mech. solve("aratio")>1e-5
        exit
    endif
    stop_me = 1
end
ball    attribute spin multiply 0. 0
ball    attribute velocity multiply 0. 0
ball    attribute displacement multiply 0. 0
ball    attribute contactforce multiply 0. 0 contactmoment multiply 0. 0
hist delete
hist id 1 @wszz
hist id 2 @wsrr_outer
hist id 5 @sss1
hist id 6 @sss2
```

```
hist id 7 @sss3
plot create plot 'stress'
plot    hist 1 2
plot create plot 'errors'
plot    hist 5 6 7
solve fishhalt @stop_me
save consolidation_state
```

3.7.3　细观参数赋值

```
res consolidation_state
ball attribute spin multiply 0.0
ball attribute velocity multiply 0.0
ball attribute displacement multiply 0.0
ball attribute contactforce multiply 0.0 contactmoment multiply 0.0
[pb_modules=70.0e9]
[emod000=0.2 * pb_modules]
[pb_kratio=1.5]
[ten_=11.0e7 * 1.0]
[coh_=ten_ * 2]
[fric_coefficient=0.7]
[fric_=38]
[coeff_mcf=0.3]
[crack_bili=0.65]
[beta000=200]
[strength_bili=0.1]
[moduls_bili=0.1]
[kratio_bili=2]
cmat default model linearpbond  ...
        property  lin_mode 1 dp_nratio 0.0 dp_sratio 0.0 ...
        method pb_deformability emod [pb_modules * moduls_bili] krat [pb_kratio * kratio_bili] ...
        deform emod [emod000] kratio [pb_kratio] property pb_ten [ten_ * strength_bili * 0.0] ...
        pb_coh [coh_ * strength_bili * 0.0] fric [fric_coefficient]  pb_fa [fric_] pb_mcf ...
        [coeff_mcf] type 'ball-ball'
cmat default   model linear method deform emod [emod000 * 0.25] kratio 0.0 type 'ball-facet'
cmat apply
ball group 'specimen' range x [-width] [width]
contact groupbehavior contact
contact group 'contact1111' range contact type 'ball-ball'
contact model linearpbond range   group 'contact1111'
contact method bond gap  0 range group 'contact1111'
contact method pb_deformability emod [pb_modules * 1.0] krat [pb_kratio] deform emod [emod000]
kratio [pb_kratio] range group 'contact1111'
        contact property pb_ten [ten_] pb_coh [coh_] fric [fric_coefficient]  pb_fa [fric_] pb_mcf [coeff_
```

```
mcf〕pb_rmul 1. 0 range group 'contact1111'
    contact property   lin_mode 1 dp_nratio 0. 3 dp_sratio 0. 3 range group 'contact1111'
    define part_contact_turn_off
        num111_contact=contact. num(' ball-ball')
        num222_contact=contact. num. all(' ball-ball')
        loop foreach cp contact. list. all(' ball-ball')
            sss000=contact. model(cp)
            if sss000 = ' linearpbond' then
              z0=contact. pos. z(cp)
              if z0 < 0. 99 * height then
                if z0 > 0. 01 * height then
                  x=math. random. uniform
                    if x < crack_bili then
                        contact. group(cp)=' contact2222'
                    endif
                  endif
                endif
              endif
        endloop
    end
    @part_contact_turn_off
    contact model linearpbond range   group 'contact2222'
    contact method bond gap   0 range group 'contact2222'
    contact method pb_deformability emod 〔pb_modules * moduls_bili〕krat 〔pb_kratio * kratio_bili〕de-
form emod 〔emod000〕kratio 〔pb_kratio〕range group 'contact2222'
    contact property pb_ten 〔ten_ * strength_bili〕pb_coh 〔coh_ * strength_bili〕fric 〔fric_coefficient *
1. 0〕 pb_fa 〔fric_〕pb_mcf 〔coeff_mcf〕pb_rmul 1. 0 range group 'contact2222'
    contact property   lin_mode 1 dp_nratio 0. 3 dp_sratio 0. 0 range group 'contact2222'
    def weibull_random(alfa,beta)
      freq = math. random. uniform   ;0~1
      weibull_random =alfa * (−math. ln(1. 0-freq))^(1. 0/beta)
    end
    define weibull_parameter
      loop foreach local cp contact. list
          if type. pointer(cp) = ' ball-ball' then
            s = contact. model(cp)
            xishu=1. 0
            if s =' linearpbond' then
              alfa=1. 0
              beta=beta000
              freq = math. random. uniform
              xishu=weibull_random(alfa,beta)
              contact. prop(cp,' pb_ten') = contact. prop(cp,' pb_ten') * xishu
```

105

```
        contact. prop(cp,' pb_coh') = contact. prop(cp,' pb_coh') * xishu
        ;xishu=weibull_random(alfa,beta)
        contact. prop(cp,' pb_kn') = contact. prop(cp,' pb_kn') * xishu
        contact. prop(cp,' pb_ks') = contact. prop(cp,' pb_ks') * xishu
      endif
    endif
  endloop
end
@weibull_parameter
ball attribute damp 0. 3
cyc 1000 calm 100
[tsrr_outer = −0. 001e6]
[tszz = −0. 001e6]
[do_zservo = true]
[do_rservo_outer = true]
[stop_me = 0]
[tol = 0. 025]
solve fishhalt @stop_me
save consolidation_state222
```

3.7.4 三轴压缩（含单轴）

```
res consolidation_state222
[tsrr_outer = −10. 0e6]
[tszz = −10. 0e6]
[do_zservo = true]
[do_rservo_outer = true]
[stop_me = 0]
solve fishhalt @stop_me
[do_zservo = false]
ball attribute spin multiply 0. 0
ball attribute velocity multiply 0. 0
ball attribute displacement multiply 0. 0
ball attribute contactforce multiply 0. 0 contactmoment multiply 0. 0
ball attribute damp 0. 3
define wezz
  wezz = (_wdz-_wH0)/_wH0
end
define wexx
  wexx=(_wdr-_wdr0)/_wdr0
end
define wvol
  wvol=wezz+2. 0 * wexx
end
```

```
[nnnflag333=0]
[nnnflag444=0]


define possion
    possion0=-wexx/wezz
    if axial_strain_wall > 5e-4 then
        if nnnflag333 = 0 then
            possion1=possion0
            nnnflag333=1
        endif
    endif
    if axial_strain_wall > 1e-3 then
        if nnnflag444 = 0 then
            possion2=possion0
            nnnflag444=1
        endif
        possion_pingjun=(possion1+possion2)/2.0
    endif
    possion=possion0
End

[_wH0   = _wdz]
[_wdr0 = _wdr]
[_wszz2000=wszz]
[loadhalt_wall=0]
define loadhalt_wall
    loadhalt_wall = 0
    local abs_stress = math.abs(wszz)
    axial_strain_wall=math.abs(wezz)
    global peak_stress = math.max(abs_stress,peak_stress)
    if math.abs(axial_strain_wall) > 1e-4
        if abs_stress < peak_stress * peak_fraction
            loadhalt_wall = 1
        end_if
    end_if
end
measure create id 1   x 0.00 y 0.0 z [height/2.0] rad [width * 0.5 * 0.8] ;
[porosity = measure.porosity(measure.find(1))]
hist delete
hist reset
set hist_rep   100
hist id 1 @wezz
```

```
hist id 2 @wszz
hist id 3 @wsrr_outer
hist id 4 @wexx
hist id 5 @wvol
hist id 6 @possion
history id 7 meas stresszz id 1
;call fracture. p3fis
;@track_init
set @peak_fraction = 0. 7
[max_vel1 = 2]
[max_vel2 = 2]
[nnnflag111=0]
[nnnflag222=0]
define compute_elastic_modulus
    axial_strain_wall=math. abs(wezz)
    if axial_strain_wall > 0. 3e-3 then
      if nnnflag111 = 0 then
        strain1=axial_strain_wall
        strain111=wexx
        stress1=math. abs(wszz2)
        nnnflag111=1
      endif
    endif
    if axial_strain_wall > 1. e-3 then
      if nnnflag222 = 0 then
        strain2=axial_strain_wall
        stress2=math. abs(wszz2)
        nnnflag222=1
        compute_elastic_modulus=(stress2-stress1)/(strain2-strain1)
        command
        set fish callback 9 remove @compute_elastic_modulus
        endcommand
      endif
    endif
end
set fish callback 9 @compute_elastic_modulus


plot create plot ' stress-strain'
plot hist   -2   -3   -7   vs   -1
plot add hist   -2   vs   -4
plot add hist   -2   vs   -5
plot create plot ' possion'
```

plot add hist 6　vs　－1

[rate = 0. 05]

wall attribute zvelocity [－rate * _wH0] range id 6

wall attribute zvelocity [rate * _wH0] range id 5

solve fishhalt @loadhalt_wall

list @peak_stress @compute_elastic_modulus　@possion_pingjun

save tri-compress2

hist write　－4　－5　－3　－2　－7 vs　－1 file compress_3d. dat　truncate

3.7.5　单轴拉伸

res consolidation_state222

set fish callback 10. 1 remove @_mvsUpdateDim

set fish callback　1. 0 remove @servo_walls

wall delete walls

cyc 10000 calm 100

ball attribute velocity multiply 0. 0

ball attribute displacement multiply 0. 0

ball attribute contactforce multiply 0. 0 contactmoment multiply 0. 0

define setup_gage

　　global vertical_direction = global. dim

　　local bottom_ = 1. 0e12

　　local top_ = －1. 0e12

　　loop foreach bp ball. list

　　　　top_ = math. max(ball. pos(bp,vertical_direction),top_)

　　　　bottom_ = math. min(ball. pos(bp,vertical_direction),bottom_)

　　end_loop

　　if global. dim = 2

　　　　local top_loc = vector(0. 0,top_)

　　　　local bottom_loc = vector(0. 0,bottom_)

　　else

　　　　top_loc = vector(0. 00,0. 0,top_)

　　　　bottom_loc = vector(0. 00,0. 0,bottom_)

　　end_if

　　global gage_top = ball. near(top_loc)

　　global gage_bottom = ball. near(bottom_loc)

　　sample_height = ball. pos(gage_top,vertical_direction)_ball. pos(gage_bottom,vertical_direction)

end

@setup_gage

;call fracture. p3fis

```
;@track_init
[rate = 0.0005]
ball group 'top_grip' range z [0.9 * height] [1.1 * height]
ball group 'bottom_grip' range z [-0.1 * height] [0.1 * height]
ball fix z range group 'top_grip'
ball attribute zvel [rate * sample_height] range group 'top_grip'
ball fix z range group 'bottom_grip'
ball attribute zvel [-rate * sample_height] range group 'bottom_grip'
ball attribute damp 0.3
def axial_strain_gage
    axial_strain_gage0 = ball.disp(gage_top,vertical_direction) - ball.disp(gage_bottom,vertical_direc-
tion)
    axial_strain_gage = axial_strain_gage0 / sample_height
end
measure create id 1   x 0.00 y 0.0 z [height/2.0] rad [width * 0.5 * 0.8]
[porosity = measure.porosity(measure.find(1))]
hist delete
hist reset
set hist_rep = 20
hist id 1 @axial_strain_gage
history id 3 meas stresszz id 1
history id 4 meas stressxx id 1
plot create plot 'tension_picture'
plot hist 3 vs 1


[mp = measure.find(1)]
def loadhalt_meas
  loadhalt_meas = 0
  abs_stress = math.abs(meas.stress(mp,global.dim,global.dim))
  global peak_stress1 = math.max(abs_stress,peak_stress1)
  if meas.stress(mp,global.dim,global.dim) > 1e5 then
    if abs_stress < peak_stress1 * peak_fraction
      loadhalt_meas = 1
      end_if
    end_if
end


[nnnflag111=0]
[nnnflag222=0]
define compute_elastic_modulus
      axial_strain_wall = math.abs(axial_strain_gage)
```

110

```
            mp = measure. find(1)
            abs_stress = math. abs(meas. stress(mp,global. dim,global. dim))
            if axial_strain_wall > 1. e-5 then
                if nnnflag1   11 = 0 then
                    strain1=axial_strain_gage
                    stress1=math. abs(abs_stress)
                    nnnflag111=1
                endif
            endif
        if axial_strain_wall > 3e-5 then
            if nnnflag222 = 0 then
                    strain2=axial_strain_gage
                    stress2=math. abs(abs_stress)
                    nnnflag222=1
                    compute_elastic_modulus=(stress2-stress1)/(strain2-strain1)
                    command
                        set fish callback 9 remove @compute_elastic_modulus
                    endcommand
            endif
        endif
end
set fish callback 9 @compute_elastic_modulus
cyc 1000
[peak_fraction=0. 9]
solve fishhalt @loadhalt_meas
cyc 100
list @peak_stress1
save tension
hist write   3 vs 1 file tension000. dat   truncate
```

第 4 章 峰后脆—延力学特征细观离散元数值模拟研究

本章基于典型大理岩全应力—应变曲线，借助颗粒离散元原理及方法，探讨岩石细观特性与宏观力学性质的对应，构造合理的细观接触参数选取和边界控制手段，研究大理岩脆性—岩性—塑性力学性质转化规律，进一步借助典型洞室开挖探讨岩体变形破坏机理。

4.1 深埋大理岩三轴压缩试验

中国西南地区存在大量水电站，形成了许多深埋地下的工程。这些工程的围岩在工程建设后会出现被破坏后依然在围压作用下承担荷载的现象。

使用锦屏白山组 2000m 埋深的大理岩作为试验试样，在 MTS 试验机上进行三轴压缩试验，获得如图 4-1-1 所示的应力—应变全过程曲线，其中围压为 2～50MPa。可以看出，低围压下试样出现明显脆性破坏；随着围压提高，试样在达到峰值强度后，出现一段延性部分发生应变软化；在高围压下，试样屈服后出现近似理想的塑性特征。

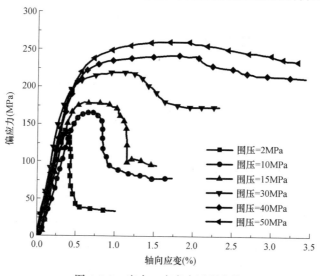

图 4-1-1 应力—应变全过程曲线

4.2 岩石的颗粒离散元模拟方法

在采用数值方法研究岩石工程的破坏机理时，颗粒离散元方法具有不受变形限制，通过局部变化反映宏观机理的特点，受到了广大学者的青睐。在模拟岩石材料时，线性平行粘结模型使用最为广泛。

采用颗粒离散元方法模拟岩石性质，颗粒越小，效果越好，但计算耗时大。因此，此处采用二维颗粒离散元方法模拟。

离散元数值模拟标定参数过程如图 4-2-2（a）所示。首先，在建立地下工程开挖模型过程中，由于计算机计算能力的限制，为保证计算效率，对模型中颗粒数目应有所限制，因此，在保证工程模型尺寸，满足实际情况，以及颗粒数目尽可能多的条件下，可以获得颗粒半径的最优取值。其次，从工程模型中选取合适尺寸的区域进行压缩试验模拟，最后，通过不断调整模型的细观参数，使模拟试验得到的宏观参数与室内试验结果吻合，确定离散元数值模拟的细观参数。

如图 4-2-2（b）所示，为某地下洞室开挖工程离散元数值模型，模型尺寸为 40m×40m，颗粒总数为 25 万个，在此基础上取出其中 0.5m×1.0m 区域，建立双轴压缩试验的离散元二维数值模型。其中，压缩试验盒采用 4 个刚性墙面围成，为了防止在压缩过程中试验盒因变形出现缺口使颗粒飞溅，每个墙面应向两边各延伸 0.1m。试验过程中边墙通过改变自身速度及方向，对试样进行伺服围压控制，顶墙和底墙以相同速度模拟压缩过程。为保证施加围压过程中墙能保持稳定，墙的法向刚度设为 1×10^{10} N/m，由于墙始终为法向运动，因此，将剪切刚度设为 0，将摩擦系数设为 0。在输入的参数中，密度、颗粒尺寸、初始孔隙率必须保持工程模型与标定模型的一致，只有这样才能确保标定参数可以用于工程分析。此处将密度设为 2500kg/m³，初始孔隙率设为 0.18，球半径设为 1.6～2.4mm，局部阻尼参数用于颗粒体系的能量消耗，设为 0.1。

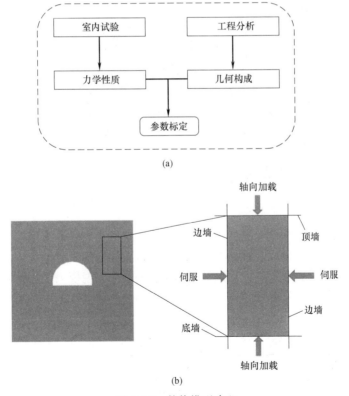

图 4-2-2 数值模型建立

（a）离散元数值模拟参数标定过程；（b）某地下洞室开挖工程离散元数值模型

（注意所选择区域的颗粒一般比真实颗粒要大得多）

4.3 细观接触的随机性对岩石力学性质的影响

岩石是自然界中各种矿物的集合体,是天然地质作用的产物,岩石中存在着许多矿物节理、微裂隙、粒间空隙、晶格缺陷、晶格边界等内部缺陷,即微结构面。自然界中的岩石是一种受到不同程度损伤的材料,因此,采用可以描述材料磨损累积失效的威布尔分布描述岩石内部接触随机分布,威布尔分布概率密度函数见式(4-1)。

$$f(x) = \begin{cases} \dfrac{\beta}{\alpha^{\beta}} x^{\beta-1} e^{-(x/\alpha)^{\beta}}, 0 \leqslant x < \infty, \alpha > 0, \beta > 0 \\ 0, \end{cases} \tag{4-1}$$

式中,α 为尺度参数,是控制概率密度函数图形的均值;β 为形状参数,是控制概率密度函数图形的峰值。

对岩石进行模拟时,将岩石中的矿物分为强、弱两类,两类矿物含量各占 50%,强弱接触分布如图 4-3-1 所示。岩石模型中矿物的强、弱是通过改变颗粒间接触参数的强度与模量大小来实现,接触参数取值如表 4-3-1 所示,在加载过程中新产生的接触采用线性接触粘结模型,颗粒与颗粒间接触的有效模量设为 $3 \times 10^{10} N/m^2$,法向与切向刚度比设为 1.5;颗粒与墙之间接触的有效模量设为 $5 \times 10^9 N/m^2$,法向与切向刚度比设为 1.5。

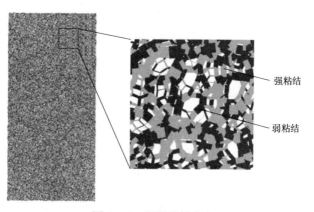

图 4-3-1 强弱接触分布

岩石中实现模拟矿物损伤分布的方法为:将颗粒之间平行粘结模型接触的拉伸强度、粘结强度和法向—切向刚度值,在原始参数基础上乘以上述的随机变量 X,该系数的大小满足威布尔分布。因此,就整个岩石模型颗粒之间接触的拉伸强度值来说,如果横坐标代表拉伸强度的大小,纵坐标代表接触的拉伸强度值的取值概率,则将呈现一个如图 4-3-2 所示的威布尔分布双峰曲线。

接触参数取值 表 4-3-1

项目	有效模量 (GPa)	粘结有效模量 (GPa)	法向/切向 刚度比	拉强度 (MPa)	剪切强度 (MPa)	摩擦系数
强粘结接触	50	90	1.5	66	1375	0.05
弱粘结接触	50	18	1.5	33	68.75	0.05

4.3.1 双峰距离对岩石宏观力学性能的影响

由表 4-3-1、表 4-3-2 可知，由于模型颗粒之间接触的强度，以下只介绍其取值方式，参数粘结有效模量、切向粘结强度与之相同，有大、小两种，在此基础上乘以威布尔分布随机变量，因此，双峰距离取决于强、弱两种接触参数强度的大小。

如图 4-3-2（b）所示，可以看出：随着细观强度比的提高，岩石弹性模量基本不变，单轴抗压强度提高，且强度比较低时，岩石在出现破坏前出现应变软化现象，这是由于岩石在单轴压缩过程中，较弱的接触开始被破坏，但强的接触依然起骨架支撑作用，因此，并不会出现突然的强度丧失而发生脆性破坏。当细观强度比较高时，模型趋近于均质，接触几乎同时达到强度极限，容易发生脆性破坏。对岩石的直接拉伸试验如图 4-3-2（c）所示，采用与双轴压缩试验相同的模型，取模型上、下各 0.5m×0.1m 的部分，设置该区域颗粒向上、向下以相同速度运动进行直接拉伸试验，拉伸破坏后的典型试样如图 4-3-2（d）所示。

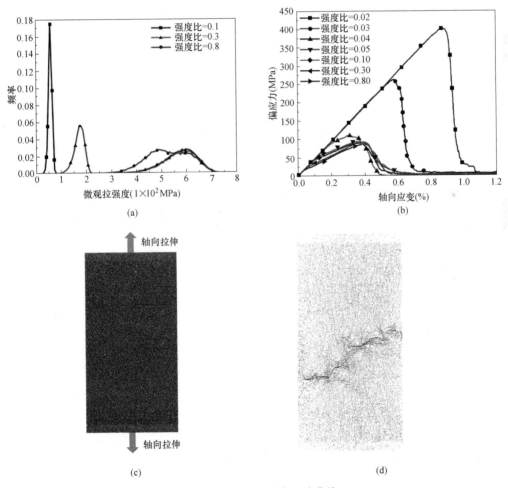

图 4-3-2　威布尔分布双峰曲线

（a）不同强度比抗拉强度分布曲线；（b）不同强度比双轴抗压曲线；（c）直接拉伸试验；（d）直接拉伸破坏图

强度比对岩石力学性能的影响主要体现在岩石宏观的拉伸强度与单轴压缩强度之比，岩石的抗拉强度一般为抗压强度的 $1/25 \sim 1/4$。通过对岩石的单轴拉伸、压缩试验结果分析：随着细观强度比的增加，拉压强度比逐渐增大，最终稳定在 $1/3.5$ 左右。可见，采用两种不同的细观拉伸、粘结强度参数模拟岩石，并将两种强度比值合理设置，能够较好地吻合岩石的拉压强度比。

岩石拉伸试验与单轴压缩试验峰值强度及比值　　　　　　　　　　　表 4-3-2

微观强度比	宏观抗拉强度（MPa）	宏观单轴抗压强度（MPa）	拉压强度比
0.02	4.80	90	1 : 18.75
0.03	7.71	94.44	1 : 12.25
0.04	10.02	89.88	1 : 8.97
0.05	11.84	93.60	1 : 7.91
0.1	27.13	111.40	1 : 4.11
0.3	74.46	263.20	1 : 3.53
0.8	124.68	399.40	1 : 3.20

4.3.2 双峰形状对岩石宏观力学性能的影响

如图 4-3-3（a）所示，形状参数 β 主要控制概率密度函数图形峰值，峰值点横坐标即为抗拉强度取值，为分析双峰值在威布尔曲线形状对岩石宏观力学性能的影响，试验中保持 α 不变（$\alpha=1$），取 β 值分别为 2、5、20 进行双轴试验（由于 $\beta=1$ 时威布尔分布即为指数分布，不考虑）。如图 4-3-3（b）所示，当 β 值较小时，岩石试样中各颗粒的强度值以峰值点为中心向两侧分散，岩石非均质性显著，压缩过程中的累进性破裂阶段明显，随着 β 值的增加，岩石的接触参数取值趋向于抗拉强度，当 β 值很高时，试样将只存在两种强度取值为抗拉强度的颗粒。因此，β 值越高，试样双轴压缩试验的峰值应力越高。

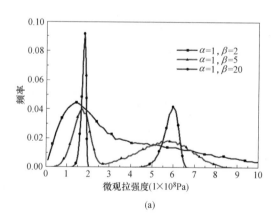 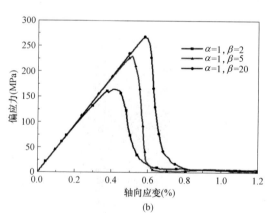

图 4-3-3　威布尔双峰分布
（a）不同 β 值下抗拉强度分布曲线；（b）不同 β 值下双轴抗压曲线

通过以上研究表明：对均匀的接触，随机采用双峰值威布尔分布赋予细观参数，可以模拟岩样的变形、压缩强度、拉伸强度特性。

4.4 边界响应速度对双轴压缩数值模拟的影响

通过岩石室内三轴压缩试验发现，在 MTS 试验机上进行三轴压缩试验，当试件达到峰值强度后，试件由于微裂隙贯通成宏观裂缝，发生突发性破坏，为防止储存在试验机中的应变能被突然释放到岩石试件，导致岩石试件急剧破裂和崩解，将试验机刚度调大。对于坚硬的岩石，试验机必须采用液压伺服系统，根据岩石破坏和变形情况控制变形速度，使变形速度保持为恒定值，以实现岩石试件的稳定破坏。

用数值方法模拟岩石双轴压缩试验，为了获得和室内三轴压缩试验相同的曲线峰后效果，结合上述 MTS 试验机的试验机制分析，通过多次模拟试验分析发现：轴向加载速度和侧向约束反应速度对岩石试样数值模拟的峰后性质有决定性的影响。图 4-4-1 是离散元方法双轴压缩伺服流程图。图 4-4-1 中，v_n 为墙体施加的法向速度；α 为释放系数，取值 $0\sim1$；K_c 为平均接触刚度；Δt 计算时间步长；F_t、F_c 分别为施加于墙上的目标伺服力与实际响应力，均取墙的法向分量值。

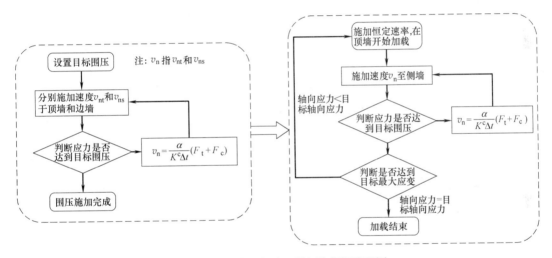

图 4-4-1 离散元方法双轴压缩伺服流程图

试样开始加载后，围压的大小由边墙平移速度控制，保持与目标围压相等。但是，当试样达到峰值强度发生突发性破坏时，由于宏观裂隙导致试样向两侧产生较大位移，围压突然增大，如图 4-4-1 所示，此时 (F_t+F_c) 的值较大，因此，边墙向外平移的速度 v_n 较大。在这样的情况下，假设没有设置边墙最大速度值 v_{max}，边墙在该时间步内高速向外平移，将导致围压迅速减小，试样的应力—应变曲线将迅速下降，发生脆性破坏；假设设置的 v_{max} 值极小，发生破坏后，边墙向外平移的响应速度较慢，尽管试样产生裂隙，但在边墙约束下试样无法发生侧向位移，短时间内不会发生崩解，在该条件下试样的应力—应变曲线能够保持在峰值应力附近，呈现塑性特征。

因此，通过多组模拟试验，在控制岩石试样模型细观参数不变的情况下，采用不同加载速率进行双轴压缩试验，调整边界伺服约束速率，并对数据进行拟合对比。其中，图 4-4-2（a）为试样模型在 0.2m/s 轴向加载速度（v_a）的条件下，以不同围压（σ）大小为

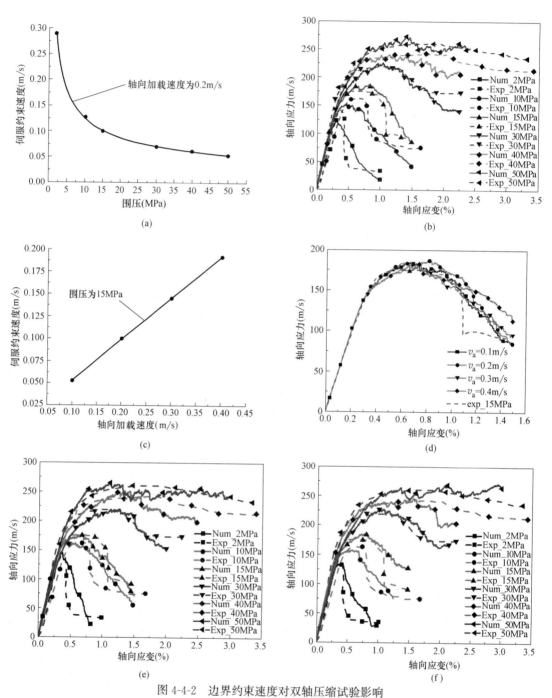

图 4-4-2　边界约束速度对双轴压缩试验影响

（a）围压—伺服约束速度曲线；（b）0.2m/s 伺服约束速度下应力—应变曲线；（c）轴向加载速度—伺服约束速度曲线；
（d）围压为 15MPa 下不同伺服约束速度的应力—应变曲线；（e）0.1m/s 伺服约束速度下应力—应变曲线；
（f）0.4m/s 伺服约束速度下应力—应变曲线

横坐标，以能够获得较吻合曲线时所需的伺服约束速度（v_c）为纵坐标所得到的拟合曲线，v_a 与 σ 满足方程 $v_a = 0.4184\sigma^{-0.525}$。在 0.2m/s 的轴向加载速度下，按该方程得到的 2MPa、10MPa、15MPa、30MPa、40MPa、50MPa 围压下的伺服约束速度进行双轴压缩试验，得到的应力—应变曲线如图 4-4-2（b）所示。图 4-4-2（c）为围压 σ 在 15MPa 条件下，以 v_a 为横坐标，以 v_c 为纵坐标所得到的拟合曲线，v_a 与 v_c 关系满足方程 $v_c = 0.459v_a + 0.0075$。采用该伺服约束速度可以得出如图 4-4-2（d）所示的拟合曲线。不难看出，v_c 与 v_a 呈线性关系，v_c 与 σ 呈幂函数关系，伺服约束速度 v_c 与围压 σ、轴向加载速度 v_a 之间的关系可表示为 $v_c = (kv_a + b)\sigma^{-0.525}$，将 $\sigma = 15$MPa 代入得 $v_c = 0.2413(kv_a + b)$，可得 $k = 1.90$、$b = 0.031$。最终关系如式（4-2）所示。

$$v_c = (1.9v_a + 0.031)\sigma^{-0.525} \tag{4-2}$$

当轴向加载速度变为 0.1m/s、0.05m/s 时，采用式（4-1）得出的不同围压下的伺服约束速度，仍可以得到如图 4-4-2（e）和如图 4-4-2（f）所示的不同围压下的应力—应变曲线。而采用离散元模拟方法进行数值模拟时，由于计算机计算速度、效率的限制，若将模拟试验中的加载速度设置成和室内试验所采用的速度一致，会花费很长时间。在低加载速率下，由于岩石试样侧向变形速率较小，伺服边界反应时间充分，对加载影响较小。从图 4-4-2 也可以看出，当 v_a 较小时，公式线性部分的常数项将起主要作用，即伺服约束速度只与围压有关。反之，当提高加载速率，边界效应将对模型加载有很大影响。

此处数值模拟时的加载速率采用室内试验 10 倍的加载速率，由于加载速率较高，必须通过控制伺服速度以达到低速率下试验的效果。因此，采用上述边界控制的方法对于岩石双轴压缩试验离散元数值模拟有着重要意义。

通过以上分析可见：岩石试样的峰后效应是试样细观特征与边界控制的共同结果，二者缺一不可。如果只考虑细观特征而忽略边界约束，则不同围压下的峰后均呈现脆性破坏。

4.5 地下空间洞室开挖分析

在采用颗粒离散元方法进行地下洞室开挖模拟的过程中，如果要建立一个符合实际工程的开挖模型，模型尺寸必须足够大，以去除边界效应的影响。但由于模型尺度、颗粒大小和数量等因素对计算效率的影响，往往无法建立一个符合实际工程尺度的计算模型，即模型的边界通常不是实际开挖过程中影响范围的边界，在这种情况下，所得到的结果与实际地下洞室开挖的结果有很大区别。如图 4-5-1 所示，若以整个模型区域代表实际开挖过程所影响到的所有岩体范围，用区域 1 代表所选岩体模型范围，区域 2 代表所选岩体之外区域，此处采用边界伺服的方法可以用墙模拟区域 2 对区域 1 的作用效果，当采用合适的伺

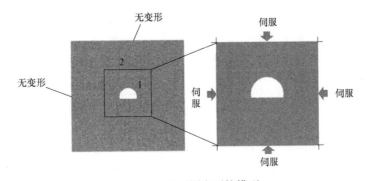

图 4-5-1 地下洞室开挖模型

服约束速度时，可达到实际开挖时的边界条件。本节将通过建立符合实际岩石力学特性的基于损伤分布的岩石试样模型，将其运用到地下空间洞室开挖工程模型中，并对模型四周进行伺服控制，通过地下洞室开挖破坏机理分析探讨边界控制的影响。

模型尺寸为 40m×40m，边长大约为开挖直径的 3 倍，颗粒约 25 万个，接触数目约50 万个。模型的细观参数与上述双轴压缩试验相同。采用伺服控制机制控制模型四个方向的平均应力以模拟岩体所处的地应力状态。通过开挖模拟，研究下列因素对实际地下洞室开挖工程破坏机理的影响，从而验证此处提出的边界模拟方法对围岩性质的影响。

4.5.1 边界约束条件对洞室开挖影响

为研究边界约束条件对地下洞室围岩的影响，通过改变伺服墙的响应速度对地下洞室开挖分别模拟。取垂直应力为 50MPa，侧压力系数为 1.5，水平应力为 75MPa 进行开挖模拟。通过改变边界墙体的伺服约束速度可以模拟岩体模型在实际情况下的边界条件，采用伺服约束速度为 0、0.1m/s、1m/s 分别进行颗粒离散元地下洞室开挖分析。

如图 4-5-2（a）～（c）所示，模型共产生 48 万个接触，其中，绝大部分力链为压缩力链，拉伸力链主要出现在开挖区周围。当伺服约束速度为 0 时，模型边界被完全约束，不发生变形，在该条件下，模型开挖后出现 1364 条裂隙，以拉裂破坏为主，裂隙集中在拱脚应力集中处以及顶拱和底部。随着伺服约束速度的施加并逐渐增大，裂隙分布情况没有明显变化，但裂隙数目显著增加。

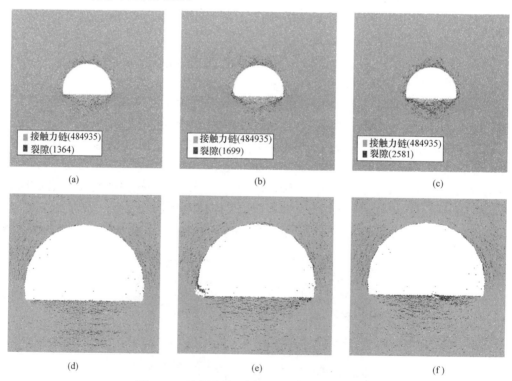

图 4-5-2　边界条件不同地下洞室开挖破坏情况

（a）伺服约束速度为 0 的裂隙分布；（b）伺服约束速度为 0.1m/s 的裂隙分布；（c）伺服约束速度为 1m/s 的裂隙分布；
（d）伺服约束速度为 0 的围岩变形；（e）伺服约束速度为 0.1m/s 的围岩变形；（f）伺服约束速度为 1m/s 的围岩变形

如图 4-5-2（d）～（f）所示，分别为伺服约束速度等于 0、0.1m/s、1m/s 的条件下洞室开挖后围岩变形情况（放大到开挖区域附近）。当伺服约束速度为 0，即完全约束的情况下，岩体几乎不发生破坏，只有少量颗粒掉落，力链较完整；当伺服速度增大后，岩体有颗粒掉落，且岩体侧壁出现小范围片帮破坏，力链数目相对减少；当伺服约束速度为 1m/s 时，岩体有颗粒掉落，且底部出现小范围底鼓破坏。

以往采用颗粒离散元方法进行地下洞室开挖时，通常采用固定边界，相当于伺服约束速度为 0 时的条件。这种情况下，若模型所取范围不足够大，会造成模拟结果较实际情况更安全，这是不合理的；反之，如果采用合理的伺服约束速度对模型边界进行控制，可以得到与开挖现场情况相符的围岩破坏模式（冒顶片帮破坏、底鼓破坏等）。由此可以看出，改变四周墙体约束伺服速度对地下洞室开挖模拟有很大影响，若要得到符合实际的开挖围岩破坏结果，需要对伺服速度进行合理的控制。

4.5.2 应力水平对洞室开挖结果的影响

为检验模型在不同地应力下的开挖破坏情况，取垂直地应力为 50MPa、80MPa 和 100MPa 分别进行洞室开挖模拟，侧压力系数取 1.5，伺服约束速度为 0.1m/s，结果如图 4-5-3 所示。可以看出：随着地应力增大，洞室开挖后围岩的力链越稀疏，岩体越容易发生破坏。地应力较小时，开挖区力链较完整，底部力链稍有减少；当围岩中大主应力达到单轴压缩强度时，开挖区顶拱与底部力链发生大面积断裂，出现冒顶，且顶部有岩块脱落，拱脚处有小范围破坏；当地应力继续增加，开挖区顶部与底部力链继续减少，顶部岩体发生崩塌，底部发生底鼓，侧壁片帮破坏明显，开挖区已丧失原有形状。

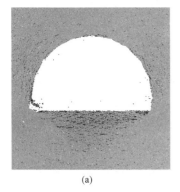 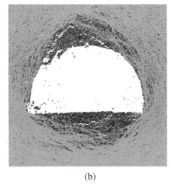 

(a)　　　　　　　　　　　(b)　　　　　　　　　　　(c)

图 4-5-3　不同地应力下的开挖情况

（a）垂直地应力为 50MPa 的围岩变形；（b）垂直地应力为 80MPa 的围岩变形；（c）垂直地应力为 100MPa 的围岩变形

4.5.3 地下洞室开挖模拟与实际开挖现象对比

利用上述地下洞室开挖模型，通过颗粒离散元方法再现锦屏某引水隧洞开挖过程，该隧洞埋深段大约为 2000m，取上述大理岩试样的标定参数，地应力按照实际地应力取值，σ_z=58.2MPa、σ_x=50.7MPa、σ_y=44.5MPa（σ_z、σ_x、σ_y 分别为三个不同方向的地应力）。由于模拟时采用二维方法，因此取垂直应力为 58.2MPa，水平应力取侧向应力的较小值，即 44.5MPa，伺服约束速度为 0.1m/s，离散元方法模拟与现场开挖情况对比如

图 4-5-4 所示。在采用实际地应力取值后进行地下洞室开挖模拟，由图 4-5-4（a）可以看出，洞室开挖后，开挖区周围主要产生拉裂隙，且拉裂隙集中分布在侧壁及拱脚周围。图 4-5-4（b）为现场片帮破坏，可以看出，侧壁靠拱脚处出现明显片状破坏。离散元方法模拟地下洞室开挖的破坏情况与现场破坏情况较吻合。

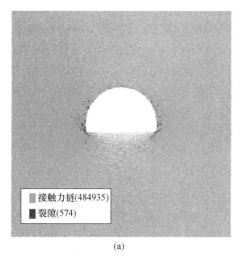
(a)

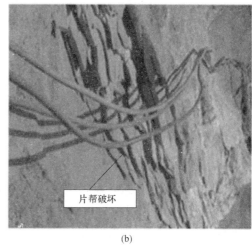
(b)

图 4-5-4　离散元方法模拟与现场开挖情况对比
（a）离散元方法开挖；（b）现场片帮破坏

4.6　讨　　论

岩石是自然界中各种矿物的集合体，矿物的种类、含量等因素会影响岩石的物理性质和强度特性。在使用离散元方法进行双轴压缩数值模拟时，也必须考虑岩石模型细观构成，即将岩石模型视为多种类型颗粒、多种颗粒间接触强度的非均质集合体，这样的离散元模型才能更精确地模拟实际岩石材料。

此处岩石模型采用不同大小颗粒以及一种基于威布尔分布的细观接触模型，将岩石试样模型中颗粒间的接触基于威布尔分布分为强、弱两种，这样的模型能够符合自然界岩石的压拉强度比，同时，由于材料为非均质，能够在双轴压缩试验的应力—应变曲线中出现渐进性破裂。因此，该方法对于岩石颗粒离散元模拟有很好的借鉴。

除此之外，边界条件对于岩石试样的加载结果有至关重要的影响。研究发现，在颗粒离散元数值模拟方法中，加载时上下墙与颗粒的接触刚度大小影响了试样随围压增加时强度的增量，即试样强度包络线的形状。同时，通过控制岩石试样加载过程中的边界伺服约束速度，可以有效地模拟岩石在室内三轴压缩试验中的峰后脆—延—塑力学性质。将其运用到地下工程中进行相同细观条件下的洞室开挖模拟，通过与洞室现场实际破坏情况对比，可证明边界控制的地下开挖模型合理性。

Wu and Xu 阐述了离散元方法中 BPM（粘结颗粒模型）的优势与不足，并且使用 FJM 平节理模型模拟了锦屏大理岩的宏观力学性能，通过一种新的标定流程解决了 BPM 中存在的三个问题：（1）过低的压拉强度比；（2）极低的内摩擦角；（3）强度包络线为线性。此处通过采用基于威布尔分布的细观接触模型、控制合适的伺服约束速度、改变四周墙与颗粒接触的刚度解决了上述三个问题，并且在模拟大理岩峰后力学性质时，采用此处所述的颗粒细观构成方法和边界控制条件更好地吻合大理岩室内三轴压缩试验结果，对比FJM模型各围压下大理岩的三轴压缩试验结果，不需要单独标定虚拟节理参数，而拟合逼近度更好。

Cundall等开发的基于Hoek-Brown强度准则的本构模型经过验证可以用来描述大理岩的峰后脆—延—塑力学性质，因此，通过有限差分方法，模型尺寸与上述离散元地下洞室开挖模型相同，垂直地应力取50MPa，水平地应力取75MPa，进行地下洞室开挖模拟，所得结果与相同条件下离散元方法开挖结果相比（图4-6-1），可以看出：连续数值模拟方法计算所得洞室开挖围岩的塑性区与此处计算所得裂隙发展区大致相同，塑性区沿拱圈范围均匀分布，拱顶上部塑性区稍大，开挖区底部以下出现半圆形塑性区。离散元方法所得结果大致相同，拉裂隙在拱圈周围均匀分布，拱顶处较密集，开挖区底部以下出现半圆形拉裂隙密集区。但采用有限差分方法进行洞室开挖模拟时，计算结果变形较大，结果较难收敛。离散元方法平衡速度较快，且能够较好地模拟裂隙的扩展及围岩变形破坏效果，在现场开挖观测发现：隧洞表面出现多条裂隙，与结果吻合，更能反映地下洞室开挖变形破坏机理。

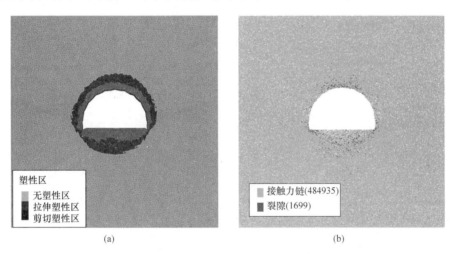

图4-6-1　地下洞室开挖有限差分方法与离散元方法对比
（a）有限差分方法地下洞室开挖；（b）离散元方法地下洞室开挖

4.7 研 究 结 论

基于锦屏大理岩三轴压缩试验结果，将其作为颗粒离散元方法的标定对象，进行颗粒离散元双轴压缩模拟试验。采用基于威布尔分布的细观结构模型，控制试样的边界伺服条件，克服了BPM存在的三个问题，得到了拟合程度较高的应力—应变曲线。并得到以下结论：

（1）采用基于威布尔分布的细观结构模型，将颗粒体系分为软、硬两个部分，得到的大理岩模拟试样能够较好地吻合实际大理岩试样的宏观压拉强度比。

（2）在双轴压缩试验颗粒离散元方法模拟中，边界条件对试样加载有重要影响。设置适当的wall-ball接触参数，控制伺服系统的最大约束速度，才能有效地模拟大理岩峰后力学性质。

（3）将相同模型运用到地下洞室开挖工程。边界条件同样对地下洞室开挖破坏结果有很大影响，若伺服约束过小，得到的模拟结果较实际偏安全，采用合适的伺服约束速度是得到与实际地下洞室开挖结果相一致的基础。

4.8 命令流实例

4.8.1 模型生成

```
New
domain extent—0. 6 0. 6 condition destroy
def setup
 height＝0. 5
 height_＝—0. 5
 width_left＝—0. 25
 width_right＝0. 25
 new_height_1＝height＋0. 1
 new_height_2＝—（height＋0. 1）
 new_width_1＝ width_right＋0. 1
 new_width_2＝width_left—0. 1
 fc＝0. 0
 a_damp＝0. 7
 p_density＝2000
end
@setup
set random 10001
cmat default model linear method deform emod 1e9 kratio 3. 0
wall create
  ID   1
  group   1
  vertices
    @new_width_1    @height
    @new_width_2    @height
    name top_wall
wall create
  ID   2
  group   2
  vertices
    @new_width_2    @height_
    @new_width_1    @height_
    name bot_wall
```

```
wall create
   ID    3
   group    3
   vertices
      @width_left        @new_height_1
      @width_left        @new_height_2
      name left_wall
wall create
   ID    4
   group    4
   vertices
      @width_right       @new_height_2
      @width_right       @new_height_1
      name right_wall
wall property kn=1e13 ks=0.0 fric 0.0
[num_ball=300]
[id_ball_wall=0]
[id_ball_wall0=id_ball_wall+1]
def ball_wall(x0,y0,x1,y1,nflag,sss)
   vx=x1-x0
   vy=y1-y0
   dd=math.sqrt(vx^2+vy^2)
   vx=vx/dd
   vy=vy/dd
   dj=dd/(num_ball+1)
   loop n (1,num_ball)
      id_ball_wall=id_ball_wall+1
      r_p=dj/2.0 * 1.2
      x_p=x0+n * dj * vx+r_p * math.sgn(nflag)
      y_p=y0+n * dj * vy
      command
         ball create id [id_ball_wall] x [x_p] y [y_p] radius [r_p] group [sss]
      endcommand
   endloop
end
@ball_wall(@width_left,@height_,@width_left,@height,1.0,'ball_wall1')   ;[id_ball_wall=1000]
[id_ball_wall0=id_ball_wall+1]
@ball_wall(@width_right,@height_,@width_right,@height,-1.0,'ball_wall2')
ball distribute porosity 0.180   radius 0.0016   0.0024
box [width_left+dj] [width_right-dj] [height_] [height] group 'balls'
ball attribute density 2500.0 damp 0.1 range group 'balls'
ball attribute density 1000.0 damp 0.1 range group 'ball_wall1'
ball attribute density 1000.0 damp 0.1 range group 'ball_wall2'
```

```
ball property fric 0. 05 range group ' balls '
ball attribute velocity multiply 0. 0
ball fix velocity spin range group ' ball_wall1 '
ball fix velocity spin range group ' ball_wall2 '
set timestep scale
cycle 5000 calm 100
ball delete range y—100 @height_
ball delete range y @height 100
set timestep auto
cyc 10000
save ini
calm
ball delete range y—100 @height_
ball delete range y @height 100
wall attribute velocity 0. 0
ball attribute velocity multiply 0. 0
ball attribute displacement multiply 0. 0
ball free velocity spin range group ' ball_wall1 '
ball free velocity spin range group ' ball_wall2 '
ball attribute velocity multiply 0. 0
ball attribute displacement multiply 0. 0
ball attribute contactforce multiply 0. 0 contactmoment multiply 0. 0
clean
contact groupbehavior and
contact model linearcbond   range   group ' ball_wall1 '
contact model linearcbond   range   group ' ball_wall2 '
contact method bond gap 1. 0e-5 range   group ' ball_wall1 '
contact method bond gap 1. 0e-5 range   group ' ball_wall2 '
contact method deform emod 1e6 krat 1. 0 range   group ' ball_wall1 '
contact method deform emod 1e6 krat 1. 0 range   group ' ball_wall2 '
;contact method pb_deform emod 1e7 kratio 3. 0 range   group ' ball_wall1 ' or ' ball_wall2 '
contact property dp_nratio 0. 7 dp_sratio 0. 5 fric 0. 5 range   group ' ball_wall1 '
contact property dp_nratio 0. 7 dp_sratio 0. 5 fric 0. 5 range   group ' ball_wall2 '
contact method cb_strength tensile 1e50 shear 1e50 range   group ' ball_wall1 '
contact method cb_strength tensile 1e50 shear 1e50 range   group ' ball_wall2 '
;ball fix velocity range id 1
;ball fix velocity range id 100
;ball fix velocity range id 1001
;ball fix velocity range id 1100
define   contact_forever
    loop foreach cp contact. list(' ball-ball ')
        bp1=contact. end1(cp)
        bp2=contact. end2(cp)
```

126

```
    ss1＝ball. group(bp1)
    ss2＝ball. group(bp2)
    if ss1 ＝＝' ball_wall1 ' then
        if ss2 ＝＝' ball_wall1 ' the
            ;bbb＝contact. active(cp)
            contact. activate(cp) ＝ true
            contact. group(cp)＝' left_boundary '
        endif
    endif
    if ss1 ＝＝' ball_wall2 ' then
        if ss2 ＝＝' ball_wall2 ' the
            ;bbb＝contact. active(cp)
            contact. activate(cp) ＝ true
            contact. group(cp)＝' right_boundary '
        endif
    endif
  endloop
end
@contact_forever
def wll_wp
        global wp_bot ＝ wall. find(2)
        global wp_top ＝ wall. find(1)
        global wp_lef ＝ wall. find(3)
        global wp_rig ＝ wall. find(4)
end
@wll_wp
define wlx
  wlx  ＝ wall. pos. x(wp_rig)－wall. pos. x(wp_lef)
end
define wly
  wly  ＝ wall. pos. y(wp_top)－wall. pos. y(wp_bot)
end
define wsyy
    wsyy ＝ 0. 5 * (wall. force. contact. y(wp_bot)－wall. force. contact. y(wp_top)  )/ wlx
end
define wsxx
    wsxx ＝ 0. 5 * (wall. force. contact. x(wp_lef)－wall. force. contact. x(wp_rig)  )/ wly
end
[txx ＝ －1. 0e6]
[tyy ＝ －1. 0e6]
wall servo activate on yforce [ tyy * wlx] vmax 0. 1 range set name ' top_wall '
wall servo activate on yforce [－tyy * wlx] vmax 0. 1 range set name ' bot_wall '
wall servo activate on xforce [ txx * wly] vmax 0. 1 range set name ' right_wall '
```

```
wall servo activate on xforce [-txx * wly] vmax 0.1 range set name 'left_wall'
define servo_walls_balls
    wall. servo. force. y(wp_top)   =   tyy * wlx
    wall. servo. force. y(wp_bot)   =   -tyy * wlx
    wall. servo. force. x(wp_lef)   =   -txx * wly
    wall. servo. force. x(wp_rig)   =   txx * wly
end
set fish callback  9.0 @servo_walls_balls
hist id 1 @wsyy
hist id 2 @wsxx
plot create
plot hist 1 2
[nsteps=0]
[tol=0.05]
define stop_me
   nsteps=nsteps+1
      s1=math. abs((wsyy-tyy)/tyy)
      s2=math. abs((wsxx-txx)/txx)
      s3=mech. solve("aratio")
   if math. abs((wsy-tyy)/tyy) > tol
      exit
   endif
   if math. abs((wsxx-txx)/txx) > tol
      exit
   endif
   if nsteps > 50000
      stop_me=1
      exit
   endif
   if mech. solve("aratio")>1e-4
        exit
   endif
   stop_me=1
end
solve fishhalt @stop_me
save sifu
```

4.8.2 赋参加载

```
res sifu
gui proj save aaaaaaa
;cmat default model linear method deform emod 1e9 kratio 2.0
define expand_floaters_radius(xishu)
   num=0
```

```
loop foreach local bp ball. list
    local contactmap = ball. contactmap(bp)
    local size = map. size(contactmap)
    if size <= 2 then
        ball. radius(bp)=ball. radius(bp) * xishu
        num=num+1
    endif
endloop
end
def compute_floaters(xishu)
    num=10000
    loop while num  > 0
        expand_floaters_radius(xishu)
        command
            clean
        endcommand
    endloop
end
;@compute_floaters(1. 0005)
contact group 'all_ball' range contact type 'ball-ball'
contact groupbehavior and
contact group 'specimen' range group 'balls'
contact group 'left_boundary' range group 'ball_wall1'
contact group 'right_boundary' range group 'ball_Wall2'
contact group 'ball_wall' range contact type 'ball-facet'
[ly0 = wly]
[lx0 = wlx]
def basic_parameters1
    emod_max=50e9
    pb_emod_max=90e9
    pb_ten_m=6. 0e8 * 1. 1
    pb_ten_c=12. 5e8 * 1. 1
end
@basic_parameters1
cmat default model linearcbond method deform emod 30e9 krat 1. 5 type ball-ball
cmat default model linearpbond method deform emod 1e10 krat 2. 0 pb_deform emod [1e10] kratio 1. 5
property lin_mode 1 pb_ten [pb_ten_m * 0. 5] pb_coh [pb_ten_c * 0. 5] prop fric 2. 0 type ball-ball
cmat default model linear method deform emod 5e9 kratio 1. 5 type 'ball-facet'
cmat apply
;cmat default model linear method deform emod 1e9 kratio 2. 0 prop fric 15. 0
contact groupbehavior contact
contact model linearpbond range group specimen
contact method bond gap 0 range group specimen
```

```
contact method deform emod [emod_max * 1. 0] krat 1. 5 range group specimen
contact method pb_deform emod [pb_emod_max * 1. 0] kratio 1. 5   range group specimen
contact property dp_nratio 0. 1 dp_sratio 0. 1   pb_fa 50 pb_mcf 0. 8 range group specimen
contact property fric 50. range group specimen
contact property lin_mode 1 pb_ten [pb_ten_m * 1. 0] pb_coh [pb_ten_c * 1. 0] range group specimen
def part_contact_turn_off
   loop foreach cp contact. list(' ball-ball')
         sss000＝contact. model(cp)
         if sss000 ＝ ' linearpbond' then
            sss111＝contact. group(cp)
            if sss111＝＝' specimen' then
               x＝math. random. uniform
               if x ＜ 0. 5 then
                  contact. group(cp)＝' specimen222'
               endif
            endif
         endif
   endloop
end
@part_contact_turn_off
contact method deform emod [emod_max * 1. 0] krat 1. 5 range group specimen222
contact method pb_deform emod [pb_emod_max * 0. 20] kratio 1. 5 range group specimen222
contact property lin_mode 1 pb_ten [pb_ten_m * 0. 05] pb_coh [pb_ten_c * 0. 05]   range group speci-
men222
   cntact property dp_nratio 0. 1 dp_sratio 0. 1 pb_fa 50 pb_mcf 0. 8 fric 50. 0 range group specimen222
def weibull_random(alfa,beta)
   freq ＝ math. random. uniform
   weibull_random ＝alfa * (－math. ln(1. 0－freq))^(1. 0/beta)
end
define weibull_parameter
   loop foreach local cp contact. list
         if type. pointer(cp) ＝ ' ball-ball' then
            s ＝ contact. model(cp)
            xishu＝1. 0
            if s ＝' linearpbond' then
               sss＝contact. group(cp)
               if sss ＝ ' specimen' then
                  alfa＝1. 0
                  beta＝30
                  xishu＝weibull_random(alfa,beta)
                  contact. prop(cp,' pb_ten') ＝ contact. prop(cp,' pb_ten') * xishu
                  contact. prop(cp,' pb_coh') ＝ contact. prop(cp,' pb_coh') * xishu
                  ;alfa＝1. 0
```

130

```
                    ;beta=10.0
                    ;xishu=weibull_random(alfa,beta)
                    contact.prop(cp,'pb_kn') = contact.prop(cp,'pb_kn') * xishu
                    contact.prop(cp,'pb_ks') = contact.prop(cp,'pb_ks') * xishu
                    ;contact.prop(cp,'kn') = contact.prop(cp,'kn') * xishu
                    ;contact.prop(cp,'ks') = contact.prop(cp,'ks') * xishu
                endif
              if sss = 'specimen222' then
                 alfa=1.0
                 beta=30.0
                 xishu=weibull_random(alfa,beta)
                 contact.prop(cp,'pb_ten') = contact.prop(cp,'pb_ten') * xishu
                 contact.prop(cp,'pb_coh') = contact.prop(cp,'pb_coh') * xishu
                 ;alfa=1.0
                 ;beta=5.0
                 ;xishu=weibull_random(alfa,beta)
                 contact.prop(cp,'pb_kn') = contact.prop(cp,'pb_kn') * xishu
                 contact.prop(cp,'pb_ks') = contact.prop(cp,'pb_ks') * xishu
                 ;contact.prop(cp,'kn') = contact.prop(cp,'kn') * xishu
                 ;contact.prop(cp,'ks') = contact.prop(cp,'ks') * xishu
              endif
          endif
        endif
     endloop
end
@weibull_parameter
contact model linearcbond   range   group left_boundary
contact model linearcbond   range   group right_boundary
contact method bond gap 0 range   group left_boundary
contact method bond gap 0 range   group right_boundary
contact method deform emod 5e7 krat 1.0 range   group left_boundary
contact method deform emod 5e7 krat 1.0 range   group right_boundary
contact property dp_nratio 0.1 dp_sratio 0.1 fric 0.0 range   group left_boundary
contact property dp_nratio 0.1 dp_sratio 0.1 fric 0.0 range   group right_boundary
contact method cb_strength tensile 1e50 shear 1e50 range   group left_boundary
contact method cb_strength tensile 1e50 shear 1e50 range   group right_boundary
contact model linearcbond   range   group all_ball
contact method bond gap 0 range   group all_ball
contact method deform emod 1e9 krat 1.0 range group all_ball
contact property dp_nratio 0.1 dp_sratio 0.1 fric 0.0 range   group all_ball
contact method cb_strength tensile 1e0 shear 1e0 range   group all_ball
wall servo activate off range set name 'top_wall'
wall servo activate off range set name 'bot_wall'
```

```
measure create id 1 radius [0.05] x [(height+height_)/2.0] y [(width_left+width_right)/2.0]
measure create id 2 radius [0.05] x 0.0 y 0.25
measure create id 3 radius [0.05] x 0.0 y -0.25
wall attribute yvelocity 0.0 range set name 'Top_wall'
wall attribute yvelocity 0.0 range set name 'Bot_wall'
[txx_req=-10.0e6]
[num_freq=100]
[num_ccc=0]
define wall_ball_force_softservo
  num_ccc=num_ccc+1
  txx=txx_req
  if num_ccc > num_freq then
    num_ccc=0
    loop foreach local bp ball.list
        ball.force.app.x(bp) = 0.0
        ball.force.app.y(bp) = 0.0
        vel_x=ball.vel.x(bp)
        vel_y=ball.vel.y(bp)
        ddd=math.sqrt(vel_x^2+vel_y^2)
        if ddd >1.0   then
            vel_x=vel_x/ddd
            vel_y=vel_y/ddd
            ball.vel.x(bp)=1.0 * vel_x
            ball.vel.y(bp)=1.0 * vel_y
        endif
    endloop
    loop foreach local cp contact.list('ball-ball')
      sss=contact.group(cp)
      if sss=='left_boundary' then
              bp1=contact.end1(cp)
              bp2=contact.end2(cp)
              x1=ball.pos.x(bp1)
              y1=ball.pos.y(bp1)
              x2=ball.pos.x(bp2)
              y2=ball.pos.y(bp2)
              vx=x2-x1
              vy=y2-y1
              dd=math.sqrt(vx^2+vy^2)
              vx=vx/dd
              vy=vy/dd
              vx2=vy
              vy2=-vx
              if vx2 < 0 then
```

```
                vx2=-vx2
                vy2=-vy2
            endif
            aa=-0.5 * dd * txx * vx2
            bb=-0.5 * dd * txx * vy2
            ball.force.app.x(bp1) =ball.force.app.x(bp1) + aa
            ball.force.app.y(bp1) =ball.force.app.y(bp1) + bb
            ball.force.app.x(bp2) =ball.force.app.x(bp2) + aa
            ball.force.app.y(bp2) =ball.force.app.y(bp2) + bb
        endif
    if sss == 'right_boundary' then
            bp1=contact.end1(cp)
            bp2=contact.end2(cp)
            x1=ball.pos.x(bp1)
            y1=ball.pos.y(bp1)
            x2=ball.pos.x(bp2)
            y2=ball.pos.y(bp2)
            vx=x2-x1
            vy=y2-y1
            dd=math.sqrt(vx^2+vy^2)
            vx=vx/dd
            vy=vy/dd
            vx2=vy
            vy2=-vx
            if vx2 > 0 then
                vx2=-vx2
                vy2=-vy2
            endif
            aa=-0.5 * dd * txx * vx2
            bb=-0.5 * dd * txx * vy2
            ball.force.app.x(bp1) =ball.force.app.x(bp1) + aa
            ball.force.app.y(bp1) =ball.force.app.y(bp1) + bb
            ball.force.app.x(bp2) =ball.force.app.x(bp2) + aa
            ball.force.app.y(bp2) =ball.force.app.y(bp2) + bb
        endif
    endloop
  endif
end
[txx=-2.0e6]
[tyy=-2.0e6]
[va=0.05]
[vmax_design=(1.9022 * 2 * va+0.0311) * ((-txx/1.0e6)^(-0.525))]
wall servo activate on xforce [ txx * wly] vmax [vmax_design] range set name 'right_wall'
```

```
wall servo activate on xforce [-txx * wly] vmax [vmax_design] range set name' left_wall'
ball attribute velocity multiply 0. 0
ball attribute displacement multiply 0. 0
ball attribute contactforce multiply 0. 0 contactmoment multiply 0. 0
hist delete
cyc 10000
define identify_floaters
    loop foreach local ball ball. list
        ball. group. remove(ball,' floaters')
        local contactmap = ball. contactmap(ball)
        local size = map. size(contactmap)
        if size<=1 then
            ball. group(ball)=' floaters'
        endif
    endloop
end
@identify_floaters
wall property kn=1e13 ks=0. 0 fric 0. 0
ball attribute velocity multiply 0. 0
ball attribute displacement multiply 0. 0
ball attribute contactforce multiply 0. 0 contactmoment multiply 0. 0
wall attribute yvelocity [-0. 1] range set name' Top_wall'
wall attribute yvelocity [0. 1] range set name' Bot_wall'
ball attribute displacement multiply 0. 0
ball attribute damp 0. 3
[load000=0]
define load000
    sigy=0. 5 * (wall. force. contact. y(wp_bot)-wall. force. contact. y(wp_top))/lx0
    local abs_stress = math. abs(sigy)
    ddd111=math. abs((wsyy-tyy)/tyy)
    ddd222=math. abs((wsxx-txx)/txx)
    if ddd111 < 0. 01 then
        load000=1
    endif
end
solve fishhalt @load000
hist reset
[ly0=wly]
[lx0=wlx]
save balance
```

4.8.3　加载控制

Res balance

```
wall attribute yvelocity [-va] range set name 'Top_wall'
wall attribute yvelocity [va] range set name 'Bot_wall'
[nstep=0]
[nnnnn=0]
[max_strain=0.01]
define loadhalt_wall
    nstep=nstep+1
    loadhalt_wall = 0
    sigy=0.5 * (wall.force.contact.y(wp_bot)-wall.force.contact.y(wp_top))/lx0
    local abs_stress = math.abs(sigy)
    global peak_stress = math.max(abs_stress,peak_stress)
    if nstep > 5000
        if abs_stress < peak_stress * 0.95
            nnnnn=1
        endif
        if abs_stress < peak_stress * 0.9
            command
                    ball attribute contactforce multiply 0.5
                    ball attribute damp 0.5
            endcommand
        end_if
        if-weyy>max_strain then
            loadhalt_wall = 1
        end_if
    end_if
end
call fracture.p2fis
@track_init
[weyy=0.0]
define weyy
    weyy=(wly-ly0)/ly0
end
SET hist_rep=500
hist id 1 @crack_num
hist id 2 @sigy
hist id 3 @weyy
history id 11 meas stressyy id 1
history id 12 meas stressxx id 1
history id 13 meas stressyy id 2
history id 14 meas stressxx id 2
history id 15 meas stressyy id 3
history id 16 meas stressxx id 3
history id 17 @wsxx
```

```
wall history id 18 xvelocity id 3
wall history id 19 xvelocity id 4
set energy on
history id 21 mechanical energy 'ebody'
history id 22 mechanical energy edamp
history id 23 mechanical energy ekinetic
history id 24 mechanical energy estrain
history id 25 mechanical energy epbstrain
set @peak_fraction = 0.2
plot create plot 'stress-strain'
plot hist  -2  -11  -12  -13  -14  -15  -16  -17  vs  -3
plot create plot 'energy'
plot hist 21 22 23 24 25  vs  -3
solve fishhalt @loadhalt_wall
save finial_2MPa
hist write  -2  -11  -12  -13  -14  -15  -16  vs  -3 file stress_strain_2MPa-0.1-
ds.txt truncate
```

第5章 混凝土应变率效应试验与细观数值模拟研究

与常应变率下材料的力学响应相比，在不同加载速率下，混凝土类脆性材料的宏观破坏模式及应力—应变关系表现出明显的差异，然而在工程实践中，容易忽略动态荷载与静荷载对混凝土类脆性材料的不同影响，导致对材料的强度及结构的稳定性预测评估不准确。相关试验研究表明：在高应变率下，混凝土的弹性模量及抗压强度随加载速率的增加而增加，且随孔隙率的增加而降低，但压缩动态增长因子随孔隙率的变化表现出相反的趋势。除加载速率外，静水压力及微观结构的不均匀性对混凝土的动态力学性能产生影响。在准静态和中等应变率（$1 \times 10^{-6} \sim 1 \times 10^{-1} \mathrm{s}^{-1}$）时，通过双轴压缩试验研究发现：应变率在 $1 \times 10^{-5} \sim 1 \times 10^{-2} \mathrm{s}^{-1}$ 时，混凝土损伤阈值应力与应变率呈正相关，损伤阈值应变与应变率无关。在单轴压缩试验中，采用多种加载速率对水泥砂浆试样加载时发现，在加载速率为 0.005mm/s、加载至峰值强度的 50% 时，再采用第二种加载速率（0.01mm/s、0.1mm/s、0.5mm/s）继续加载，极限强度将表现出最大值。对于可回收骨料混凝土，应变率为 $1 \times 10^{-5} \sim 1 \times 10^{-1} \mathrm{s}^{-1}$，随着再生骨料替换比率的上升，回收骨料混凝土的弹性模量和抗压强度增加，临界应变无明显变化，且湿试样的强度低于干试样的强度。用两种试验方式测试不同应变率对混凝土影响，试验结果表明：直接拉伸强度的效率敏感性高于弯曲强度效率敏感性，且四点加载试样的强度高于直接拉伸试样强度，混凝土弯曲强度和弹性模量随应变率的增加而增加，泊松比基本不变。

然而，物理试验往往难以反映试样内部细观裂隙的分布及试样破坏过程，颗粒离散元数值方法作为一种非连续方法，在模拟混凝土类胶凝材料的力学特性方面具有独特的优势，能够真实地反映材料内部微观颗粒的相互作用。Birgit 等介绍了一种采用相似形状、不同尺寸颗粒，分别代替混凝土骨料和基质的方法，模拟混凝土立方体在压缩中的破坏过程及裂隙发展。Nitka 等考虑骨料尺寸及密度对混凝土强度及裂隙扩展过程的影响，模拟单轴压缩和拉伸试验，并得到与试验相吻合的结果。Skarzynski 等建立了二维四相混凝土数值模型，分析了三点弯曲加载作用下混凝土骨料间断裂带的形状。

以上研究表明：混凝土的动态力学行为与内部的细观特征、受载条件有密切的关系。为了深入探讨混凝土动态力学行为，本章采用颗粒离散元方法建立混凝土数值模型，基于椭球基元理论生成三维随机骨料，研究可反映应变率效应的细观接触模型，然后，通过不同应变率下压缩试验标定参数，分析不同应变率下混凝土材料的破坏机制。

5.1 混凝土应变率试验

5.1.1 试验方案和试验系统

试验采用 MTS816 三轴试验机进行，采用标准尺寸混凝土试件。混凝土试样中的碎石骨料由玄武岩破碎而成，外形多呈碎块状，粒径为 1～2cm；胶凝材料采用 P·O42.5 水泥；混凝土各组分的比为：水：灰：砂：石＝0.45：1：2：4。经过 28d 养护后，制成高 100mm、直径 50mm 的标准试样。共有三组，每组三个试件。在围压分别为 0MPa、5MPa、10MPa 下，对三组试件分别进行不同加载速率的三轴压缩试验。图 5-1-1（a）为制备好的混凝土试件，图 5-1-1（b）为 MTS816 岩石力学试验机。

(a)   (b)

图 5-1-1　混凝土试样与试验仪器
（a）制备好的混凝土试件；（b）MTS816 岩石力学试验机

5.1.2　试验结果

混凝土三轴试验力学参数如表 5-1-1 所示，从试验数据可以看出：在相同围压下，混凝土试件的峰值强度随着应变率的提高而提高，应变率每提高 10 倍，峰值强度提高约 10％。随着应变率提升，混凝土弹性模量明显升高。在不同围压和不同应变率下，泊松比基本保持不变，约为 0.2。

混凝土三轴试验力学参数　表 5-1-1

组号	应变率 $\dot{\varepsilon}$（s^{-1}）	围压（MPa）	峰值强度（MPa）	弹性模量（GPa）	泊松比
1	1×10^{-5}	0	35.99	21.02	0.21
		5	91.17	21.36	0.20
		10	109.17	25.92	0.20
2	1×10^{-4}	0	41.25	23.28	0.21
		5	105.61	24.30	0.23
		10	117.75	27.59	0.21
3	1×10^{-3}	0	44.43	24.10	0.21
		5	110.12	29.44	0.20
		10	128.39	32.37	0.20

在不同应变率下，混凝土试件表现出不同的力学响应。在应变率较小时，试验曲线斜率较小，表现出明显的非线性特征，阶段性特征明显，表现为明显的剪切破坏特征。当应变率较高时，能量聚集较快，裂隙发展迅速，甚至试件被破坏时，裂隙仍未完全闭合，故试验曲线的非线性特征减弱，阶段性特征表现不明显，同时，试件的轴向应变减小。不同

应变率下混凝土试件应力—应变曲线及试件破坏模式如图 5-1-2 所示，图中 σ_1 为轴向应力，ε 为应变。

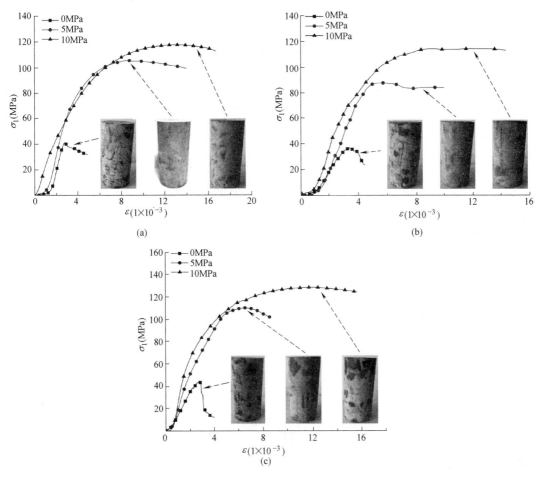

图 5-1-2　不同应变率下混凝土试件应力—应变曲线及试件破坏模式
（a）应变率（$1\times10^{-5}\mathrm{s}^{-1}$）；（b）应变率（$1\times10^{-4}\mathrm{s}^{-1}$）；（c）应变率（$1\times10^{-3}\mathrm{s}^{-1}$）

5.2　粗骨料及数值模型构造

5.2.1　粗骨料构造理论

骨料是混凝土内部细观结构的基本组成单元，几何模型的构造是建立混凝土细观结构的核心。如图 5-2-1 所示，假定混凝土骨料的形态是基于椭球基元构造的，呈不规则多面体形态，其顶点均位于椭球体。如图 5-2-1（a）所示，椭球体任意一点的位置坐标可由五个参数 R_1、R_2、R_3、θ、ϕ 共同确定。当基于一个椭球体基元构建一个由 N 个顶点组成的多面体时，可在椭球体基元表面上下半部分分别选取 N_1、N_2 个点，这些随机点的 θ_i 和 ϕ_i 可以根据式（5-1）确定。

$$\begin{cases} \theta_i = \dfrac{2\pi}{N_1} + \delta \cdot \dfrac{2\pi}{N_1} \cdot (2\eta_1 - 1) \\ \phi_i = \eta_2 \cdot \dfrac{\pi}{2} \end{cases} \qquad i = 1, 2, 3, \cdots, N_1 \qquad (5\text{-}1)$$

式中，η_1 和 η_2 是两个相互独立在 [0，1] 内均匀分布的随机数；δ 是变量，其值通常取 0.3。剩余 N_2 个点采用类似的方法确定。

在笛卡尔坐标系下，多面体顶点的坐标 (x_i，y_i，z_i) 可见式 (5-2)。

$$\begin{cases} x_i = x_0 + R_1 \sin\theta_i \cos\phi_i \\ y_i = y_0 + R_2 \sin\theta_i \sin\phi_i \\ z_i = z_0 + R_3 \cos\theta_i \end{cases} \qquad (5\text{-}2)$$

式中，(x_0，y_0，z_0) 是椭球体基元的中心坐标；R_1、R_2、R_3 是椭球体基元的三个半主轴长度。当多面体顶点确定后，可以根据多面体顶点空间拓扑关系将其连接构成不规则的多面体，基于椭球体基元构造任意形状多面体不规则的骨料如图 5-2-1 (b) 所示。

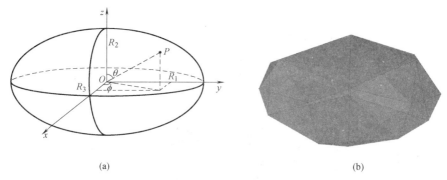

（a）   （b）

图 5-2-1　基于椭球体基元构造任意形状多面体

（a）椭球体基元；（b）不规则的骨料

在确定骨料的构造方法后，还需要进一步考虑骨料的随机性（含量、形状、尺寸、空间分布）。骨料的含量 c 可见式 (5-3)。

$$c = \sum_{i=1}^{n} V_i / V \qquad (5\text{-}3)$$

式中，V_i 代表试样中第 i 个骨料的体积；V 表示混凝土试样总体积。

通过椭球体基元三个主轴长度 (R_1、R_2、R_3) 之间的比值 (f_1 和 f_2) 表示骨料形状的随机性，则 f_1 和 f_2 见式 (5-4)。

$$f_1 = R_2 / R_1 ; f_2 = R_3 / R_1 \qquad (5\text{-}4)$$

式中，f_1 和 f_2 服从均匀的随机分布，可以在 (0，1] 区间内随机地取值。

骨料大小可以定义为多面体轮廓上任意两点距离的最大值，假定其尺寸概率密度函数见式 (5-5)。

$$f(\lambda, \mu, \sigma) = \frac{1}{\lambda\sqrt{2\pi\sigma^2}} \exp\left[-\frac{(\ln\lambda - \mu)}{2\sigma^2}\right], 0 < \lambda < \infty \qquad (5\text{-}5)$$

式中，λ 表示骨料的大小；μ 和 σ 是骨料大小自然对数的均值和方差。由于骨料是基于椭球体基元随机构造的，假定骨料的大小近似地等于椭球体第一主轴长度。因而，椭球体基元的第一主轴 R_1 服从上述指定的对数分布。

骨料的空间分布可由椭球体基元的中心位置和空间方位描述。假设椭球体基元中心（x_0、y_0、z_0）在给定的试样区域内服从均匀的随机分布，可以根据式（5-6）确定。

$$\begin{cases} x_0 = x_{min} + \eta_x(x_{max} - x_{min}) \\ y_0 = y_{min} + \eta_y(y_{max} - y_{min}) \\ z_0 = z_{min} + \eta_z(z_{max} - z_{min}) \end{cases} \quad (5-6)$$

式中，x_{min} 和 x_{max}、y_{min} 和 y_{max}、z_{min} 和 z_{max} 分别是试样区域在 X、Y 和 Z 三个方向的最小和最大坐标值；η_x、η_y、η_z 是三个相互独立在 [0，1] 内均匀分布的随机数。椭球体基元的空间方位由三个欧拉角（α、β、γ）确定，α、β、γ 分别表示椭球体三个主轴与 X、Y 和 Z 三个方向的夹角，其均假设为服从 [0，2π] 区间内均匀分布的随机数。

5.2.2 颗粒流数值试验模型

基于粗骨料构造理论，建立一个三维的离散元数值模型，其与试验试件基本保持一致，含石率约为 50%，试件尺寸为 50mm×100mm。首先，生成随机骨料，然后，采用细颗粒填充数值试件，生成基本模型后，通过伺服机制使数值试件应力分布均匀。得到稳定的初始试件后，通过细观参数标定，使模型在压缩及拉伸试验中能表现出合理的变形及破坏状态。

在整个建模过程中，混凝土胶凝材料（细颗粒）均采用 ball 模拟，为减小尺寸效应的影响，胶凝材料尺寸均小于试件边长的 1/80，胶凝颗粒直径取 0.5～1mm，如图 5-2-2（b）所示。混凝土骨料采用刚性簇模型，粒径取 10～20mm，如图 5-2-2（a）所示。生成的混凝土数值模型如图 5-2-2（c）所示。

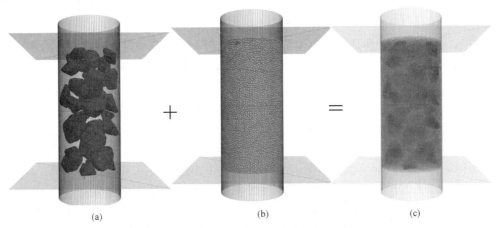

图 5-2-2　混凝土数值模型图
（a）刚性簇模型；（b）胶凝材料模型；（c）混凝土数值模型

5.3　粘结颗粒模型

在动态荷载作用下，混凝土材料内部会产生微裂隙，颗粒流方法可以很好地模拟骨料与胶凝材料的胶结状态，并且能够观测模型内部的破坏情况。在颗粒流数值模拟中，平行粘结模型是模拟岩石材料普遍使用的本构模型。由于混凝土属于类岩石材料，因此，为较好地体现混凝土材料的物理力学性能，在构建混凝土试样数值模型过程中，颗粒与颗粒、颗粒与粗骨料间均采用平行粘结模型。通过颗粒与颗粒、颗粒与粗骨料间的摩擦系数、粘结刚度、变形模量、内聚力等参数表现混凝土的宏观力学性能。

应变率效应动态粘结模型见图 5-3-1。

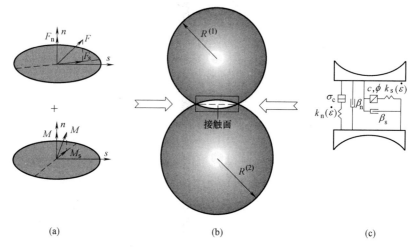

图 5-3-1　应变率效应动态粘结模型

在混凝土试样模型中，颗粒与颗粒间采用一定尺寸的平行粘结单元粘结，粘结单元提供了接触面，如图 5-3-1（b）所示。在颗粒间的接触面上，颗粒与颗粒相互传递力的作用，其中，力和力矩见图 5-3-1（a），见式（5-7）和式（5-8）。

$$F = -F_n n_i + F_s t_i \tag{5-7}$$

$$M = M_t n_i + M_b t_i \tag{5-8}$$

式中，F_n 和 F_s 分别是法向力和切向力；M_t 和 M_b 分别是扭矩和弯矩。力和力矩的分量随着后续相应的位移增量和转动增量分别更新，考虑应变率效应的更新方式，见式（5-9）～式（5-12）。

$$F_n = F_n + k_n(\dot{\varepsilon}) A \Delta \delta_n \tag{5-9}$$

$$F_s = F_s - k_s(\dot{\varepsilon}) A \Delta \delta_s \tag{5-10}$$

$$M_t = M_t - k_s(\dot{\varepsilon}) J \Delta \theta_t \tag{5-11}$$

$$M_b = M_b - k_n(\dot{\varepsilon}) I \Delta \theta_b \tag{5-12}$$

式中，A、J、I 分别是平行粘结截面的面积、极惯性矩和惯性矩，$A = \pi R^2$，$J = \pi R^4/2$，$I = \pi R^4/4$，R 是平行粘结半径；$\Delta \delta$ 和 $\Delta \theta$ 分别是位移增量和转动增量；$k_n(\dot{\varepsilon})$ 和 $k_s(\dot{\varepsilon})$ 分别是法向刚度和切向刚度，假定其是与应变率相关的粘结单元细观参数，可以与接触有效模量 $\overline{E}$ 相互转换，见式（5-13）和式（5-14）。

$$k_n(\dot{\varepsilon}) = \overline{E}(\dot{\varepsilon})/L \tag{5-13}$$

$$k_s(\dot{\varepsilon}) = k_n(\dot{\varepsilon})/k^* \tag{5-14}$$

式中，$\overline{E}(\dot{\varepsilon})$ 为接触有效模量；$L = R^1 + R^2$，R^1 和 R^2 是两个粘结单元的半径；k^* 是法向与切向刚度比。通过参数 $\overline{E}(\dot{\varepsilon})$、$k^*$ 可以更好地控制数值模型的力学响应。基于粘

结单元力和力矩的计算结果，考虑应变率的粘结单元的拉应力与切应力的计算方法，见式（5-15）和式（5-16）。

$$\sigma = \frac{F_n}{A} + \beta \frac{\|M_b\|R}{I} \tag{5-15}$$

$$\tau = \frac{\|F_s\|}{A} + \beta \frac{\|M_t\|R}{J} \tag{5-16}$$

式中，β 是力矩贡献系数，$0 \leqslant \beta \leqslant 1$。根据破坏准则，当拉应力 σ 超过粘结抗拉强度 σ_c 或剪切应力 τ 超过 τ_c 时（$\tau_c = c - \sigma \tan\phi$），颗粒间的粘结被破坏。$\beta$ 作为一个重要参数，对数值模拟的结果影响显著。此处分别取 $\beta = 0$、0.2、0.5、0.8、1.0，研究了不同 β 取值对单轴压缩数值模拟结果的影响（图 5-3-2）。从图中可以看出，β 取值对数值试件单轴压缩下的破坏模式及峰值强度有显著影响，随着 β 取值的增加，脆性破坏特征增强，峰值强度降低，对比混凝土室内试验结果，发现 β 取 0.3 时，与室内试验结果较为吻合，故 $\beta = 0.3$。

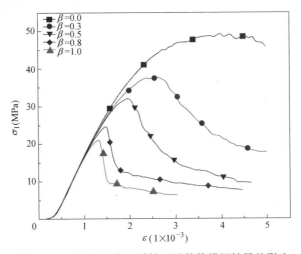

图 5-3-2　不同 β 取值对单轴压缩数值模拟结果的影响

5.3.1　细观参数选取

平行粘结模型是模拟岩石、混凝土等高粘结材料普遍使用的本构模型，然而相关研究表明，其在模拟过程中仍然存在一些缺陷，如压缩强度与拉伸强度比偏高。为使模拟结果更逼近真实的混凝土力学响应，此处将混凝土数值模型中的接触分为"软接触"和"硬接触"两种细观胶结状态，其中，采用"软接触"模拟常规试件中存在的微裂隙或损伤，从而使压拉比逼近试件的真实状态。数值模型细观参数如表 5-3-1 所示。

数值模型细观参数　　　　　　　　　　　　　　　　表 5-3-1

材料	接触类型	r(mm)	ρ(kg·m^{-3})	d_f	$\overline{E}$(GPa)	k^*	σ_c(MPa)	c(MPa)	ϕ(°)
胶凝材料	软	0.5~1.0	2000	0.3	11.55	5	10.9	16.3	35
	硬				77	5	109	163	45
骨料	软	10~20	3000	0.7	17.25	5	10.9	16.3	35
	硬				115	5	109	163	55

注：r 指半径，ρ 指密度，d_f 是局部阻尼系数，$\overline{E}$ 是平行粘结有效模量，k^* 是法向切向刚度比，σ_c 是平行粘结抗拉强度，c 是平行粘结强度，ϕ 是摩擦角。

143

5.3.2 考虑应变率效应的模型修正

在离散元数值试验中，材料的宏观力学性质通过接触单元的微观力学行为体现。在采用平行粘结模型模拟单轴加载过程中，采用与室内试验一致的方法，通过控制加载速率进行不同加载试验时，数值试验结果与室内试验结果差距较大。试件峰值强度随加载速率的增加变化幅度远小于试验结果，且不同加载速率下，弹性模量基本保持不变，这与试验不符。基于这一现象，假设应变率效应体现在材料的粘结性质随加载速率变化，而不仅仅由细观结构引起，因此，对平行粘结模型进行修正，使其能反映动态荷载下应变率效应。

通过研究发现：在接触模型细观参数中，对应变率效应影响显著的参数有 $\overline{E}$、σ_c、c，其他参数对应变率的影响较小，通过表 5-1-1 中的数据可以得出粘结模型主要细观参数与应变率的关系见式（5-17）~式（5-19）。

$$\overline{E}(\dot{\varepsilon}) = (9.24\lg(\dot{\varepsilon}/\dot{\varepsilon}_0) + 77.67) \times 10^9 \tag{5-17}$$

$$\sigma_c(\dot{\varepsilon}) = (1.31\lg(\dot{\varepsilon}/\dot{\varepsilon}_0) + 10.92) \times 10^7 \tag{5-18}$$

$$c(\dot{\varepsilon}) = (1.96\lg(\dot{\varepsilon}/\dot{\varepsilon}_0) + 16.38) \times 10^7 \tag{5-19}$$

式中，$\overline{E}$ 为平行粘结有效模量；σ_c 为接触抗拉强度；c 为接触粘结强度；$\dot{\varepsilon}$ 为动态应变率；$\dot{\varepsilon}_0$ 为静态应变率。

5.4 不同应变率数值模拟

5.4.1 单轴压缩试验

单轴压缩应力—应变曲线如图 5-4-1 所示，在该图中可以发现：不同应变率下混凝土的破坏模式差距不大，除应变率为 0.1 时，试件表现为上半部分破坏外，其他应变率下试件破坏均表现为在 60°方向产生破坏带。对比图 5-4-1 中的 Ⅰ 和 Ⅴ 裂隙分布状态，可以明显看出：应变率的提高会对试件内部裂隙发展情况产生直接影响。随着应变率的提升，微裂隙分布状态发生明显改变，在应变率达到某一值时，试件破坏模式发生变化，试件表现为上半部分有集中破坏，在纵向上，裂隙未贯通整个试件，微裂隙集中分布在 45°与 135°方向。在不同应变率下，裂隙分布的变化极有可能与混凝土试件内部的粗骨料分布相关。在低应变

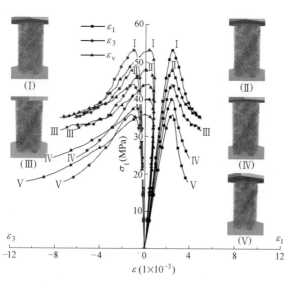

图 5-4-1 单轴压缩应力—应变曲线

率下，试件内部裂隙的扩展速度较慢，能量较低，裂隙的扩展会向阻力最小的方向发展。随着应变率的提高，裂隙扩展速度加快，聚积能量较高。裂隙发展方向是随机的，沿阻力更大方向延伸的可能性更大。

在图5-4-2（a）中随着应变率的提高，混凝土试件的峰值强度与弹性模量增加。宏观的单轴抗压强度与应变率的关系见式（5-20）。

$$UCS = 4.26 \lg(\dot{\varepsilon}) + 56.99 \tag{5-20}$$

式中，UCS 是宏观的单轴抗压强度；$\dot{\varepsilon}$ 是应变率。

可以看出，混凝土是一种应变率敏感的材料，应变率与抗压强度之间表现出明显的对数关系，应变率提高10倍，抗压强度提高约10%。

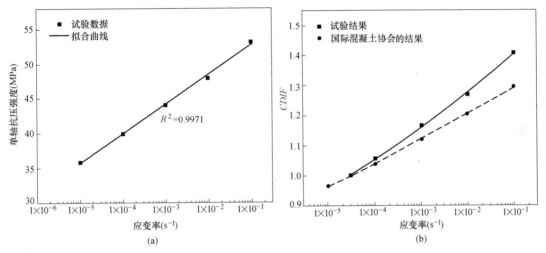

图5-4-2 抗压强度与 $CDIF$ 随应变率变化曲线
（a）抗压强度；（b）$CDIF$

材料动态强度与静态强度的比值（$CDIF$）是研究混凝土应变率的一项重要参考数值。目前，关于 $CDIF$ 的计算方法众多。其中，国际混凝土协会（CEB）推荐的 $CDIF$ 公式得到广泛应用与认可，压缩 $CDIF$ 计算公式见式（5-21）和式（5-22）。

$$CDIF = \frac{f_{cd}}{f_{cs}} = \left(\frac{\dot{\varepsilon}_d}{\dot{\varepsilon}_{cs}}\right)^{1.026\alpha}, \dot{\varepsilon}_d \leqslant 30\text{s}^{-1} \tag{5-21}$$

$$CDIF = \frac{f_{cd}}{f_{cs}} = \gamma(\dot{\varepsilon}_d)^{\frac{1}{3}}, \dot{\varepsilon}_d > 30\text{s}^{-1} \tag{5-22}$$

式中，f_{cd} 是应变率 $\dot{\varepsilon}_d$（$30 \times 10^{-6} \sim 1000\text{s}^{-1}$）时动态抗压强度；$f_{cs}$ 是应变率 $\dot{\varepsilon}_{cs} = 30 \times 10^{-6}\text{s}^{-1}$ 时的静态抗压强度；$\lg\gamma = 6.156\alpha - 0.49$，$\alpha = (5 + 3f_{cu}/4)^{-1}$；$f_{cu}$ 是静态立方体抗压强度。

对试验数据进行整理，计算本次数值试验的 $CDIF$，最后得出：随着应变率的提高，$CDIF$ 逐渐增大，在0.1时，$CDIF$ 达到最大值1.29。同时，按照基本原理计算本次数值试验的实际 $CDIF$，如图5-4-2（b）实线所示。对计算结果进行分析拟合，式（5-23）展示了此处 $CDIF$ 与应变率之间的关系，可以看出：在此处数值试验中，应变率与 $CDIF$

呈现一定程度的指数关系。对比图 5-4-2（b）中两条曲线，发现两条曲线具有相同的走势，且随着应变率量级的提高，两条曲线的增量均增加；但两条曲线又不完全重合，存在一定差距，这种差距不能说明试验结果是错误的，由于试验存在离散性，且试件与环境往往存在差异，这种差异是在许可范围内的。

$$CDIF = 1.54\dot{\varepsilon}^{0.042} \tag{5-23}$$

5.4.2 单轴循环加卸载试验

图 5-4-3 为不同条件下的单轴循环加载试验曲线。图 5-4-3（a）～图 5-4-3（c）反映了围压对循环加载响应的影响。围压为 0MPa 时，循环加载 2 次后，试件的强度降低为峰值强度的 30%，重新加载模量是初始弹性模量的 40%，残余应变是峰值应变的 1.5 倍。围压为 5MPa 时，循环加载 4 次后（峰后），试件强度无明显降低，重新加载模量是初始模量的 37%，残余应变仅为峰值应变的 0.56 倍。围压为 10MPa 时，循环加载 4 次后（峰后），试样峰值强度、残余应变基本无变化，重新加载模量降低为初始模量的 63%，残余应变约为峰值应变的 0.4 倍。因此，围压越高，试件的延展性越高。在图 5-4-3（a）、(d)、(e) 中，循环加载 2 次后（峰后），应变率为 $0.1s^{-1}$ 时的残余应变仅为应变率为 $1×10^{-5}s^{-1}$ 时的一半，且重新加载模量的降低速度远小于应变率 $1×10^{-5}s^{-1}$ 下模量的降低速度，故随着应变率的提高，混凝土试件的延展性能明显提升。在高应变率下，能量集中速度较快，然而由于没有足够的时间，材料的损伤程度较小，残余应变较小，随着循环加载的不断作用，损伤累积，残余应变增加，重新加载模量降低。

不同加载条件下的试件内部裂隙数量变化过程如图 5-4-3（f）所示。图中，裂隙的数量变化代表了不同的加载过程，水平段表示卸载过程，竖直段表示重新加载过程，点表示试件破坏发生时的位置。从裂隙数量的分布变化可以发现：卸载过程几乎不会产生新裂隙；点的位置是转折点，在点之前，重新加载过程引发的新裂隙数目递增，尤其在最后一次重新加载过程中，裂隙数量突增，这是试件由线性阶段向塑性阶段转化的过程，试件内部前期生成的微观裂隙相互连接，形成试件的宏观破坏，不可完全恢复。在点之后，重新加载过程引发的微裂隙数量减少；在试件被破坏时，裂隙数量分布有很大不同。随着应变率的提升，试件强度提升，微裂隙总数量增加，围压的存在使得裂隙数量明显增加。裂隙数量的变化从侧面反映了不同加载条件对混凝土强度特性的影响。

5.4.3 直接拉伸试验

为了充分研究混凝土应变率效应，采用不同应变率开展直接拉伸数值试验研究。应变率分别为 $0.1s^{-1}$、$1×10^{-2}s^{-1}$、$1×10^{-3}s^{-1}$、$1×10^{-4}s^{-1}$、$1×10^{-5}s^{-1}$，不同应变率下直接拉伸应力—应变曲线及试件破坏模式如图 5-4-4 所示。从模拟结果整体可以看出，随着应变率的提高，拉伸强度及模量仍然表现出提升的态势。从试件的破坏模式看，试件均在中部拉伸断裂，断裂的位置基本相同。

图 5-4-5（a）是不同应变率下混凝土试件拉伸强度与应变率的曲线。在图 5-4-5（a）中显示，单轴拉伸强度与应变率的指数相关性没有抗压强度与应变率的指数相关性明显。在应变率为 0.1 时，峰值强度最高为 4.7MPa，低于混凝土试件抗压强度。正是由于混凝土抗

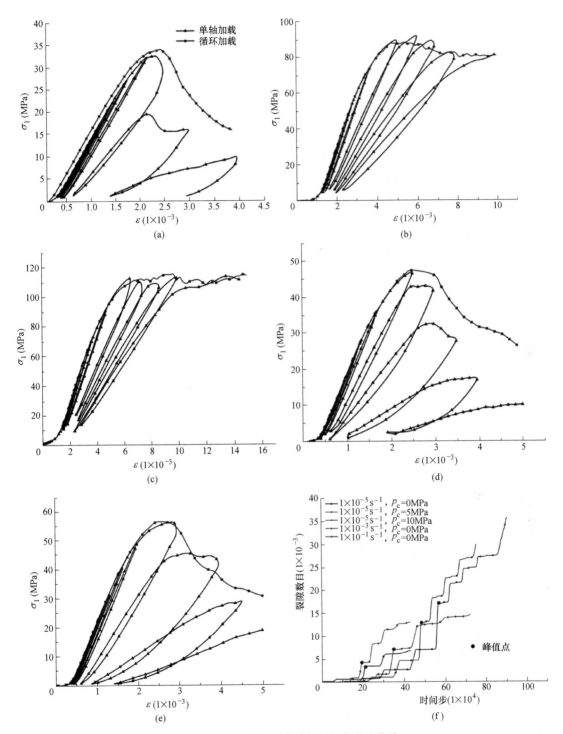

图 5-4-3 不同条件下的轴循环加载试验曲线

(a) 应变率为 $1 \times 10^{-5} s^{-1}$ 时, 0MPa; (b) 应变率为 $1 \times 10^{-5} s^{-1}$ 时, 5MPa; (c) 应变率为 $1 \times 10^{-5} s^{-1}$ 时, 10MPa; (d) 应变率为 $1 \times 10^{-3} s^{-1}$ 时, 0MPa; (e) 应变率为 $0.1 s^{-1}$ 时, 0MPa; (f) 裂隙数量

拉强度较低, 在数值试件拉伸过程中, 微裂隙会在试件某一薄弱位置沿横向扩展, 试件很快达到破坏条件。

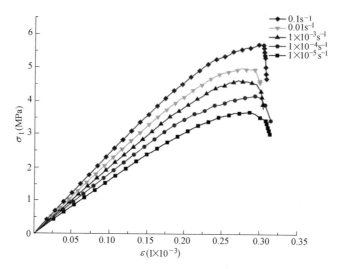

图 5-4-4　不同应变率下直接拉伸应力—应变曲线及试件破坏模式

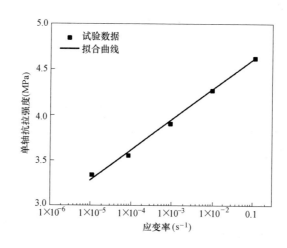

图 5-4-5　不同应变率下混凝土试件拉伸强度与应变率的曲线

5.5　研　究　结　论

基于室内试验与数值模拟，对比了不同应变率下混凝土试件的力学响应，研究结论如下：

（1）混凝土是一种应变率敏感材料，不同围压、不同应变率下混凝土室内压缩试验表明，随着应变率与围压的提高，峰值强度与弹性模量均提高，泊松比基本保持不变。应变率的增加使得应力—应变曲线阶段性特征减弱，尤其是非线性阶段减弱。

（2）采用颗粒流方法模拟混凝土不同应变率试验时，必须考虑数值试件的力学响应与室内试验的一致性，尤其在使用 PBM 模型模拟类岩石材料时，考虑颗粒间的细观接触应符合材料真实性，修正的模型可以真实有效地模拟不同应变率效应。

（3）应变率对单轴压缩试件内部微裂隙的扩展产生较大影响。应变率的提高为微裂隙扩展提供应变能，使得微裂隙扩展速度加快，扩展路径发生变化，不同应变率下数值试件的力学响应与室内试验相吻合。不同加载条件下，混凝土试件的重新加载模量、残余应变、裂隙数量变化均表现出不同的响应。直接拉伸试件的破坏机制受应变率影响较小，微裂隙的分布均表现为沿试件中部横向发展。DIF 计算表明：拉伸试验的应变率效应比压缩试验的应变率效应明显。

以上研究表明，岩石、混凝土类的应变率效应是完全可以依托 PFC 软件现有的接触本构，然后利用 fish 语言实现应变率相关效应模拟。

5.6 命令流实例

见例 5-6-1～例 5-6-4。

例 5-6-1 试样制作

```
new
define setup
    height = 0.1
    width = 0.05
    cylinder_axis_vec = vector(0,0,1)
    cylinder_base_vec = vector(0.0,0.0,[−0.2 * height])
    cylinder_base_vec_middle = vector(0.0,0.0,[0.5 * height])
    cylinder_height  = 1.4 * height
    cylinder_rad      = 0.5 * width
    bottom_disk_position_vec = vector(0.0,0.0,0.0)
    top_disk_position_vec    = vector(0.0,0.0,[height])
    disk_rad = 1.5 * cylinder_rad
    w_resolution = 0.05
    poros = 0.35
    rlo=0.05e-2
    rhi=0.1e-2
    dens=2500
end
@setup
domain extent ([−width * 1.05],[width * 1.05]) ([−width * 1.05],[width * 1.05]) ([−0.3 * height],
[1.3 * height])
domain condition destroy
set random 10001
cmat default   model linear method deform emod 1e9 kratio 3
wall generate id 1 cylinder axis @cylinder_axis_vec
                      base @cylinder_base_vec
                      height [cylinder_height/2.0]
                      radius @cylinder_rad
```

149

```
                          cap false false
                          onewall
                          resolution @w_resolution
wall generate id 2 cylinder axis @cylinder_axis_vec
                          base @cylinder_base_vec_middle
                          height [cylinder_height/2.0]
                          radius @cylinder_rad
                          cap false false
                          onewall
                          resolution @w_resolution
wall generate id 5 plane position @bottom_disk_position_vec
                    dip 0
                    ddir 0
wall generate id 6 plane position @top_disk_position_vec
                    dip 0
                    ddir 0
geometry set geo_cylinder
geometry generate cylinder axis (0,0,1)
                    base (0.0,0.0,[-0.0*height]) height [1.0*height]
                    cap true true
                    radius [cylinder_rad]
                    resolution [w_resolution]
define inCylinder(pos,c)
  inCylinder = 0
  local _pnum1 = 0
  local _pnum2 = 0
  if type.pointer.id(c) = clump.typeid
  loop foreach local pb clump.pebblelist(c)
      local p_x = clump.pebble.pos(pb,1)
      local p_y = clump.pebble.pos(pb,2)
      local p_z = clump.pebble.pos(pb,3)
      local p_r = clump.pebble.radius(pb)
      _pnum1 = _pnum1 + 1 ;计数
      local _dist = math.sqrt(p_x*p_x + p_y*p_y) + p_r
      if (_dist <= 0.5*width) then
        if ((p_z - p_r) >=0.0) then
          if ((p_z + p_r) <= height) then
            _pnum2 = _pnum2 + 1
          end_if
        end_if
      end_if
    end_loop
  if _pnum1 = _pnum2
```

150

```
            inCylinder = 1
         end_if
      end_if
end
;call input_clump_moban
clump distribute
                        diameter
                        porosity 0. 15
                        numbin   5
                        bin 1
                              template s1
                              azimuth 0. 0 360. 0
                              tilt 0. 0 360. 0
                              elevation 0. 0 360. 0
                              size 0. 01 0. 02
                              volumefraction 0. 2
                        bin 2
                              template s2
                              azimuth 0. 0 360. 0
                              tilt 0. 0 360. 0
                              elevation 0. 0 360. 0
                              size 0. 01 0. 02
                              volumefraction 0. 2
                        bin 3
                              template s3
                              azimuth 0. 0 360. 0
                              tilt 0. 0 360. 0
                              elevation 0. 0 360. 0
                              size 0. 01 0. 02
                              volumefraction 0. 2
                        bin 4
                              template s4
                              azimuth 0. 0 360. 0
                              tilt 0. 0 360. 0
                              elevation 0. 0 360. 0
                              size 0. 01 0. 02
                              volumefraction 0. 2
                        bin 5
                              template s5
                              azimuth 0. 0 360. 0
                              tilt 0. 0 360. 0
                              elevation 0. 0 360. 0
                              size 0. 01 0. 02
```

```
                    volumefraction 0. 2
                range fish @inCylinder
clump attri density 3000 damp 0. 3
clump group ' specimen'
set timestep scale
cycle 3000 calm 1000
ball distribute porosity 0. 55
                resolution 1. 0
                numbins 1
                bin 1
                    radius [rlo] [rhi]
                    volumefraction 1. 0
                    group soil
                range geometry geo_cylinder
                    count odd direction (0. 0 0. 0 1. 0)
ball   attri density [dens] damp 0. 3
define   compute_block_ratio
     vvvv_stone=0. 0
     vvvv_total=0. 0
     vvvv_cement=0. 0
     loop foreach local cl clump. list
          v=clump. vol(cl)
          sss=clump. group(cl)
          vvvv_total=vvvv_total+v
          vvvv_stone=vvvv_stone+v
     endloop
     loop foreach local bp ball. list
          v=4. 0/3. 0 * math. pi * ball. radius(bp)^3
          vvvv_total=vvvv_total+v
          vvvv_cement=vvvv_cement+v
     endloop
     vvvv_total2=math. pi * cylinder_rad  * cylinder_rad  * height
     ratio_stone=vvvv_stone/vvvv_total
     ratio_cement=vvvv_cement/vvvv_total
end
@compute_block_ratio
set timestep scale
cycle 5000 calm 100
set timestep auto
cycle 10000
def ball_in_clump(bp)
     ball_in_clump=0
     xc=ball. pos. x(bp)
```

```
        yc=ball. pos. y(bp)
        zc=ball. pos. z(bp)
        rc=ball. radius(bp)
        loop foreach local cl clump. list
                loop foreach local pb clump. pebble. list
                    x=clump. pebble. pos. x(pb)
                    y=clump. pebble. pos. y(pb)
                    r=clump. pebble. radius(pb)
                    ddd=math. sqrt((x-xc) * (x-xc)+(y-yc) * (y-yc)+(z-zc) * (z-zc))
                    r2=r+rc
                    if ddd <= r2 then
                            ball_in_clump=1
                            exit
                    endif
                endloop
        endloop
end
def panduan_ball
    nnnnn=0
    nnnnn2=0
    loop foreach bp ball. list
        nnnnn2=nnnnn2+1
        if ball_in_clump(bp) = 1
            nnnnn=nnnnn+1
            oo=ball. delete(bp)
        endif
    endloop
end
define   change_balls_to_clumps
    num=clump. maxid
    loop foreach local bp ball. list
        dens=ball. density(bp)
        xpos=ball. pos. x(bp)
        ypos=ball. pos. y(bp)
        zpos=ball. pos. z(bp)
        radi=ball. radius(bp)
        oo=ball. delete(bp)
        num=num+1
        command
            clump creat id [num] density [dens]
            pebbles 1 [radi] [xpos] [ypos] [zpos]
            calculate group 'cement'
        endcommand
```

```
    endloop
end
set echo off
@change_balls_to_clumps
set echo on
clump delete range geometry geo_cylinder count odd not
set timestep auto
cyc 10000
save ini
calm
clump    attribute spin multiply 0. 0
clump    attribute velocity multiply 0. 0
clump    attribute displacement multiply 0. 0
clump    attribute contactforce multiply 0. 0 contactmoment multiply 0. 0
```

例 5-6-2　伺服平衡

```
res ini
cmat default    model linear method deform emod 6e8    kratio 1. 4
cmat default type ball－facet model linear method deform emod 6e8 kratio 1. 4
cmat default type pebble－facet model linear method deform emod 6e8 kratio 1. 4
cmat default type pebble－pebble model linear method deform emod 6e8    kratio 1. 4
cmat default type ball－ball model linear method deform emod 6e8    kratio 1. 4
cmat apply
cyc 1000 calm 100
;clump delete range geometry geo_cylinder count odd not
clump attribute spin multiply 0. 0
clump attribute velocity multiply 0. 0
clump attribute displacement multiply 0. 0
clump attribute contactforce multiply 0. 0 contactmoment multiply 0. 0
ball attribute spin multiply 0. 0
ball attribute velocity multiply 0. 0
ball attribute displacement multiply 0. 0
ball attribute contactforce multiply 0. 0 contactmoment multiply 0. 0
gui project save aaaaaa
clump attribute damp 0. 7
wall attribute zvel 0. 0 range id 1
wall attribute zvel 0. 0 range id 2
def wall_addr   ;;;wall stress of all walls
    wadd1 = wall. find(1)
    wadd2 = wall. find(2)
    wadd5 = wall. find(5)
    wadd6 = wall. find(6)
end
@wall_addr
```

```
[_wdr = width]
[_mvsRadVel = 0.0]
def _mvsUpdateDim
    Update diameter of the cylinder-wall (stored as _wdr and _wdr_inner)
    _wdr = _wdr + 2.0 * _mvsRadVel * mech.timestep
    _wdr_inner222 = _wdr_inner + 2.0 * _mvsRadVel_inner * mech.timestep


end
set fish callback 1.1 @_mvsUpdateDim
def _mvsRadForce
  local FrSum = 0.0
  local Fgbl, nr
  force_top=0.0
  force_bot=0.0
  loop foreach local cp wall.contactmap(wadd1)  ; visit all active contacts of the upper cylinder wall
    Fgbl = vector(comp.x(contact.force.global(cp)),
                  comp.y(contact.force.global(cp))  )
    nr = math.unit(vector(comp.x(contact.pos(cp)),
                          comp.y(contact.pos(cp))  )
                  )
    FrSum = FrSum - math.dot(Fgbl, nr)
  end_loop
  force_top=frsum
  loop foreach cp wall.contactmap(wadd2)  ; visit all active contacts of the lower cylinder wall
    Fgbl = vector(comp.x(contact.force.global(cp)),
                  comp.y(contact.force.global(cp))  )
    nr = math.unit(vector(comp.x(contact.pos(cp)),
                          comp.y(contact.pos(cp))  )
                  )
    FrSum = FrSum - math.dot(Fgbl, nr)
    force_bot= force_top - math.dot(Fgbl, nr)
  end_loop
  _mvsRadForce = FrSum
end
def _mvsSetRadVel(rVel)
Set the radial velocity of all cylinder-wall vertices to rVel.
PARAM: rVel (radial velocity)
  _mvsRadVel = rVel   ;update _wdr
  local nr
  loop foreach local vp wall.vertexlist(wadd1)
    nr = math.unit(vector(comp.x(wall.vertex.pos(vp)),
                          comp.y(wall.vertex.pos(vp)),0.0   )
```

```
                        )
        wall. vertex. vel(vp) = rVel * nr
    end_loop
    loop foreach vp wall. vertexlist(wadd2)
        nr = math. unit(vector(comp. x(wall. vertex. pos(vp)),
                                comp. y(wall. vertex. pos(vp)),0. 0   )
                        )
        wall. vertex. vel(vp) = rVel * nr
    end_loop
end


define compute_wAreas
    _wdz = wall. pos(wadd6, 3) - wall. pos(wadd5, 3)
    _wAz = 0. 25 * math. pi * _wdr * _wdr
    _wAr_outer = math. pi * _wdr * _wdz
end
def compute_wStress
    Update the material vessel wall-based stress quantities.
    compute_wAreas
    xxx111=wall. force. contact(wadd5, 3)
    xxx222=wall. force. contact(wadd6, 3)
    wszz=0. 5 * (wall. force. contact(wadd5, 3) - wall. force. contact(wadd6, 3)) / _wAz
    wsrr_outer=_mvsRadForce/_wAr_outer
    command
        list @wszz @wsrr_outer @wsrr_inner
    endcommand
end


set fish callback 10. 2 @compute_wStress

define compute_gain(fac)
    compute_wAreas      ; fish callback
    global gz0=0. 0
    loop foreach local contact wall. contactmap(wadd5)
        gz0=gz0 + contact. prop(contact,"kn")
    endloop
    loop foreach contact wall. contactmap(wadd6)
        gz0=gz0 + contact. prop(contact,"kn")
    endloop
    global gr_outer0=0. 0
    loop foreach contact wall. contactmap(wadd1)
        gr_outer0=gr_outer0+contact. prop(contact,"kn")
    endloop
```

156

```
loop foreach contact wall.contactmap(wadd2)
   gr_outer0=gr_outer0+contact.prop(contact,"kn")
endloop
gz = fac * 2.0 * _wAz/(gz0 * mech.timestep)
gr_outer=fac * _wAr_outer/(gr_outer0 * mech.timestep)
end
[gain_safety_fac =0.3]
@compute_gain(@gain_safety_fac)
[max_vel1=5.0]
[max_vel2=5.0]
define servo_walls
  compute_wStress
  SSS111=math.abs((wszz - tszz)/tszz)
  SSS222=math.abs((wsrr_outer - tsrr_outer)/tsrr_outer)
  zvel=0.0
  rvel=0.0
  if do_zservo=true then
     zvel0=gz * (wszz-tszz)
     zvel3=zvel0
     zvel=math.sgn(zvel0) * math.min(max_vel1,math.abs(zvel0))
     wall.vel(wadd5, 3)=zvel
     wall.vel(wadd6, 3)=-zvel
  endif
  if do_rservo_outer=true then
     rvel0=-gr_outer * (wsrr_outer - tsrr_outer)
     rvel4=rvel0
     rvel=math.sgn(rvel0) * math.min(max_vel2,math.abs(rvel0))
     ;rvel=math.sgn(rvel) * max_vel
     _mvsSetRadVel(rvel)
  endif
end
[tsrr_outer=-10e6]
[tszz=-10e6]
[do_zservo=true]
[do_rservo_outer=true]
set fish callback  1.0@servo_walls

[stop_me = 0]
[tol = 0.05]
[gain_cnt = 0]
[gain_update_freq = 100]
[nsteps=0]
define stop_me
```

```
    nsteps=nsteps+1
    gain_cnt=gain_cnt+1
    if gain_cnt >=gain_update_freq then
      compute_gain(gain_safety_fac)
      gain_cnt=0
    endif
    SSS1=math. abs((wszz−tszz)/tszz)
    SSS2=math. abs((wsrr_outer−tsrr_outer)/tsrr_outer)
    sss3=mech. solve("aratio")
    if sss1 < 0. 01 then
      do_zservo=false
      else
      do_zservo=true
    endif
    if sss2 < 0. 01 then
      do_rservo_outer=false
      else
      do_rservo_outer=true
    endif
    if nsteps < 2000 then
      exit
    endif
    if do_zservo=true then
    if math. abs((wszz − tszz) / tszz) > tol
        exit
      endif
    endif
    if do_rservo_outer=true then
      if math. abs((wsrr_outer − tsrr_outer) / tsrr_outer) > tol
          exit
        endif
    endif
    if nsteps > 20000
      stop_me=1
      exit
    endif
    if mech. solve("aratio")>1e−3
        exit
    endif
    stop_me=1
  end
hist delete
hist reset
```
158

```
hist id 1 @wszz
hist id 2 @wsrr_outer
hist id 5 @sss1
hist id 6 @sss2
hist id 7 @sss3
plot create plot 'stress'
plot   hist 1 2
plot create plot errors
plot   hist 5 6 7
solve fishhalt @stop_me
save consolidation_state
```

例 5-6-3　参数定义

```
res consolidation_state
[tsrr_outer = -5e6]
[tszz=-5e6]
[do_zservo=true]
[do_rservo_outer=true]
[stop_me=0]
[tol = 0.5]
def basic_parameters
   loading_rate=1e-3
   loading_velocity=loading_rate * height
   xishu_e=(2.5 * math.log(loading_rate/1e-5)+19)/0.9
   xishu_s=(7.6 * math.log(loading_rate/1e-5)+36.9)/10
   pb_modules=1e9 * xishu_e * 3.5
   emod000=pb_modules * 0.8
   ten_=10.0e9 * xishu_s * 2.8
   coh_=10.0e9 * xishu_s * 5
end
@basic_parameters
cmat default type pebble-facet model linear method deform emod [emod000 * 0.15] kratio 10.0
cmat default type pebble-pebble model linear method deform emod [emod000 * 1.0] kratio 3.0
cmat add 1 model linear method deform emod [emod000 * 0.001] kratio 3.0 range contact type pebble-facet
z 0.001 0.099
cmat apply
def part_contact_turn_off000
   loop foreach cp contact.list('pebble-facet')
              ccz=contact.pos.z(cp)
              if ccz > (0.01 * _wdz) then
                  if ccz < (0.99 * _wdz) then
                       contact.group(cp)='pbond000'
                   endif
               endif
```

159

```
        endloop
end
@part_contact_turn_off000
contact groupbehavior contact
contact model linear   range group'pbond000'
contact method bond gap 1e-5 range group'pbond000'
contact model linear range group'pbond000'
contact method deform emod [emod000 * 0.001] kratio 3 range group'pbond000'

contact group'pbond111' range contact type'pebble-pebble'
contact model linearpbond   range contact type'pebble-pebble'
contact method bond gap 1e-5 range contact type'pebble-pebble'
contact method deform emod [emod000] krat 3 range contact type'pebble-pebble'
contact method pb_deform emod [pb_modules] kratio 3 range contact type'pebble-pebble'
contact property dp_nratio 0.1 dp_sratio 0.0 range contact type'pebble-pebble'
contact property fric 1.5 range contact type'pebble-pebble'
contact property pb_rmul 1.0 pb_mcf 0.3 lin_mode 1 pb_ten [ten_] pb_coh [coh_] pb_fa 45 range contact
type'pebble-pebble'

define change_contact_group
    loop foreach cp contact.list.all('pebble-pebble')
        pb1=contact.end1(cp)
        pb2=contact.end2(cp)
        c1=clump.pebble.clump(pb1)
        c2=clump.pebble.clump(pb2)
        s1=clump.group(c1)
        s2=clump.group(c2)
        if s1 = 'specimen' then
           contact.group(cp)='pbond333'
        endif
        if s2 = 'specimen' then
             contact.group(cp)='pbond333'
        endif
    endloop
end
@change_contact_group
contact groupbehavior contact
contact model linearpbond   range group'pbond333'
contact method bond gap 1e-5   range group'pbond333'
contact method deform emod [emod000 * 1.5] krat 3 range group'pbond333'
contact method pb_deform emod [pb_modules * 1.5] kratio 3 range group'pbond333'
contact property pb_rmul 1.0 pb_mcf 0.3 lin_mode 1 pb_ten [ten_ * 1.0] pb_coh [coh_ * 1.0] pb_fa 55
range group'pbond333'
```

160

```
[emod222=emod000 * xishu]
[pb_modules222=pb_modules * xishu]
contact groupbehavior contact
contact model linearpbond   range group'pbond222'
contact method bond gap 1e-5   range group'pbond222'
contact method deform emod [emod222] krat 3 range group'pbond222'
contact method pb_deform emod [pb_modules222] kratio 3 range group'pbond222'
contact property dp_nratio 0.1 dp_sratio 0.0 range group'pbond222'
contact property fric 0.5 range group'pbond222'
contact property pb_rmul 1.0 pb_mcf 0.3 lin_mode 1 pb_ten [ten_ * 0.1] pb_coh [coh_ * 0.1] pb_fa 35
range group'pbond222'

def part_contact_turn_off222
   loop foreach cp contact.list('pebble-pebble')
       sss000=contact.model(cp)
       if sss000 = 'linearpbond' then
           ccz=contact.pos.z(cp)
           if ccz > (0.99 * height) then
               contact.group(cp)='pbond444'
           endif
           if ccz < (0.01 * height) then
               contact.group(cp)='pbond444'
           endif
       endif
   endloop
end
@part_contact_turn_off222
contact groupbehavior contact
contact model linearpbond   range group'pbond444'
contact method bond gap 1e-5   range group'pbond444'
contact method deform emod [emod000] krat 3 range group'pbond444'
contact method pb_deform emod [pb_modules] kratio 3 range group'pbond444'
contact property dp_nratio 0.1 dp_sratio 0.0 range group'pbond444'
contact property pb_rmul 1.0 pb_mcf 0.3 lin_mode 1 pb_ten [ten_ * 1.2] pb_coh [coh_ * 1.2] pb_fa 45
range group'pbond444'
clump attribute damp 0.9
cyc 1000 calm 100
[tsrr_outer=-0.01e6]
[tszz=-0.01e6]
[do_zservo=true]
[do_rservo_outer=true]
[stop_me2=0]
```

```
[tol=0.05]
[gain_update_freq=100]
[nsteps=0]
[gain_cnt=0]
define stop_me2
    nsteps=nsteps+1
    gain_cnt=gain_cnt + 1
    if gain_cnt >=gain_update_freq then
        compute_gain(gain_safety_fac)
        gain_cnt=0
    endif
    SSS1=math. abs((wszz − tszz) / tszz)
    SSS2=math. abs((wsrr_outer − tsrr_outer) / tsrr_outer)
    SSS3=mech. solve("aratio")
    if nsteps < 2000 then
        exit
    endif
if do_zservo=true then
    if math. abs((wszz − tszz) / tszz) > tol
        exit
    endif
endif
if do_rservo_outer=true then
    if math. abs((wsrr_outer − tsrr_outer) / tsrr_outer) > tol
        exit
    endif
endif
    if nsteps > 10000
        stop_me2=1
        exit
    endif
    if mech. solve("aratio")>1. 0e−5
        exit
    endif
    stop_me2=1
end
solve fishhalt @stop_me2
save consolidation_state222
```

例 5-6-4　循环加载过程

```
res consolidation_state222
[do_zservo = false]
clump attribute spin multiply 0. 0
clump attribute velocity multiply 0. 0
```

```
clump attribute displacement multiply 0. 0
clump attribute contactforce multiply 0. 0 contactmoment multiply 0. 0
clump attribute damp 0. 3
set fish callback 0. 9 @compute_wAreas
[_wH0=_wdz]
[_wdr0=_wdr]
define wszz2
  compute_wAreas
  wszz2=0. 5 * (wall. force. contact(wadd5，3) — wall. force. contact(wadd6，3)) / _wAz
end
def set_ini ; set initial strains
    wezz_0=wezz
    wevol_0=wevol
end
define wevol
  wevol=wezz + 2. 0 * werr
end
define wezz
  wezz=(_wdz—_wH0) / _wH0
end
define wexx
  wexx=(_wdr—_wdr0)/_wdr
end
define wvol
  wvol=wezz+2. 0 * wexx
end
define possion
  possion=—wexx/wezz
end
measure delete
measure create id 1   x 0. 00 y 0. 0 z 0. 05 rad 0. 025
[porosity=measure. porosity(measure. find(1))]
[stop_me1=0]
[target=0. 1]
[nnnn=0]
define stop_me1
  nnnn=nnnn+1
  if wszz < —0. 0001e6 then
    stop_me1=1
  endif
  if nnnn >50000
    stop_me1=1
  endif
```

```
end
solve fishhalt @stop_me1
save aaa
[max_vel1=0.5]
[max_vel2=0.5]
def conf
    devi=wszz2-wsrr_outer
    deax=wezz-wezz_0
    devol=wevol-wevol_0
    conf=wsrr
end
define loadhalt_wall000
    loadhalt_wall000=0
    local abs_stress=math.abs(measure.stress.zz(measure.find(1))) ;math.abs(wszz2)
    if _close=1 then
        if abs_stress >stress_max then
            loadhalt_wall000=1
        endif
    endif
    if _close=2 then
        if abs_stress <stress_min then
            loadhalt_wall000=1
        endif
    endif
end
define loading_cyclic
    vel_=vel_max
    mvel_=-vel_max
    loop nnn (1,num_cyc)
        wall.vel.z(wadd5)=vel_
        wall.vel.z(wadd6)=mvel_
        _close =1
        command
            solve fishhalt @loadhalt_wall000
        endcommand
        ;stress_min=0.1e6
        _close =2
        wall.vel.z(wadd5)=-vel_ * 2.0
        wall.vel.z(wadd6)=-mvel_ * 2.0
        command
            solve fishhalt @loadhalt_wall000
        endcommand
        if -wezz >5e-2 then
```

```
                exit
            endif
        endloop
end
hist delete .
set hist_rep   100
hist id 1 @wezz
hist id 2 @wszz2
hist id 3 @wsrr_outer
hist id 4 @wexx
hist id 5 @wvol
hist id 6 @possion
history id 7 meas stresszz id 1
hist id 9 @crack_tension
hist id 10 @crack_shear
history id 11 @crack_num
history id 12 @devi
history id 13 @deax
history id 14 @conf
history id 15 @devol
set @stress_max=50.0e6   @stress_min=10e6   @num_cyc=1   @vel_max=0.5
@loading_cyclic
save result1
set @stress_max=60.0e6 @stress_min=10e6 @num_cyc=1   @vel_max=0.5
@loading_cyclic
save result3
set @stress_max=30.0e6 @stress_min=10e6 @num_cyc=1 @vel_max=0.5
@loading_cyclic
save result5
set @stress_max=40.0e6 @stress_min=10e6 @num_cyc=1 @vel_max=0.5
@loading_cyclic
save result7
```

第6章 软伺服砂卵石混合介质压缩力学特性研究

滑坡过程往往是由于滑坡体内介质力学性质弱化产生的，研究滑坡体内介质的力学特性对滑坡灾害的防治有重要意义。本章基于三维激光扫描技术与随机化构建方法建立砾石土混合体离散元数值模型，结合连续—非连续耦合算法的柔性 shell 单元伺服方法，对砾石土混合体在不同的围压下开展不同含石量的三轴压缩试验，讨论柔性伺服条件下试样的破坏特征，对试样黏聚力和摩擦角随含石率增加的变化规律进行分析。

6.1 砾石土软伺服构造方法原理

如图 6-1-1 所示，砾石土混合介质是滑坡体中常见介质，由于复杂的力学特性和变形机制，它是岩土工程领域的重要关注对象。

图 6-1-1 砾石土混合介质
(a) 某工程区概况；(b) 陡坡混合体；(c) 堆积混合体

shell 单元是岩土连续数值模拟常用的结构单元，每个 shell 单元元素均由其几何和材料属性界定，假设 shell 单元元素是厚度均匀的三角形，位于三个节点之间。可以将任意弯曲的 shell 结构建模为由一系列 shell 单元元素组成的多面曲面。每个 shell 单元均认为是各向同性或各向异性没有破坏极限的线性弹性材料。但是，可以使用与梁相同的双节点方法，沿着 shell 单元之间的边缘引入一条塑性绞线（可能在该交叉线上形成旋转不连续）。每个 shell 单元元素都提供了与网格交互的不同方法，shell 的结构响应由分配给该单元的有限元控制，并且它们都是薄壳有限元，所以 shell 单元元素适合于建模薄壳结构，在该结构中可以忽略由横向剪切变形引起的位移。

如图 6-1-2 所示，每个 shell 单元元素都有自己的局部坐标系，此坐标系用于指定施加的载荷。单独的材料坐标系用于指定正交各向异性材料特性，而表面坐标系（用于描述相邻 shell 单元中间面的连续性）用于恢复应力。shell 单元坐标系由三个节点（图 6-1-2 中标记为 1、2 和 3）的位置定义。shell 单元坐标系的定义如下：

（1）shell 单元位于 xy 平面。

（2）x 轴从节点 1 指向节点 2。

（3）z 轴垂直于单元平面，指向 shell 单元表面的"外侧"为正（每个 shell 单元的两侧指定为外侧和内侧。）

材料的本构行为可以是各向同性、正交各向异性或各向异性的，因此必须指定特性。假设材料特性在 shell 单元上是均匀的（即它们不随位置变化），并且 shell 单元厚度是恒定的，下面是对材料特性的描述。

shell 单元通常在有限元中通过五个三节点三角形描述，一般将 shell 单元建模线作为膜和弯曲作用的叠加。通过材料—刚度矩阵模拟膜和弯曲作用有限元的材料特性。

$$[D_\mathrm{m}] = \int_{-t/2}^{+t/2} [E_\mathrm{m}] \mathrm{d}z = t[E_\mathrm{m}]$$

$$[D_\mathrm{b}] = \int_{-t/2}^{+t/2} [E_\mathrm{b}] z^2 \mathrm{d}z = \frac{t^3}{12} [E_\mathrm{b}] \tag{6-1}$$

式中，t 是 shell 单元的厚度，$[E_\mathrm{m}]$ 和 $[E_b]$ 是材料刚度矩阵，通过本构关系将应力与应变关联见式（6-2）、式（6-3）。

$$\{\sigma_\mathrm{m}\} = \begin{Bmatrix} \sigma_\mathrm{x} \\ \sigma_\mathrm{y} \\ \tau_\mathrm{xy} \end{Bmatrix} = [E_\mathrm{m}]\{\varepsilon\} = \begin{bmatrix} c_{11}^\mathrm{m} & c_{12}^\mathrm{m} & c_{13}^\mathrm{m} \\ & c_{22}^\mathrm{m} & c_{23}^\mathrm{m} \\ sym & & c_{33}^\mathrm{m} \end{bmatrix} \begin{Bmatrix} \varepsilon_\mathrm{x} \\ \varepsilon_\mathrm{y} \\ \gamma_\mathrm{xy} \end{Bmatrix} \tag{6-2}$$

$$\{\sigma_\mathrm{b}\} = \begin{Bmatrix} \sigma_\mathrm{x} \\ \sigma_\mathrm{y} \\ \tau_\mathrm{xy} \end{Bmatrix}_\mathrm{b} = [E]\{\varepsilon\} = \begin{bmatrix} c_{11}^\mathrm{b} & c_{12}^\mathrm{b} & c_{13}^\mathrm{b} \\ & c_{22}^\mathrm{b} & c_{23}^\mathrm{b} \\ sym & & c_{33}^\mathrm{b} \end{bmatrix} \begin{Bmatrix} \varepsilon_\mathrm{x} \\ \varepsilon_\mathrm{y} \\ \gamma_\mathrm{xy} \end{Bmatrix} \tag{6-3}$$

材料刚度矩阵用于形成有限元刚度矩阵，并用于恢复应力结果，式（6-2）的应力由式（6-4）计算。

$$\{\sigma_\mathrm{m}\} = \frac{1}{t} \begin{Bmatrix} N_\mathrm{x} \\ N_\mathrm{y} \\ N_\mathrm{xy} \end{Bmatrix}$$

$$\{\sigma_\mathrm{b}\} = \frac{12}{t^3} \begin{Bmatrix} M_\mathrm{x} \\ M_\mathrm{y} \\ M_\mathrm{xy} \end{Bmatrix} z \tag{6-4}$$

对于各向同性材料特性，只能指定 E、ν 和 t。对于正交各向异性和各向异性材料特性，必须指定材料方向和 t。在大多数情况下，$[E=E_m=E_b]$；然而，当建模等效或转换的正交各向异性 shell 单元（其弹性特性等于原始 shell 单元的平均特性）独立控制膜和弯曲刚度时，有必要设置 $[E_m \neq E_b]$。

为了使离散介质的土颗粒与砾石颗粒与连续的 shell 单元相互作用，采用基于边界控制颗粒的方法，PFC 中的 wall 单元必须与 shell 单元协调一致，因此指定与 shell 单元坐标点一致的 wall 单元，将内部颗粒的接触力按照等效力的方法传递到 wall 单元的节点上，wall 单元的节点附着于 shell 单元的节点上，两者同步运动，同时将 shell 单元的柔性材料参数传递给内部颗粒，达到柔性伺服的效果。

根据以上原理，shell 单元受到颗粒体系传递来的外力并变形，经过试算，此处所有计算 shell 单元厚度取 0.15m，模量取 5.0MPa，泊松比取 0.0。

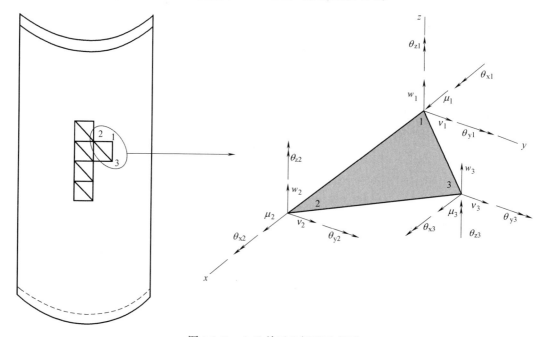

图 6-1-2　shell 单元坐标系示意图

6.2　砂卵石混合体数值模型实现方法

6.2.1　砾石骨架颗粒构造方法

三维激光扫描技术是一种先进的全自动高精度立体扫描技术。先由扫描仪发射激光到物体表面，利用在基线另一端的 CCD 相机接收物体反射信号，记录入射光与反射光的夹角，已知激光光源与 CCD 之间的基线长度，由三角形几何关系求出扫描仪与物体之间的距离，三维激光扫描仪及典型砾石颗粒示意图如图 6-2-1 所示。图形扫描精度对土石混合体颗粒分析有重要影响。为精确地获得土石混合体颗粒真实三维几何数据，此处采用三维激光扫描仪 Handy Scan 700™ 进行扫描。该扫描仪发出 7 束交叉激光线，测量速度为

480000 次/s，精度为 0.030mm。将采集的坐标数据传输到计算机，同时记录土石颗粒表面点坐标，直接形成颗粒三维图形。由于土石混合体内部的砾石颗粒分布极其复杂并且随机性很高，在数值模型中一般建立符合统计规律的随机结构模型，此处，首先，利用三维激光扫描仪对砾石颗粒进行扫描建模，建立模型库；其次，以模型库为基准，对其中的砾石颗粒进行随机化处理，得到更多的砾石颗粒三维模型。

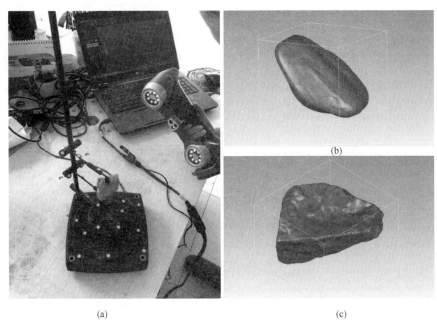

(a)   (c)

图 6-2-1　三维激光扫描仪及典型砾石颗粒示意图
(a) 三维激光扫描仪；(b) 卵形颗粒；(c) 立方颗粒

6.2.2　数值模型生成步骤

为了加快计算效率，考虑试验模型为直径 320mm、高度 650mm 的圆柱体，土颗粒直径为 5～10mm，砾石颗粒的直径为 20～60mm，模型的孔隙率为 0.3。

基于生成的柔性壳建立砾石土离散元模型，包含以下三个步骤：

(1) 将壳单元生成三维试样尺寸，适当放大，数值试样直径为 1000mm，高度为 2000mm，将生成的标准壳模型内部清空，为砾石和土颗粒的投放做好准备。

(2) 将经过随机化处理的扫描砾石颗粒按照试验的含石量投入模型内部，控制孔隙率，为土颗粒的投入预留空间。

(3) 投入土颗粒，使土颗粒充分填充剩余空间。为使模型达到紧密状态，使用墙伺服模型达到稳定状态后，得到完整的砾石土离散元模型。砾石土离散元模型构建示意图如图 6-2-2 所示。

6.2.3　颗粒体系参数标定

将砾石土混合体室内三轴试验结果与数值模拟结果对比，由图 6-2-3 可以看出，数值模拟得到的曲线和室内试验结果吻合程度良好，可以将标定得到的细观参数用于后续的试

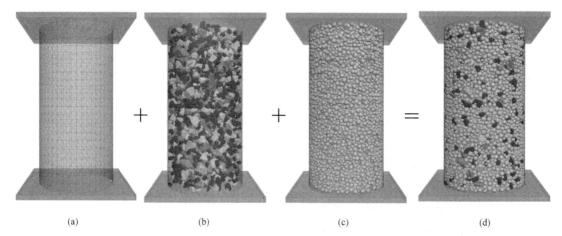

图 6-2-2　砾石土离散元模型构建示意图

（a）空模型；（b）砾石颗粒；（c）土颗粒；（d）完整模型

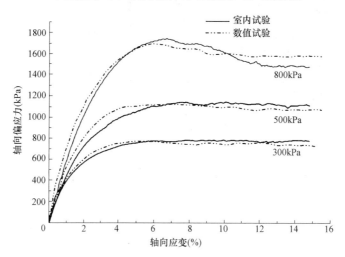

图 6-2-3　砾石土混合体室内三轴试验结果与数值模拟结果对比

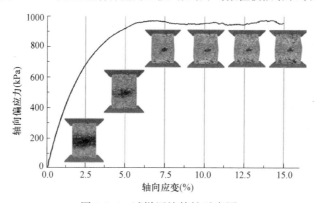

图 6-2-4　试样压缩特性示意图

验研究。

在数值试样的三轴压缩过程中，将破坏形态按照应变分为 6 个过程（试样压缩特性示意图如图 6-2-4 所示）：（1）在压缩刚开始的阶段，试样中部的颗粒没有产生位移，两端

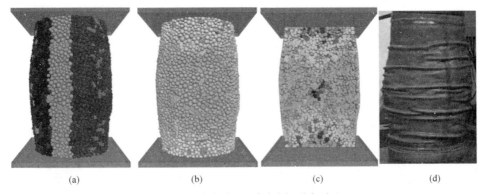

图 6-2-5　应变为 15％时破坏形态对比

产生对称的位移，说明在开始的阶段，试样还处于压密阶段，应力随着应变呈现线性增加；（2）随着试样进一步被压缩，两侧出现鼓胀趋势，试样上下两端的被压缩区域进一步增大，应力和应变仍保持线性关系；（3）应力达到峰值，且不再增加，试样两端部的砾石颗粒出现明显的位移，说明到峰值后，砾石颗粒作为压力的主要承担，两侧鼓胀现象趋于明显；（4）试样的应变持续增加，应力呈现波动状态但不再增加，试样两端进一步被压密，两侧鼓胀现象明显，试样内部开始出现 X 形剪切带；（5）试样被进一步压缩，两端的压密现象进一步加剧，土颗粒被砾石颗粒挤压出现了一定的位移，内部形成的 X 形剪切带趋于明显；（6）试样的鼓胀现象明显，X 形剪切带明显，试样被破坏。

　　在应变达到 15％时，破坏形态对比如图 6-2-5 所示。基于软伺服的离散元模型与室内三轴试验的试样在破坏形态上吻合，鼓胀现象明显，试样内部的 X 形剪切带明显，说明离散元模型的细观参数合理，可以开展后续试验。

6.2.4　软硬伺服对试验曲线影响

　　硬伺服是指边界 wall 上的节点同步变形，而软（柔性）伺服则是 wall 上节点随加载不断调整，调整则由 shell 单元受力控制。由于软伺服与硬伺服的作用机理不同，对于压缩试验得到的应力—应变曲线所反映的宏观力学参数有影响，因此，要分别对不同围压下的软伺服与硬伺服条件下的三轴压缩试验进行对比。

　　在数值试验中将相同含石率的离散元模型分别放入柔性和刚性伺服的空模型中，在相同细观参数条件下，只改变伺服压力，分别在 300kPa、500kPa、800kPa 的围压下开展三轴压缩试验，试验结果图如图 6-2-6 所示。由试验结果可以看出：软伺服条件下的试样应力—应变曲线与室内试验曲线更吻合，硬伺服条件下试样在应力达到峰值之前与软伺服的结果相差不大，但是，在试样的应力达到峰值后，硬伺服表现出来的应力持续性下降与室内试验的结果相差较大，柔性伺服对于室内试验的模拟更符合要求。

6.2.5　基于软伺服控制下数值模拟结果分析

　　采用标定的砾石土混合体的细观参数，利用 shell 软伺服加载原理，分别建立不同含石量的数值模型，分别开展围压为 300kPa、500kPa、800kPa 情况下的三轴压缩试验，并对数值模拟结果进行相关分析，对此内容不再表述。

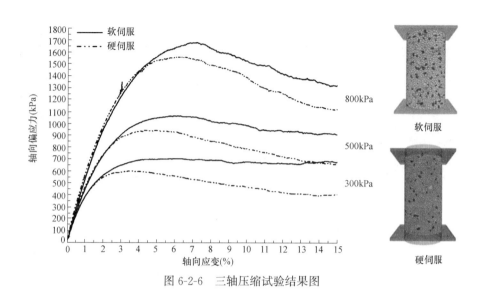
图 6-2-6 三轴压缩试验结果图

6.3 砾石土颗粒间接触力细观组构分析

一般进行的室内试验只能得到应力—应变的宏观参数，对于试样内的颗粒间的法向和切向力等细观参数的分布规律很难得到，细观力学参数的分布对于试样破坏规律的反映很重要。为了了解砾石土混合体在被压缩破坏的过程中内部砾石颗粒与土颗粒之间接触力的分布规律，在含石量为60%，围压为500kPa的试验条件下，对不同轴向应变下的试样内部颗粒间的接触力进行统计，遍历试样内部的所有的颗粒间接触，并记录所有的接触力，在获得颗粒间的三维组构信息后，将接触力在环向方向上叠加，将如图6-3-1所示的三维

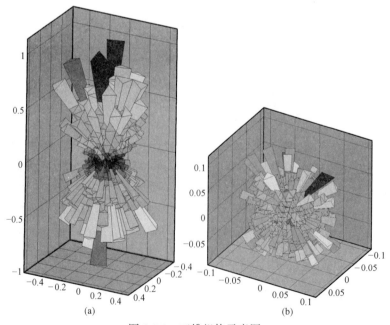

图 6-3-1 三维组构示意图
（a）法向接触力分布；（b）切向接触力分布

172

组构在环向叠加后得到平面上的接触力分布，绘制的颗粒间法向力统计分布图如图 6-3-2
所示。在初始阶段（应变＝0），试样处于初始固结状态，试样受力处于各向同性状态，接
触力分布形态近似呈圆形；此后，随着轴向应变的不断增加，试样内部颗粒间法向力分布
形态发生了明显变化，由圆形逐渐变为向两端扩散，而中间收紧的形状，并且随着应变的
增加，接触力的分布形态逐渐增大。在应力达到峰值之后，接触力的统计值基本不再增
大，这与应力—应变曲线反映的结果一致。绘制的颗粒间切向力统计分布图如图 6-3-3 所
示，在初始阶段时，试样处于初始固结状态，此时试样内部几乎不存在受剪情况，颗粒间
切向接触力几乎为零。随着轴向应变的不断增加，试样处于受剪状态，颗粒间切向接触力
呈现花瓣状分布，在试样的应力达到峰值后，切向接触力的统计也不再增大。

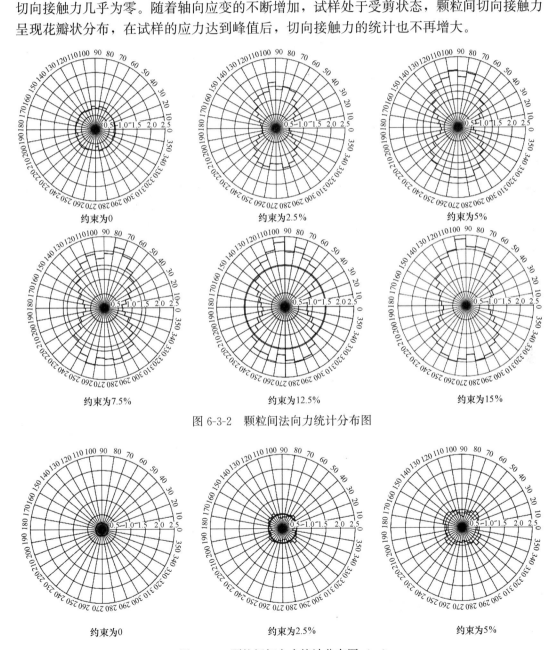

约束为0　　　　　　　　约束为2.5%　　　　　　　　约束为5%

约束为7.5%　　　　　　　约束为12.5%　　　　　　　约束为15%

图 6-3-2　颗粒间法向力统计分布图

约束为0　　　　　　　　约束为2.5%　　　　　　　　约束为5%

图 6-3-3　颗粒间切向力统计分布图（一）

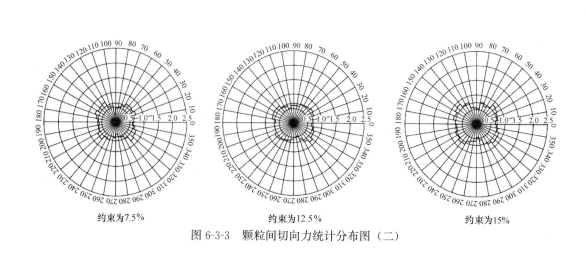

约束为7.5%　　　　　　　约束为12.5%　　　　　　　约束为15%

图 6-3-3　颗粒间切向力统计分布图（二）

6.4　不同含石率对压缩特性的影响

针对 30%、45%、60% 含石率数值模型开展了不同含石率试样应力—应变曲线如图 6-4-1 所示。分析可知：（1）对于含石率相同的试样，其峰值应力随着围压的增加而逐渐增大，且峰值应力对应的轴向应变也相应增大；（2）对于含石率不同的试样，在相同围压下，试样峰值应力随着含石率的增加逐渐增大，且峰值应力对应的轴线应变也逐渐增大。试验结果表明：随着围压和含石率的增加，砾石土混合体的强度和抵抗变形的能力均得到相应的提高。

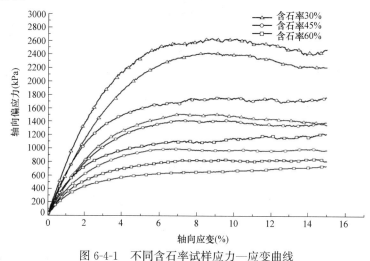

图 6-4-1　不同含石率试样应力—应变曲线

对相同围压下的不同含石率的试样进行三轴压缩试验，由摩尔库仑强度公式计算，见式（6-5）。

$$\tau = \sigma \tan\phi + c \tag{6-5}$$

经过几何关系转换可得式（6-6）。

$$\sin\phi = \frac{(\sigma_1 - \sigma_3)/2}{c \cdot \cot\phi + \dfrac{\sigma_1 + \sigma_3}{2}} \tag{6-6}$$

174

整理可得式（6-7）。

$$\sigma_1 = A + B\sigma_3$$

$$A = \frac{2c \cdot \cos\phi}{1 - \sin\phi}, B = \frac{1 + \sin\phi}{1 - \sin\phi}$$

(6-7)

式中，σ_1、σ_3 分别为最大、最小主应力；A、B 为回归方程系数。对多组试验数据进行线性回归可以求得 A、B 的值，通过已知 A、B 的值，可根据式（6-8）和式（6-9）求出黏聚力 c 和摩擦角 ϕ。

$$\phi = \arcsin\frac{B-1}{B+1}$$

(6-8)

$$c = \frac{A(1 - \sin\phi)}{2\cos\phi}$$

(6-9)

将多组数值试验结果汇总后，摩擦角、黏聚力与含石率的关系如图 6-4-2 所示。相同含石率的试样由于内部的砾石颗粒的随机性，在摩擦角和黏聚力的结果上表现出一定的离散性，但从整体看，砾石土混合体试样的内摩擦角随着含石率的增加呈线性增加的趋势，黏聚力随着含石率的增加也呈现出增加的趋势，但是数据的离散性较为明显，认为随着含石率的增加，砾石颗粒之间的接触增加，试样的黏聚力进一步增加。

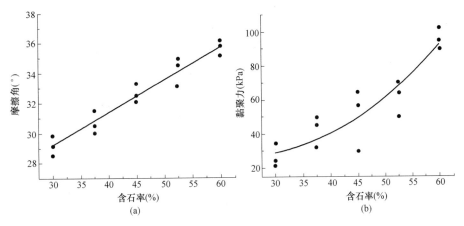

图 6-4-2　摩擦角、黏聚力与含石率的关系
(a) 摩擦角与含石率的关系；(b) 黏聚力与摩擦角的关系

6.5　研 究 结 论

通过运用三维激光扫描和随机化方法建立不同含石量的离散元砾石土混合模型，在柔性伺服机制下，对不同围压和不同含石量的试样开展了压缩试验，对砾石土混合体的力学特性与变形破坏规律进行分析，得出如下结论：

（1）通过硬伺服条件下与柔性伺服条件下的试验结果对比，柔性伺服得到的结果与室内试验结果更加吻合。硬伺服在应力达到峰值之后，随着应变的增加，应力不能保持平稳，柔性伺服机制与室内试验结果吻合良好。

（2）砾石土混合体的强度和抵抗变形的能力随含石量和围压的增大而增强。砾石土混合体的内摩擦角和黏聚力虽表现出了一定的离散性，且黏聚力的离散性要大于内摩擦角的离散性。总体看，砾石土混合体的内摩擦角随着含石量增加而呈线性增加，黏聚力也随着含石量增加呈非线性增加。

（3）在柔性伺服机制下，砾石土混合体试样最终为鼓胀破坏，破坏后形成非对称的 X 形剪切带，砾石土混合体试样的破坏形态及其内部剪切带大小和分布形态受砾石含量影响，而且也与围压大小相关。

以上研究表明，对于土石混合体类介质，不同试样的伺服方法如硬伺服法、柔性伺服法得到的应力—应变曲线相差较大，硬伺服法在模拟脆性破坏时较为理想，但在模拟非线性硬化变形时不够理想。柔性伺服法模拟变形较为合理，但模拟脆性材料有所欠缺。

6.6 命令流实例

```
model new
program load module 'contact'
program load module 'PFC'
program load guimodule 'PFC'
program load module 'wallsel'
program load module 'wallzone'
model title
model random 10001
model domain extent −3 3 condition destroy
model largestrain on
model mechanical timestep scale
[rad = 1.0]
[height = 4.0]
[segments = 20]
[halfLen = height/2.0]
[freeRegion = (height/(segments * 2)) * ((segments * 2/2)−1)]
geometry  edge create by-arc origin (0,0,[-halfLen])
    start ([rad * (−1)],0,[-halfLen]) end (0,[rad * (−1)],[-halfLen])
    segments [segments]
geometry edge create by-arc origin (0,0,[-halfLen])
    start (0,[rad * (−1)],[-halfLen]) end ([rad],0,[-halfLen])
    segments [segments]
geometry edge create by-arc origin (0,0,[-halfLen])
    start ([rad],0,[-halfLen]) end (0,[rad],[-halfLen])
    segments [segments]
```

```
geometry edge create by-arc origin (0,0,[-halfLen])
   start (0,[rad],[-halfLen]) end ([rad * (-1)],0,[-halfLen])
   segments [segments]
geometry generate from-edges extrude (0,0,[height]) segments [segments * 3]
structure shell import from-geometry 'Default' element-type dkt-cst
structure node group 'middle' range position-z [-freeRegion] [freeRegion]
structure node group 'middle2' slot 2 range position-z -0.26 0.26
structure node group 'top' range position-z [freeRegion] [freeRegion+1]
structure node group 'bot' range position-z [-freeRegion-1] [-freeRegion]
structure shell group 'middle' range position-z [-freeRegion] [freeRegion]
structure shell group 'middle2' slot 2 range position-z -0.26 0.26
structure shell property isotropic (1e6, 0.0) thick 0.25 density 930.0
model cycle 0
fish define setLocalSystem
     loop foreach local s struct.node.list()
          local p = struct.node.pos(s)
          local nid = struct.node.id.component(s)
          local mvec = vector(0,0,comp.z(p))
          zdir = math.unit(p-mvec)
          ydir = vector(0,0,1)
          command
               structure node system-local z [zdir] y [ydir] range component-id [nid]
          endcommand
     endloop
end
@setLocalSystem
structure damp local
structure node fix velocity rotation
wall-structure create
[rad2 = rad * 1.3]
wall generate name 'platenTop' polygon ([-rad2],[-rad2],[halfLen])
                                        ([rad2],[-rad2],[halfLen])
                                        ([rad2],[rad2],[halfLen])
                                        ([-rad2],[rad2],[halfLen])
wall generate name 'platenBottom' polygon ([-rad2],[-rad2],[-halfLen])
                                          ([rad2],[-rad2],[-halfLen])
                                          ([rad2],[rad2],[-halfLen])
                                          ([-rad2],[rad2],[-halfLen])
wall resolution full
wall attribute cutoff-angle 20
geometry set 'tongbi'
geometry generate cylinder axis (0,0,1)
                    base (0.0,0.0,[-0.5 * height])
```

```
                        height [height]
                        cap true true
                        radius [rad]
                        resolution 0.1
geometry import 'moban1.dxf'
clump template create
                        name 'moban1'
                        geometry 'moban1'
                        bubblepack
                            distance 150.0
                            ratio 0.3
                            radfactor 1.05
                        surfcalculate
geometry import 'moban2.dxf'
clump template create
                        name 'moban2'
                        geometry 'moban2'
                        bubblepack
                            distance 150.0
                            ratio 0.3
                            radfactor 1.05
                        surfcalculate
geometry import 'moban3.dxf'
clump template create
                        name 'moban3'
                        geometry 'moban3'
                        bubblepack
                            distance 150.0
                            ratio 0.3
                            radfactor 1.05
                        surfcalculate
geometry import 'moban4.dxf'
clump template create
                        name 'moban4'
                        geometry 'moban4'
                        bubblepack
                            distance 150.0
                            ratio 0.3
                            radfactor 1.05
                        surfcalculate
geometry import 'moban5.dxf'
clump template create
                        name 'moban5'
```

```
                    geometry 'moban5'
                    bubblepack
                        distance 150.0
                        ratio 0.3
                        radfactor 1.05
                    surfcalculate
fish define inCylinder(pos,c)
  inCylinder = 0
  local _pnum1 = 0
  local _pnum2 = 0
  if type.pointer.id(c) = clump.typeid
  loop foreach local pb clump.pebblelist(c)
       local p_x = clump.pebble.pos(pb,1)
       local p_y = clump.pebble.pos(pb,2)
       local p_z = clump.pebble.pos(pb,3)
       local p_r = clump.pebble.radius(pb)
       _pnum1 = _pnum1 + 1
       local _dist = math.sqrt(p_x * p_x + p_y * p_y) + p_r
       if (_dist <= rad)then
          if ((p_z - p_r) >= -halfLen) then
            if ((p_z + p_r) <= halfLen) then
              _pnum2 = _pnum2 + 1
            end_if
          end_if
        end_if
  end_loop
    if _pnum1 = _pnum2
      inCylinder = 1
    end_if
  end_if
End
[pebbleemod = 1.0e6]
clump distribute
                  diameter
                  porosity 0.35
                  numbin  5
                  bin 1
                      template 'moban1'
                      azimuth 0.0 360.0
                      tilt 0.0 360.0
                      elevation 0.0 360.0
                      size 0.2 0.3
                      density 2500 group 's1' volumefraction 0.2
```

bin 2

    Template'moban2'

    azimuth 0. 0 360. 0

    tilt 0. 0 360. 0

    elevation 0. 0 360. 0

    size 0. 2 0. 3

    density 2500 group's2'volumefraction 0. 2

bin 3

    Template 'moban3'

    azimuth 0. 0 360. 0

    tilt 0. 0 360. 0

    elevation 0. 0 360. 0

    size 0. 2 0. 3

    density 2500 group's3'volumefraction 0. 2

bin 4

    Template   'moban4'

    azimuth 0. 0 360. 0

    tilt 0. 0 360. 0

    elevation 0. 0 360. 0

    size 0. 2 0. 3

    density 2500 group's4'volumefraction 0. 2

bin 5

    template'moban5'

    azimuth 0. 0 360. 0

    tilt 0. 0 360. 0

    elevation 0. 0 360. 0

    size 0. 2 0. 3

    density 2500 group's5'volumefraction 0. 2

    range fish @inCylinder

    range cylinder end-1 (0,0,-2. 0) end-2 (0,0,2. 0) radius [rad]

clump attribute density 2500 damp 0. 7

model cmat default model linear method deformability emod [pebbleemod] kratio 1. 0

model cycle 2000 calm 100

clump del pebbles range geometry-space'tongbi'count odd not

clump del pebbles range pos-z -2. 0 2. 0 not

model cmat default model linear method deformability emod [pebbleemod] kratio 1. 0 property lin_mode 1

lin_force 0 0 0 fric 0. 75

model cmat apply

model solve ratio-average 1e-5

clump del pebbles range geometry-space'tongbi'count odd not

clump del pebbles range pos-z -2. 0 2. 0 not

model cycle 2000 calm 100

model solve ratio-average 1e-6

180

```
model calm
clump attri disp mul 0. 0
model save ' initial_model'
model restore ' initial_model'
structure node free velocity rotation range group ' middle'
function for calculating stress and strain as the platens are displaced
these values will be recorded as a history
first find the top and bottom platens
[platenTop = wall. find(' platenTop')]
[platenBottom = wall. find(' platenBottom')]
define some variables for the calculation
[failureStress = 0]
[currentStress = 0]
[failureStrain = 0]
[area = math. pi() * rad^2. 0]
define the stress FISH function to measure the stress and strain
fish define stress
     local topForce = math. abs(comp. z(wall. force. contact(platenTop))) ;Get/set the z vector compo-
nent
     local botForce = math. abs(comp. z(wall. force. contact(platenBottom)))
     currentStress = 0. 5 * (topForce+botForce)/area
     stress = currentStress
     strain = (height - (comp. z(wall. pos(platenTop)) - comp. z(wall. pos(platenBottom))))/height *
100
     if failureStress <= currentStress
         failureStress = currentStress
         failureStrain = strain
     endif
end
fish define rampUp(beginIn,ending,increment)
     command
         clump attribute displacement (0,0,0)
         structure node initialize displacement (0,0,0)
     endcommand
     begin = beginIn
     loop while (math. abs(begin) < math. abs(ending))
         begin = begin + increment
         command
             apply the confining stress
             structure shell apply [begin] range group ' middle'
             apply the same confining stress on the platens
             wall servo force (0,0,[begin * area]) activate true range name ' platenTop'
             wall servo force (0,0,[-begin * area]) activate true range name ' platenBottom'
```

```
            model cycle 200
            model calm
        endcommand
    endloop
    command
        ;once the stress state has been installed cycle and turn off the servo
        ;mechanism on the walls
        model cycle 1000
        wall servo activate false
        wall attribute velocity (0,0,0) range name 'platenTop'
        wall attribute velocity (0,0,0) range name 'platenBottom'
    endcommand
end
wall attribute position 0 0 2.2 range name 'platenTop'
wall attribute position 0 0 -2.2 range name 'platenBottom'
pause key
def panduan
    zzmin=100000.
    zzmax=-100000.
  loop foreach local cbp clump.pebble.list
        zz1=clump.pebble.pos.z(cbp)+clump.pebble.radius(cbp)
        zz2=clump.pebble.pos.z(cbp)-clump.pebble.radius(cbp)
        if zz1 > zzmax then
            zzmax=zz1
        endif
        if zz2 < zzmin then
            zzmin=zz2
        endif
    endloop
end
@panduan
pause key
wall attribute position 0 0 [0.99 * zzmax] range name 'platenTop'
wall attribute position 0 0 [0.99 * zzmin] range name 'platenBottom'
pause key
fish history @stress
fish history @strain
@rampUp(-1e4,-1e5,-1e4)
model calm
clump attri disp mul 0.0
model save 'Servo-conf_pressure'
model restore 'Servo-conf_pressure'
fish define rrtrain
```

```
        count = 0
        sum_rad = 0
        loop foreach local sl_ struct. node. list
            if struct. node. group(sl_,2) =  'middle2'
                sum_rad = sum_rad + math. mag(vector(struct. node. pos. x(sl_),struct. node. pos. y(sl_)))
                count = count + 1
            endif
        endloop
        new_rad = sum_rad / count
        dt_r = new_rad - rad
        rrtrain = 2. 0 * dt_r / (rad + new_rad)
        v_train = strain + 2. 0 * rrtrain
end
fish define v_train
        v_train = strain + 2. 0 * rrtrain
end
set the platen velocity
[platenVel = 0. 00001]
define the halt FISH function to stop cycling
as the platens displace and the material fails
fish define halt
        halt = 0
        if strain >= 15
            halt = 1
        endif
end
history purge
fish history @rrtrain
fish history @v_train
wall attribute velocity-z [-platenVel] range name' platenTop'
wall attribute velocity-z [platenVel] range name' platenBottom'
clump attribute displacement (0,0,0)
structure node initialize displacement (0,0,0)
model solve fish-halt halt
model save' triaxial'
[io. out(string(failureStress) + ' Pa')]
[io. out(' at' + string(failureStrain) + '% strain')]
```

第 7 章　基于空心圆筒试验研究岩石的卸荷力学特性研究

在岩土工程中有诸多工况涉及岩石卸荷，比如，岩爆就是一个涉及岩石卸荷的工程现象。而岩石在加载过程中的力学特性和卸载过程中的力学特性是不同的。不同的力学特性也将导致不同的破坏形式和破坏强度，所以揭示岩石在卸荷时的力学特性是很有意义的。

不同的卸荷应力路径会对岩石卸荷的力学响应产生影响。如开挖卸荷时，影响围岩稳定性的因素包括初始应力和开挖过程。而不同的开挖过程对应不同的卸荷路径，一些学者在这方面做了一些研究。

但是，很多关于岩石卸荷的研究均忽略了中间主应力的影响，而在实际工程中，岩体基本处于真三轴应力状态，所以，为了更好地揭示岩石的卸荷力学特性，本章将研究考虑中间主应力影响的不同卸荷路径对岩石卸荷力学特性的影响。

本章为了更好和更便捷地实现真三轴应力状态和实现复杂应力路径，采用空心圆筒扭转装置（HCA）研究岩石应力路径问题。由于 HCA 构造的特殊性，其在实现真三轴应力状态和复杂应力路径时具有诸多便利及优势。目前，由于室内试验机的限制，较难将 HCA 运用到岩石力学特性研究中，而此处采取数值方法可摆脱室内试验机能力的限制，得出考虑中间主应力的不同应力卸荷路径时岩石的力学特性及卸荷过程中能量的变化规律。

7.1　HCA 理论原理

HCA 在柱状坐标系下的试样应力、应变如图 7-1-1 和表 7-1-1 所示。通过控制轴向压力 F、扭矩 T、内围压 p_i、外围压 p_o，实现不同的应力路径，可在此基础上研究不同应力路径下岩石的力学性质。为实现真三轴试验，由图 7-1-1 可知，可仅通过施加轴向压力

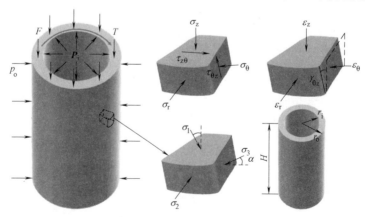

图 7-1-1　HCA 在柱状坐标系下的试样应力、应变

和不同的内外围压即可实现 $\sigma_1 > \sigma_2 > \sigma_3$ 的应力状态。若为研究更复杂的应力路径下试样的力学性质，可根据表 7-1-1 中的相关公式进行荷载施加的控制。

HCA 在柱状坐标系下的试样应力、应变　　　　　　　　　表 7-1-1

项目	应力	应变
垂直向	$\sigma_z = \dfrac{F}{\pi(r_o^2 - r_i^2)}$	$\varepsilon_z = \dfrac{z}{H}$
径向	$\sigma_r = \dfrac{p_o r_o + p_i r_i}{r_o + r_i}$	$\varepsilon_r = \dfrac{-u_o + u_i}{r_o - r_i}$
环向	$\sigma_\theta = \dfrac{p_o r_o - p_i r_i}{r_o - r_i}$	$\varepsilon_\theta = \dfrac{-u_o - u_i}{r_o + r_i}$
剪切方向	$\tau_{z\theta}(\tau_{\theta z}) = \dfrac{3T}{2\pi(r_o^3 - r_i^3)}$	$\gamma_{z\theta}(\gamma_{\theta z}) = \dfrac{\theta(r_o^3 - r_i^3)}{3H(r_o^2 - r_i^2)}$
最大主应力	$\sigma_1 = \dfrac{\sigma_z + \sigma_\theta}{2} + \sqrt{\left(\dfrac{\sigma_z - \sigma_\theta}{2}\right)^2 + \tau_{z\theta}^2}$	$\varepsilon_1 = \dfrac{\varepsilon_z + \varepsilon_\theta}{2} + \sqrt{\left(\dfrac{\varepsilon_z - \varepsilon_\theta}{2}\right)^2 + \gamma_{z\theta}^2}$
中间主应力	$\sigma_2 = \sigma_r$	$\varepsilon_2 = \varepsilon_r$
最小主应力	$\sigma_3 = \dfrac{\sigma_z + \sigma_\theta}{2} - \sqrt{\left(\dfrac{\sigma_z - \sigma_\theta}{2}\right)^2 + \tau_{z\theta}^2}$	$\varepsilon_3 = \dfrac{\varepsilon_z + \varepsilon_\theta}{2} - \sqrt{\left(\dfrac{\varepsilon_z - \varepsilon_\theta}{2}\right)^2 + \gamma_{z\theta}^2}$

注：在表 7-1-1 中 u_o、u_{iH} 分别为 HCA 外壁、内壁的径向位移和高；r_o、r_i 分别是 HCA 外径和内径。

应力主轴的旋转角度的控制一直是诸多室内试验无法实现的，而采用 HCA 即可较为简单地控制应力主轴的旋转角度 α。

当 $\sigma_z > \sigma_\theta$ 时，由表 7-1-1 知，即 $F > \pi(p_o - p_i) r_o r_i$，计算 α 可见式（7-1）。

$$\alpha = \frac{1}{2}\arctan\frac{2\tau_{z\theta}}{\sigma_z - \sigma_\theta} = \frac{1}{2}\arctan\left\{\frac{3T}{\pi(r_0^3 - r_i^3)}\frac{(r_0^2 - r_i^2)}{\left[\dfrac{F}{\pi} + (p_o - p_i)r_o r_i\right]}\right\} \tag{7-1}$$

此时，主应力轴旋转角度范围见式（7-2）。

$$0 + (-1)^n \frac{n\pi}{2} < \alpha < \frac{\pi}{4} + (-1)^n \frac{n\pi}{2} \tag{7-2}$$

如图 7-1-1 所示，旋转角顺时针为正，逆时针为负。

当 $\sigma_z < \sigma_\theta$ 时，由表 7-1-1 知，即 $F < \pi(p_o - p_i) r_o r_i$，计算 α 可见式（7-3）。

$$\alpha = \frac{1}{2}\arctan\frac{2\tau_{z\theta}}{\sigma_z - \sigma_\theta} + (-1)^n \frac{\pi}{2} \tag{7-3}$$

$$= \frac{1}{2}\arctan\left\{\frac{3T}{\pi(r_o^3 - r_i^3)}\frac{(r_o^2 - r_i^2)}{\left[\dfrac{F}{\pi} + (p_0 - p_i)r_o r_i\right]}\right\} + (-1)^n \frac{\pi}{2}$$

此时，主应力轴旋转角度范围见式（7-4）。

$$-\frac{\pi}{4} + (-1)^n \frac{n\pi}{2} < \alpha < 0 + (-1)^n \frac{n\pi}{2} \tag{7-4}$$

在式（7-2）中，当 $\tau_{z\theta} \leqslant 0$ 时，$n = 1$；当 $\tau_{z\theta} > 0$ 时，$n = 2$。

当 $\sigma_z = \sigma_\theta$ 且 $\tau_{z\theta} \neq 0$ 时，$\alpha = \dfrac{\pi}{4}$。

因此，基于空心圆柱试样，可实现主轴旋转和复杂应力路径，进而可研究不同主轴旋转角度和应力路径下试样的不同力学响应。

7.2 空心圆柱试样离散元模型

由于上述原理是建立在材料各向同性线弹性基础上的，而很多材料并非理想线弹性材料，但如果选取合适的试样尺寸，其线弹性分析结果与弹塑性分析结果接近。此外，由于内外压差（$p_o - p_i$）的存在，会造成试样应力不均匀性现象的出现，但若为了使 σ_r 和 σ_θ 存在差异，又需保证存在内外压差（$p_o - p_i$）。因此，为了既能减小应力不均匀性的影响，又能使 σ_r 和 σ_θ 存在差异，需要选取一个合理的几何尺寸。而关于试样尺寸，诸多学者进行了探讨和研究，基于这些研究成果，选取高度 100mm、内直径 26mm、外直径 50mm 的空心圆柱试样，利用离散元方法构建空心圆柱试样，这已被证明是可合理地探究颗粒材料的宏—细观力学特性的一种方法。

选取三维离散元模型尺寸后，当颗粒总数大于 15000 个时，即可达到较好的模拟效果，实际共有 92931 个颗粒，颗粒的数量已足够反映相应的细观效果。颗粒采用球形颗粒，半径为 0.4～0.8mm，平均半径为 0.6mm。颗粒间接触模型采用线性平行粘结模型。

空心圆柱离散元模型如图 7-2-1 所示，轴向荷载 F 是通过顶部和底部刚性墙施加，在顶部和底部墙的施加方向相反。选取空心圆柱试样的顶部为 10mm 厚、底部为 10mm 厚的颗粒，对其分组，并对分组施加大小相等、方向相反的扭矩 T，而此时颗粒与墙之间的接触仅有法向分量（包括顶部、底部、侧面墙体与颗粒的接触），其切向接触分量为 0，这样试样可在扭矩的作用下发生相应的扭转，而内外壁不会约束试样的扭转。试样内外围压通过试样内外壁的刚性墙施加，采用伺服机制控制内外围压。

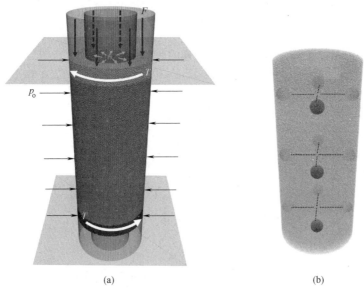

(a)   (b)

图 7-2-1　空心圆柱离散元模型

（a）空心圆柱试样离散元模型；（b）测量圆布置图

7.3　空心圆柱试样离散元模型正确性验证

7.3.1　空心圆柱试样离散元试样的细观参数标定

构造砂岩试样进行常规三轴数值试验，数值试样选取尺寸与室内试样尺寸一致，外径为 50mm、内径为 26mm、高为 100mm。

常规三轴试验即 $\sigma_2 = \sigma_3$，由表 7-1-1 可知：

$$\sigma_2 = \sigma_r \tag{7-5}$$

$$\sigma_3 = \frac{\sigma_z + \sigma_\theta}{2} - \sqrt{\left(\frac{\sigma_z - \sigma_\theta}{2}\right)^2 + \tau_{z\theta}^2} \tag{7-6}$$

由 Yang 等的研究可知，未施加扭矩，则 $\tau_{z\theta} = 0$，联立式（7-5）、（7-6）可知：

$$\sigma_r = \sigma_\theta \tag{7-7}$$

由表 7-3-1 可知：

$$\sigma_r = \frac{p_o r_o + p_i r_i}{r_o + r_i} \tag{7-8}$$

$$\sigma_\theta = \frac{p_o r_o - p_i r_i}{r_o - r_i} \tag{7-9}$$

联立式（7-8）、（7-9）得：

$$\frac{p_o r_o + p_i r_i}{r_o + r_i} = \frac{p_o r_o - p_i r_i}{r_o - r_i} \tag{7-10}$$

由式（7-10）可知，仅需满足 $p_o = p_i$ 即可满足 $\sigma_2 = \sigma_3$。

分别进行围压为 0MPa、16MPa、35MPa 的常规三轴数值试验，试验细观参数取值如表 7-3-1 所示。

如图 7-3-1 所示，常规三轴数值试验结果（DEM）与 Yang 等的室内试验结果

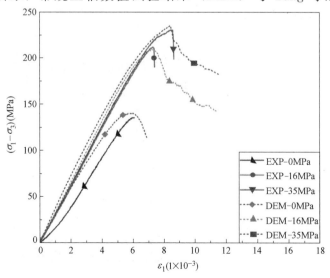

图 7-3-1　轴向偏应力—应变曲线

（EXP）在不同围压下的应力—应变曲线在峰前均较吻合。由于室内试验机的刚度限制，室内试验峰后均呈现脆性破坏，而数值试验同时较好地实现了应力—应变曲线的峰后段，所以砂岩试样采取如表 7-3-1 所示的细观参数是合理的。

试验细观参数取值

表 7-3-1

密度(kg/m³)	2410	粘结强度(Pa)	4.68×10^7
线性有效模量(Pa)	2.02×10^{10}	法向切向刚度比	1.2
平行粘结有效模量(Pa)	2.18×10^{10}	摩擦角(°)	45
抗拉强度(Pa)	4.57×10^7		

7.3.2　空心圆柱试样离散元模型复杂应力路径实现技术验证

为进一步验证所构建空心圆柱试样的正确性，采用与 Hui Zhou 等试验相同的荷载加载方式进行数值模拟。试验中，$p_i=5MPa$，$p_o=10MPa$，扭矩 $T=250N\cdot m$。

最终得到出的结论是数值模拟的应力路径与理论应力路径较吻合，仅在荷载施加初期存在一些波动。这是由于荷载施加初期试样内部荷载响应存在一定的波动造成的，但当荷载持续一段时间后，颗粒体系荷载响应趋于稳定，理论结果和数值模拟结果基本一致，数值试验结果与理论解析基本吻合，此处构建的空心圆柱试样及荷载施加方法可以很好地实现复杂应力路径。

7.4　考虑中间主应力的不同应力路径卸荷对岩石力学特性的影响

目前，诸多学者对岩石卸荷力学特性进行了一些研究，但忽略了中间主应力的影响。但在实际工程中，岩体大多处于真三轴应力状态，中间主应力不可被忽略。为更好地探究真实状况下岩石卸荷时的力学特性（此处考虑中间主应力），对 4 种不同的卸载应力路径进行研究。

对试样施加 30MPa 的静水压力，然后进行轴向加载，当轴向应力达到比例极限时，停止轴向加载，称此时的状态为 State1。State1 的应力—应变曲线、位移及裂隙分布图如图 7-4-1 所示（图中 ε_v 为体积应变）。接下来的 4 种卸荷试验均是在 State1 的基础上进行的。

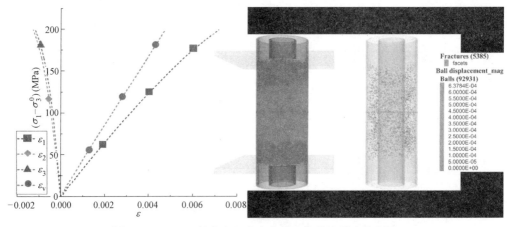

图 7-4-1　State1 的应力—应变曲线、位移及裂隙分布图

7.4.1 轴向压力和内压力恒定，逐渐降低外压力

卸载方式1：在 State 1 的基础上，轴向压力和内压力始终保持恒定，而外压力逐渐降低至0MPa。由表7-1-1可知，当扭矩 $T=0$，即 $\tau_{z\theta}=0$ 时，三个主应力分别见式（7-11）~式（7-13）。

$$\sigma_1 = \sigma_z = \frac{F}{\pi(r_o^2 - r_i^2)} \tag{7-11}$$

$$\sigma_2 = \sigma_r = \frac{p_o r + p_i r}{r_o + r_i} \tag{7-12}$$

$$\sigma_3 = \sigma_\theta = \frac{p_o r - p_i r}{r_o - r_i} \tag{7-13}$$

由式（7-11）~式（7-13）可知，在此卸荷方式下，最大主应力 σ_1 保持不变，中间主应力 σ_2 的降低速率小于最小主应力 σ_3 的降低速率。

卸载方式1如图7-4-2所示，由图可知，新出现了40325条裂隙。在卸载过程中，轴向应变变化率 $\Delta\varepsilon_1 = 0.9\%$，径向应变变化率 $\Delta\varepsilon_2 = 3.05\%$，环向应变变化率 $\Delta\varepsilon_3 = -2.1\%$，体积应变增加率 $\Delta\varepsilon_v = -4.25\%$。轴向应变增长量远低于侧向应变增长速率，且 ε_2 的增长速率大于 ε_3 的增长速率。由于降低外压，导致试样在侧向产生扩容，试样体积应变由正变为负，试样由体积压缩转变为体积膨胀。

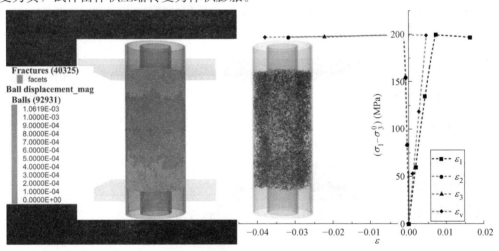

图 7-4-2 卸载方式 1

7.4.2 轴向压力和外压力恒定，逐渐降低内压力

卸载方式2：在 State1 的基础上，轴向压力和外压力始终保持恒定，而内压力逐渐降低至0MPa。由式（7-11）~式（7-13）可知，在此卸载方案下，σ_1 不变、σ_2 减小、σ_3 增大。

卸载方式2见图7-4-3，由图可知，新增的裂隙很少，仅有522个。在卸载过程中，当内压力降为0时，试样也并未出现整体强度破坏。轴向应变变化率 $\Delta\varepsilon_1 = 0.014\%$，径向应变变化率为 $\Delta\varepsilon_2 = -0.735\%$，环向应变变化率 $\Delta\varepsilon_3 = 0.31\%$，体积应变变化率 $\Delta\varepsilon_v =$

0.424％。轴向应变仅有略微增大，径向应变增长量较大，径向扩容现象较明显。环向应变由负值变为正值，环向应变由扩容状态变为压缩状态。体积应变慢慢减小，但一直为正值，在卸载过程中试样体积压缩量开始逐渐减小，出现回弹现象。

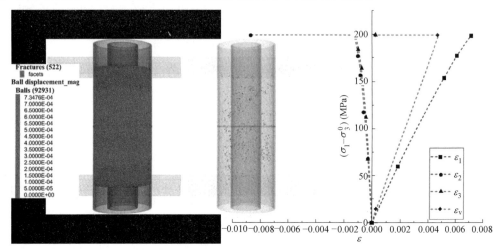

图 7-4-3　卸载方式 2

7.4.3　轴向压力恒定，内压力和外压力以相同速率下降

卸载方式 3：在 State 1 的基础上，轴向压力始终保持恒定，而内压力和外压力以相同的速率逐渐降低至 0MPa。由式（7-11）～式（7-13）可知，在此卸载方式下，σ_1 不变，σ_2 与 σ_3 均减小，且减小速率相同。

卸载方式 3 见图 7-4-4，由图可知，新增的裂隙较多，有 32689 个。当内压力降为 0 时，试样的破坏较严重。在卸载过程中，轴向应变变化率 $\Delta\varepsilon_1 = 0.615％$，径向应变变化率 $\Delta\varepsilon_2 = -4.176％$，环向应变变化率 $\Delta\varepsilon_3 = -0.974％$，体积应变变化率 $\Delta\varepsilon_v = -4.535％$。轴向应变增长量与环向应变增长量接近，但径向应变增长量远大于环向应变

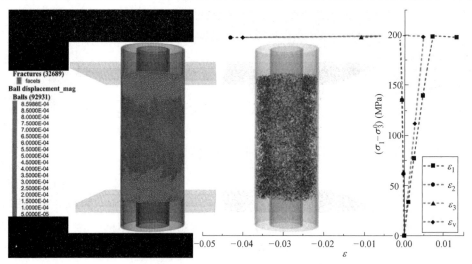

图 7-4-4　卸载方式 3

190

增长量，径向扩容现象十分明显。体积应变由正值变为负值，体积改变量很大，在此卸载过程中试样体积膨胀现象很明显。

7.4.4 轴向压力增加、内压力和外压力以相同速率下降

卸载方式 4：在 State 1 的基础上，轴向压力逐渐增加，而内压力和外压力以相同的速率逐渐降低至 0MPa，轴向压力增大速率与围压下降速率相等。由式（7-11）～式（7-13）可知，在此卸载方式下，σ_1 增大，σ_2 与 σ_3 均减小，且减小速率相同。

卸载方式 4 见图 7-4-5，由图可知，有 48554 个新增的裂隙。此卸载过程中，在内外围压下降的过程中，试样突然被破坏。轴向应变变化率 $\Delta\varepsilon_1 = 1.2\%$，径向应变变化率 $\Delta\varepsilon_1 = -5.377\%$，环向应变变化率 $\Delta\varepsilon_1 = -1.2\%$，体积应变变化率 $\Delta\varepsilon_v = -5.377\%$。径向扩容和体积扩容现象较明显。而在试样被突然破坏时，轴向应力突然降低，轴向应变有略微地增加，环向应变保持不变，径向应变和体积应变有较大的增加。

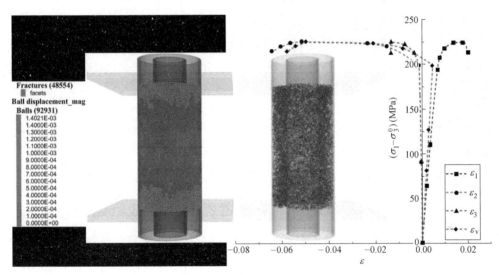

图 7-4-5 卸载方式 4

7.5 不同卸载方式下能量的吸收和消耗过程

由于能量转换是物质物理过程的本质特征，而物质的破坏是能量驱动下的一种状态失稳现象。所以，研究能量的吸收和消耗过程是深入揭示物质破坏原理的一种方法。

现研究上述 4 种卸载方式下试样的能量吸收和消耗过程，进而探究不同卸载方式对试样能量吸收和消耗的影响以及其卸载过程的应力—应变响应。

在试验过程中，试样每一时刻的能量密度可由应力—应变积分得到式（7-14）。

$$U_{\rho t} = \int_0^{\varepsilon_t} \sigma_t \mathrm{d}\varepsilon \tag{7-14}$$

在试验过程中，试样每一时刻体积见式（7-15）。

$$V_t = V_0 + \Delta V_t \tag{7-15}$$

则试验过程中，试样每一时刻的能量见式（7-16）。

$$U_t = U_{\rho t} \times V_t \tag{7-16}$$

试验全过程的试样的能量见式（7-17）。

$$U = U_0 + U_1 + U_2 + U_3 \tag{7-17}$$

式（7-14）~式（7-17）中，σ_t 是 t 时刻应力；V_0 是初始体积；U_0 是静水状态下试样的应变能；而 U_1、U_2、U_3 分别为轴向加载及卸载阶段三向应力状态下 σ_1、σ_2、σ_3 引起的应变能。

静水应力状态存储的应变能密度 $U_{\rho 0}$ 和应变能 U_0 见式（7-18）和式（7-19）。

$$U_{\rho 0} = \frac{3 \times (1-2\mu)}{2E} (\sigma_3^0)^2 \tag{7-18}$$

$$U_0 = \frac{3 \times (1-2\mu)}{2E} (\sigma_3^0)^2 \times V_c \tag{7-19}$$

式中，V_c 为试样达到静水压力为 30MPa 时的试样体积，$V_c = 1.4326 \times 10^{-4} \, \text{m}^3$；泊松比 $\mu = 0.213$；弹性模量 $E = 31.6 \text{GPa}$。

由式（7-18）、式（7-19）得 $U_{\rho 0} = 24.52 \text{kJ} \cdot \text{m}^{-3}$，$U_0 = 3.513 \text{J}$。

在试验过程中，4 种卸载方式下的能量密度的变化曲线如图 7-5-1 所示。对试样先施加一定数值的静水压力（区域Ⅰ），然后围压不变，逐渐增大轴压至比例极限（区域Ⅱ），再分别进行 4 种不同方式的卸载（区域Ⅲ）。

如图 7-5-1（a）所示，在施加静水压力阶段（区域Ⅰ），3 个主应力相等且引起相同的能量，区域Ⅰ阶段由 3 个主应力引起的应变能密度均为 24.52kJ·m^{-3}。随后围压保持不变，轴压增大（区域Ⅱ），即 $\sigma_1 > \sigma_2 = \sigma_3$。区域Ⅱ阶段 σ_2、σ_3 引起的应变能密度增量均为 35.55kJ·m^{-3}，由于轴向压力不断对试样压缩做正功，不断吸收能量，由 σ_1 引起新的应变能密度增量为 979.97kJ·m^{-3}。随后分别进行 4 种不同方式的卸载。

方式 1 的卸载阶段，如图 7-5-1（a）所示，由 σ_1 引起的应变能密度先出现稳定增加段（FG），FG 段的应变能密度增加了 237.69kJ·m^{-3}。随后出现急剧增加段，急剧增加段应变能密度增加了 1844.93kJ·m^{-3}。在此卸载方式下，最大主应力 σ_1 是恒定的，所以由式（7-14）可知，轴向应变先出现了一段稳定增加段，随后轴向应变急剧增加。

如图 7-5-1（a）所示，在卸载初期，由 σ_2 引起的应变能密度出现了降低段，然后出现了线性增加段，该线性增加段能量密度增加了 197.61kJ·m^{-3}，最后出现突增阶段，此突增段能量密度增加了 217.32kJ·m^{-3}。在此卸载方式下，σ_2 是逐渐降低的，由式（7-14）可知，该应变能密度降低段是由于 σ_2 的降低引起的，而线性增加段的出现是由于 ε_2 的增加速率大于 σ_2 的下降速率引起的，且近似成正比，应变能密度的突增段是由于 ε_2 突然增大引起的。

如图 7-5-1（a）所示，由 σ_3 引起的应变能密度先出现了一段增加段，然后出现突降段。在此卸载方式下 σ_3 逐渐降低，且由式（7-14）可知，增加段是由 ε_3 的增大引起的，且 ε_3 的增加速率大于 σ_3 的降低速率，而突降段是由于 ε_3 的减小造成的，且减小至负值，即环向应变由被压缩转变为膨胀。

方式 2 的卸载阶段，如图 7-5-1（b）所示，σ_1 不引起应变能密度的变化，而在此卸载方式下，σ_1 不变，由式（7-14）可知，则卸载过程中 ε_1 保持不变。σ_2 引起应变能密度逐渐增大，在此卸载方式下，σ_2 是逐渐降低的，所以卸载阶段 ε_2 逐渐增大，且 ε_2 增大速率大于σ_2的降低速率，由σ_2引起的应变能密度增量为183.93kJ·m^{-3}。由ε_3引起的应变能密度逐渐降低，且降低至负值。在此卸载方式下，σ_3是逐渐增加的，则由式（7-14）可知，ε_3在降低且降低速率大于σ_3的增加速率，且最终ε_3将为负值，即环向应变由压缩转变为膨胀，由σ_3引起的应变能密度减小量为154.13kJ·m^{-3}。

方式3的卸载阶段，如7-5-1（c）所示，σ_1引起的应变能密度先出现一段稳定增加阶段（FG），随后急剧增加。在此卸载方式下，σ_1保持不变，则由式（7-14）可知，卸载阶段ε_1先稳定增加，随后急剧增加。稳定增加段能量密度增加了154.50kJ·m^{-3}，急剧增加段能量密度增加了1257.22kJ·m^{-3}。在此卸载方式下，σ_2、σ_3逐渐降低，且下降速率相同，但是由σ_2引起的应变能密度改变量为305.6kJ·m^{-3}，由σ_3引起的应变能密度改变量为89.13kJ·m^{-3}。在卸载过程中，ε_2的增加量大于ε_3的增加量，径向应变增加量大于环向应变增加量。

方式4的卸载阶段，如7-5-1（d）所示，σ_1引起的应变能密度先出现一段稳定增加阶段（FG），随后急剧增加。在此卸载方式下，σ_1是逐渐增大的，由式（7-14）可知，卸载阶段后期ε_1急剧增加。稳定增加段的能量密度改变量为301.92kJ·m^{-3}，急剧增加段

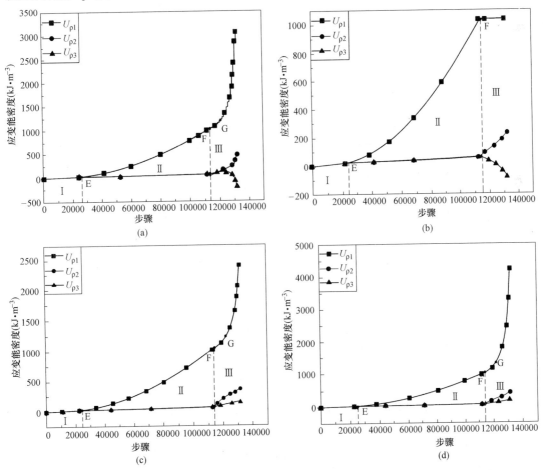

图 7-5-1　4 种卸载方式下的能量密度变化曲线

（a）方式1；（b）方式2；（c）方式3；（d）方式4

能量密度增加了 2939.87kJ·m^{-3}。在此卸载方案下，σ_2、σ_3 逐渐下降且下降速率一致，而如图 7-5-1 (d) 所示，σ_2 引起的应变能密度增加量大于 σ_3 引起的应变能密度增加量，则由式 (7-14) 可知，卸载阶段，ε_2 的增加量大于 ε_3 的增加量，径向应变增加量大于环向应变增加量。此外，在卸载后期，ε_2 快速增大，即径向应变在卸载后期增加更快。

试验任意时刻的 U_1 见式 (7-20)。

$$U_1 = \int_0^{\varepsilon_{1t}} \sigma_{1t} \, d\varepsilon \int_{V_0}^{V_t} dV \tag{7-20}$$

试验任意时刻的 U_2 见式 (7-21)。

$$U_2 = \int_0^{\varepsilon_2} \sigma_{2t} \, d\varepsilon \int_{V_0}^{V_t} dV \tag{7-21}$$

试验任意时刻的 U_3 见式 (7-22)。

$$U_3 = \int_0^{\varepsilon_{3t}} \sigma_{3t} \, d\varepsilon \int_{V_0}^{V_t} dV \tag{7-22}$$

由式 (7-20)~式 (7-22) 可得 4 种卸载方式下的能量变化曲线试验中任意时刻试样的能量变化曲线，如图 7-5-2 所示。由式 (7-20)~式 (7-22) 可知，能量即为能量密度对体积的积分，所以在同一卸载方式下，3 个主应力引起的能量密度变化曲线与能量变化曲线形状是一样的。如图 7-5-2 (a) 所示，在施加静水压力阶段 (区域 I)，3 个主应力引起的能量的增量均为 3.513J，随后增加轴向应力且围压保持不变 (区域 II)，由 σ_1 引起的能量增加了 139.03J，而由 σ_2、σ_3 引起的能量均为 5.09J。

在方式 1 卸载阶段，如图 7-5-2 (a) 所示，σ_1 引起的能量增量为 274.57J，σ_2 引起能量增量为 57.34J，σ_3 引起的能量变化量为 -43.55J，在此卸载方式下，σ_1、σ_2 引起能量增加，而 σ_3 引起能量耗散。

在方式 2 的卸载阶段，如图 7-5-2 (b) 所示，σ_1 不引起能量变化，σ_2 引起能量增量为 24.41J，σ_3 引起的能量变化量为 -19.52J，在此卸载方式下只有 σ_2 引起能量增量，而 σ_3 引起能量耗散。

在方式 3 的卸载阶段，如图 7-5-2 (c) 所示，σ_1 引起的能量增量为 353.71J，σ_2 引起能量增量为 46.19J，σ_3 引起的能量增量为 13.6J，在此卸载下，3 个主应力均使得能量增加，σ_1 引起的能量增加远大于其他两个主应力引起的能量增量。

如图 7-5-2 (d) 所示，在方式 4 的卸载阶段，σ_1 引起的能量增量为 498.67J，σ_2 引起能量增量为 60.24J，σ_3 引起的能量增量为 16.53J，在此卸载方式下 3 个主应力均使得能量增加，σ_1 引起的能量增加远大于其他两个主应力引起的能量增量。

4 种方式卸载阶段吸收的总能量分别为：$U_{11} = 288.56$J、$U_{22} = 4.89$J、$U_{33} = 386.3$J、$U_{44} = 575.44$J，$U_{22} < U_{11} < U_{33} < U_{44}$。4 种卸载方式中，方式 2 吸收的能量最少，也说明卸载过程中试样更不容易被破坏；而方式 4 吸收的能量最多，在卸载过程中试样更容易被破坏。

在实际工程中，可以采取不同的卸载方式来达到不同目的，以实现更经济、安全可行的施工方案，也可根据实际工程中的应力卸载路径预测岩体结构的安全稳定性。此研究对实际工程开挖过程的支护同样具有指导意义。

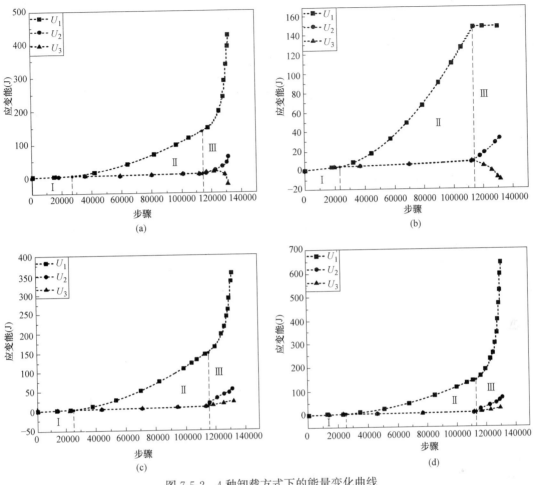

图 7-5-2　4 种卸载方式下的能量变化曲线

(a) 方式 1；(b) 方式 2；(c) 方式 3；(d) 方式 4

7.6　研 究 结 论

　　此处基于离散元构建了空心圆柱试样，进行了 4 种不同卸载应力路径下的卸荷试验，得出如下结论：

　　(1) 基于离散元构建空心圆柱试样，可很好地实现复杂应力加载路径。此方法可用于诸多复杂应力路径的应用研究。

　　(2) 在以上 4 种典型卸载方式下，卸载过程中轴向应变 ε_1 均较小，而径向应变 ε_2 占主导地位，在卸载时，中间主应变的影响很大。因此，在研究岩石在卸荷状态下的力学响应时，不可忽略中间主应力的影响。

　　(3) 在以上 4 种典型卸载方式下，最大主应力方向的能量密度和能量的变化量均远大于中间主应力方向和最小主应力方向上的能量密度和能量的变化量。因此，在卸载过程中应该十分重视最大主应力方向上的能量变化。

（4）在以上 4 种典型卸载方式中，当降低 σ_2，增加 σ_3 时，试样吸收的能量相对其他卸载方式吸收的能量较少，试样也更不容易被破坏。因此，在实际工程中，可通过增加 σ_3，降低 σ_2，使岩体结构较安全地卸载。

以上研究表明，利用空心圆筒模拟复杂路径加载、卸载是可行的。只要细观特征逼真，细观参数标定合理，得到的卸荷性质与试验结果是非常吻合的。

7.7 命令流实例

7.7.1 圆筒试样制作

```
New
define setup
    height = 0.1
    width = 0.0498
    width_inner =0.026
    cylinder_axis_vec = vector(0,0,1)
    cylinder_base_vec = vector(0.0,0.0,[-0.2 * height])
    cylinder_base_vec_middle = vector(0.0,0.0,[0.5 * height])
    cylinder_height   = 1.4 * height
    cylinder_rad      = 0.5 * width
    cylinder_rad_inner= 0.5 * width_inner
    bottom_disk_position_vec = vector(0.0,0.0,0.0)
    top_disk_position_vec    = vector(0.0,0.0,[height])
    disk_rad                 = 1.5 * cylinder_rad
    w_resolution = 0.05
    poros = 0.36
    rlo=0.04e-2
    rhi=0.08e-2
end
@setup
domain extent ([-width],[width]) ([-width],[width]) ([-0.5 * height],[1.5 * height])
domain condition stop
set random 10001
;cmat default model linear method deformability emod 1e9 kratio 0.0
cmat default type ball-facet model linear property kn 1.0e7 ks 0e7
cmat default type ball-ball   model linear property kn 5.0e6 ks 2.0e6
wall generate id 1 cylinder axis @cylinder_axis_vec
                    base @cylinder_base_vec
                    height [cylinder_height/2.0]
                    radius @cylinder_rad
                    cap false false
```

196

```
                       onewall
                       resolution @w_resolution
wall generate id 2 cylinder axis @cylinder_axis_vec
                       base @cylinder_base_vec_middle
                       height [cylinder_height/2. 0]
                       radius @cylinder_rad
                       cap false false
                       onewall
                       resolution @w_resolution
wall generate id 3 cylinder axis @cylinder_axis_vec
                       base @cylinder_base_vec
                       height [cylinder_height/2. 0]
                       radius @cylinder_rad_inner
                       cap false false
                       onewall
                       resolution @w_resolution
wall generate id 4 cylinder axis @cylinder_axis_vec
                       base @cylinder_base_vec_middle
                       height [cylinder_height/2. 0]
                       radius @cylinder_rad_inner
                       cap false false
                       onewall
                       resolution @w_resolution
wall generate id 5 plane position @bottom_disk_position_vec
                       dip 0
                       ddir 0
wall generate id 6 plane position @top_disk_position_vec
                       dip 0
                       ddir 0
geometry set geo_cylinder
geometry generate cylinder axis (0,0,1)
                       base (0. 0,0. 0,[−0. 0 * height]) height [1. 0 * height]
                       cap true true
                       radius [cylinder_rad]
                       resolution 0. 05
geometry generate cylinder axis (0,0,1)
                       base (0. 0,0. 0,[−0. 0 * height]) height [1. 0 * height]
                       cap true true
                       radius [cylinder_rad_inner]
                       resolution 0. 05
ball distribute porosity @poros
                       resolution 1. 0
                       numbins 1
```

```
                bin 1
                    radius [rlo] [rhi]
                    volumefraction 1. 0
                    group soil
                    range geometry geo_cylinder
                        count odd direction (0. 0 0. 0 1. 0)
ball attribute density 1000. 0 damp 0. 7
;set ori on
set timestep scale
cycle 1000 calm 10
ball delete range geometry geo_cylinder count odd not
set timestep auto
solve aratio 1e-3
calm
ball delete range geometry geo_cylinder count odd not
ball attribute displacement multiply 0. 0 velocity multiply 0. 0 spin multiply 0. 0
save ini
```

7.7.2 伺服平衡

```
res ini
gui project save aaaaaa
def wall_addr
    wadd1 = wall. find(1)
    wadd2 = wall. find(2)
    wadd3 = wall. find(3)
    wadd4 = wall. find(4)
    wadd5 = wall. find(5)
    wadd6 = wall. find(6)
end
@wall_addr
[_wdr = width ]
[_wdr_inner=width_inner]
[_mvsRadVel = 0. 0]
[_mvsRadVel_inner = 0. 0]
def _mvsUpdateDim
  _wdr = _wdr + 2. 0 * _mvsRadVel * mech. timestep
  _wdr_inner222 = _wdr_inner +2. 0 * _mvsRadVel_inner * mech. timestep
  count=0
  sum_rad=0. 0
  loop foreach local v wall. vertexlist(wadd3)
      sum_rad =sum_rad+math. mag(vector(wall. vertex. pos. x(v),wall. vertex. pos. y(v)))
      count =count + 1
  endloop
```

198

```
loop foreach   v wall. vertexlist(wadd4)
       sum_rad=sum_rad+math. mag(vector(wall. vertex. pos. x(v) ,wall. vertex. pos. y(v)))
       count  =count+1
   endloop
   _wdr_inner  = sum_rad/count
end
set fish callback 10. 1 @_mvsUpdateDim
def _mvsRadForce
   local FrSum = 0. 0
   local Fgbl，nr
   force_top=0. 0
   force_bot=0. 0
   loop foreach local cp wall. contactmap( wadd1 )
      Fgbl = vector(comp. x(contact. force. global(cp))
                      comp. y(contact. force. global(cp)))
      nr = math. unit(vector(comp. x(contact. pos(cp))
                             comp. y(contact. pos(cp)))
                        )
      FrSum=FrSum—math. dot(Fgbl，nr)
   end_loop
   force_top=frsum
   loop foreach cp wall. contactmap(wadd2)
      Fgbl = vector(comp. x(contact. force. global(cp))
                       comp. y(contact. force. global(cp)))
      nr = math. unit(vector(comp. x( contact. pos(cp))
                             comp. y(contact. pos(cp)))
                        )
      FrSum=FrSum—math. dot(Fgbl，nr)
      force_bot= force_top—math. dot(Fgbl，nr)
   end_loop
   _mvsRadForce=FrSum
end
def _mvsRadForce_inner
   local FrSum = 0. 0
   local Fgbl，nr
   force_top1=0. 0
   force_bot1=0. 0
   loop foreach local cp wall. contactmap(wadd3)
      Fgbl = vector( comp. x(contact. force. global(cp))
                      comp. y(contact. force. global(cp)))
      nr = math. unit(vector(comp. x(contact. pos(cp))
                             comp. y(contact. pos(cp)))
                        )
```

```
      FrSum=FrSum—math. dot(Fgbl, nr)
    end_loop
    force_top1=frsum
    loop foreach cp wall. contactmap( wadd4)
      Fgbl = vector( comp. x( contact. force. global(cp))
                     comp. y( contact. force. global(cp)))
      nr = math. unit( vector( comp. x( contact. pos(cp))
                               comp. y( contact. pos(cp)))
                     )
      FrSum = FrSum—math. dot(Fgbl, nr)
    end_loop
    force_bot1=frsum—force_top1
    _mvsRadForce_inner = FrSum
  end
  def _mvsSetRadVel( rVel)
    _mvsRadVel = rVel
    local nr
    loop foreach local vp wall. vertexlist(wadd1)
      nr = math. unit(vector(comp. x(wall. vertex. pos(vp))
                             comp. y(wall. vertex. pos(vp)))
                     )
      wall. vertex. vel(vp) = rVel * nr
    end_loop
    loop foreach vp wall. vertexlist(wadd2)
      nr = math. unit( vector(comp. x(wall. vertex. pos(vp))
                              comp. y(wall. vertex. pos(vp)))
                     )
      wall. vertex. vel(vp) = rVel * nr
    end_loop
  end
  def _mvsSetRadVel_inner(rvel_inner)
    local nr
    loop foreach   vp wall. vertexlist(wadd3)
      nr = math. unit(vector(comp. x(wall. vertex. pos(vp))
                             comp. y(wall. vertex. pos(vp)))
                     )
      wall. vertex. vel(vp) = rvel_inner * nr
    end_loop
    loop foreach vp wall. vertexlist(wadd4)
      nr = math. unit(vector(comp. x(wall. vertex. pos(vp))
                             comp. y(wall. vertex. pos(vp)))
                     )
      wall. vertex. vel(vp) = rvel_inner * nr
```

200

```
    end_loop
end
define compute_wAreas
    _wdz = wall. pos(wadd6, 3) － wall. pos(wadd5, 3)
    _wAz = 0. 25 * math. pi * _wdr * _wdr －0. 25 * math. pi * _wdr_inner * _wdr_inner
    _wAr_outer = math. pi * _wdr * _wdz
    _wAr_inner = math. pi * _wdr_inner * _wdz
end
def compute_wStress
    compute_wAreas
    wszz = 0. 5 * ( wall. force. contact(wadd5, 3) － wall. force. contact(wadd6, 3) )/_wAz
    wsrr_outer = _mvsRadForce / _wAr_outer
    wsrr_inner = － _mvsRadForce_inner / _wAr_inner
end
;set fish callback 10. 2 @compute_wStress
define compute_gain(fac)
    compute_wAreas
    global gz0＝0. 0
    loop foreach local contact wall. contactmap(wadd5)
        gz0 = gz0＋contact. prop(contact,"kn")
    endloop
    loop foreach contact wall. contactmap(wadd6)
        gz0 = gz0＋contact. prop(contact,"kn")
    endloop
    if gz0 ＜ 1e5 then
        gz0＝1. 0e5
    endif
    global gr_outer0 = 0. 0
    loop foreach contact wall. contactmap(wadd1)
        gr_outer0＝gr_outer0＋contact. prop(contact,"kn")
    endloop
    loop foreach contact wall. contactmap(wadd2)
        gr_outer0＝gr_outer0＋contact. prop(contact,"kn")
    endloop
    if gr_outer0 ＜ 1e5 then
        gr_outer0＝1. 0e5
    endif
    global gr_inner0＝0. 0
    loop foreach contact wall. contactmap(wadd3)
        gr_inner0＝gr_inner0＋contact. prop(contact,"kn")
    endloop
    loop foreach contact wall. contactmap(wadd4)
        gr_inner0＝gr_inner0＋contact. prop(contact,"kn")
```

```
    endloop
    if gr_inner0 < 1e5 then
        gr_inner0=1.0e5
    endif
    gz = fac * 2.0 * _wAz/(gz0 * mech.timestep)
    gr_outer = fac * _wAr_outer/(gr_outer0 * mech.timestep)
    gr_inner = fac * _wAr_inner/(gr_inner0 * mech.timestep)
end
[gain_safety_fac = 0.3]
@compute_gain(@gain_safety_fac)
[max_vel1=10.0]
[max_vel2=10.0]
[max_vel3=10.0]
define servo_walls
    compute_wStress
    SSS111=math.abs((wszz−tszz)/tszz)
    SSS222=math.abs((wsrr_outer − tsrr_outer)/tsrr_outer)
    SSS333=math.abs((wsrr_inner − tsrr_inner) / tsrr_inner)
    zvel=0.0
    rvel=0.0
    rvel2=0.0
    if do_zservo = true then
        zvel = gz * (wszz − tszz)
        zvel = math.sgn(zvel) * math.min(max_vel1,math.abs(zvel))
        if SSS111 <= 0.05 then
            zvel = 0.01 * math.sgn(zvel)
        endif
        wall.vel( wadd5, 3 ) = zvel
        wall.vel( wadd6, 3 ) = −zvel
    endif
    if do_rservo_outer = true then
        rvel = −gr_outer * (wsrr_outer − tsrr_outer)
        rvel = math.sgn(rvel) * math.min(max_vel2,math.abs(rvel))
        if SSS222 <= 0.05 then
            rvel = 0.01 * math.sgn(rvel)
        endif
        _mvsSetRadVel( rvel )
    endif
        if do_rservo_inner = true then
            rvel2 = gr_inner * (wsrr_inner−tsrr_inner)
            rvel2 = math.sgn(rvel2) * math.min(max_vel3,math.abs(rvel2))
            if SSS333 <= 0.05 then
                rvel2 = 0.01 * math.sgn(rvel2)
```

202

```
        endif
        _mvsSetRadVel_inner( rvel2 )
      endif
end
[tsrr_outer =−0.5e6]
[tsrr_inner =−0.5e6]
[tszz =−0.5e6]
[do_zservo = true]
[do_rservo_outer = true]
[do_rservo_inner = true]
set fish callback 1.0 @servo_walls
[stop_me = 0]
[tol = 0.05]
[gain_cnt = 0]
[gain_update_freq = 20]
[nsteps=0]
define stop_me
  nsteps=nsteps+1
  gain_cnt = gain_cnt + 1
  if gain_cnt >= gain_update_freq then
    compute_gain(gain_safety_fac)
    gain_cnt = 0
  endif
  SSS1=math.abs((wszz−tszz)/tszz)
  SSS2=math.abs((wsrr_outer−tsrr_outer)/tsrr_outer)
  SSS3=math.abs((wsrr_inner−tsrr_inner)/tsrr_inner)
  if do_zservo = true then
    if math.abs((wszz−tszz)/tszz)> tol
      exit
    endif
  endif
  if do_rservo_outer = true then
    if math.abs((wsrr_outer−tsrr_outer)/tsrr_outer)> tol
      exit
    endif
  endif
  if do_rservo_inner = true then
  if math.abs((wsrr_inner−tsrr_inner)/tsrr_inner)> tol
    exit
  endif
  endif
  if nsteps > 50000
    stop_me=1
```

```
      exit
    endif
    if mech. solve("aratio")>1e-4
      exit
    endif
    stop_me = 1
end
cyc 1000
ball attribute displacement multiply 0. 0
ball attribute velocity multiply 0. 0
ball attribute contactforce multiply 0. 0 contactmoment multiply 0. 0
hist delete
hist id 1 @wszz
hist id 2 @wsrr_outer
hist id 3 @wsrr_inner
hist id 5 @sss1
hist id 6 @sss2
hist id 7 @sss3
plot create plot ' stress'
plot    hist 1 2 3
plot create plot errors
plot    hist 5 6 7
solve fishhalt @stop_me
save consolidation_state
```

7.7.3　赋参再平衡

```
res consolidation_state
[pb_modules=30. 0e9 * 1. 1]
[emod000=4. 486e9]
ball group ' top' range z 0. 09 0. 1
ball group ' bottom' range z 0. 0 0. 010
measure create id 1 x 0. 02     y 0        z 0. 02   radius 0. 004
measure create id 2 x 0        y 0. 02     z 0. 02   radius 0. 004
measure create id 3 x −0. 02   y 0        z 0. 02   radius 0. 004
measure create id 4 x 0        y−0. 02     z 0. 02   radius 0. 004;
measure create id 5 x 0. 02     y 0        z 0. 06   radius 0. 004
measure create id 6 x 0        y 0. 02     z 0. 06   radius 0. 004
measure create id 7 x −0. 02   y 0        z 0. 06   radius 0. 004
measure create id 8 x 0        y−0. 02     z 0. 06   radius 0. 004 ;
measure create id 9   x 0. 02   y 0        z 0. 10   radius 0. 004
measure create id 10 x 0        y 0. 02     z 0. 10   radius 0. 004
measure create id 11 x −0. 02 y 0        z 0. 10   radius 0. 004
measure create id 12 x 0        y−0. 02     z 0. 10   radius 0. 004
```

```
[pb_modules=2e10]
[emod000=2e10]
[ten_=30e6]
[coh_=45e6]
cmat default type ball-facet model linear property kn 1.0e7 ks 0e7
contact property kn 1.0e7 ks 0e7 range contact type ball-facet
contact group 'pbond111' range contact type 'ball-ball'
contact model linearpbond   range contact type 'ball-ball'
contact method bond gap 1e-3
contact method deform emod [emod000] krat 1.4 range contact type 'ball-ball'
contact method pb_deform emod [pb_modules] kratio 1.4 range contact type 'ball-ball'
contact property dp_nratio 0.0 dp_sratio 0.0 range contact type 'ball-ball'
contact property fric 0.5 range contact type 'ball-ball'
contact property pb_rmul 1.0 pb_mcf 1.0 lin_mode 1 pb_ten [ten_] pb_coh [coh_] pb_fa 45 range contact
type 'ball-ball'
clean
def part_contact_turn_off
    loop foreach cp contact.list('ball-ball')
        sss000=contact.model(cp)
        if sss000 = 'linearpbond' then
            x=math.random.uniform
            if x < 0.40 then
                contact.group(cp)='pbond222'
            endif
        endif
    endloop
end
@part_contact_turn_off
contact model linearpbond   range group 'pbond222'
contact method bond gap 0 range group 'pbond222'
contact method deform emod [emod000] krat 1.4 range group 'pbond222'
contact method pb_deform emod [pb_modules * 0.1] kratio 1.4 range group 'pbond222'
contact property dp_nratio 0.0 dp_sratio 0.0 range group 'pbond222'
contact property fric 0.5 range group 'pbond222'
contact property pb_rmul 1.0 pb_mcf 1.0 lin_mode 1 pb_ten [ten_ * 0.05] pb_coh [ten_ * 0.05] pb_fa 45
range group 'pbond222'
ball attribute density 2410.0 damp 0.7
cyc 1000
solve fishhalt @stop_me
ball attribute velocity multiply 0.0
ball attribute displacement multiply 0.0
ball attribute contactforce multiply 0.0 contactmoment multiply 0.0
save balance
```

7.7.4 常规三轴加载

```
restore balance
[tsrr_inner=-16e6]
[tsrr_outer=-16e6]
[tszz =-16e6]
[do_zservo = true]
[do_rservo_outer = true]
[do_rservo_inner=true]
[nstep0=0]
[stop_me = 0]
[tol = 0.02]
[gain_cnt = 0]
[gain_update_freq = 20]
[nsteps=0]
solve fishhalt @stop_me
;[do_rservo_outer = true]
;[do_rservo_inner=true]
[do_zservo = false]
ball attribute velocity multiply 0.0
ball attribute displacement multiply 0.0
ball attribute contactforce multiply 0.0 contactmoment multiply 0.0
set fish callback 0.9 @compute_wAreas
[_wH0   = _wdz]
define wezz
    wezz = (_wdz-_wH0)/ _wH0
end
define wszz2
    compute_wAreas
    wszz2 = 0.5 * ( wall. force. contact(wadd5, 3)-wall. force. contact(wadd6, 3))/ _wAz
end
[rate = 0.05]
wall attribute zvelocity [-rate * _wH0] range id 6
wall attribute zvelocity [ rate * _wH0] range id 5
hist delete
[stop_me1 = 0]
[target = 0.1]
define stop_me1
    if wezz <=-target then
        stop_me1 = 1
    endif
end
[loadhalt_wall=0]
```

206

```
define loadhalt_wall
    loadhalt_wall = 0
    local abs_stress = math. abs(wszz2)
    axial_strain_wall=math. abs(wezz)
    global peak_stress = math. max(abs_stress,peak_stress)
    if math. abs(axial_strain_wall)> 1e-4
    if abs_stress < peak_stress * peak_fraction
        loadhalt_wall = 1
    end_if
    end_if
end
set hist_rep   100
hist id 1 @wezz
hist id 2 @wszz2
hist id 3 @wsrr_outer
hist id 4 @wsrr_inner
plot create plot ' tri-compress'
plot hist—2—3—4 vs—1
ball attribute displacement multiply 0. 0
calm
call fracture_new. p3fis
@track_init
set @peak_fraction = 0. 7
solve fishhalt @loadhalt_wall
solve fishhalt @stop_me1
save tri-compress
```

7.7.5 复杂路径加卸载

```
res balance
[tsrr =—5e6]
measure create id 1 x 0. 02        y 0         z 0. 02   radius 0. 004
measure create id 2 x 0           y 0. 02      z 0. 02   radius 0. 004
measure create id 3 x —0. 02      y 0         z 0. 02   radius 0. 004
measure create id 4 x 0           y —0. 02     z 0. 02   radius 0. 004
measure create id 5 x 0. 02       y 0         z 0. 05   radius 0. 004
measure create id 6 x 0           y 0. 02      z 0. 05   radius 0. 004
measure create id 7 x —0. 02      y 0         z 0. 05   radius 0. 004
measure create id 8 x 0           y —0. 02     z 0. 05   radius 0. 004
measure create id 9   x 0. 02     y 0         z 0. 08   radius 0. 004
measure create id 10 x 0          y 0. 02      z 0. 08   radius 0. 004
measure create id 11 x —0. 02     y 0         z 0. 08   radius 0. 004
measure create id 12 x 0          y —0. 02     z 0. 08   radius 0. 004
[stopapply=0]
```

```
[ttt000=mech. age]
[Torison1=0]
set timestep fix 1e-7
define apply12
    ttt = mech. age-ttt000
    ro=0. 5 * width
    ri=0. 5 * width_inner
    if ttt > 0 then
        do_rservo_inner=true
        do_rservo_outer=true
        tszz = 10
        do_zservo = true
    endif
    if  ttt > 10e-4 then
        tszz =-4. 685e6
        do_zservo = true
    endif
    if ttt  > 13e-4 then
        Torison1=2. 4529e6 * (ttt-1e-4)
        top_momment=357. 67 * (ttt-1e-4)
        bottom_momment=-362. 64 * (ttt-1e-4)
        command
            ball attribute appliedmoment 0 0 [top_momment] range group ' top'
            ball attribute appliedmoment 0 0 [bottom_momment] range group ' bottom'
        endcommand
    endif
    if ttt > 15e-4 then
        stopapply=1
    endif
    zz_stress=-wszz-(wsrr_outer * ro^2-wsrr_inner * ri^2)/(ro^2-ri^2)
    rr_stress=-(wsrr_outer * ro+wsrr_inner * ri)/(ro+ri)
    cir_stress=-(wsrr_outer * ro-wsrr_inner * ri)/(ro-ri)
    shear_stress=0. 5 * Torison1 * (1. 5/math. pi * (ro^3-ri^3)+1. 3333/math. pi * (ro^3-ri^3)/(ro^2-
ri^2)/(ro^4-ri^4))
    shear_stress=1. 5 * Torison1/math. pi/(ro^3-ri^3)

major_stress=0. 5 * (zz_stress+cir_stress)+(0. 25 * (zz_stress-cir_stress)^2+shear_stress^2)^0. 5
    intermediade_stress=rr_stress

minor_stress=0. 5 * (zz_stress+cir_stress)-(0. 25 * (zz_stress-cir_stress)^2+shear_stress^2)^0. 5
end
set fishcallback 11. 1 @apply12
hist delete
```

208

```
hist reset
hist id 300 @ttt
hist id 221 @wszz
hist id 222 @wsrr_outer
hist id 223 @wsrr_inner
hist id 225 @sss1
hist id 226 @sss2
hist id 227 @sss3
plot create plot ' stress'
plot   hist 221 222 223
plot create plot ' errors'
plot   hist 225 226 227
hist id 228 @zz_stress
hist id 229 @rr_stress
hist id 230 @cir_stress
hist id 231 @shear_stress
hist id 232 @major_stress
hist id 233 @intermediade_stress
hist id 234 @minor_stress
plot create plot ' cylinder_stress'
plot   hist 228 229 230 231 vs 300
plot create plot ' principal_stress'
plot   hist   232 233 234 vs 300
measure history id 1 stressxx id 1
measure history id 2 stressyy id 1
measure history id 3 stresszz id 1
measure history id 4 stressxx id 2
measure history id 5 stressyy id 2
measure history id 6 stresszz id 2
measure history id 7 stressxx id 3
measure history id 8 stressyy id 3
measure history id 9 stresszz id 3
measure history id 10 stressxx id 4
measure history id 11 stressyy id 4
measure history id 12 stresszz id 4
measure history id 13 stressxx id 5
measure history id 14 stressyy id 5
measure history id 15 stresszz id 5
measure history id 16 stressxx id 6
measure history id 17 stressyy id 6
measure history id 18 stresszz id 6
measure history id 19 stressxx id 7
measure history id 20 stressyy id 7
```

```
measure history id 21 stresszz id 7
measure history id 22 stressxx id 8
measure history id 23 stressyy id 8
measure history id 24 stresszz id 8
measure history id 25 stressxx id 9
measure history id 26 stressyy id 9
measure history id 27 stresszz id 9
measure history id 28 stressxx id 10
measure history id 29 stressyy id 10
measure history id 30 stresszz id 10
measure history id 31 stressxx id 11
measure history id 32 stressyy id 11
measure history id 33 stresszz id 11
measure history id 34 stressxx id 12
measure history id 35 stressyy id 12
measure history id 36 stresszz id 12
plot create plot 'stressxx'
plot    hist 1 4 7 10 13 16 19 22 25 28 31 34   vs 300
plot create plot 'stressyy'
plot    hist 2 5 8 11 14 17 20 23 26 29 32 35   vs 300
plot create plot 'stresszz'
plot    hist 3 6 9 12 15 18 21 24 27 30 33 36   vs 300
solve fishhalt @stopapply
save loadpath
```

第8章　含裂隙岩石单轴压缩破坏试验与数值模拟研究

自然界中的岩石在经历了长期的地质作用后，内部含有不同尺度、随机分布的裂隙、节理等微细观特征。而大型工程岩石的失稳破坏与其内部裂隙的发育、扩展有十分密切的关系，如在开挖扰动下，岩石内部的应力平衡被破坏，裂隙在应力重新分布过程中不断发育、开展、贯通，最终导致岩石丧失承载力而被破坏。因此，研究岩石中的裂隙扩展规律，对控制岩石的稳定性有重要意义。

针对岩石材料的破坏试验，由于过程的不可视化，裂隙扩展模型难以与试验不同阶段的现象验证，只能对比岩石被破坏后的断口形状。另一方面，采用石膏等类岩石材料进行破坏试验，其过程同样不能被可视化，且石膏的拉压强度比与岩石材料有一定差距。而由于天然岩石中有大量微观裂隙的存在，使得破坏模式有一定偏差。

本章基于用透明非饱和树脂胶凝材料配置的类岩石试样，预制云母片模拟裂隙，开展单轴压缩试验，在试验基础上利用颗粒流数值模拟分析、探讨、探究岩石裂隙角度、裂隙面积、裂隙形状对强度与破坏模式的影响。

8.1　含裂隙透明岩石试验

8.1.1　透明岩石材料制作

在实际中岩石为不透明材料，通常情况下人们难以观察到岩石内部裂隙的发展情况，因此，人们无法观察裂隙的发育过程，如果能使岩石透明化，使裂隙的发展过程显示，可以提高对含裂隙岩石破坏模式的认识。

此处采用新型透明树脂材料及添加剂制作透明类岩石试样，试样尺寸为 50mm×50mm×100mm 的立方体，在制样时，通过不断反复调整配合比，使其力学性质接近岩石。采用的树脂为新型不饱和树脂，如图 8-1-1 所示，它具有凝固速度快、表面光滑、收缩率小等特点。在室温下，这种材料的拉压比可以达到 1/5，在温度−50℃下，拉压比甚至可以达到 1/7，这种显著的脆性特征，可以更合理地表现岩石裂隙的发展破坏过程。

透明岩石试样制作过程如下：

1）按照配合比称量一定的液体树脂、固化剂，将它们一起加入烧杯中，缓慢搅拌5min，以防气泡出现影响试验结果。

2）将制备好的树脂液体倒入模具中（模具为一长方体），将模具放在平整的水平桌面上静置 24h，常温养护。

3）由于不饱和树脂由液体变为固体后，体积会有变化，试样表面为凹面，须将试样表面打磨平整，使其呈长方体。

4）打磨后，须将试样置于烤箱中烘烤 3~5 次，每次烘烤时间约 30min，使树脂液体

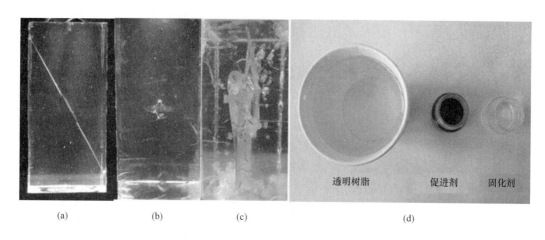

图 8-1-1　新型不饱和树脂

(a) 有一定倾角的预置裂隙；(b) 水平放置的预置裂隙；(c) 预置双裂隙单轴压缩破坏；(d) 透明岩石的配置材料

充分凝固，烘烤完后须将试样低温冷藏，确保其脆性。

8.1.2　单裂隙透明岩石单轴压缩试验

通过前述的试样制备方法，分别制备了具有不同裂纹特征的试样（不同裂隙倾角、不同裂隙面积、不同裂隙摩擦系数），通过对试样进行单轴压缩试验，研究岩体受荷载作用下的裂隙发育方式和破坏形态。

1. 单裂隙破坏过程分析

下面以 60°内置单裂纹试样加载过程为例，对其在单轴压缩条件下的破坏过程进行分析，图 8-1-2 是试样在单轴压缩下的破坏过程。该组试样起裂应力位于峰值应力的 45%～

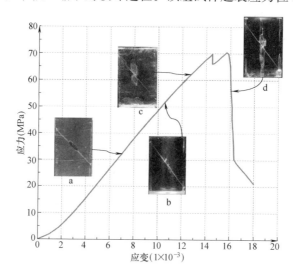

图 8-1-2　试样在单轴压缩下的破坏过程

注：a 为岩石开始起裂；b 为花瓣状裂隙进一步发育包裹裂隙；
c 为花瓣状裂隙之间搭接形成翼裂隙；d 为翼裂隙竖向扩展张拉劈裂破坏。

55%，且在轴向荷载达到起裂应力时，可观察到裂隙的长轴端部萌生肉眼难辨的细裂隙，随着荷载的增加迅速扩展成花瓣状裂隙，这说明预制裂隙的内部应力是不断蓄积的，一旦达到强度极限就会被释放。

花瓣状裂隙在发育一段长度后，沿长度方向停止增长，沿着裂隙周边逐渐包裹裂隙，在裂隙周边的薄弱环节释放应力，直至应力达到峰值应力的80%。此时，花瓣状裂隙发育搭接，形成了翼形裂隙，翼形裂隙沿长度方向逐渐生长，并偏向加载方向，但生长速度极其缓慢，当荷载达到峰值强度的90%，翼形裂隙沿长度方向出现第二次突然扩展，这次扩展长度相比第一次更长，翼形裂隙最后生长长度大概是内蕴裂隙短轴长的2～3倍。继续加载试件，无裂隙区开始产生微裂隙，各种裂隙汇合贯通，试件最终被破坏主要是由翼形裂隙的扩展引起，试样呈张拉劈裂破坏。

2. 裂隙倾角对岩样变形规律影响

分别对预置裂纹倾角为15°、30°、45°、60°、75°的试验开展单轴压缩试验，获得了不同裂隙倾角试样的应力—应变曲线，如图8-1-3（a）所示。从图8-1-3（b）中可以发现，随着裂隙倾角的增加，峰值应力先变小，后变大，裂纹倾角为45°，峰值应力最小。

由图8-1-3（b）可知，随着裂隙倾角的增大，起裂应力先变小，后变大。

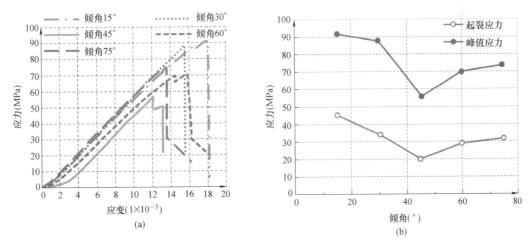

图 8-1-3　不同裂隙倾角试样的应力曲线
（a）不同裂隙倾角试样的应力—应变曲线；（b）不同倾角试样的峰值应力和起裂应力

3. 裂隙面积对岩样变形规律影响

当裂隙倾角为45°时，针对不同裂隙面积大小对裂隙发育的影响进行单轴试验研究。根据预置裂隙面积的不同，对它分组进行试验研究，面积分别为0（完整试件）、131.1mm²、314.3mm²、615.8mm²，试验所得不同裂隙面积单轴压缩力学典型曲线如图8-1-4所示。

由图8-1-4可以看出：试样从完整到含200mm²裂隙，峰值应力变化趋势很快，当裂隙面积为800mm²时，峰值应力变化趋势已相当平缓，这说明随着裂隙面积的增加，峰值应力逐渐降低，但变化趋势放缓。随着裂隙面积的增加，其峰值应力逐渐下降，说明试样承载力逐渐减小，试样稳定性变小。

试验探究了不同面积的椭圆形内置裂隙对试样峰值应力的影响，如图8-1-4（b）所

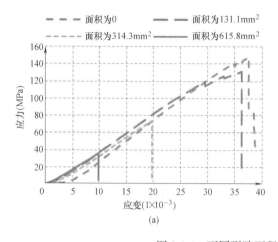
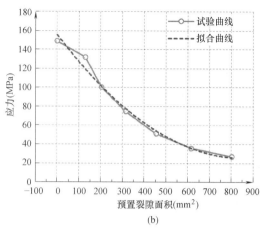

(a)

(b)

图 8-1-4　不同裂隙面积单轴压缩力学典型曲线

（a）不同裂隙面积试样应力—应变曲线；（b）不同裂隙面积试件峰值应力

示，试件的峰值应力与预制裂隙面积之间大致符合二次函数的关系，见式（8-1）。

$$\sigma = b + a_1 s + a_2 s^2 \tag{8-1}$$

式中，取 $b = 154.87 \text{MPa}$；取 $a_1 = -0.3 \text{MPa/mm}^2$；取 $a_2 = 1.74 \text{MPa/mm}^4$。

4. 裂隙摩擦系数对岩样变形规律影响

自然界中的岩体裂隙常伴随着杂质的填充，裂隙间的不同杂质、岩石本身不同的材料性质导致了裂隙间摩擦系数的不同。试验采用铜片、云母片、塑料片制作裂隙，利用材料摩擦系数的不同，表征不同摩擦系数的裂隙，不同接触面摩擦系数如表 8-1-1 所示。针对不同摩擦系数的试样进行单轴压缩试验，得出不同摩擦系数下的应力—应变曲线如图 8-1-5（a）所示，摩擦系数与峰值应力关系如图 8-1-5（b）所示。

不同接触面摩擦系数　　　　　　　　　　　　　表 8-1-1

接触面类型	铜片—树脂	云母片—树脂	聚乙烯片—树脂
摩擦系数	0.21	0.18	0.12

由图 8-1-5 可以看出：试件峰值应力随裂隙面摩擦系数基本呈现线性变化的关系，通过线性拟合得出两者之间满足如式（8-2）所示关系。

$$\sigma = b + af \tag{8-2}$$

式中，取 $b = 26.49 \text{MPa}$；取 $a = 273.71 \text{MPa}$；f 为裂隙面摩擦系数。

由图 8-1-5（b）可以看出：峰值应力随着试样摩擦系数的增大而增大，这说明随着摩擦系数的增大，试样的承载力也逐渐增大，稳定性相对提高。随着摩擦系数的增大，峰值应力呈现快速增长的趋势，因而裂隙间的摩擦系数对试样的承载力具有重要作用。

8.1.3　双裂隙试样单轴压缩试验

针对双裂隙试样只考虑裂隙间距对力学性质的影响，试验制备的 4 组试件预置裂隙距离分别为 10mm、20mm、30mm、40mm。双裂隙方向彼此平行，上裂隙的最低点与下裂隙的最高点连线垂直于裂隙，且连线的中心即为试样的中心。采用单因素分析法保证试样

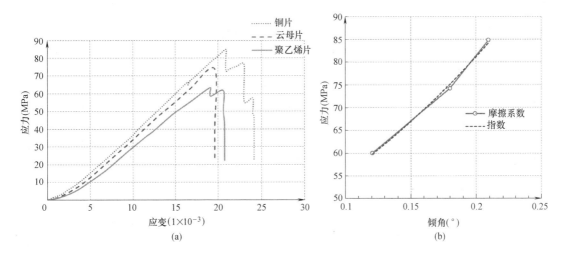

(a)

图 8-1-5　不同裂隙面摩擦系数力学特性
（a）不同摩擦系数下的应力—应变曲线；（b）摩擦系数与峰值应力关系

中预制裂隙形状、尺寸、倾角等均保持不变，其中，裂隙倾角为 60°。从图 8-1-6 可以看出：随着裂隙之间距离变大，试件承载应力逐渐降低。裂隙间距为 10mm、20mm、30mm、40mm 时试件的峰值强度分别为 61.15MPa、58.39MPa、56.47MPa、53.53MPa，相对于完整试件 93.78MPa 分别降低，裂隙间距对试件的抗压强度具有显著影响。从表 8-1-2 可以看出：试样的弹性模量和起裂应力变化幅度较小，且变化规律不明显，说明裂隙间距对试件的弹性模量和起裂应力影响较小。

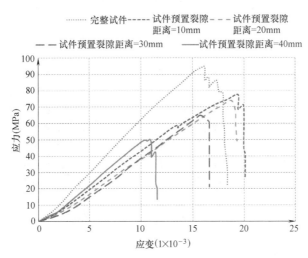

图 8-1-6　不同裂隙间距试样力学特性曲线

不同裂隙间距试样力学参数　　　　　　　　　　　　　　　　表 8-1-2

裂隙间距（mm）	0	10	20	30	40
起裂应力（MPa）	—	25.48	23.67	22.19	19.74
峰值应力（MPa）	93.78	77.75	74.53	65.49	48.75
弹性模量（GPa）	6.61	5.56	5.47	5.58	5.63

8.2 颗粒流数值模拟

颗粒离散元是一种非连续介质方法，主要原理是牛顿第二定律，它能方便地模拟岩石从微观到宏观破坏的过程。而含裂隙岩石单轴压缩破坏是一种大变形、不连续的破坏，因而在裂隙扩展的数值模拟中采用离散单元法更加合理有效。通过在 PFC 软件中建立含裂隙岩石的模型，根据试验宏观力学特性标定含裂隙岩石的模型参数，进行单轴压缩数值模拟计算，将数值模拟结果结合室内试验进行裂隙扩展规律研究。

8.2.1 模型的建立

为得到一个合理的 DEM 试样，应选取不同粒径的颗粒组成一定孔隙比的岩石试样，通过不断调整模型参数并试算，直到与试验宏观力学性质吻合为止。目标模型为 50mm×100mm 的颗粒粘结试样，考虑运算时间和运算精度，颗粒半径为 0.3～0.5mm，颗粒总数为 10000 个。

颗粒间采用平行粘结（BPM），能较好地体现岩石的物理力学性能。在平行粘结中，主要控制颗粒间摩擦系数、粘结刚度、变形模量、内聚力和裂隙的各项参数，表现岩石的宏观力学性能。在模型中设置一定长度和角度的裂隙，裂隙中心与模型中心重合，并围绕中心转动，裂隙接触类型是 Smooth—Joint 型，这种裂隙接触模型所模拟的界面，不考虑界面上局部颗粒接触的方向，并可使界面两侧的颗粒沿界面相对滑动。通过参数标定，对该裂隙模型各项参数进行赋值，使其在受压时能较合理地发育并有破坏。含裂隙岩石示意图和数值模型如图 8-2-1 所示，图中 H 是试样高度，L 是试样宽度，α 是裂隙与水平面夹角，s 是裂隙长度。

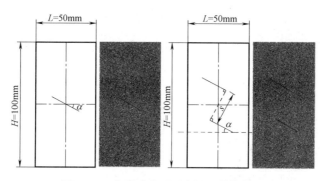

图 8-2-1 含裂隙岩石示意图和数值模型

8.2.2 模型参数标定

根据宏观试验数据，采用"试错法"对数值模拟参数进行标定，使数值模型更真实反映试样的加载过程。经反复调试，离散元模型参数属性如表 8-2-1 所示。

图 8-2-2 (a) 为完整岩石试样的试验数据与数值模拟。图 8-2-2 (b) 为有裂隙情况下试验数据曲线与数值模拟曲线对比，其中裂隙倾角为 30°，长度为 20mm。由图 8-2-2 (b) 可知，在有裂隙情况下数值模拟与试验数据较为吻合。图 8-2-2 (c) 为裂隙倾角为 60° 时，

216

试验数据曲线与数值模拟曲线对比。由图 8-2-2 可知，该离散元模型能较合理地模拟该类岩石的破坏过程。

离散元模型参数属性　　　　　　　　　　　　　　　　表 8-2-1

颗粒参数	取值	胶结参数	取值	裂隙参数	取值
颗粒最小半径(mm)	0.8	Pb_kn	3.2×10^9	Sj_kn	5.25×10^{11}
颗粒最大半径(mm)	1.4	Pb_kratio	2.0	Sj_ks	4.47×10^{11}
颗粒密度(kg/m³)	1910	dp_nratio	0.5	Sj_fa	25
颗粒法向刚度/(N/m)	2.8×9^{10}	Pb_fa	0.0	Sj_fric	0.35
颗粒刚度比	2.0	Pb_ten	5.8×10^7	Sj_large	1.0
阻尼	0.3	Pb_coh	3.55×10^7	Sj_ten	0

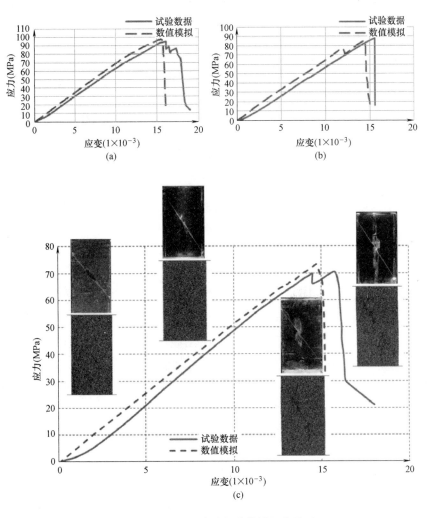

图 8-2-2　试验数据曲线与数值模拟曲线对比

（a）完整岩石试样的试验数据与数值模拟曲线；（b）30°裂隙倾角试验
数据曲线与数值模拟曲线；（c）60°裂隙倾角试验数据曲线与数值模拟曲线

8.3 裂隙扩展规律研究

8.3.1 不同裂隙倾角单轴压缩变形规律

对单裂隙受压破坏根据预置裂隙角度不同、裂隙大小不同、裂隙摩擦系数不同，分别进行数值模拟研究。

在保持其他力学参数不变的情况下，分别研究内蕴单裂隙倾角为 15°、30°、45°、60°、75°时单轴压缩的应力—应变曲线变化规律。如图 8-3-1 所示，当倾角为 15°时，峰值应力为 92.32MPa，随着内蕴裂隙倾角的增加，峰值应力呈现先减少、后增加的趋势。倾角为 45°时，峰值应力为 64.78MPa，可以看出：倾角在 45°时，峰值强度较低，更容易被破坏，这与前面的试验结果较吻合。在图 8-3-1 中展示了倾角为 15°时，试样单轴加载过程中裂隙发育的变化，轴向应力加载至 40~50MPa 时，试样开始起裂，在预置裂隙的两端萌生细小的裂隙；随着应力的增加，预置裂隙周围的小裂隙发育，搭接成为较大的裂隙，尤其是预制裂隙的两端发育最为明显；此后，随着轴向应力的增加，裂隙快速地向上下两个方向延伸，呈翼形裂隙状，试样承载力接近极限；继续加载，试样变形较大，应力增加很小，当应变达到某一数值后，试样发生脆性破坏，应力下降很快。

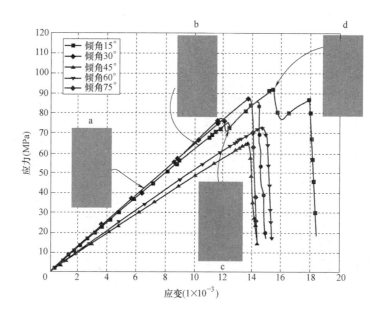

图 8-3-1　不同裂隙倾角单轴压缩的应力—应变曲线
注：a 为裂隙倾角 15°时岩石起裂应力；b 为裂隙发育搭接；
c 为搭接延伸成翼裂隙；d 为翼裂隙竖向扩展张拉劈裂破坏。

8.3.2 裂隙间距对单轴压缩变形的破坏规律

以 45°角为例，在保持其他条件不变，控制裂隙间距在 0mm（完整试样）、20mm、

40mm、50mm 时进行单轴压缩数值模拟试验，得到其应力—应变曲线关系。由图 8-3-2 可知，完整试样（即裂隙为 0mm）峰值强度最高达到 95.44MPa，随着裂隙长度的增加，强度逐渐降低，当裂隙间距达到 50mm 时，峰值强度仅为 52.32MPa。

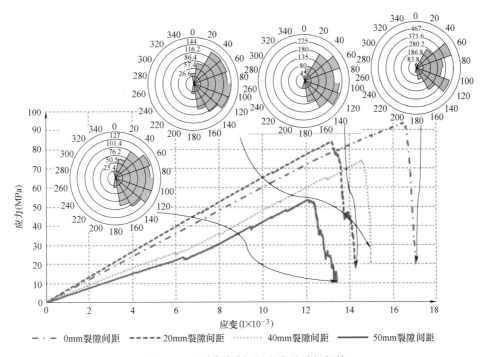

图 8-3-2　不同裂隙间距强度及破坏规律

不同裂隙间距及强度破坏规律见图 8-3-2，由图中玫瑰图可知，当裂隙间距为 20mm 时，60°～120°的产状占全部产状的 55.15％；当裂隙间距为 40mm 时，60°～120°的产状占全部产状的 50.73％；当裂隙间距为 40mm 时，60°～120°的产状占全部产状的 39.41％。这说明裂隙产状的倾角有变小的趋势，总体上表现为破坏的贯通主裂隙不再是纵向贯通裂隙，而是翼裂隙扩展到侧面时直接与试样侧面贯通。

8.3.3　双裂隙间距对强度、破坏模式的影响

单轴压缩下裂隙间距对破坏模式的影响见图 8-3-3。建立 3 组不同裂隙间距的离散元模型，除完整试样外，裂隙间距分别为 10mm、20mm、30mm，双裂隙彼此平行，上裂隙的最低点与下裂隙的最高点连线垂直于裂隙，且连线的中心即为离散元模型的中心。采用控制变量法，控制其他因素不变，只改变裂隙的间距，从而得出其力学参数的变化规律，其中，裂隙倾角为 60°。

当裂隙间距为 30mm 时，试样破坏主要模式是两条相对独立的翼形劈裂张拉裂隙。如图 8-3-3 所示，当裂隙间距为 20mm 时，试样中心形成一个菱形破坏区；当裂隙间距为 10mm 时，整个破坏形成一条自上而下的贯通劈裂隙。

8.3.4　试验、数值模拟和解析解的变形特性对比验证

含裂隙岩石单轴压缩解析解如图 8-3-4 所示，在各向同性的弹性岩石介质内部预置一

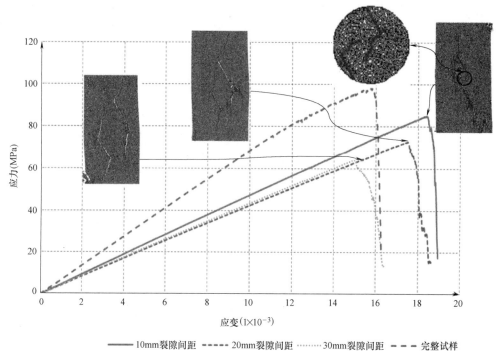

图 8-3-3　单轴压缩下裂隙间距对破坏模式的影响

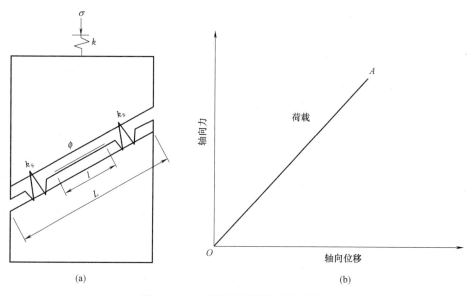

图 8-3-4　含裂隙岩石单轴压缩解析解

（a）含裂隙岩石单轴压缩的简化数学模型；（b）加载 OA 段的应力—应变示意图

个长度为 l，由水平逆时针旋转 α 角度的闭合裂隙，以及一个沿裂隙方向长 L 的不连续界面，其中，只有长为 l 的裂隙是可以滑动的。在长为 L 的不连续界面上，裂隙的末端只考虑切向刚度 k_s，将整块岩石轴向的刚度（考虑裂隙的影响）等效为 k。岩石各项物理力学参数依照试验数据标定。

8.3.5 含裂隙岩石单轴压缩数学解析解

含裂隙岩石单轴压缩的应力—应变曲线，可参考 B. H. Brad 等在含单裂隙弹性实体加（卸）载情况下的应力—应变问题。通过研究加载段 OA 的应力—应变解析解，验证试验和数值模拟结果的合理性。

在含裂隙岩石中，岩石材料本身和裂隙都有一定的竖向位移，设含裂隙岩石的等效刚度为 k，岩石位移量为 μ_1，裂隙的法向和切向位移分别为 μ_2、μ_3，竖向力为 F。可得式（8-3）、式（8-4）。

$$\frac{F}{k}=\frac{F}{WE'/H}+\frac{F\cos\alpha}{K_n L}\times\cos\alpha+\frac{F\sin\alpha}{K_s L}\times\sin\alpha \tag{8-3}$$

$$\frac{l}{k}=\frac{H}{WE'}+\frac{\cos^2\alpha}{K_n L}+\frac{\sin^2\alpha}{K_s L} \tag{8-4}$$

根据 1985 年 B. H. G. Brad 提出的理论，含裂隙岩石的单轴压缩数学解的斜率 OA 如式（8-5）所示。

$$斜率 OA=\frac{k}{1+\dfrac{k\sin\alpha\sin(\alpha-\phi)}{K_s(L-l)\cos\phi}} \tag{8-5}$$

式中，H 和 W 分别为试样高度、宽度；E' 为平面应变的弹性模量；K_n 为裂隙法向刚度；K_s 为裂隙切向刚度；L 为试样内裂隙所在平面的长度；l 为裂隙长度；α 为裂隙与水平面倾角；ϕ 为裂隙内摩擦角。

8.3.6 试验、数值和解析解对比

以倾角为 30°的试样进行参数标定，误差较小。为了验证数值模拟参数的有效性，对单裂隙情况下倾角为 45°、60°、75°进行验证，见表 8-3-1。

试验、数值模拟与解析解的误差分析 　　　　　　　　　　表 8-3-1

倾角	试验结果（$\times10^{11}$）	解析解（$\times10^{11}$）	数值模拟（$\times10^{11}$）
30°	2.990	2.9899	3.192
45°	2.482	2.95	2.511
60°	2.67	2.994	2.73
75°	2.93	3.133	3.295

表 8-3-1 中解析解为根据式（8-5）计算得到的数值，将数学解析解得到的数值与不同倾角下试验、数值模拟的应力—应变斜率进行综合对比，当倾角为 45°时，试验、数值模拟与解析解误差分别为 15.8%、14.9%；倾角为 60°时，试验、数值模拟与解析解误差分别为 10.8%、8.8%；倾角为 75°时，试验、数值模拟与解析解误差分别为 6.9%、5.2%。试验结果、数值模拟与解析解的吻合较好。

8.4 讨　论

与大量学者采用石膏、水泥砂浆等不透明脆性材料代表岩石相比，本章采用透明非饱

和聚酯树脂材料模拟岩石，其材料拉压强度比可达 $1/7\sim1/5$，具有明显脆性，可以较好地代表岩石力学特性。同时，由于树脂材料透明，试样在不同阶段的破坏情况可为裂隙发育过程中的对比分析提供重要依据。但是，自然界的脆性岩石种类繁多，配置该类岩石材料时需要针对不同岩石调整配方，并且需要根据裂隙的种类选择不同材料模拟预制裂隙。

当前针对岩石微细观的破坏数值模拟，颗粒流方法较为流行，但是，采用该方法模拟裂隙扩展，必须先标定完整试样的细观参数，建立宏观—细观试样的力学联系，然后分析裂隙接触特征，选择合适的接触模型和接触参数。此处的裂隙接触模型采用 Smooth-Joint 模型，可较为合理地表现含裂隙岩石的破坏过程。

研究结果表明：裂隙的产状对岩石破坏有着重要影响，特别是在复合多裂隙共同作用下，裂隙间很容易搭接、贯通，因此，要判断复杂裂隙作用下的破坏模式，更为适用的是基于现场统计、调查结果，建立复杂裂隙网络，综合计算确定模型的破坏模式。

对于大量的微细观尺度裂隙，应利用微细观特征的统计与分析宏观等效岩体力学性质，而对于大尺度的贯穿裂隙，则应真实建立接触裂隙。

8.5 研 究 结 论

针对含裂隙岩石受承载作用下的破坏规律，开展了透明岩石不同裂隙赋存状态的单轴压缩试验，并采用颗粒流方法进行数值模拟研究，结合解析解进行宏观变形特性对比分析。得到如下结论：

1）采用一种非饱和聚酯树脂材料，经反复的混合液配合比调配及试件烘焙、冷冻观察，加入拌合剂后在常温下可凝固，体积收缩率小，拆模后表面平整光滑，找到了接近真实岩体且透明度良好的类岩石材料制作方法。

2）基于试验结果，利用颗粒流方法标定无裂隙试样的细观参数，采用 Smooth-Joint 节理模型描述裂隙，探讨裂隙产状对试样破坏状态的影响，结果表明：数值与试验吻合程度较好。

3）综合对比室内试验、数值模拟和解析解，发现三者的变形特性差别较小，表明此处采用试验—数值方法揭示含裂隙岩石的破坏规律有一定的可靠性。

以上表明，宏观岩体的力学表现取决于细观裂隙的分布、数量、性质，这正是岩体力学的重要特征。利用 PFC 方法，可以反映细观裂隙的渐进演化过程，最终为工程岩体的治理服务。

8.6 命令流实例

8.6.1 单边伺服生成模型

New

set random 10001

domain exten -75.0004 76.2496 -101.7000 65.5825 condition destroy

cmat default model linear method deform emod 8.0e7 krat 2.7

wall create

```
    ID    1
    group    1
    vertices
    -62.5004   53.1400
    -62.5004   -90.6400
wall create
    ID    2
    group    1
    vertices
    -65.0004   -87.8750
    64.9996   -87.8750
wall create
    ID    3
    group    1
    vertices
    62.4996   -90.6400
    62.4996   53.1400
wall create
    ID    4
    group    1
    vertices
    64.9996   50.3750
    -65.0004   50.3750
geometry import shichong. dxf
ball distribute porosity 0.175 radius 0.07 0.14000 range geometry shichong count odd
ball attribute density 3000.0 damp 0.1
ball property fric 0.1
wall property fric 0.1 kn 1e12
set timestep scale
cycle 5000 calm 100
ball delete range geometry shichong count odd not
set timestep auto
;solve aratio 1e-5
cycle 10000
ball delete range geometry shichong count odd not
def wall_addr
    wadd1= wall. find( 1 )
    wadd2= wall. find( 2 )
    wadd3= wall. find( 3 )
    wadd4= wall. find( 4 )
end
@wall_addr
def compute_wallstress
```

```
        xdif1 =wall. disp. x(wadd1 )
        ydif1 =wall. disp. y(wadd1 )
        xdif2 =wall. disp. x(wadd2 )
        ydif2 =wall. disp. y(wadd2 )
        xdif3 =wall. disp. x(wadd3 )
        ydif3 =wall. disp. y(wadd3 )
        xdif4 =wall. disp. x(wadd4 )
        ydif4 =wall. disp. y(wadd4 )
ndif1=math. sqrt(xdif1^2+ydif1^2)
ndif2=math. sqrt(xdif2^2+ydif2^2)
ndif3=math. sqrt(xdif3^2+ydif3^2)
ndif4=math. sqrt(xdif4^2+ydif4^2)
wnst1=math. sqrt(wall. force. contact. x(wadd1)^2+wall. force. contact. y(wadd1)^2)
wnst2=math. sqrt(wall. force. contact. x(wadd2)^2+wall. force. contact. y(wadd2)^2)
wnst3=math. sqrt(wall. force. contact. x(wadd3)^2+wall. force. contact. y(wadd3)^2)
wnst4=math. sqrt(wall. force. contact. x(wadd4)^2+wall. force. contact. y(wadd4)^2)
wnst1=-wnst1 /138. 2500
wnst2=-wnst2 /125. 0000
wnst3=-wnst3 /138. 2500
wnst4=-wnst4 /125. 0000
end
def compute_gain
        fac = 0. 5
        gx=0. 0
        wp=wall. find(1)
        loop foreach contact wall. contactmap(wp)
            gx = gx + contact. prop(contact,"kn")
        endloop
        if gx < 1e5 then
            gx=1. 0e5
        end_if
        gx1= fac *   138. 2500 / (gx * global. timestep)
        gx=0. 0
        wp=wall. find(2)
        loop foreach contact wall. contactmap(wp)
            gx = gx + contact. prop(contact,"kn")
        endloop
        if gx < 1e5 then
            gx=1. 0e5
        end_if
        gx2= fac *   125. 0000 / (gx * global. timestep)
        gx=0. 0
        wp=wall. find(3)
```

```
        loop foreach contact wall. contactmap(wp)
            gx = gx + contact. prop(contact,"kn")
        endloop
        if gx < 1e5 then
            gx=1. 0e5
        end_if
        gx3= fac *   138. 2500 / (gx * global. timestep)
        gx=0. 0
        wp=wall. find(4)
        loop foreach contact wall. contactmap(wp)
            gx = gx + contact. prop(contact,"kn")
        endloop
        if gx < 1e5 then
            gx=1. 0e5
        end_if
        gx4= fac *   125. 0000 / (gx * global. timestep)
end
def servo_walls
    compute_wallstress
    if do_servo1 = true   then
        udv1=gx1 * (wnst1-sssreg1)
        if   math. abs(udv1 )> max_vels then
            udv1 =math. sgn(udv1 ) * max_vels
        endif
        udx1=udv1 * (  1. 000000 )
        udy1=udv1 * (  0. 000000 )
        wall. vel. x(wadd1)=udx1
        wall. vel. y(wadd1)=udy1
    else
        wall. vel. x(wadd1)=0. 0
        wall. vel. y(wadd1)=0. 0
    endif
    if do_servo2 = true   then
        udv2=gx2 * (wnst2-sssreg2)
        if   math. abs(udv2 )> max_vels then
            udv2 =math. sgn(udv2 ) * max_vels
        endif
        udx2=udv2 * (  0. 000000 )
        udy2=udv2 * (  1. 000000 )
        wall. vel. x(wadd2)=udx2
        wall. vel. y(wadd2)=udy2
    else
        wall. vel. x(wadd2)=0. 0
```

```
    wall. vel. y(wadd2)=0. 0
  end_if
    if do_servo3 = true   then
    udv3=gx3 * (wnst3−sssreg3)
        if   math. abs(udv3 )> max_vels then
            udv3 =math. sgn(udv3 ) * max_vels
        end_if
      udx3=udv3 * (−1. 000000 )
      udy3=udv3 * (  0. 000000 )
      wall. vel. x(wadd3)=udx3
      wall. vel. y(wadd3)=udy3
      else
      wall. vel. x(wadd3)=0. 0
      wall. vel. y(wadd3)=0. 0
    end_if
    if do_servo4 = true   then
      udv4=gx4 * (wnst4−sssreg4)
      if   math. abs(udv4 )> max_vels then
          udv4 =math. sgn(udv4 ) * max_vels
        endif
    udx4=udv4 * (  0. 000000 )
    udy4=udv4 * (−1. 000000 )
    wall. vel. x(wadd4)=udx4
    wall. vel. y(wadd4)=udy4
    else
    wall. vel. x(wadd4)=0. 0
    wall. vel. y(wadd4)=0. 0
      end_if
end
[sssreg1=−1. 0e6]
[sssreg2=−1. 0e6]
[sssreg3=−1. 0e6]
[sssreg4=−1. 0e6]
[do_servo1 = true]
[do_servo2 = true]
[do_servo3 = true]
[do_servo4 = true]
set fish callback 1. 0 @servo_walls
[tol=5e-2]
[stop_me=0]
[gain_cnt=0]
[gain_update_freq=10]
[nstep=0]
```

226

```
[max_vels=10.0]
def stop_me
    nstep=nstep+1
    if nstep > 200000
      stop_me=1
      exit
    endif
    gain_cnt=gain_cnt+1
    if gain_cnt >= gain_update_freq
      compute_gain
      gain_cnt=0
    endif
    iflag=1
    if do_servo1 = true then
      if math.abs((wnst1-sssreg1)/sssreg1)> tol then
        iflag=0
      endif
    end_if
    if do_servo2 = true then
      if math.abs((wnst2-sssreg2)/sssreg2)> tol then
        iflag=0
      end_if
    endif
    if do_servo3 = true then
      if math.abs((wnst3-sssreg3)/sssreg3)> tol then
        iflag=0
      end_if
    endif
    if do_servo1 = true then
      if math.abs((wnst4-sssreg4)/sssreg4)> tol then
        iflag=0
      endif
    end_if
    if mech.solve("aratio")>1e-5
      exit
    endif
      if iflag = 0 then
        exit
      end_if
    stop_me = 1
end
@compute_gain
ball attribute displacement multiply 0.0
```

```
history @wnst1
history @wnst2
history @wnst3
history @wnst4
plot create
plot hist 1 2 3
solve fishhalt @stop_me
ball delete range geometry shichong count odd not
save ini_state
```

8.6.2　赋参数并平衡

```
res ini_state
ball delete range geometry shichong count odd not
define expand_floaters_radius(xishu)
    num=0
    loop foreach local bp ball. list
    local contactmap = ball. contactmap(bp)
    local size = map. size(contactmap)
      if size <= 1 then
          ball. radius(bp)=ball. radius(bp) * xishu
        num=num+1
      endif
  endloop
end
def compute_floaters(xishu)
  num=10000
  loop while num  > 50
    expand_floaters_radius(xishu)
    command
        clean
        list @num
    endcommand
  endloop
end
@compute_floaters(1. 01)
ball delete range geometry shichong count odd not
;set fish callback 1. 0 remove @servo_walls
define identify_floaters
  loop foreach local ball ball. list
    ball. group. remove(ball,' floaters')
    local contactmap = ball. contactmap(ball)
    local size = map. size(contactmap)
    if size <= 1 then
```

```
        ball. group(ball) = 'floaters'
      endif
  endloop
end
;@identify_floaters
ball attribute velocity multiply 0. 0
ball attribute displacement multiply 0. 0
ball attribute contactforce multiply 0. 0 contactmoment multiply 0. 0
ball group rock
cmat default model linear method deform emod 8. 0e9 krat 2. 5
ball attribute damp 0. 1 density 3000. 0
contact groupbehavior and
[pb_modules=37. 84e9]
[emod000=10. 0e9]
[ten_=1. 83e8]
[coh_=1. 83e8]
contact group 'rock_contact' range group 'rock'
contact model linearpbond    range group 'rock'
contact method bond gap 1e-5 range group 'rock'
contact method deform emod [emod000 * 1. 0] krat 2. 5 range group 'rock'
contact method pb_deform emod [pb_modules * 1. 0] kratio 2. 5 range group 'rock'
contact property dp_nratio 0. 4 dp_sratio 0. 2 range group 'rock'
contact property fric 0. 4 range group 'rock'
contact property pb_rmul 1. 0 pb_mcf 1. 0 lin_mode 1 pb_ten [ten_] pb_coh [coh_] pb_fa 45 range group '
rock'
contact groupbehavior contact
def part_contact_turn_off
    loop foreach cp contact. list('ball-ball')
        sss000=contact. model(cp)
        sss111=contact. group(cp)
        if sss000 = 'linearpbond' then
          if sss111 = 'rock_contact' then
            x=math. random. uniform
            if x < 0. 40 then
            contact. group(cp)='rock_contact222'
          endif
        endif
      endif
    endloop
end
@part_contact_turn_off
contact method deform emod [emod000 * 0. 5] krat 2. 5 range group 'rock_contact222'
contact method pb_deform emod [pb_modules * 0. 5] kratio 2. 5 range group 'rock_contact222'
```

```
contact property dp_nratio 0.4 dp_sratio 0.2 range group'rock_contact222'
contact property fric 0.4 range group'rock_contact222'
contact property pb_rmul 1.0 pb_mcf 1.0 lin_mode 1 pb_ten [ten_ * 0.05] pb_coh [coh_ * 0.05] pb_fa 45
range group'rock_contact222'
call rock_particle
def servo_walls
   compute_wallstress
if do_servo1 = true   then
      udv1=gx1 * (wnst1－sssreg1)
      if   math.abs(udv1 )> max_vels then
            udv1 =math.sgn(udv1 ) * max_vels
      endif
      udx1=udv1 * (   1.000000 )
      udy1=udv1 * (   0.000000 )
      wall.vel.x(wadd1)=udx1
      wall.vel.y(wadd1)=udy1
else
      wall.vel.x(wadd1)=0.0
      wall.vel.y(wadd1)=0.0
endif
if do_servo2 = true   then
      udv2=gx2 * (wnst2－sssreg2)
      if   math.abs(udv2 )> max_vels then
            udv2 =math.sgn(udv2 ) * max_vels
      endif
      udx2=udv2 * (   0.000000 )
      udy2=udv2 * (   1.000000 )
      wall.vel.x(wadd2)=udx2
      wall.vel.y(wadd2)=udy2
   else
      wall.vel.x(wadd2)=0.0
      wall.vel.y(wadd2)=0.0
end_if
      if do_servo3 = true   then
         udv3=gx3 * (wnst3－sssreg3)
         if   math.abs(udv3 )> max_vels then
            udv3 =math.sgn(udv3 ) * max_vels
         end_if
      udx3=udv3 * (－1.000000 )
      udy3=udv3 * (   0.000000 )
      wall.vel.x(wadd3)=udx3
      wall.vel.y(wadd3)=udy3
      else
```

```
      wall. vel. x(wadd3)=0. 0
      wall. vel. y(wadd3)=0. 0
      end_if
      if do_servo4 = true    then
         udv4=gx4 * (wnst4-sssreg4)
         if   math. abs(udv4 )> max_vels then
            udv4 =math. sgn(udv4 ) * max_vels
         endif
      udx4=udv4 * (   0.000000 )
      udy4=udv4 * (-1.000000 )
      wall. vel. x(wadd4)=udx4
      wall. vel. y(wadd4)=udy4
      else
      wall. vel. x(wadd4)=0. 0
      wall. vel. y(wadd4)=0. 0
   end_if
end
[sssreg1=-3. 815e6]
[sssreg2=-6. 700e6]
[sssreg3=-3. 815e6]
[sssreg4=-6. 700e6]
[do_servo1 = true]
[do_servo2 = false]
[do_servo3 = true]
[do_servo4 = true]
wall attribute velocity multiply 0. 0 range id 2
wall attribute velocity 0. 0 range id 2
set grav 9. 8
[tol=5e-2]
[stop_me=0]
[gain_cnt=0]
[gain_update_freq=10]
[nstep=0]
[max_vels=10. 0]
def stop_me2
    nstep=nstep+1
    if nstep > 200000
       stop_me2=1
       exit
    endif
  gain_cnt=gain_cnt+1
  if gain_cnt >= gain_update_freq
      compute_gain
```

```
            gain_cnt＝0
        endif
    iflag＝1
    if do_servo1 ＝ true then
        if math. abs((wnst1－sssreg1)/sssreg1)＞ tol then
            iflag＝0
        endif
        end_if
    if do_servo2 ＝ true then
        if math. abs((wnst2－sssreg2)/sssreg2)＞ tol then
            iflag＝0
        end_if
        endif
    if do_servo3 ＝ true then
        if math. abs((wnst3－sssreg3)/sssreg3)＞ tol then
            iflag＝0
        end_if
        endif
    if do_servo1 ＝ true then
        if math. abs((wnst4－sssreg4)/sssreg4)＞ tol then
            iflag＝0
        endif
        end_if
    if mech. solve("aratio")＞1e-5
        exit
        endif
    if iflag ＝ 0 then
            exit
    end_if
    stop_me2 ＝ 1
end
ball attribute damp 0. 7
hist purge
solve fishhalt @stop_me2
save gravity2
```

8.6.3 施加裂隙网络并平衡

```
res gravity2
set random 10000008
ball attribute velocity multiply 0. 0 spin multiply 0. 0
ball attribute displacement multiply 0. 0
ball attribute contactforce multiply 0. 0 contactmoment multiply 0. 0
dfn template create name 'fractures' orientation gauss 60 30 position uniform size gauss 4. 5 0. 5 slimit 3. 0
```

20

dfn generate name ' fractures1 ' template name ' fractures ' nfra 3400 tolbox—63 63—88 51　genbox—63 63—88 51

dfn model name smoothjoint install dist 0. 01

dfn model name smoothjoint activate

dfn property sj_kn 5. 25e11 sj_ks 4. 47e11 sj_state 1 sj_fric 0. 73 sj_coh 0. 1e6 sj_shear 4e7 sj_ten 4e7 sj_large 1

measure delete

[mrad=1. 0]

measure create id 1 x 0. 0 y −80. 9625　radius [mrad]

measure create id 2 x 0. 0 y −74. 05　radius [mrad]

measure create id 3 x 0. 0 y −67. 1375　radius [mrad]

measure create id 4 x 0. 0 y −60. 2250　radius [mrad]

measure create id 5 x 0. 0 y −53. 3125　radius [mrad]

measure create id 6 x 0. 0 y −46. 4000　radius [mrad]

measure create id 7 x 0. 0 y −39. 4875　radius [mrad]

measure create id 8 x 0. 0 y −32. 5750　radius [mrad]

measure create id 9 x 0. 0 y −25. 6625 radius [mrad]

measure create id 10 x 0. 0 y −18. 7500　radius [mrad]

measure create id 11 x 0. 0 y −11. 8375　radius [mrad]

measure create id 12 x 0. 0 y −4. 9250　radius [mrad]

measure create id 13 x 0. 0 y　1. 9875　radius [mrad]

measure create id 14 x 0. 0 y　8. 9000　radius [mrad]

measure create id 15 x 0. 0 y　15. 8125　radius [mrad]

measure create id 16 x 0. 0 y　22. 8250　radius [mrad]

measure create id 17 x 0. 0 y　29. 6375　radius [mrad]

measure create id 18 x 0. 0 y 36. 5500　radius [mrad]

measure create id 19 x 0. 0 y 43. 4625　radius [mrad]

measure create id 21 x −12. 75 y 0. 0　radius [mrad]

measure create id 22 x −17. 62 y 0. 0　radius [mrad]

measure create id 23 x −22. 50 y 0. 0　radius [mrad]

measure create id 24 x −27. 37 y 0. 0　radius [mrad]

measure create id 25 x −32. 25 y 0. 0　radius [mrad]

measure create id 26 x −37. 12 y 0. 0　radius [mrad]

measure create id 31 x −11. 75 y −18. 7　radius [mrad]

measure create id 32 x −16. 80 y −18. 7　radius [mrad]

measure create id 33 x −21. 90 y −18. 7　radius [mrad]

measure create id 34 x −26. 97 y −18. 7　radius [mrad]

measure create id 35 x −32. 05 y −18. 7　radius [mrad]

measure create id 36 x −37. 12 y −18. 7　radius [mrad]

meas history id 101　stressyy id 1

meas history id 102　stressxx id 1

meas history id 103　stressyy id 2

meas history id 104   stressxx id 2

meas history id 105   stressyy id 3

meas history id 106   stressxx id 3

meas history id 107   stressyy id 4

meas history id 108   stressxx id 4

meas history id 109   stressyy id 5

meas history id 110   stressxx id 5

meas history id 111   stressyy id 6

meas history id 112   stressxx id 6

meas history id 113   stressyy id 7

meas history id 114   stressxx id 7

meas history id 115   stressyy id 8

meas history id 116   stressxx id 8

meas history id 117   stressyy id 9

meas history id 118   stressxx id 9

meas history id 119   stressyy id 10

meas history id 120   stressxx id 10

meas history id 121   stressyy id 11

meas history id 122   stressxx id 11

meas history id 123   stressyy id 12

meas history id 124   stressxx id 12

meas history id 125   stressyy id 13

meas history id 126   stressxx id 13

meas history id 127   stressyy id 14

meas history id 128   stressxx id 14

meas history id 129   stressyy id 15

meas history id 130   stressxx id 15

meas history id 131   stressyy id 16

meas history id 132   stressxx id 16

meas history id 133   stressyy id 17

meas history id 134   stressxx id 17

meas history id 135   stressyy id 18

meas history id 136   stressxx id 18

meas history id 137   stressyy id 19

meas history id 138   stressxx id 19

meas history id 141   stressyy id 21

meas history id 142   stressxx id 21

meas history id 143   stressyy id 22

meas history id 144   stressxx id 22

meas history id 145   stressyy id 23

meas history id 146   stressxx id 23

meas history id 147   stressyy id 24

meas history id 148   stressxx id 24

```
meas history id 149    stressyy id 25
meas history id 150    stressxx id 25
meas history id 151    stressyy id 26
meas history id 152    stressxx id 26
meas history id 161    stressyy id 31
meas history id 162    stressxx id 31
meas history id 163    stressyy id 32
meas history id 164    stressxx id 32
meas history id 165    stressyy id 33
meas history id 166    stressxx id 33
meas history id 167    stressyy id 34
meas history id 168    stressxx id 34
meas history id 169    stressyy id 35
meas history id 170    stressxx id 35
meas history id 171    stressyy id 36
meas history id 172    stressxx id 36
plot create plot 'stress'
plot add hist 141 143 145 147 149 151
plot add hist 142 144 146 148 150 152
plot add hist 161 163 165 167 169 171
plot add hist 162 164 166 168 170 172
[sssreg1=-3.815e6]
[sssreg2=-6.700e6]
[sssreg3=-3.815e6]
[sssreg4=-6.700e6]
solve fishhalt @stop_me2
save balance
```

8.6.4 开挖分析

```
res balance
contact groupbehavior contact
contact activate on
geometry delete
geometry import fanwei. dxf nomerge
dfn property sj_kn 5.25e11 sj_ks 4.47e11 sj_state 1 sj_fric 0.73 sj_coh 0.1e6 sj_shear 4e8 sj_ten 4e8 sj_
large 1 range geometry fanwei distance 10.0
geometry import cable. dxf
contact group 'cables' range geometry cable distance 0.3
contact method deform emod [emod000 * 1.0] krat 1.5 range group 'cables'
contact method pb_deform emod [pb_modules * 1.0] kratio 1.5 range group 'cables'
contact property dp_nratio 0.4 dp_sratio 0.2 range group 'cables'
contact property fric 1.5 range group 'cables'
contact property pb_rmul 1.0 pb_mcf 1.0 lin_mode 1 pb_ten [ten_ * 10.] pb_coh [coh_ * 10.] pb_fa 45
```

235

```
range group 'cables'
contact method deform emod [emod000 * 0.5] krat 2.5 range group 'rock_contact222'
contact method pb_deform emod [pb_modules * 0.5] kratio 2.5 range group 'rock_contact222'
contact property dp_nratio 0.4 dp_sratio 0.2 range group 'rock_contact222'
contact property fric 0.4 range group 'rock_contact222'
contact property pb_rmul 1.0 pb_mcf 1.0 lin_mode 1 pb_ten [ten_ * 0.05] pb_coh [coh_ * 0.05] pb_fa 45
range group 'rock_contact222'
set fish callback 1.0 remove @servo_walls
wall attribute velocity   0.0
ball attribute velocity multiply 0.0 spin multiply 0.0
ball attribute displacement multiply 0.0
ball attribute contactforce multiply 0.0 contactmoment multiply 0.0
ball attribute damp 0.7
call fracture.p2fis
@track_init
hist id 181 @crack_num
hist reset
save aaaa
ball delete ran group poly16
ball delete ran group poly17
ball delete ran group poly18
ball delete ran group poly19
ball delete ran group poly20
ball delete ran group poly21
ball delete ran group poly22
cyc 10000
save kaiwa1
ball delete range group poly7
ball delete range group poly8
cyc 10000
save kaiwa2
ball delete range group poly6
cyc 10000
save kaiwa3
ball delete range group poly5
cyc 20000
save kaiwa4
ball delete range group poly10
cyc 10000
save kaiwa5
ball delete range group   poly11
cyc 10000
save kaiwa6
```

236

```
ball delete range group poly4
cyc 20000
save kaiwa7
ball delete range group poly3
cyc 10000
save kaiwa8
ball delete range group poly2
cyc 10000
save kaiwa9
ball delete range group poly1
cyc 20000
save kaiwa10
ball delete range group poly12
ball delete range group poly13
cyc 20000
save kaiwa11
cyc 50000
save final
```

第9章　热力耦合作用下花岗岩细观损伤模型研究

热力耦合是指岩体在温度场和应力场相互作用下产生的物理化学过程，在核电领域、地热领域，尤其是温差变化较大、温度较高的区域，热力耦合对岩石的性质有重要影响。在核电领域，高放射性废物不断释放热量，热量经过工程屏障（废物罐、缓冲材料）传导至围岩，从而导致围岩温度升高。围岩的热性质对高放射性废物衰变热的传输和扩散行为起主导作用。研究表明：在围岩的所有热性质中，导热系数是描述其热传输能力的关键参数，导热系数越高，传热的能力就越强。对于含有高放射性废物的地质工程而言，对围岩导热系数的准确评价对于确定处置库的容积、布局、造价，以及处置单元间距的优化至关重要。同时，在长期的热荷载作用下，处置库围岩可能发生热损伤，在岩体中产生微裂隙，劣化围岩的热传导性能将会对整个处置系统产生不利影响。

近年来，在试验基础上采用数值方法模拟岩石的热力学效应成为研究热点之一。Jang and Yang 采用热弹性有限元方法模拟花岗岩加热过程，并与室内试验进行对比分析。Schrank et al. 采用隐式拉格朗日有限元方法建立花岗岩模型分析了由于加热产生裂隙造成的岩石孔隙放大效应。颗粒流作为目前常用的离散元方法，能够较好地模拟岩石开裂及损伤发展等非连续过程。同时，将刚性颗粒作为热源，将颗粒间接触作为热量传输通道，颗粒流方法可模拟热量从热源向外流动的动态过程。Wanne and Young 采用 PFC2D，利用粘结颗粒模型模拟花岗岩在加热条件下裂隙扩展情况，并与声发射试验对比。Zhao 采用 PFC2D 模拟花岗岩加热产生细观和宏观裂隙的过程，阐述不同温度条件下花岗岩力学机制。

本章基于中国北山花岗岩的室内试验数据，利用颗粒流热力学方法，引入热损伤系数对平行粘结模型进行修正，建立花岗岩热损伤模型，研究加热过程中花岗岩力学性质变化，并在此基础上利用典型地下洞室，探讨高温下热作用对洞室的影响及变形破坏机理。

9.1　热力学理论模型

采用二维颗粒流，在颗粒—颗粒接触模型中，线性平行粘结模型能够较好地模拟完整岩石中矿物与矿物之间胶结状态的力学性能。同时，在基于颗粒流方法的热力学耦合模型中，线性平行粘结模型能够考虑接触两端颗粒的热膨胀效应。但考虑花岗岩在加热过程中，随着温度升高，矿物发生氧化、变质，相应物理力学性质将发生改变。因此，此处考虑采用一种改进的线性平行粘结模型建立花岗岩热力耦合模型。

如图 9-1-1 所示，基于温度变化的线性平行粘结模型，由于热膨胀的存在，仅考虑法向分量受到温度影响，即模型中胶结物的轴向刚度、粘结强度随温度变化而改变，从而反映岩石材料在加热过程中的物理力学性质变化。

在细观颗粒接触热力学计算时，随着温度改变，颗粒半径和胶结物长度发生改变，如式（9-1）、式（9-2）所示。

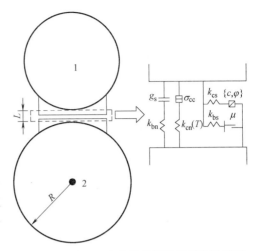

$$\Delta R = \alpha_b R \Delta T \tag{9-1}$$

$$\Delta L = \alpha_c L \Delta T \tag{9-2}$$

式中，ΔR 为颗粒半径变化量；α_b 为颗粒线性热膨胀系数；R 为颗粒半径；ΔL 为胶凝材料长度变化量；α_c 为胶结物线性热膨胀系数；L 为胶结物长度（胶结物两端颗粒半径之和，在热力学计算中作为热量传递介质，即热通道）；ΔT 为温度变化量。

图 9-1-1　基于温度变化的线性平行粘结模型

因此，在每一个计算步骤中，两颗粒之间的法向接触力的变化量如式（9-3）所示。

$$\Delta F = 2k_{cn} R_c \alpha_c L \Delta T \tag{9-3}$$

式中，ΔF 为每个计算步骤接触力的变化量；k_{cn} 为胶结物刚度；R_c 为胶结宽度（两接触颗粒的半径较小值）。

在热力学计算中，连续体的热传导方程由式（9-4）、式（9-5）给出。

$$\frac{\partial q_i}{\partial x_i} + q_v = \rho C_v \frac{\partial T}{\partial t} \tag{9-4}$$

$$q_i = -k_{ij} \frac{\partial T}{\partial x_j} \tag{9-5}$$

式中，q_i 为热通量向量；q_v 为体积热源强度；ρ 为密度；C_v 为比热容；k_{ij} 为导热张量；t 为温度。

两个颗粒的热传导方程可以通过式（9-6）、式（9-7）给出。

$$-\sum_{p=1}^{N} Q_p + Q_v = mC_v \frac{\partial T}{\partial t} \tag{9-6}$$

$$Q_p = \frac{\Delta T_p}{\eta_p L_p} \tag{9-7}$$

式中，N 为颗粒间接触数量，即热通道数量；Q_p 为第 p 个接触中从热源颗粒流出的热能；Q_v 为热源强度；m 为质量；C_v 为比热容；ΔT_p 为第 p 个接触两端颗粒的温度差；η_p 为第 p 个接触单位长度的热阻；L_p 为第 p 个接触长度。

计算时，假定材料在热力学各向同性，因此，可将热传导张量考虑为常数 k，热传导系数随温度变化，其变化规律由式（9-8）给出。

$$k = (0.241 + 4.6 \times 10^{-4} T)^{-1} \tag{9-8}$$

在热力学计算中考虑加热过程中热膨胀会引起接触间的破坏，因此，会导致试样宏观刚度、强度下降，这部分岩体的损伤可以用 D_{T1} 表示，见式（9-9）。而花岗岩在加热过程中由于失水、部分矿物被氧化等物理化学变化，矿物晶格骨架被破坏，化学性质必然发生改变，因此，用细观颗粒流方法模拟力学性质时接触刚度、粘结强度必然有变化，这部分损伤用 D_{T2} 表示。一个完整的试样受热力学作用时，其宏观参数是两种效应的叠加结果。实际上，第一部分损伤可由热力学条件触发颗粒间粘结强度破坏自动模拟裂隙产生过程。微裂的隙产生影响宏观变形与强度，此时可引入矿物随温度变化损伤系数，D_{T2} 来考虑，如式（9-9）所示。

$$\begin{Bmatrix} E \\ \sigma \end{Bmatrix} = f(E_b, E_c, \sigma_{cc}, c, D_{T1}, D_{T2}) = \begin{Bmatrix} f_1(E_b, E_c, D_{T1}, D_{T2}) \\ f_2(\sigma_{cc}, c, D_{T1}, D_{T2}) \end{Bmatrix} \quad (9\text{-}9)$$

式中，E 为岩石宏观的弹性模量；σ 为岩石的宏观强度（以单轴抗压强度表征）。根据文献，在细观平行粘结模型中，颗粒的接触有效模量与胶结物弹性模量与 E 密切相关；而接触抗拉强度与黏聚力与 σ 相关，且分别呈现明显的线性对应关系。因此，对于细观参数，D_{T2} 部分按照变形与强度分别考虑 $D_{2E}(T)$ 和 $D_{2\sigma}(T)$，只要确定 D_{T2} 的损伤演化函数，利用式（9-9）就可以将试样的热力学参数变化规律反映，得到式（9-10）。

$$\begin{Bmatrix} E_b \\ E_c \\ \sigma_{cc} \\ c \end{Bmatrix} = \begin{Bmatrix} 1.0 - D_{T2-E} \\ 1.0 - D_{T2-E} \\ 1.0 - D_{T2-\sigma} \\ 1.0 - D_{T2-\sigma} \end{Bmatrix}^T \cdot \begin{Bmatrix} E_{b0} \\ E_{c0} \\ \sigma_{cc0} \\ c_0 \end{Bmatrix} = \begin{Bmatrix} 1.0 - D_{2E}(T) \\ 1.0 - D_{2E}(T) \\ 1.0 - D_{2\sigma}(T) \\ 1.0 - D_{2\sigma}(T) \end{Bmatrix}^T \cdot \begin{Bmatrix} E_{b0} \\ E_{c0} \\ \sigma_{cc0} \\ c_0 \end{Bmatrix} \quad (9\text{-}10)$$

式中，E_b 为颗粒的接触有效模量；E_c 为胶结物弹性模量；σ_{cc} 为胶结物抗拉强度；c 为胶结物黏聚力；D_{T2} 表征矿物加热后因热膨胀产生微裂纹造成的岩石力学性质劣化的损伤系数，该部分损伤可由细观数值模拟计算过程体现；E_{b0}、E_{c0}、σ_{cc0}、c_0 分别为对应参数在0℃时的取值。

9.2 细观参数标定

9.2.1 数值模型构建

采用中国北山花岗岩试验数据开展热力学损伤模型研究，为了模拟岩石内矿物的影响，建立如图9-2-1所示的模型，利用数字图像识别技术，发现花岗岩试样主要由55％斜长石、16.8％长石、21.1％石英和7.1％云母组成。采用矿物随机构成法，按照北山花岗岩中不同矿物含量生成模型，模型尺寸为50mm×100mm，颗粒总数约16000，颗粒平均半径为0.285mm，最小半径为0.190mm，最大半径为0.380mm，模型孔隙率取0.18，颗粒密度为3000kg/m³。

根据热处理北山花岗岩得到的不同围压下的变形、强度曲线进行分析，研究不同温度、不同围压下北山花岗岩的变形、强度特性，用试验数据对颗粒离散元平行粘结模型进行参数标定，得到PFC2D模拟中使用的力学参数和热参数如表9-2-1所示。

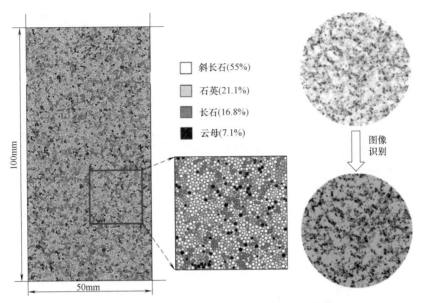

图 9-2-1　基于图像识别建立的北山花岗岩二维模型

PFC2D 模拟中使用的力学参数和热参数　　　　　　　　　　　　　　　　表 9-2-1

力学参数	斜长石	石英	长石	云母
有效模量(GPa)	30.0	6.42	42.8	6.42
粘结有效模量(GPa)	107	22.9	153	22.9
法向—切向刚度比	1.5	1.5	1.5	1.5
粘结法向—切向刚度比	1.5	1.5	1.5	1.5
抗拉强度(MPa)	293	97.5	975	48.7
黏聚力(MPa)	381	127	1270	63.5
摩擦系数	1.5	0.5	1.5	0.5
热参数	—	—	—	—
线性热膨胀系数(1/K)	8.70×10^{-6}	2.43×10^{-5}	1.07×10^{-5}	3.00×10^{-6}
比热容[J/(kg·K)]	1015	1015	1015	1015
25℃时的热阻[K/(W·m)]	0.11	0.03	0.10	0.13
25℃时的热传导系数[W/(m·K)]	2.20	1.93	2.37	7.34

　　采用表 9-2-1 的参数，模型初始温度为 25℃，将此温度作为常温对照模型。加热过程采用逐级加热，每加热 25℃后将模型求解至平衡，再加热 25℃，重复操作直到模型达到目标温度（200℃、400℃、600℃、800℃、900℃、1000℃）。加热后，由于矿物颗粒膨胀，在颗粒接触间产生热应力，导致接触断裂，产生裂隙。随着温度升高，热裂隙不断增加，裂隙破坏类型以拉伸裂隙为主。常温时，拉伸裂隙和剪切裂隙数目均为 0，加热后，拉伸裂隙逐步增加至 2218，剪切裂隙增加至 360，从该过程可明显看出：由于热力学效应导致试样内微裂隙的不断增长。

9.2.2　北山花岗岩热力学性质

1. 热力学模型对花岗岩轴向压缩影响

预加热过程中模型裂隙数量变化（黑色为裂隙）如图 9-2-2 所示，图中 C_t 是拉伸裂

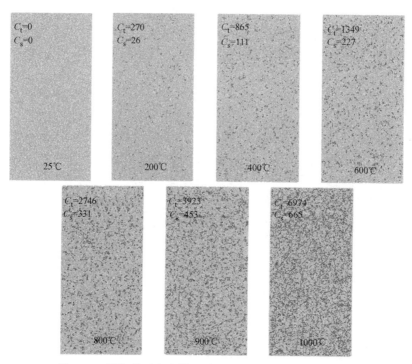

图 9-2-2　预加热过程中模型裂隙数量变化（黑色为裂隙）

纹，C_s 是剪切裂纹。在模型预加热后产生热裂隙，将模型在此基础上不考虑损伤系数 D_{T2} 进行单轴压缩试验模拟，即仅考虑因热膨胀造成的损伤 D_{T1}，以讨论引入矿物随温度变化的损伤系数 D_{T2} 的必要性，得到结果如图 9-2-3（a）所示。可以看出，如果仅考虑花岗岩热膨胀后产生的损伤，岩石在单轴压缩试验中随着温度升高，单轴抗压强度和弹性模量均有弱化趋势，但在高温下岩石单轴抗压强度及弹性模量均远高于试验结果，表明只有引入 $D_2(T)$ 才能模拟花岗岩的热处理曲线。

根据试验曲线进行弹性模量及强度试算，可得出损伤系数 $D_2(T)$ 随温度演化函数如式（9-11）和式（9-12）所示。

$$D_{2E}(T)=1-\frac{(-3.1\times10^{-5}T^2-1.807\times10^{-3}T+38.358)}{38.358} \tag{9-11}$$

$$D_{2\sigma}(T)=1-\frac{(-1.56\times10^{-4}T^2+3.9328\times10^{-2}T+155.68)}{155.68} \tag{9-12}$$

式中，$D_{2E}(T)$ 为细观弹性模量（包括颗粒弹性模量 E_b 及胶结物弹性模量 E_c）损伤系数；$D_{2\sigma}(T)$ 为细观粘结强度（包括胶结物抗拉强度 σ_{cc} 及黏聚力 c）损伤系数。

将损伤系数 D_{T2} 引入模型后进行单轴压缩试验模拟，得到不同温度下单轴压缩应力—应变曲线如图 9-2-3 所示，模拟曲线与试验曲线较吻合，可以模拟北山花岗岩的热力学性质。

在上述标定参数基础下，计算不同围压下试样的应力—应变曲线，如图 9-2-4 所示。曲线随温度变化规律与单轴压缩试验结果基本一致，随着温度升高，花岗岩模型强度和弹性模量逐渐弱化。在 25～400℃，花岗岩模型主要破坏模式为脆性破坏，400～1000℃时模型延性增强，达到峰值强度破坏后仍存在一定强度。细观上，随着围压增加，微观裂隙

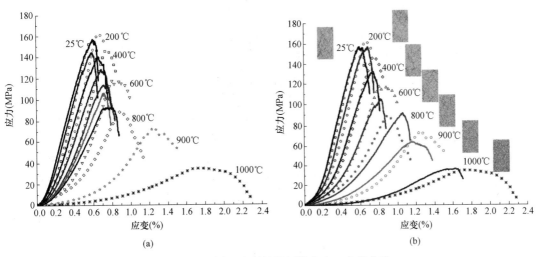

图 9-2-3　不同温度下单轴压缩应力—应变曲线

（a）只考虑损伤系数 D_{T1}；（b）同时考虑损伤系数 D_{T1}、D_{T2}

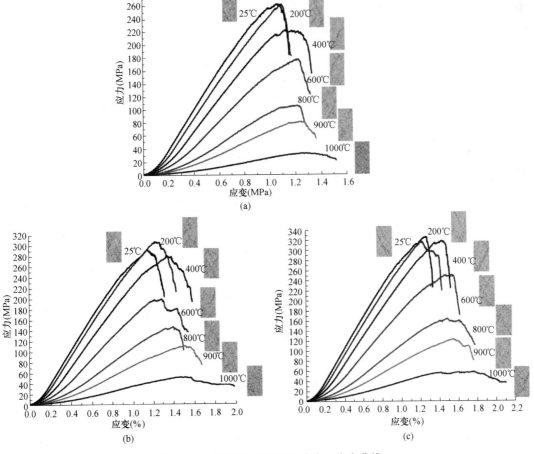

图 9-2-4　不同围压下试样的应力—应变曲线

（a）围压为 5MPa；（b）围压为 10MPa；（c）围压为 15MPa

数量减少，在高温下破坏时，模型没有出现明显贯通裂隙，裂隙分布较松散。模拟结果与试验现象基本吻合。

2. 热力学模型对花岗岩轴向拉伸影响

利用 PFC 方法模拟岩石性质时，压缩性能较易满足，但抗拉强度一般处于单轴压缩强度的 1/3～1/2，这与真实的试验情况相差较大。由于采用了 4 种细观矿物的随机构成标定的参数，采用与上述单轴压缩相同的模型，对北山花岗岩在加热后进行单轴拉伸试验，得到结果如图 9-2-5 所示。发现在 25℃时，单轴拉伸强度约为 16.5MPa，应力—应变曲线无明显抖动。随着温度增加，北山花岗岩的抗拉强度和弹性模量随之减小，且在高温下抗拉强度和弹性模量减小幅度增大，拉伸应力—应变曲线出现明显抖动。这是由于在预加热过程中模型出现微裂隙后，拉伸试验时，因应力集中在两条裂隙间产生岩桥，两条裂隙在岩桥搭接下贯通，裂隙贯通瞬间释放应力，造成应力下降，但由于模型还未

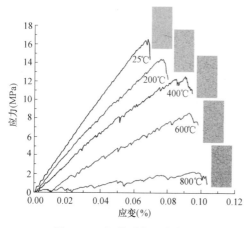

图 9-2-5　加热后北山花岗岩
单轴拉伸应力—应变曲线

被整体破坏，强度还未达到极限，因此，继续拉伸后应力—应变曲线能够继续上升，出现了曲线的抖动，该现象在试样处于高温时较明显。

9.3　核电站隧洞温度场对开挖损伤影响

9.3.1　核电站隧洞模型构建

核电站隧洞在热力耦合作用下的破坏机理具有重要的研究意义。为了验证上述热力学损伤模型的影响，利用某地下核电站隧洞，研究高放射性废物放热过程对围岩的影响。选取与上述三轴压缩模拟试验相同的颗粒级配、矿物组成、细观参数，建立 125m×140m 的矩形区域，以矩形中心为圆心，以半径 10m 的圆形区域进行开挖，如图 9-3-1 所示。为模拟不同深度地应力梯度，对模型边界采用柔性伺服，顶部侧向地应力为 3MPa，底部侧向地应力为 8.25MPa，地应力随深度呈线性增加，模型顶部应力为 2MPa，底部固定。

9.3.2　温度变化下核电站隧洞裂隙扩展规律

按照上述方法对核电站隧洞进行加热及冷却，只考虑损伤系数 D_{T1} 和同时考虑损伤系数 D_{T1}、D_{T2} 的隧洞模型裂隙数量增长规律及温度变化分布如图 9-3-2 所示。无论是否考虑热损伤系数，隧洞模型在洞周围温度 200℃以下时几乎不会有裂隙产生，200℃后继续加热，洞周围开始出现零散裂隙。在 300～400℃时，裂隙数量明显增加，模型长边中部出现一条贯穿裂隙。400℃之后，裂隙数量接近线性增长，直至洞周围温度升高至

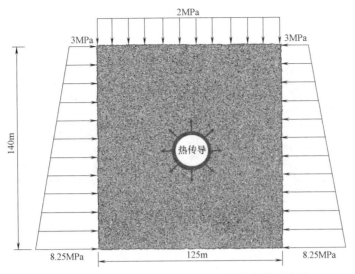

图 9-3-1　某核电站隧洞模型及边界应力条件示意图

1000℃，当温度升高至1000℃后，温度传导至离隧洞约50m，由于裂隙产生造成的变形导致温度不是以标准圆形区域传导，未破坏区域温度梯度较均匀，裂隙处温度出现断层，即相邻岩体间温差较大，由于温差导致的变形继续增大从而使裂隙进一步扩大。在1000～900℃降温初期，裂隙数量增长较快，在900～200℃降温过程中，裂隙数量是线性增长，200℃后裂隙数量增长速度再次增加。当洞周围温度降至25℃后，贯穿裂隙周围温度下降较快，已接近常温，洞周围加热区域出现较多裂隙，与岩层内部几乎脱离，热传递过程减缓，且岩层内部区域因裂隙较分散，岩体间尚有接触部分，因此，最高温度仍然保持在400℃，并随深度均匀递减。

如图9-3-2（a）所示，洞周围加热后，裂隙数量在325℃开始突变，350℃后裂隙数

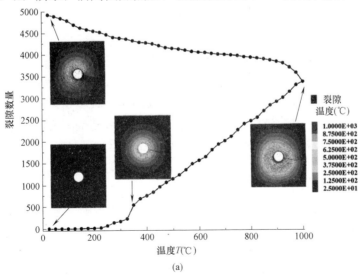

(a)

图 9-3-2　隧洞模型裂隙数量增长规律及温度变化分布（一）

（a）只考虑损伤系数 D_{T1}

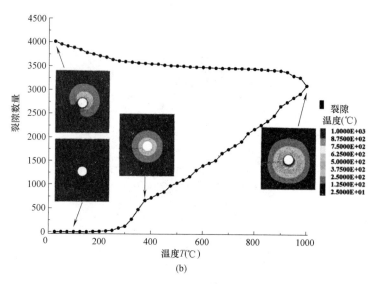

图 9-3-2　隧洞模型裂隙数量增长规律及温度变化分布（二）

（b）同时考虑损伤系数 D_{T1}、D_{T2}

量开始均匀增长，至 1000℃时裂隙数量为 3361，降温过程裂隙数量继续增加至 4923。如图 9-3-2（b）所示，洞周加热后裂隙数量在 300℃开始突变，375℃后裂隙数量开始均匀增长，至 1000℃时裂隙数量为 3100，降温过程裂隙数量继续增加至 4015。考虑损伤系数后，由于岩体力学性质随温度变化，强度和弹性模量随温度升高而下降，岩体更早开始破坏，且破坏初期裂隙数量较不考虑损伤系数 D_{T2} 的模型多。随着温度升高，由于弹性模量随温度升高而减小，高温下岩体更软，能够承受更大变形，因此，高温下裂隙增长速度明显降低。

9.4　讨　　论

利用颗粒流数值模拟岩石的细观力学性质，岩石的压拉特性是开展相关力学分析的关键。虽然可以利用不同的矿物构成反映试样的非均匀性，但是不同矿物间接触刚度、强度的细观参数并没有一致的规律，因此往往难以确定。根据文献的研究结果，可以选取一定比例的接触，利用多峰值细观参数进行标定，得到的岩石压拉强度符合实际情况，因此，此处利用温度损伤演化计算得到的压拉强度比为 10～20，符合工程岩石的性质。如果不考虑矿间接触性质的差异，或者采用均匀的接触参数，是无法得出合理的岩石性质的。

研究表明，不同加热速度对花岗岩热力学性质有很大影响。为模拟不同加热速度下北山花岗岩模型加热后裂隙生成速度、数量变化趋势，将考虑损伤系数的北山花岗岩模型从 25℃加热至 1000℃，加热时温度取 1℃、10℃、25℃、50℃、75℃、100℃，每次升温后将模型循环 10000 步。不同加热速度下，裂隙数量变化整体趋势大致相同，约 200℃时，拉裂隙与剪切裂隙数量出现突变，随后裂隙数量稳定增长，温度超过 800℃后裂隙数量增长速度加快。

不同加热速度下裂隙数量曲线见图 9-4-1。在较低或较高加热速度下，加热至 100℃
时，裂隙数量较多；加热到 50℃时，裂隙数量最少。

数值计算结果表明，不同加热速度对花岗岩热损伤裂隙数量影响较大，对其力学性质
也会产生很大影响。

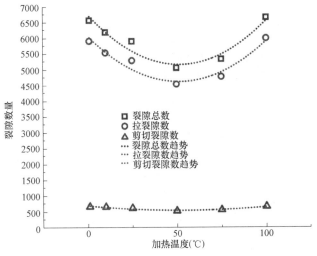

图 9-4-1　不同加热速度下裂隙数量曲线

9.5　研究结论

引入表征岩石力学性质随温度变化的损伤演化函数，以北山花岗岩室内试验数据作为
参数标定对象，分析北山花岗岩在热力耦合作用下的力学特性，对比损伤系数对核电站隧
洞热传递及裂隙扩展影响。得到如下结论：

（1）采用颗粒流进行热力学计算时，仅考虑热膨胀效应无法合理地描述花岗岩在加热
过程中的力学性质变化，岩石模型参数随温度改变十分必要，三轴压缩试验模拟结果能够
更好地与试验吻合。

（2）北山花岗岩在加热过程中，抗压强度、抗拉强度和弹性模量均随温度升高而降
低，在单轴拉伸过程中由于岩桥产生，相邻两条初始裂隙贯通，单轴拉伸曲线在高温下出
现多处震荡，加热使花岗岩张拉性质改变。

（3）考虑在矿物随温度变化损伤系数的北山花岗岩核电站隧洞模型中，在洞周围加
热条件下，热量不断向岩层内部传递，洞周围先出现随机微裂隙，然后在模型长边中
部出现贯穿裂隙，之后裂隙匀速增长，降温过程中，裂隙增长速度较升温过程慢。对
比不考虑该损伤系数的模型，由于岩石力学性质随温度改变，裂隙产生时间较早，低
温下裂隙较多，但随着温度升高，岩体软化后能够承受更大变形，高温下裂隙增速降
低，数量减少。

岩石与热力学耦合时的岩土工程是核电站、地热等热相关领域内的研究热点，利用
PFC 与热力学耦合方法，不仅可以揭示热应力对岩体性质的影响，也可以反映岩体的变
形耦合机理，具有广阔的应用前景。

9.6 命令流实例

9.6.1 制样

```
configure thermal
cmat thermal default model ThermalPipe property thres= 0. 5
cmat thermal default inherit thres off
set echo off
   call StrainUtilities. p2fis
   call StressUtilities. p2fis
set echo on
domain extent-1 3-1 5
cmat default model linear method deformability emod 1. 0e8 kratio 2. 5
cmat default model linear property kn 1e9 ks 1e9
wall generate name' vessel' box 0 2. 0 0 4. 0 expand 1. 5
[wp_left   = wall. find(' vesselLeft')]
[wp_right = wall. find(' vesselRight')]
[wp_bot   = wall. find(' vesselBottom')]
[wp_top   = wall. find(' vesselTop')]
define wlx
   wlx  = wall. pos. x(wp_right)-wall. pos. x(wp_left)
end
define wly
   wly  = wall. pos. y(wp_top)  -wall. pos. y(wp_bot)
end
Generate a cloud of overlapping balls with a target porosity
and assign density and local damping attributes
set random 10001
ball distribute porosity 0. 18 radius 0. 0075 0. 015 box 0 2 0. 0 4. 0
ball attribute density 3000. 0 damp 0. 1
ball thermal attribute sheat 1015
;define ball and wall friction property
ball property fric @ballFriction
wall property fric @wallFriction
solve to equilibrium
set timestep scale
cycle 10000 calm 1000
set timestep auto
solve aratio 1e-5
calm
identify floaters using FISH function defined in make_utilities. p2fis
```

248

```
define identify_floaters
    loop foreach local ball ball. list
        ball. group. remove(ball,'floaters')
        local contactmap = ball. contactmap(ball)
        local size = map. size(contactmap)
        if size <= 1 then
            ball. group(ball)= 'floaters'
        endif
    endloop
end
@identify_floaters
@ini_gstrain(@wly)
return
```

9.6.2　伺服压紧

```
[ly0 = wly]
[lx0 = wlx]
[v0 = wlx * wly]
[txx =-1. 0e6]
[tyy =-1. 0e6]
wall servo activate on xforce [ txx * wly] vmax 1. 1 range set name 'vesselRight'
wall servo activate on xforce [-txx * wly] vmax 1. 1 range set name 'vesselLeft'
wall servo activate on yforce [ tyy * wlx] vmax 1. 1 range set name 'vesselTop'
wall servo activate on yforce [-tyy * wlx] vmax 1. 1 range set name 'vesselBottom'
define servo_walls
    wall. servo. force. x(wp_right)= txx * wly
    wall. servo. force. x(wp_left)=-txx * wly
    wall. servo. force. y(wp_top)= tyy * wlx
    wall. servo. force. y(wp_bot)=-tyy * wlx
end
set fish callback 9. 0 @servo_walls
history id 41 @wsxx
history id 42 @wsyy
set orientation on
calm
[tol = 5e-3]
define stop_me
    if math. abs((wsyy-tyy)/tyy)> tol
        exit
    endif
    if math. abs((wsxx-txx)/txx)> tol
        exit
    endif
```

```
    balan＝mech. solve("aratio")
    if mech. solve("aratio")＞1e-5
        exit
    endif
    stop_me ＝ 1
end
ball attribute displacement multiply 0. 0
solve fishhalt @stop_me
measure create id 1 x 1. 0 y 2. 0 rad [0. 4 * (math. min(lx0,ly0))]
[porosity ＝ measure. porosity(measure. find(1))]
@compute_spherestress([0. 4 * (math. min(lx0,ly0))])
@compute_averagestress
@identify_floaters
return
```

9.6.3 温度效应模拟

```
gui proj save aaaaaa
ball attribute velocity multiply 0. 0
ball attribute displacement multiply 0. 0
ball attribute contactforce multiply 0. 0 contactmoment multiply 0. 0
ball group ' specimen'
define identify_floaters
    loop foreach local ball ball. list
        ball. group. remove(ball,' floaters')
        local contactmap ＝ ball. contactmap(ball)
        local size ＝ map. size(contactmap)
        if size ＜＝ 1 then
            ball. group(ball)＝' floaters'
        endif
    endloop
end
@identify_floaters
define expand_floaters_radius(xishu)
    num＝0
    loop foreach local bp ball. list
        local contactmap ＝ ball. contactmap(bp)
        local size ＝ map. size(contactmap)
        if size ＜＝ 1 then
            ball. radius(bp)＝ball. radius(bp) * xishu
            num＝num＋1
        endif
    endloop
end
```

250

```
def compute_floaters(xishu)
    num=10000
    loop while num  > 20
        expand_floaters_radius(xishu)
        command
            clean
            list @num
        endcommand
    endloop
end
@compute_floaters(1.001)
@identify_floaters
set random 100050
ball group 'quartz'
[area_feldspar_and_mica=0.0]
define area_particles
    area_total=0.0
    loop foreach local bp ball.list
        area_total=area_total+math.pi * ball.radius(bp) * ball.radius(bp)
    endloop
end
@area_particles
[num_feldspar1=0]
[num_feldspar2=0]
[num_mica=0]
define mak_clusters_sc
  loop foreach local bp ball.list
        xx=math.random.uniform
        if xx < 0.3 then
            ball.group(bp)='feldspar1'
            area_feldspar1=area_feldspar1+math.pi * ball.radius(bp) * ball.radius(bp)
            num_feldspar1=num_feldspar1+1
        endif
        if xx > 0.3 then
        if xx < 0.4 then
            ball.group(bp)='feldspar2'
            area_feldspar2=area_feldspar2+math.pi * ball.radius(bp) * ball.radius(bp)
            num_feldspar2=num_feldspar2+1
        endif
        endif
        if xx > 0.95 then
            ball.group(bp)='mica'
            area_mica=area_mica+math.pi * ball.radius(bp) * ball.radius(bp)
```

```
            num_mica=num_mica+1
        endif
    endloop
    loop foreach bp ball. list
        sssname=ball. group(bp)
        if sssname == 'quartz' then
            continue
        endif
        loop foreach local cp ball. contactmap(bp,contact. typeid(' ball-ball'));ball
            if contact. end1(cp)= bp then
                bp_other = contact. end2(cp)
            else
                bp_other = contact. end1(cp)
            endif
            if ball. group(bp_other) # 'quartz' then
                continue
            endif
            if rat111 < 0. 547   then
                if sssname=='feldspar1' then
                ball. group(bp_other)='feldspar1'

area_feldspar1=area_feldspar1+math. pi * ball. radius(bp_other) * ball. radius(bp_other)
                num_feldspar1=num_feldspar1+1
                rat111=area_feldspar1/area_total
                endif
                endif
            if rat555 < 0. 168   then
                if sssname=='feldspar2' then
                ball. group(bp_other)='feldspar2'

area_feldspar2=area_feldspar2+math. pi * ball. radius(bp_other) * ball. radius(bp_other)
                num_feldspar2=num_feldspar2+1
                rat555=area_feldspar2/area_total
                endif
                endif
            if rat222 < 0. 069 then
                if sssname =='mica' then
                ball. group(bp_other)='mica'
                area_mica=area_mica+math. pi * ball. radius(bp_other) * ball. radius(bp_other)
                num_mica=num_mica+1
                rat222=area_mica/area_total
                endif
                endif
```

```
            endloop
         endloop
end
@mak_clusters_sc
[txx =-15.000e6]
[tyy =-15.000e6]
[txx2=txx+1.000e6]
[gap_kongzhi=-1.6e-5 * (-txx2/1e6)^2+2.39e-4 * (-txx2/1e6)+0.0001]
wall servo activate on xforce [ txx * wly] vmax 10.0 range set name' vesselRight'
wall servo activate on xforce [-txx * wly] vmax 10.0 range set name' vesselLeft'
wall servo activate on yforce [ tyy * wlx] vmax 10.0 range set name' vesselTop'
wall servo activate on yforce [-tyy * wlx] vmax 10.0 range set name' vesselBottom'
[tol = 5e-3]
[stop_me=0]
[nstep=0]
[balan2=0.0]
define stop_me3
   nstep=nstep+1
   balan2=mech. solve("aratio")
   if nstep > 10000 then
      stop_me3=1
   endif
   if math. abs((wsyy-tyy)/tyy)> tol
      exit
   endif
   if math. abs((wsxx-txx)/txx)> tol
      exit
   endif
   if mech. solve("aratio")> 1e-4
      exit
   endif
   stop_me3 = 1
end
cyc 100
solve fishhalt @stop_me3
[pb_modules=45.48e9]
[emod000=pb_modules * 0.28]
[ten_=33.5e7]
[coh_=33.5e7]
cmat default type ball-facet model linear method deform emod [emod000 * 0.1] kratio 0.0
cmat default type ball-ball model linear method deform emod [emod000 * 1.0] kratio 1.5
cmat add 1 model linear method deform emod [emod000 * 0.001] kratio 0.0 range contact type ball-facet y
[0.01 * wly] [wly * 0.99]
```

```
cmat apply
def part_contact_turn_off000
    loop foreach cp contact. list(' ball-facet')
                ccy=contact. pos. y(cp)
                if ccy > (0. 01 * _wly)then
                    if ccy < (0. 99 * _wly)then
                            contact. group(cp)=' pbond000'
                    endif
                endif
    endloop
end
@part_contact_turn_off000
contact groupbehavior contact
contact model linear   range group' pbond000'
contact method bond gap 0 range group' pbond000'
contact model linear range group' pbond000'
contact method deform emod [emod000 * 0. 001] kratio 0 range group' pbond000'
contact model linearpbond range contact type' ball-ball'
contact method bond gap [gap_kongzhi] range contact type' ball-ball'
define assign_contact_group
    num_mica=0
    num_quartz=0
    num_feldspar1=0
    num_feldspar2=0
    num_total=0
    num_111=0
    loop foreach local cp contact. list
        if type. pointer(cp)= ' ball-ball' then
            s = contact. model(cp)
            if s =' linearpbond' then
                num_total=num_total+1
                bp1=contact. end1(cp)
                bp2=contact. end2(cp)
                sss111=ball. group(bp1)
                sss222=ball. group(bp2)
                if sss111 = ' quartz' then
                    if sss222 = ' quartz' then
                        contact. group(cp)=' pbond_quartz'
                        num_quartz=num_quartz+1
                    endif
                endif
                if sss111 = ' mica' then
                    if sss222 = ' mica' then
```

254

```
        contact. group(cp)=' pbond_mica'
        num_mica=num_mica+1
        endif
    endif
    if sss111 = ' feldspar1' then
        if sss222 = ' feldspar1' then
            contact. group(cp)=' pbond_feldspar1'
            num_feldspar1= num_feldspar1+1
        endif
    endif
    if sss111 = ' feldspar2' then
        if sss222 = ' feldspar2' then
            contact. group(cp)=' pbond_feldspar2'
            num_feldspar2= num_feldspar2+1
        endif
    endif
    if sss111 ♯ sss222 then
        nflag=0
        num_111= num_111+1
        contact. group(cp)=' pbond_boundary'
        if sss111=' mica' then
            nflag=100
        endif
        if sss222=' mica' then
            nflag=100
        endif
        if sss111=' quartz' then
            if sss222 = ' feldspar1' then
                nflag=200
            endif
        endif
        if sss222=' quartz' then
            if sss111 = ' feldspar1' then
                nflag=200
            endif
        endif
        if sss111 = ' feldspar2' then
            if sss222   = ' feldspar1' then
                nflag=300
            endif
        endif
        if sss222 = ' feldspar2' then
            if sss111 = ' feldspar1' then
```

```
                    nflag=300
                endif
            endif
        if nflag =100 then
            contact. group(cp)=' pbond_mica'
            num_mica=num_mica+1
        endif
        if nflag=200 then
            contact. group(cp)=' pbond_quartz'
            num_quartz=num_quartz+1
        endif
        if nflag = 300 then
            num_feldspar2= num_feldspar2+1
            contact. group(cp)=' pbond_feldspar2'
        endif
        if nflag = 0 then
            num_feldspar1= num_feldspar1+1
            contact. group(cp)=' pbond_feldspar1'
        endif
        endif
    endif
endif
endloop
num=contact. num(' ball-ball')
rat333=(num_mica+num_quartz)/float(num)
end
@assign_contact_group
contact groupbehavior contact
contact model linearpbond   range group ' pbond_mica'
contact method bond gap [gap_kongzhi] range group ' pbond_mica'
contact method deform emod [emod000 * 0. 15] krat 1. 5 range group ' pbond_mica'
contact method pb_deform emod [pb_modules * 0. 15] kratio 1. 5 range group ' pbond_mica'
contact property dp_nratio 0. 0 dp_sratio 0. 0 range group ' pbond_mica'
contact property fric 0. 5 range group ' pbond_mica'
contact property pb_rmul 1. 0 pb_mcf 0. 4 lin_mode 1 pb_ten [ten_ * 0. 05] pb_coh [coh_ * 0. 05] pb_fa 45
range group ' pbond_mica'
;contact model linearpbond   range group pbond_feldspar1
contact method bond gap [gap_kongzhi] range group pbond_feldspar1
contact method deform emod [emod000 * 0. 7] krat 1. 5 range group pbond_feldspar1
contact method pb_deform emod [pb_modules * 0. 7] kratio 1. 5 range group pbond_feldspar1
contact property dp_nratio 0. 0 dp_sratio 0. 0 range group pbond_feldspar1
contact property fric 1. 5 range   group pbond_feldspar1
contact property pb_rmul 1. 0 pb_mcf 0. 4 lin_mode 1 pb_ten [ten_ * 0. 3] pb_coh [coh_ * 0. 3] pb_fa 45
```

```
range group pbond_feldspar1
;contact model linearpbond    range group pbond_feldspar2
contact method bond gap  [gap_kongzhi] range group pbond_feldspar2
contact method deform emod [emod000 * 1.0] krat 1.5 range group pbond_feldspar2
contact method pb_deform emod [pb_modules * 1.0] kratio 1.5 range group pbond_feldspar2
contact property dp_nratio 0.0 dp_sratio 0.0 range group pbond_feldspar2
contact property fric 1.5 range   group pbond_feldspar2
contact property pb_rmul 1.0 pb_mcf 0.4 lin_mode 1 pb_ten [ten_ * 1.0] pb_coh [coh_ * 1.0] pb_fa 45
range group pbond_feldspar2
;contact model linearpbond   range group 'pbond_quartz'
contact method bond gap  [gap_kongzhi] range group 'pbond_quartz
contact method deform emod [emod000 * 0.15] krat 1.5 range group 'pbond_quartz'
contact method pb_deform emod [pb_modules * 0.15] kratio 1.5 range group 'pbond_quartz'
contact property dp_nratio 0.0 dp_sratio 0.0 range group 'pbond_quartz'
contact property fric 0.5 range group 'pbond_quartz'
contact property pb_rmul 1.0 pb_mcf 0.4 lin_mode 1 pb_ten [ten_ * 0.1] pb_coh [coh_ * 0.1] pb_fa 45
range group 'pbond_quartz'
ball attribute damp 0.3
def weibull_random(alfa,beta)   ;weibull distibution
    freq = math.random.uniform   ;0~1
    weibull_random =alfa * (-math.ln(1.0-freq))^(1.0/beta);
end
define weibull_parameter
    loop foreach local cp contact.list
            if type.pointer(cp) = 'ball-ball' then
            s = contact.model(cp)
            xishu=1.0
            if s ='linearpbond' then
                sss=contact.group(cp)
                alfa=1.0
                beta=2.
                if sss = 'pbond_feldspar1' then
                    alfa=1.0
                    beta=2
                endif
                if sss = 'pbond_feldspar2' then
                    alfa=1.0
                    beta=2
                endif
                if sss = 'pbond_mica' then
                    alfa=1.0
                    beta=2
                endif
```

```
                    if sss = 'pbond_quartz' then
                        alfa=1. 0
                        beta=2
                    endif
                        freq = math. random. uniform
                        xishu=weibull_random(alfa,beta)
                        contact. prop(cp,' pb_ten')= contact. prop(cp,' pb_ten') * xishu
                        contact. prop(cp,' pb_coh')= contact. prop(cp,' pb_coh') * xishu
                        contact. prop(cp,' pb_kn')= contact. prop(cp,' pb_kn') * xishu
                        contact. prop(cp,' pb_ks')= contact. prop(cp,' pb_ks') * xishu
                        contact. prop(cp,' kn')= contact. prop(cp,' kn') * xishu
                        contact. prop(cp,' ks')= contact. prop(cp,' ks') * xishu
                        contact. extra(cp,11)=contact. prop(cp,' pb_ten')
                        contact. extra(cp,12)=contact. prop(cp,' pb_coh')
                        contact. extra(cp,13)=contact. prop(cp,' pb_kn')
                        contact. extra(cp,14)=contact. prop(cp,' pb_ks')
                        contact. extra(cp,15)=contact. prop(cp,' kn')
                        contact. extra(cp,16)=contact. prop(cp,' ks')
                    endif
                endif
            endloop
    end
    @weibull_parameter
    ball attribute velocity multiply 0. 0
    ball attribute displacement multiply 0. 0
    ball attribute contactforce multiply 0. 0 contactmoment multiply 0. 0
    call fracture. p2fis
    @track_init
    [temp_ini=0]
    [temp_tag = temp_ini+200]
    define modify_emod_and_strength_by_temperture
        temperature_kkk=temp_ini+(temp-temp_ini)+dtemp
    xishu_ emode = (— 3. 1e-5 * temperature_ kkk * temperature_ kkk — 0. 001807 * temperature_ kkk +
    38. 358)/38. 358
    xishu_strength = (— 1. 05e-4 * temperature_ kkk * temperature_ kkk + 3. 95e-2 * temperature_ kkk +
    155. 00)/155. 00
        loop foreach local cp contact. list
            if type. pointer(cp)= ' ball-ball' then
                s = contact. model(cp)
                if s =' linearpbond' then
                    contact. prop(cp,' pb_ten')= contact. extra(cp,11) * xishu_strength
                    contact. prop(cp,' pb_coh')= contact. extra(cp,12) * xishu_strength
                    contact. prop(cp,' pb_kn')= contact. extra(cp,13) * xishu_emode
```

258

```
                    contact. prop(cp,' pb_ks')= contact. extra(cp,14) * xishu_emode
                    contact. prop(cp,' kn')= contact. extra(cp,15) * xishu_emode
                    contact. prop(cp,' ks')= contact. extra(cp,16) * xishu_emode
                    contact. extra(cp,21)=contact. prop(cp,' pb_ten')
                    contact. extra(cp,22)=contact. prop(cp,' pb_coh')
                    contact. extra(cp,23)=contact. prop(cp,' pb_kn')
                    contact. extra(cp,24)=contact. prop(cp,' pb_ks')
            endif
        endif
    endloop
end
@modify_emod_and_strength_by_temperture
ball thermal attribute deltemp=400. 0   ; temperature increment since last mechanical coupling
define assign_thermal_attribute
    loop foreach bp ball. thermal. list
        sss=ball. thermal. group(bp)
        if sss=='feldspar1' then
            ball. thermal. expansion(bp)= 8. 7e-6
        endif
        if sss=='feldspar2' then
            ball. thermal. expansion(bp)= 10. 7e-6
        endif
        if sss=='mica'   then
            ball. thermal. expansion(bp)= 3. 0e-6
        endif
        if sss=='quartz' then
            ball. thermal. expansion(bp)= 24. 3e-6
        endif
    endloop
end
@assign_thermal_attribute
contact thermal property thexp [8. 7e-6]
contact groupbehavior or
contact thermal property thexp [24. 3e-6] range group quartz
contact thermal property thexp [10. 7e-6] range group feldspar2
contact thermal property thexp [8. 7e-6] range group feldspar1
contact thermal property thexp [3. 0e-6] range group mica
[num333=0]
define compute_thermal_resistance
    sum_leng=0. 0
    loop foreach cp contact. list("ball-ball")
        num333=num333+1
        bp1=contact. end1(cp)
```

```
        bp2=contact. end2(cp)
        x1=ball. pos. x(bp1)
        y1=ball. pos. y(bp1)
        x2=ball. pos. x(bp2)
        y2=ball. pos. y(bp2)
        dd=math. sqrt((x1-x2)^2+(y1-y2)^2)
        sum_leng=sum_leng+dd
    endloop
    volume=0. 0
    loop foreach bp ball. list
        r=ball. radius(bp)
        volume=volume+math. pi * r * r
    endloop
end
@compute_thermal_resistance
def change_temp
    temp = temp_ini
    dtemp=20
    loop while temp < temp_tag
        xishu=1. 0/(0. 241+4. 6e-4 * temp)/4. 15
        thermal_conduct1=2. 31 * xishu
        thermal_conduct12=2. 48 * xishu
        thermal_conduct2=7. 69 * xishu
        thermal_conduct3=2. 02 * xishu
        rezu_feld1=1. 0/2. 0/thermal_conduct1 * ((1-0. 18)/volume) * wly
        rezu_feld2=1. 0/2. 0/thermal_conduct12 * ((1-0. 18)/volume) * wly
        rezu_quar=1. 0/2. 0/thermal_conduct2 * ((1-0. 18)/volume) * wly
        rezu_mica=1. 0/2. 0/thermal_conduct3 * ((1-0. 18)/volume) * wly
        command
            ball thermal property thres [rezu_feld1] range group    feldspar1
            ball thermal property thres [rezu_feld2] range group    feldspar2
            ball thermal property thres [rezu_quar]    range group    quartz
            ball thermal property thres [rezu_mica]    range group    mica
            ball thermal init temp [temp]
            ball thermal attribute deltemp [dtemp]
            set thermal on mechanical on
            cyc 1
            @modify_emod_and_strength_by_temperture
            set thermal off mechanical on
            solve aratio 1e-3
        endcommand
        temp = temp + dtemp
    endloop
```

```
end
cmat thermal default inherit thres off
@change_temp
save linshi
wall thermal property  temperature  [temperture0]
ball thermal attribute temperature  [temperture0]
ball thermal attribute deltemp 0
set thermal off mechanical on
ball attribute displacement multiply 0.0
ball attribute damp 0.3
[txx =-15.00e6]
[tyy =-0.01e6]
wall servo activate on xforce [ txx * wly] vmax 10.0 range set name 'vesselRight'
wall servo activate on xforce [-txx * wly] vmax 10.0 range set name 'vesselLeft'
wall servo activate on yforce [ tyy * wlx] vmax 10.0 range set name 'vesselTop'
wall servo activate on yforce [-tyy * wlx] vmax 10.0 range set name 'vesselBottom'
cyc 1000
[nstep=0]
[stop_me3=0]
solve fishhalt @stop_me3
[strain_max=2.323e-3 * math.exp(0.00160 * temp_tag)]
[nnnstep2=0]
def change_pb_module_parameter
    nnnstep2=nnnstep2+1
    local xx=math.abs(weyy)
    if xx < strain_max then
      if nnnstep2 >1000
          xishu5=xx^2/strain_max^2
          if xishu5 < 0.01 then
              xishu5=0.01
          endif
          loop foreach local cp contact.list
              s = contact.model(cp)
              if s =='linearpbond' then
                  contact.prop(cp,'pb_kn')=contact.extra(cp,23) * xishu5
                  contact.prop(cp,'pb_ks')=contact.extra(cp,24) * xishu5
                  ;contact.prop(cp,'kn')=contact.extra(cp,25) * xishu5
                  ;contact.prop(cp,'ks')=contact.extra(cp,26) * xishu5
              endif
          endloop
          nnnstep2=0
      endif
    endif
```

```
end
set fish callback 1. 01 @change_pb_module_parameter
```

9.6.4 单轴压缩

```
[ly0 = wly]
[lx0 = wlx]
[wexx = 0. 0]
[weyy = 0. 0]
[wevol = 0. 0]
define wexx
    wexx  = (wlx−lx0)/ lx0
end
define weyy
  weyy = (wly−ly0)/ ly0
end


define wevol
  wevol = wexx + weyy
end
define possion
  possion =−wexx/weyy
end
[nnnflag111=0]
[nnnflag222=0]
define compute_elastic_modulus
      axial_strain_wall=math. abs(weyy)
      if axial_strain_wall > 2. 0e-3 then
        if nnnflag111 = 0 then
            strain1=axial_strain_wall
            stress1=math. abs(wsyy)    ;;;math. abs(wszz2)
            nnnflag111=1
        endif
      endif
      if axial_strain_wall > 3. 0e-3 then
        if nnnflag222 = 0 then
            strain2=axial_strain_wall
            stress2=math. abs(wsyy)
            nnnflag222=1
            compute_elastic_modulus=(stress2−stress1)/(strain2−strain1)
            command
              set fish callback 9 remove @compute_elastic_modulus
            endcommand
        endif
```

```
        endif
end
set fish callback 9 @compute_elastic_modulus
measure create id 1   x 1.0 y 2.0 rad [0.1 * (math. min(lx0,ly0))]
hist reset
SET hist_rep = 200
history id 51 @wexx
history id 52 @weyy
history id 53 @wevol
history id 54 @wsyy
history id 55 @wsxx
history id 56 @possion
history id 57 meas stressyy id 1

history id 59 @crack_num
history purge
plot creat plot 'stress'
plot add hist−54−55−57 vs−52
plot add hist−54 vs−51
plot add hist−53 vs−53
plot create plot 'cracks'
plot add hist 59 vs−52
plot create plot 'possion'
plot add hist 56 vs−52
[rate = 0.05]
[v_load=2.0 * rate * wly]
[vmax_design=10.0 * (10.029 * v_load * v_load+0.5 * v_load) * (−txx/1.0e6)^(−0.548) * 0.5]
wall servo activate on xforce [ txx * wly] vmax [vmax_design] range set name 'vesselRight'
wall servo activate on xforce [−txx * wly] vmax [vmax_design] range set name 'vesselLeft'
wall servo activate off range set name 'vesselTop' set name 'vesselBottom' union
wall attribute yvelocity [−rate * wly] range set name 'vesselTop'
wall attribute yvelocity [ rate * wly] range set name 'vesselBottom'
define loadhalt_wall
    loadhalt_wall = 0
    local abs_stress = math. abs(wsyy)
    axial_strain_wall=math. abs(weyy)
    global peak_stress = math. max(abs_stress,peak_stress)
    if math. abs(axial_strain_wall)> 5e-3
        if abs_stress < peak_stress * peak_fraction
            loadhalt_wall = 1
        end_if
    end_if
end
```

```
ball attribute displacement multiply 0. 0
calm
set @peak_fraction = 0. 7
cyc 10000
solve fishhalt @loadhalt_wall
cyc 2000
list @peak_stress
save [' biaxial-final'+filename]
hist write—54—55—57 vs—52 file aaa-0MPa-case111. txt truncate
hist write 59 vs—52 file crack_number. txt truncate
return
```

第 10 章　柱状装药爆炸颗粒流数值模拟研究

柱状装药是常用的爆破装药方式，其爆破机理的揭示及理论与实际工程的相互反馈对爆破理论的发展和对实际爆破工程的指导十分重要。

爆炸作用下岩土介质的破坏是一个特别复杂的过程，涉及不连续面的打开和滑动，以及完整岩石的破裂。在爆炸应力波和爆生气体综合作用下，岩土介质发生破坏，岩土碎裂是评估爆炸性能的重要指标之一，一般破坏级别在 0.6 以上的单元被冲出，形成裂隙，而这些裂隙将岩体分成较小的块体。爆炸应力波在岩石中的传播会引起激烈的振动，从而激发岩石的力学行为。这种刺激对现有细小裂缝岩石的端部施加集中应力，使得裂缝隙迅速扩展，裂缝的扩展和连接形成了爆孔周围的压碎区。

爆炸作用机理的揭示对实际工程爆破也具有十分重要的指导意义，对岩体工程，爆炸作用机理对评估爆炸应力传播对于岩石边坡的稳定性影响、隧道爆破开挖、隧道衬砌在爆炸作用下的动力响应问题等均有很好的指导作用。

本章应用颗粒膨胀法对柱状装药的爆炸过程进行数值模拟，探讨爆炸破岩机理、爆炸作用下裂隙的发展情况、爆破方式对爆破效果的影响，为工程实践和理论研究提供参考。

10.1　柱状装药爆炸围岩速度场理论解析

在半无限岩土介质中，柱状装药爆炸作用具有对称性，爆炸应力波传播计算模型图如图 10-1-1 所示，爆炸应力波可看作三维轴对称应力波。根据陈士海等的研究可知，在轴对称三维柱坐标下，位移势函数不随角度变化，只与径向、轴向位移和时间相关，其波动方程如式（10-1）所示。

$$\nabla^2 \psi = \left(\frac{\partial^2}{\partial r^2} + \frac{1}{r} \frac{\partial}{\partial r} + \frac{\partial^2}{\partial z^2} \right) \psi = \frac{1}{c_p^2} \frac{\partial^2 \psi}{\partial t^2} \tag{10-1}$$

式中，ψ 为位移势函数；c_p 为波速；z、t、r 分别为轴向位移、时间、径向位移。

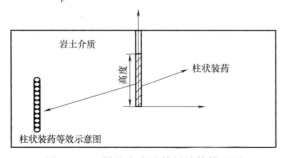

图 10-1-1　爆炸应力波传播计算模型图

265

根据柱坐标下位移势函数与位移的关系，可求解得到径向位移、切向位移、轴向位移见式（10-2）～式（10-4）。

$$U_r = \frac{\partial \psi}{\partial r} = A_1 \left[\frac{1}{2} r^{-\frac{3}{2}} \cos\left(\sqrt{n^2-m^2}\, r - \frac{\pi}{4}\right) + r^{-\frac{1}{2}} \sqrt{n^2-m^2} \sin\left(\sqrt{n^2-m^2}\, r - \frac{\pi}{4}\right) \right] e^{-nz} e^{-mc_p t}$$

$$(10\text{-}2)$$

$$U_\theta = 0 \qquad\qquad (10\text{-}3)$$

$$W = \frac{\partial \psi}{\partial z} = A_2 r^{-\frac{1}{2}} \cos\left(\sqrt{n^2-m^2}\, r - \frac{\pi}{4}\right) e^{-nz} e^{-mc_p t} \qquad (10\text{-}4)$$

式中，U_r 为径向位移；U_θ 为切向位移；W 为轴向位移；A_1、A_2 为常数，$A_1 = -c$ $\sqrt{\dfrac{2}{\pi \sqrt{n^2-m^2}}}$，$A_2 = -nA_1$。$\dfrac{R''}{R} + \dfrac{1}{r}\dfrac{R'}{R} + \dfrac{Z''}{Z} = \dfrac{1}{c_p^2}\dfrac{T''}{T} = m^2$，$\dfrac{R''}{R} + \dfrac{1}{r}\dfrac{R'}{R} - m^2 = -\dfrac{Z''}{Z} = -n^2$。

在爆炸荷载下，围岩的速度场随轴向距离、径向距离和时间变化的表达式见式（10-5）～式（10-7）。

$$V_r = -mc_p A_1 \left[\frac{1}{2} r^{-\frac{3}{2}} \cos\left(\sqrt{n^2-m^2}\, r - \frac{\pi}{4}\right) + r^{-\frac{1}{2}} \sqrt{n^2-m^2} \sin\left(\sqrt{n^2-m^2}\, r - \frac{\pi}{4}\right) \right] e^{-nz} e^{-mc_p t}$$

$$(10\text{-}5)$$

$$V_\theta = 0 \qquad\qquad (10\text{-}6)$$

$$V_z = -mc_p A_2 r^{-\frac{1}{2}} \cos\left(\sqrt{n^2-m^2}\, r - \frac{\pi}{4}\right) e^{-nz} e^{-mc_p t} \qquad (10\text{-}7)$$

式中，$\sqrt{n^2-m^2} = \dfrac{\pi}{r_0}\left(k + \dfrac{3}{4}\right)$，$(k=0,1,2,3\cdots\cdots)$，$r_0$ 为柱状装药孔半径；$m = \dfrac{\alpha}{c_p}$，α 为衰减指数。

$$A_1 = \frac{A_0}{A} \qquad\qquad (10\text{-}8)$$

式中，$A = \dfrac{1-e^{-bn}}{bn}\dfrac{E}{1+\mu}\left[-\sqrt{n^2-m^2}\, r_0^{-1.5} \sin\left(\sqrt{n^2-m^2}\, r_0 - \dfrac{\pi}{4}\right) + \dfrac{n^2-m^2+(m^2-2n^2)\mu}{1-2\mu} r_0^{-0.5} \right.$

$\left. \cos\left(\sqrt{n^2-m^2}\, r_0 - \dfrac{\pi}{4}\right) - \dfrac{3-5\mu}{4(1-2\mu)} r_0^{-2.5} \cos\left(\sqrt{n^2-m^2}\, r_0 - \dfrac{\pi}{4}\right) \right]$

如式（10-5）～式（10-7）所示，在轴向坐标 z 相同的情况下，随径向距离 r 增大，该点径向速度减小；在轴向坐标为 $0\sim b$ 时，轴向速度随轴向坐标 z 的增大而增大，但当轴向坐标足够大时，轴向速度随轴向坐标的增大而减小，即到正无穷远处，轴向速度衰减为 0，且在负无穷远处，轴向速度也衰减为 0。

10.2 柱状装药加载做功细观模型

目前，采用离散单元方法模拟岩石的静力学性质已经成为岩土工程领域的热点问题，并获得了广泛发展，但采用该方法研究高应变率的爆炸工程问题探讨还较少。

266

10.2.1　柱状装药炸点颗粒膨胀加载法

为了模拟上述柱状装药对围岩的冲击作用，根据 Starfield 叠加原理，将柱状装药等效为若干单元球药包，其划分依据是系列单元球药包叠加后的总长度仍等于柱状装药长度。柱状装药中等效单元球药包之间的爆炸时间差为等效单元球药包球心之间的距离与炸药爆轰速度的商，见式（10-9）。

$$\Delta t = \frac{d}{D} \tag{10-9}$$

式中，Δt 为等效单元球药包之间的爆炸时间差；d 为两个等效单元球药包球心之间的距离；D 为炸药的爆轰速度。

在集中药包作用下，爆炸应力波从爆炸点以球面波的形式向外传播，通常可将其等效为脉冲应力波。在此将其简化为上升段时间为 $0.25\Delta T$，下降段时间为 $0.75\Delta T$ 三角形波，其表达式见式（10-10）。

$$p(t) = \begin{cases} 4A(t-\Delta t_i)/\Delta T & ;0 \leqslant t < 0.25\Delta T \\ -\dfrac{4}{3}A(t-\Delta T-\Delta t_i)/\Delta T & ;0.25\Delta T \leqslant t \leqslant \Delta T \end{cases} \tag{10-10}$$

式中，A 为炮孔内的压力峰值；ΔT 为爆炸应力波作用时间；t 为持续时间；Δt_i 为第 i 个等效单元球药包与最初爆炸等效单元球之间的爆炸时间差；$p(t)$ 为气体压力，$p(t)$ 与 t 之间的关系见图 10-2-1。

一般常规爆破作用时间小于 10ms，此处取 $\Delta T=10$ms，因此，只要给炮孔壁施加与爆炸荷载相应的爆炸应力波，就可以模拟爆炸作用。

耦合装药时，药室壁受到的冲击压力 p_2 见式（10-11）。

$$p_2 = p_c \frac{2}{1+\rho_0 D/\rho_{r0} c_p} \tag{10-11}$$

式中，ρ_0 为炸药的密度；ρ_{r0} 为岩石的密度；c_p 为岩体中纵波波速；$D=4\sqrt{Q_v}$，Q_v 为炸药的爆热；p_c 为爆轰波阵面的压力，$p_c=\rho_0 D^2/4$。

不耦合装药时，药室壁受到的冲击压力 p_2 将会快速衰减，到达孔壁时衰减见式（10-12）。

$$p_2 = \frac{1}{8}\rho_0 D^2 \left(\frac{V_c}{V_b}\right)^3 n \tag{10-12}$$

式中，V_c、V_b 为炸药体积和药室体积；n 为增大倍数，$n=8\sim11$。

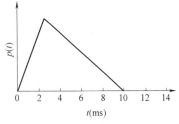

图 10-2-1　$p(t)$ 与 t 之间的关系

如图 10-2-2 所示，中间圆表示炸点颗粒，外圆为膨胀后颗粒。当颗粒膨胀时，会跟周围岩石产生的颗粒体系产生叠加量。根据颗粒接触原理，假定原始药包半径为 r_0，固定炸点中心，增大爆炸颗粒半径，当其膨胀到爆破空腔半径时，作用于岩石壁上的压力为 p_2，其会对周围的岩石颗粒产生径向推力，该推力和为 $F=K_n d_r=2\pi r_0 p_2$。在已知接触刚度、爆炸压力条件下，颗粒半径变化的峰值见式（10-13）。

$$d_r = \frac{2\pi r_0 p_2}{K_n} \qquad (10\text{-}13)$$

式中，K_n 为颗粒间接触刚度；r_0 为药包半径；p_2 为作用于岩壁上的压力；d_r 为药包颗粒膨胀量。定义炸点膨胀比为炸药颗粒膨胀后的最大半径/初始半径，此处定义炸点膨胀比为 2.0。

只要令加载颗粒的半径按照式（10-9）与式（10-13）的要求发生变化，颗粒即可将爆炸产生的压力作用于岩体介质。

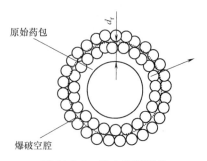

图 10-2-2 集中装药爆炸作用施加示意图

10.2.2 细观介质内应力波传播的动边界条件

颗粒流方法是采用圆球或者圆盘模拟接触关系，通过颗粒间的组合模拟岩土介质的力学性质。对于处于弹性状态的连续介质，也可采用颗粒流方法表示。

颗粒应力传递关系如图 10-2-3 所示。假设在波的传播方向上有两个接触的颗粒，半径相同，且假定颗粒均为单位厚度的圆盘。在人工边界上，由于本构特性，边界需要吸收入射波动能，模拟无限介质。在颗粒流方法中，可以对边界颗粒施加边界力满足这一要求。

边界力与颗粒运动速度的关系见式（10-14）。

$$F = -2R\rho C \dot{u} \qquad (10\text{-}14)$$

式中，R 为颗粒半径；ρ 为介质密度；C 为波速；$\dot{u}$ 为颗粒的运动速度。

同理，若在模型边界处指定边界颗粒的接触力，则可模拟透射边界，这与连续介质中的黏滞阻尼是一致的。

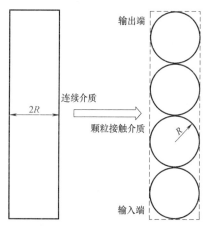

图 10-2-3 颗粒应力传递关系

假设边界存在入射振动速度波 $\dot{U}(t)$，考虑透射作用，则需要将 $\dot{U}(t)$ 增加一倍，以防能量被吸收后振幅减半，含有输入应力的颗粒间接触力见式（10-15）。

$$F = 2R\rho C [2\dot{U}(t) - \dot{u}] \qquad (10\text{-}15)$$

然而，在爆破作用过程中，应力波传播的弥散效应不可被忽视，因此，需要对式（10-15）使用修正系数，才能获得相对理想的结果，见式（10-16）。

$$F = \begin{cases} -\xi \cdot 2R\rho C_p \dot{u}_n & \text{法向} \\ -\eta \cdot 2R\rho C_s \dot{u}_s & \text{切向} \end{cases} \qquad (10\text{-}16)$$

式中，ξ、η 分别为纵波、横波弥散效应修正系数；C_p、C_s 分别为纵波波速、横波波速；$\dot{u}_n$、$\dot{u}_s$ 分别为颗粒的法向、切向运动速度。

确定弥散效应修正系数需要根据实际计算的颗粒体系进行参数标定。为了说明这一过程，建立宽 20m、高 10m 的岩体区域，颗粒半径为 16.75～25.13mm 的数值模型，在其左侧施加近正弦冲击波。为了使模型处于弹性状态，其峰值为 1.0。在模型的左侧、中间、右侧分别布置 10 个测点，以监测纵波传播、横波传播时的波形、峰值，从而标定出合适的弥散效应修正系数。此处模型中 ξ、η 均取 0.35，得到的应力波效果良好。波传播测试见图 10-2-4。

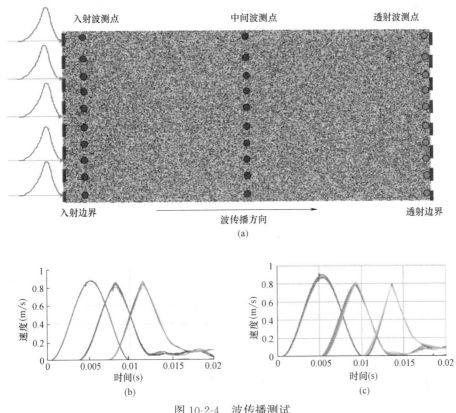

图 10-2-4　波传播测试
（a）波传播测试原理图；（b）P 波测试；（c）S 波测试

10.2.3　考虑应变率的线性平行粘结模型

此处利用颗粒流方法构造宽 2m、高 4m 的岩石模型。在构造模型时，首先在长方形区域内生成半径为 16.75～25.13mm 的球形颗粒，然后采用 Cundall 等提出的伺服机制使颗粒压紧，再对颗粒间的接触赋予参数，进行不同应变率、围压作用下应力—应变模拟。每个试样共有颗粒 4684 个，为了与后续爆炸模拟的数值模型一致，参数标定模型必须采用相同的颗粒构成。颗粒间的接触采用线性平行粘结模型（图 10-2-5）。

线性平行粘结模型由平行粘结部分与线性接触部分构成，其中，线性部分仅仅在受压状态下有效。颗粒接触位置的相对运动在胶结材料中产生力和弯矩，力和弯矩作用于两个粘结颗粒，并且与粘结材料的粘结边界上的最大法向和切向应力相关。

线性平行粘结模型中的线性接触部分的刚度见式（10-17）。

$$k_{\mathrm{n}} = AE^* / L$$

$$k_s = k_n / k^*$$ (10-17)

式中，k_n 是法向刚度；k_s 是剪切刚度；$A = 2rt$，$t = 1r = \min(R^{(1)}, R^{(2)})$；$L = R^{(1)} + R^{(2)}$，$R^{(1)}$、$R^{(2)}$ 是互相接触颗粒的半径；E^* 是有效刚度；k^* 是法向切向刚度比。

平行粘结法向力的增量更新公式见式（10-18）。

$$\overline{F}_n := \overline{F}_n + \overline{k}_n \overline{A} \cdot \Delta\delta_n$$ (10-18)

式中，$\Delta\delta_n$ 是相对法向位移。

平行粘结法向力的增量更新公式见式（10-19）。

$$\overline{F}_s := \overline{F}_s - \overline{k}_s \overline{A} \cdot \Delta\delta_s$$ (10-19)

式中，$\Delta\delta_s$ 是相对切向位移。

将式（10-17）代入式（10-18）和（10-19）即可得到平行粘结法向力与切向力。平行粘结矩分为扭转力矩和弯曲力矩，但是在二维模型中，没有扭转力矩。弯曲力矩见式（10-20）。

$$\overline{M}_b := \overline{M}_b - \overline{k}_n \overline{I} \cdot \Delta\theta_b$$ (10-20)

式中，$\Delta\theta_b$ 是弯曲旋转角；I 是为梁中性轴的横截面面积的惯性矩。

当其中任何一个方向上最大应力超过相应的粘结强度，平行粘结就破裂。当平行粘结被破坏时，即退化为线性接触模型。

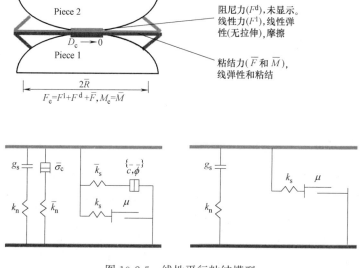

图 10-2-5　线性平行粘结模型

岩体在爆炸作用下的破坏属于高应变率破坏，为了模拟岩体的动力特性，开展了不同应变率下常规三轴试验，岩性为流纹岩，常规三轴下应力—应变曲线如图 10-2-6 所示，并借助颗粒流方法构造岩石试样，进而标定细观力学参数（应变率 1×10^{-6}），如表 10-2-1 所示。

对常规三轴下应力—应变曲线进行分析拟合，得出了岩石动态下的刚度与强度增量的理论公式见式（10-21）、式（10-22）。

$$dK_d = \left[\frac{2.733 \cdot \lg(\dot{\varepsilon}_d/\dot{\varepsilon}_s) + 24.14}{17.114} - 1.0\right] \cdot K_s \tag{10-21}$$

$$d\sigma_d = \left[\frac{14.317 \cdot \lg(\dot{\varepsilon}_d/\dot{\varepsilon}_s) + 139.37}{133.09} - 1.0\right] \cdot \sigma_s \tag{10-22}$$

式中，K_d、σ_d 分别为动态受压状态下的刚度、强度；K_s、σ_s 分别为静载受压状态下的刚度、强度（包括法向与切向粘结强度）；$\dot{\varepsilon}_d$、$\dot{\varepsilon}_s$ 分别为动载、静载状态下的应变率（法向与切向同比例变化）。

其中，应变率为两个接触颗粒的相对速度与两颗粒形心距离的比值，见式（10-23）。

$$\dot{\varepsilon} = \frac{v_i - v_j}{L} \tag{10-23}$$

式中，$\dot{\varepsilon}$ 为应变率；v_i、v_j 为相互接触的两个颗粒的速度；L 为相互接触的两个颗粒形心距离。

针对任一接触，按照式（10-23）令 $\dot{\varepsilon}_d = \dot{\varepsilon}$，代入式（10-21）和式（10-22）可得到岩石动态下的刚度与强度增量，进一步可得到岩石动态下的刚度和强度和岩石静态下的刚度与强度之间的关系，见式（10-24）、式（10-25）。

$$K_d = \left[\frac{2.733 \cdot \lg(\dot{\varepsilon}_d/\dot{\varepsilon}_s) + 24.14}{17.114}\right] \cdot K_s = \eta K_s \tag{10-24}$$

$$\sigma_d = \left[\frac{14.317 \cdot \lg(\dot{\varepsilon}_d/\dot{\varepsilon}_s) + 139.37}{133.09}\right] \cdot \sigma_s = \xi \sigma_s \tag{10-25}$$

式中，η 为动态刚度放大系数；ξ 为动态强度放大系数；其他字母解释见式（10-21）和式（10-22）的字母解释。

在每一个时间步对每个接触进行判断，并根据式（10-24）和式（10-25）对动态刚度进行更新，反映动态接触效应。

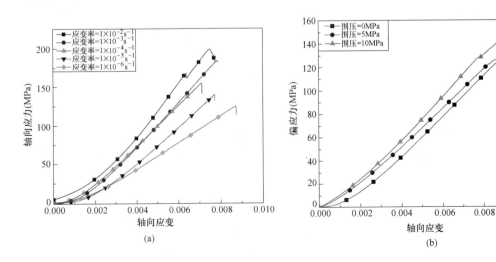

图 10-2-6　常规三轴下应力—应变曲线

（a）不同应变率下单轴压缩室内试验；（b）静载三轴压缩室内试验

计算采用的细观力学参数（应变率 $1×10^{-6}s^{-1}$）　表 10-2-1

参数	取值	参数	取值
颗粒半径(mm)	16.7～25.1	粘结法向—切向刚度比	3.0
颗粒密度(kg/m³)	3000	有效模量(GPa)	45
法向接触阻尼	0.7	粘结抗拉强度(MPa)	375
切向接触阻尼	0.5	黏聚力(MPa)	125
摩擦系数	0.8	刚度比	3.0
弯矩贡献系数	1.0	粘结有效模量(GPa)	45

10.2.4 理论解析与数值模型结论对比分析

爆破参数和围岩参数分别见表 10-2-2 和表 10-2-3。

爆破参数　表 10-2-2

炮孔直径(mm)	爆轰速度(m/s)	衰减指数	药包长度(m)	爆炸荷载峰值(MPa)
30	4000	4000	2	50

围岩参数　表 10-2-3

岩石密度(kg/m³)	弹性模量(GPa)	泊松比
2500	15	0.25

选取点 $r=3m$、$z=0m$，进行理论解析计算，由式（10-5）、式（10-7）计算分别得到该点的径向速度、轴向速度随时间的衰减规律，并在颗粒流数值模型中设置监测点。数值解与理论解曲线如图 10-2-7 所示。

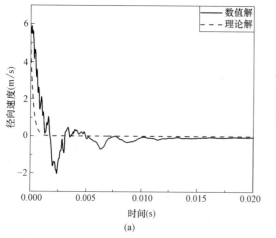
(a)

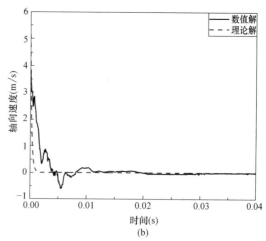
(b)

图 10-2-7　数值解与理论解曲线

（a）径向速度；（b）轴向速度

理论计算与数值模型监测的径向速度、轴向速度随时间的衰减规律较吻合。径向峰值

272

速度的数值模拟解比理论解高 9.5%，轴向峰值速度的数值解比理论解低 46.3%。由于理论解是假设柱状装药爆炸荷载同时施加在围岩上，而在实际工程中，炸药起爆沿装药轴向存在一定的时间差，这也导致理论解与数值解之间存在一定的差别，而此处柱状装药离散元爆炸分析模型考虑了时间差，更符合实际爆炸情况。

综上可知，柱状装药离散元爆炸分析模型是合理可行的。

10.3 柱状装药爆破效果分析

10.3.1 柱状装药爆炸破岩过程理论分析

柱状装药爆炸破岩过程如图 10-3-1 所示。此数值模型采用颗粒流方法进行模拟，柱状药包被设置在模型中间，柱状装药长 2m，柱状药包顶部距自由岩面 1m。此次起爆方式为反向起爆，即从柱状药包最底端的药包开始起爆。一个颗粒即等效为集中药包，柱状药包底部第一个颗粒爆炸，如图 10-3-1（a）所示，应力波为类球面波，这也论证了用颗粒膨胀法模拟爆炸作用是可行的。由于药包的起爆，在紧靠爆炸药包附近的岩体中产生微小裂隙，随后上部的颗粒依据间隔时间依次爆炸，爆炸应力波影响范围继续扩大，已有裂隙继续扩展，并且在爆破颗粒附近产生新的裂隙，应力波的传播速度大于裂隙的发展速度，如图 10-3-1（b）所示，应力波的传播范围大于裂隙的发展范围。随着爆破颗粒的依次起爆，如图 10-3-1（c）所示，应力波呈现较为明显的漏斗状，并非是以柱状药包中心为轴线的柱状面波，与理论推论的结果一致，由于爆炸药包颗粒之间存在起爆时间差，而且此模型是半无限岩体介质，存在自由岩面，应力波不是柱状面波。随着爆炸进一步进行，如图 10-3-1（d）所示，岩体出现较明显的漏斗状应力波区域。炸药爆炸产生的冲击波或应力波传播到自由面，产生由反射形成的拉伸波，当应力达到岩体的动抗拉强度或动抗剪强度时，产生裂隙，在柱状药包的正上方出现较明显的竖向裂隙，在漏斗边缘的岩体出现松动。漏斗内部的岩体中已有裂隙进一步扩展，新裂隙继续生成，漏斗内部的岩体进一步破碎，非漏斗区域的岩体中裂隙几乎不再扩展，如图 10-3-1（e）和图 10-3-1（f）所示。由于爆炸作用，破碎的岩块在爆生气体剩余能量和重力的作用下被向外抛掷，如图 10-3-1（g）、图 10-3-1（h）所示，最终形成如图 10-3-1（i）所示的爆破漏斗。

基于数值模拟反映的岩体破坏过程与爆炸应力波传播机理非常吻合，表明采用此方法进行爆炸破岩过程模拟是可行的。

此模型以左下角为原点建立坐标系，模型长 20 个单位，高 10 个单位。柱状装药底部坐标为（0，0），装药长度为 2 个单位。图 10-3-2 为横向监测点应力曲线。由此三组应力曲线可知，应力上升段时间约为应力下降段时间的三分之一，这与模型设置的爆炸应力波理论情况是一致的。三组应力曲线的爆炸应力大小和监测点与柱状药包之间的距离均呈负相关。在三组应力曲线中，可知在距柱状药包较近的岩体中，应力大小较接近，但随径向距离的增大，岩体介质中应力逐渐变小，且在同一径向距离的条件下，轴向坐标越大的区域应力越大，越靠近自由面的区域应力越大。

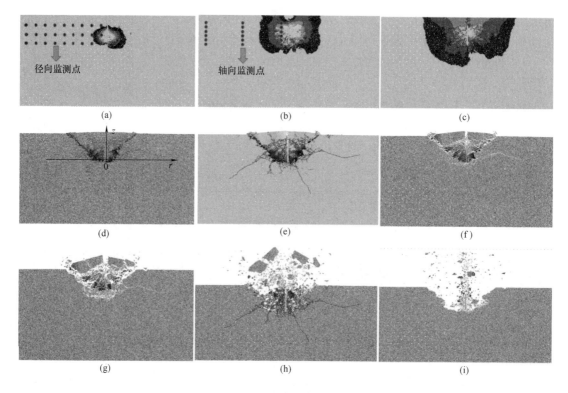

图 10-3-1　柱状装药爆炸破岩过程

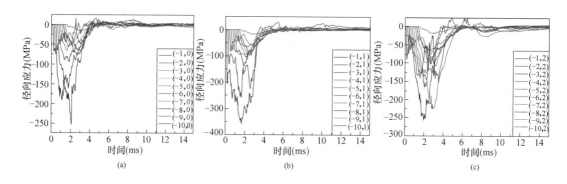

图 10-3-2　横向监测点应力曲线

　　竖向监测点应力曲线见图 10-3-3。由图 10-3-3 可知，在同样高度的条件下，监测点和柱状装药的径向距离与应力大小呈负相关。越靠近柱状装药的区域，其在 z 方向的应力梯度越大，越远离柱状装药的区域，其在 z 方向的应力梯度越小。

10.3.2　爆炸作用下岩体裂隙扩展研究

　　在半无限岩石介质中，由对称性建立二维模型，岩体中应力单元如图 10-3-4 所示。其单元体主应力见式（10-26）、式（10-27）。

$$\sigma_1 = \frac{1}{2}(\sigma_x + \sigma_y) + \frac{1}{2}\sqrt{(\sigma_x - \sigma_y)^2 + 4\tau_x^2} \tag{10-26}$$

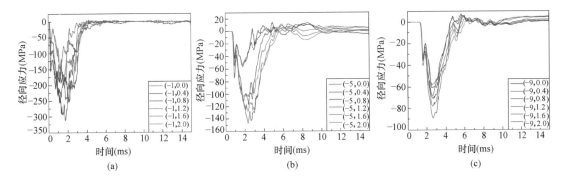

图 10-3-3 竖向监测点应力曲线

$$\sigma_2 = \frac{1}{2}(\sigma_x + \sigma_y) - \frac{1}{2}\sqrt{(\sigma_x - \sigma_y)^2 + 4\tau_x^2} \tag{10-27}$$

主应力 σ_1 所在主平面位置的方位角见式（10-28）。

$$\alpha_0 = \frac{1}{2}\arctan\left(\frac{-2\tau_x}{\sigma_x - \sigma_y}\right) \tag{10-28}$$

根据监测的应力曲线获得监测点的 σ_x、σ_y、τ_x、τ_y，继而根据式（10-27）、式（10-28）形成监测点主应力和主应力面计算表见表 10-3-1。由表 10-3-1 中的 σ_1、σ_2 可知，邻近柱状装药，存在着主应力均大于零（主应力均为拉应力）的区域（在此爆炸情况下以柱状装药中心为轴，距柱状装药 2m 内的柱状区域）。在存在裂隙的区域中，最大主应力为拉应力，且岩石的抗拉强度远小于抗压强度，所以裂隙均为拉裂隙。裂隙的角度即为由计算所得的主应力角度。由表 10-3-1、图 10-3-5 可知，理论计算所得的裂隙角度与监测所得的裂隙角度较为接近。由此可知，用颗粒膨胀法并结合 Starfield 叠加原理能够很好地模拟爆炸的裂隙扩展情况。

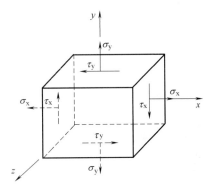

图 10-3-4 岩体中
应力单元

监测点主应力和主应力面计算表（m）　　　　　　　　　　　表 10-3-1

z		r									
		-9.9	-9	-8	-7	-6	-5	-4	-3	-2	-1
0	σ_r	10	50	70	45	45	50	70	110	185	280
	σ_z	-2	-10	-20	-18	-30	-50	-60	50	130	135
	τ_{rz}	5	37	44	44	38	45	35	87	75	95
	σ_1	11.81	67.63	87.94	67.61	60.89	67.27	78.82	172.0	237.4	327.0
	σ_2	-3.81	-27.63	-37.94	-40.61	-45.89	-67.27	-68.82	-12.03	77.62	88.00
	α	-19.90	-25.48	-22.18	-27.20	-22.69	-20.99	-14.15	-35.49	-34.93	-26.33

z		−9.9	−9	−8	−7	−6	−5	−4	−3	−2	−1
						r					
1	σ_r	14	93	90	90	90	105	110	130	190	275
	σ_z	−18	−15	−18	−16	−30	−36	−40	−65	50	130
	τ_{rz}	10	18	28	36	40	38	−15	−35	−30	38
	σ_1	16.87	95.9	96.83	101.0	102.1	114.5	111.4	136.0	196.1	284.36
	σ_2	−20.87	−17.92	−24.83	−27.07	−42.11	−45.59	−41.49	−71.09	43.84	120.64
	α	−16.00	−9.22	−13.70	−17.09	−16.85	−14.16	5.65	9.87	11.60	−13.83
2	σ_r	18	64	70	88	90	108	112	130	180	272
	σ_z	−17	−12	−10	5	−17	−20	−40	110	40	204
	τ_{rz}	−110	−100	−80	−90	−25	−20	38	20	18	10
	σ_1	111.8	132.9	119.4	145.6	95.55	111.05	120.97	142.36	182.28	273.44
	σ_2	−110.9	−80.98	−59.44	−52.61	−22.55	−23.05	−48.97	97.64	37.72	202.56
	α	40.48	34.60	31.72	32.62	12.52	8.68	−13.28	−31.72	−7.21	−8.19

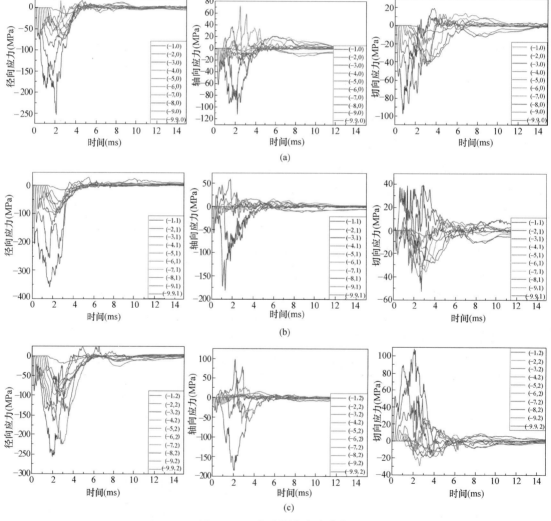

图 10-3-5 各监测点应力曲线

10.3.3　炸药爆轰过程验证

采用颗粒膨胀法模拟爆炸作用，柱状装药由若干等效单元药包组成。当爆轰波传播至下一个等效单元药包时，下一个药包被引爆，柱状装药内部的爆轰过程如图 10-3-6 所示。如图 10-3-6（a）所示，已有 31 个等效单元药包起爆，此 31 个颗粒按照式（10-10）的规律膨胀，目前膨胀程度很细微，在装药底部附近的岩体中产生几个细小的裂隙。由于颗粒之间存在起爆时间差，即按照式（10-10）的时间间隔起爆，与实际起爆过程相符合。随着爆炸的进一步进行，更多的药包开始起爆，如图 10-3-6（b）所示，柱状装药的下部颗粒半径大于上部颗粒半径，有新的裂隙产生且原有裂隙进一步扩展。如图 10-3-6（c）所示，大部分的炸药颗粒将要到达设定的最大半径，并随着爆炸的进一步进行，如图 10-3-6（d）所示，炸药颗粒半径按照式（10-10）的规律缩小，此时爆破漏斗内部的裂隙进一步扩展，爆破漏斗内部岩块更加破碎，并最终缩小为原半径，即如图 10-3-6（e）所示。此处采用的颗粒膨胀法很好地模拟柱状装药中爆轰波的传播过程。

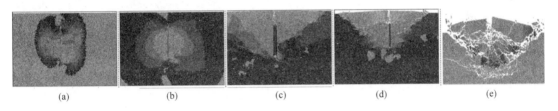

(a)　　　　　　(b)　　　　　　(c)　　　　　　(d)　　　　　　(e)

图 10-3-6　柱状装药内部的爆轰过程

10.3.4　起爆方式对爆破效果的影响

反向起爆从柱状装药的底部药包开始爆，双向起爆从柱状装药的中间药包开始爆，正向起爆从柱状装药的顶部药包开始。以此三种起爆方式分别进行颗粒流数值模拟，得到爆破漏斗效果图如图 10-3-7 所示。反向起爆的爆破作用指数 $n=1.34$，双向起爆的爆破作用指数 $n=1.43$，正向起爆的爆破作用指数 $n=1.65$。此模型的三种起爆方式的爆破作用指数 n 均大于 1，均为加强抛掷爆破漏斗。反向起爆与双向起爆漏斗的爆破漏斗指数较为接近，考虑双向起爆选取的爆破漏斗左右存在不对称性，所以选爆破漏斗半径为爆破漏斗直径的一半。由三者的爆破漏斗作用指数可知，在相同埋置深度、相同装药的情况下，三种起爆方式形成的爆破漏斗作用指数关系为：$n_{反向} < n_{双向} < n_{正向}$。

根据裂隙发展情况可知，在正向起爆下，位于柱状装药正下方的岩石介质的裂隙扩展深度大于其余两种起爆方式所形成的裂隙扩展深度，反向起爆柱状装药的正下方无明显的扩展裂隙，双向起爆和正向起爆柱状装药的正下方均有明显的扩展裂隙，此三种起爆方式柱状装药正下方裂隙扩展深度关系为：$l_{反向} < l_{双向} < l_{正向}$。反向起爆和双向起爆在爆破漏斗区域外，裂隙也有较明显的扩展，对侧向岩体均造成较大的影响，双向起爆对侧向岩体的影响区域较反向起爆方式造成的侧向影响区域偏上。在正向起爆的爆破漏斗区域外，裂隙并无明显的侧向扩展迹象，正向起爆对漏斗区域外的侧向岩体无较大影响，但在柱状装药的正下方有十分明显的扩展裂隙。

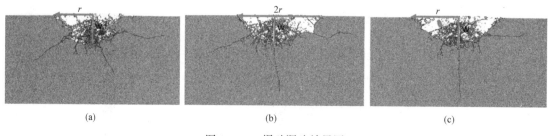

图 10-3-7 爆破漏斗效果图

（a）反向起爆 $n=1.34$；（b）双向起爆 $n=1.43$；（c）正向起爆 $n=1.65$

10.4 研 究 结 论

此处基于颗粒离散元，采用颗粒膨胀法结合 Starfield 叠加原理建立柱状装药爆炸分析模型，对岩体爆炸破岩过程进行数值模拟，探讨不同的起爆方式对爆破效果的影响，对炸药内部爆轰波传播过程进行研究，探讨爆破过程岩体裂隙的发展情况，得到以下主要结论：

（1）在距柱状药包较近的岩体介质中，应力大小较接近，但随径向距离的增大，岩体中应力逐渐变小，且在同一径向距离的条件下，越靠近介质自由面的区域应力越大。越靠近柱状装药的区域，其在柱状装药轴向方向的应力梯度越大，越远离柱状装药的区域，其在柱状装药轴向方向的应力梯度越小。

（2）在相同埋置深度、相同装药的情况下，三种起爆方式形成的爆破漏斗作用指数关系为：$n_{反向} < n_{双向} < n_{正向}$；三种起爆方式柱状装药正下方裂隙扩展深度关系为：$l_{反向} < l_{双向} < l_{正向}$；反向起爆和双向起爆在爆破漏斗区域外，其裂隙也有较明显的扩展，对侧向岩体均造成较大的影响，正向起爆对侧向岩体造成的影响相对较小。

（3）此处采取在每一个时间步均对每个接触进行判断，并根据动力刚度补偿公式对动态刚度更新，反映动态效应，效果较好，所以，利用动态补偿模型进行动力问题研究是可行的。

（4）柱状装药离散元爆炸分析模型与理论解析能够较好地吻合，且能够很好地模拟柱状装药的炸药爆轰过程、爆炸破岩过程、爆炸作用下裂隙的发展过程，此模型为后续研究柱状装药爆炸情况下介质的动力响应问题、细观裂隙扩展问题提供了一个可行的分析模型，同时，为工程爆破、制定防灾减灾措施提供依据。

10.5 讨 论

利用 PFC 方法研究爆炸、地震等动力学过程，无疑是防灾减灾工程中的研究热点。但由于动力学过程的复杂性，如何简化模型、提高计算效率、缩短计算时间是关键。本章提出的经验考虑法，对应力波传播规律、岩体变形破坏方法都有良好的效果，可以大大缩短计算时间。

本章采用的方法只是基于爆炸作用过程采用颗粒膨胀做功产生应力波，从而模拟炸药爆炸的内部作用于外部作用，在实际工程中，岩石破岩是冲击波与膨胀气体共同做功引起的，其中，冲击波影响约占破岩能量的70%，膨胀气体做功约占破岩能量的30%。在使用PFC模拟爆炸等作用的破岩过程时，还可以综合气体渗透作用的影响过程。采用PFC管域法模拟爆炸破岩典型效果如图10-5-1所示。

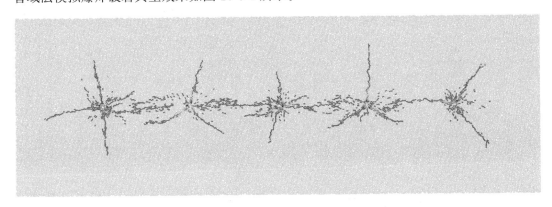

图10-5-1　采用PFC管域法模拟爆炸破岩典型效果

另外需要说明的是：采用颗粒流数值模拟岩石的破坏，主要关注的是岩石的破坏过程，而简化考虑爆炸气体相变作用于颗粒的过程。如果炸药的状态方程也能嵌入PFC方法，更能推动岩石动力学分析与岩石破坏分析的研究，这也是未来的重要研究方向。

10.6　命令流实例

10.6.1　模型生成

```
New
set random 10001
domain exten  −2.0000  22.2000  −1.0000  21.1000
domain condition destroy
cmat default model linear property kn 1e9 ks 1e9
wall create
   ID   1
   group   1
   vertices
   −1.0000   0.0000
   21.0000   0.0000
wall create
   ID   2
   group   1
   vertices
   20.0000   −0.5000
   20.0000   10.5000
```

```
wall create
    ID      3
    group       1
    vertices
    21. 0000    10. 0000
    −1. 0000    10. 0000
wall create
    ID      4
    group       1
    vertices
      0. 0000    10. 5000
      0. 0000   −0. 5000
wall property kn 1e9    fric 0. 0
def assemble_sc(iii,vol,por,num_b,num_e)
    array mult2(100),mult3(100),mult4(100),mult5(100),mult6(100)
    array mult7(100),mult8(100),mult9(100),mult10(100),mult11(100)
    sum=0. 0
    poros=por
    tot_vol=vol
    mat_flag=iii
    loop foreach local bp ball. list
        id=ball. id(bp)
        if id >=num_b then
            if id <=num_e then
                sum=sum+math. pi * ball. radius(bp) * ball. radius(bp)
            end_if
        end_if
    end_loop
    pmeas=1. 0−sum/tot_vol
    mult1=math. sqrt((1. 0−poros)/(1. 0−pmeas))
    mult2(mat_flag)=mult1^0. 6
    mult3(mat_flag)=mult1^0. 2
    mult4(mat_flag)=mult1^0. 1
    mult5(mat_flag)=mult1^0. 05
    mult6(mat_flag)=mult1^0. 05
end
ball generate number 237671 radius   0. 0050   0. 0075   box 0. 0000   20. 0000   0. 0000   10. 0000
@assemble_sc(1,200. 0000,   0. 1800,1,237671)
ball attribute density 2000. damp 0. 1
ball property kn 1e9 ks 1e9 fric 0. 1
    def expand1
        x=mult2(1)
        num_b=1
```

```
    num_e=237671
    loop foreach  bp ball. list
      id=ball. id(bp)
      if id >=num_b then
        if id <=num_e then
          ball. radius(bp)=ball. radius(bp) * x
        end_if
      end_if
    end_loop
end
@expand1
set timestep scale
cycle 1000
def expand2
  x=mult3(1)
  num_b=1
  num_e=237671
  loop foreach  bp ball. list
    id=ball. id(bp)
    if id >=num_b then
      if id <=num_e then
        ball. radius(bp)=ball. radius(bp) * x
      end_if
    end_if
  end_loop
  end
@expand2
cycle 1000
def expand3
  x=mult4(1)
  num_b=             1
  num_e=       237671
  loop foreach  bp ball. list
    id=ball. id(bp)
    if id >=num_b then
      if id <=num_e then
        ball. radius(bp)=ball. radius(bp) * x
      end_if
    end_if
  end_loop
end
@expand3
cycle 1000
```

```
def expand4
  x=mult5(1)
    num_b=1
    num_e=237671
    loop foreach   bp ball. list
      id=ball. id(bp)
      if id >=num_b then
        if id <=num_e then
          ball. radius(bp)=ball. radius(bp) * x
        end_if
      end_if
    end_loop
end
@expand4
cycle 5000
def expand5
  x=mult6(1)
  num_b=1
  num_e=237671
  loop foreach   bp ball. list
    id=ball. id(bp)
    if id >=num_b then
      if id <=num_e then
          ball. radius(bp)=ball. radius(bp) * x
        end_if
      end_if
    end_loop
  end
  @expand5
  cycle 10000
def wall_addr;wall
  wadd1=wall. find(1)
  wadd2=wall. find(2)
  wadd3=wall. find(3)
  wadd4=wall. find(4)
end
@wall_addr
def compute_wallstress
  xdif1=wall. disp. x(wadd1)
  ydif1=wall. disp. y(wadd1)
  xdif2=wall. disp. x(wadd2)
  ydif2=wall. disp. y(wadd2)
  xdif3=wall. disp. x(wadd3)
```

```
  ydif3=wall. disp. y(wadd3)
  xdif4=wall. disp. x(wadd4)
  ydif4=wall. disp. y(wadd4)
ndif1=math. sqrt(xdif1^2+ydif1^2)
ndif2=math. sqrt(xdif2^2+ydif2^2)
ndif3=math. sqrt(xdif3^2+ydif3^2)
ndif4=math. sqrt(xdif4^2+ydif4^2)
wnst1=math. sqrt(wall. force. contact. x(wadd1)^2+wall. force. contact. y(wadd1)^2)
wnst2=math. sqrt(wall. force. contact. x(wadd2)^2+wall. force. contact. y(wadd2)^2)
wnst3=math. sqrt(wall. force. contact. x(wadd3)^2+wall. force. contact. y(wadd3)^2)
wnst4=math. sqrt(wall. force. contact. x(wadd4)^2+wall. force. contact. y(wadd4)^2)
wnst1=-wnst1/20. 0000
wnst2=-wnst2/10. 0000
wnst3=-wnst3/20. 0000
wnst4=-wnst4/10. 0000
end
def compute_gain
    fac=0. 5
    gx=0. 0
    wp=wall. find(1)
    loop foreach contact wall. contactmap(wp)
      gx=gx+contact. prop(contact,"kn")
    endloop
    if gx<1e-2 then
      gx=1. 0
    end_if
  gx1=fac * 20. 0000/(gx * global. timestep)
    gx=0. 0
wp=wall. find(2)
loop foreach contact wall. contactmap(wp)
      gx=gx+contact. prop(contact,"kn")
    endloop
    if gx<1e-2 then
      gx=1. 0
    end_if
    gx2=fac * 10. 0000/(gx * global. timestep)
    gx=0. 0
    wp=wall. find(3)
    loop foreach contact wall. contactmap(wp)
      gx=gx+contact. prop(contact,"kn")
    endloop
    if gx<1e-2 then
      gx=1. 0
```

```
      end_if
      gx3=fac * 20. 0000/(gx * global. timestep)
      gx=0. 0
      wp=wall. find(4)
      loop foreach contact wall. contactmap(wp)
        gx=gx+contact. prop(contact,"kn")
      endloop
      if gx<1e-2 then
        gx=1. 0
      end_if
      gx4=fac * 10. 0000/(gx * global. timestep)
  end
def servo_walls
    compute_wallstress
  if do_servo=true   then
    udv1=gx1 * (wnst1—sssreg)
  if udv1>1. 0 then
    udv1     =1. 0
  end_if
    udx1=udv1 * (0. 000000)
    udy1=udv1 * (1. 000000)
    wall. vel. x(wadd1)=udx1
    wall. vel. y(wadd1)=udy1
    udv2=gx2 * (wnst2—sssreg)
  if udv2>1. 0 then
    udv2     =1. 0
  end_if
    udx2=udv2 * (—1. 000000)
    udy2=udv2 * (0. 000000)
    wall. vel. x(wadd2)=udx2
    wall. vel. y(wadd2)=udy2
    udv3=gx3 * (wnst3—sssreg)
  if udv3>1. 0 then
    udv3     =1. 0
  end_if
    udx3=udv3 * (0. 000000)
    udy3=udv3 * (—1. 000000)
    wall. vel. x(wadd3)=udx3
    wall. vel. y(wadd3)=udy3
    udv4=gx4 * (wnst4—sssreg)
  if udv4>1. 0 then
    udv4     =1. 0
  end_if
```

284

```
        udx4=udv4 * (1.000000)
        udy4=udv4 * (0.000000)
        wall. vel. x(wadd4)=udx4
        wall. vel. y(wadd4)=udy4
    end_if
end
[sssreg=-1.0e6]
[do_servo=true]
[num_step=0]
set fish callback 1.0 @servo_walls
[tol=5e-2]
[stop_me=0]
[gain_cnt=0]
    [gain_update_freq=10]
def stop_me
    num_step=num_step+1
    gain_cnt=gain_cnt+1
    if gain_cnt >=gain_update_freq
        compute_gain
        gain_cnt=0
    endif
    iflag=1
    s1=math. abs((wnst1-sssreg)/sssreg)
    s2=math. abs((wnst2-sssreg)/sssreg)
    s3=math. abs((wnst3-sssreg)/sssreg)
    s4=math. abs((wnst4-sssreg)/sssreg)

    if math. abs((wnst1-sssreg)/sssreg)>tol then
        iflag=0
    end_if
        if math. abs((wnst2-sssreg)/sssreg)>tol then
            iflag=0
    end_if
        if math. abs((wnst3-sssreg)/sssreg)>tol then
            iflag=0
    end_if
        if math. abs((wnst4-sssreg)/sssreg)>tol then
            iflag=0
    end_if
    if num_step>100000 then
                    stop_me=1
                    exit
    endif
```

```
            if iflag=0 then
                exit
            end_if
        if mech. solve("aratio")>1e-5
                exit
                endif
            stop_me=1
        end
            @compute_gain
            ball attribute displacement multiply 0. 0
            set timestep auto
            solve fishhalt @stop_me;0=continue,otherwise=terminate
            save ini_model
```

10. 6. 2 赋参平衡

```
res ini_model
define identify_floaters
    loop foreach local ball ball. list
        ball. group. remove(ball,'floaters')
        local contactmap=ball. contactmap(ball)
        local size=map. size(contactmap)
        if size <=2 then
            ball. group(ball)='floaters'
        endif
    endloop
end
@identify_floaters
ball delete range group 'floaters'
clean
set fish callback 1. 0 remove @servo_walls
def wave_transform_parameters
    rocDensity=2500. 0
    WaveSpeed=3000. 0
    freq=100
end
@wave_transform_parameters
def panduan
    xxmin=100000.
    xxmax=-100000.
    yymin=100000.
    rrmin=1000000000.
    rrmax=-100000000.
    loop foreach local bp ball. list
```

```
        rrr=ball. radius(bp)
        if rrmin>rrr then
            rrmin=rrr
        endif
        if ball. id(bp)<500000
            if rrmax<rrr
                rrmax=rrr
            endif
        endif
        xx1=ball. pos. x(bp)+ball. radius(bp)
        xx2=ball. pos. x(bp)-ball. radius(bp)
        yy2=ball. pos. y(bp)-ball. radius(bp)
        if xx1>xxmax then
            xxmax=xx1
        endif
        if xx2<xxmin then
            xxmin=xx2
        endif
        if yy2<yymin then
            yymin=yy2
        endif
    end_loop
end
@panduan
ball group 'left_right' range x [xxmin-0. 1] [xxmin+0. 1]
ball group 'left_right' range x [xxmax-0. 1] [xxmax+0. 1]
ball group 'bottom' range y [yymin-0. 5] [yymax+0. 2]
contact model linearpbond;range contact type 'ball-ball'
contact method bond gap 0. 0
contact method deform emod 1e9 krat 2. 0
contact method pb_deform emod 1e9 kratio 2. 0
contact property dp_nratio 0. 5
contact property fric 0. 8;range contact type 'ball-ball'
contact property lin_mode 1 pb_ten 1e3 pb_coh 1e3;range contact type 'ball-ball'
contact property lin_mode 1 pb_ten 1e9 pb_coh 1e9   range group 'left_right'
contact property lin_mode 1 pb_ten 1e9 pb_coh 1e9   range group 'bottom'
wall delete walls
ball fix xvel   spin   ran group 'left_right'
ball fix yvel   spin   ran group 'bottom'
set grav 9. 80
ball attribute damp 0. 0
cyc 20000
save balance
```

10.6.3　爆破模拟

```
res balance
ball attribute velocity multiply 0. 0
ball attribute displacement multiply 0. 0
ball attribute contactforce multiply 0. 0 contactmoment multiply 0. 0
ball free vel spin ran group 'left_right'
ball free vel spin ran group 'bottom'
contact model linearpbond;range contact type 'ball-ball'
contact method bond gap 0. 0
contact method deform emod 45e9 krat 3. 0
contact method pb_deform emod 45e9 kratio 3. 0
contact property dp_nratio 0. 5
contact property fric 0. 8;range contact type 'ball-ball'
contact property lin_mode 1 pb_ten 3. 75e8 pb_coh 1. 25e8;range contact type 'ball-ball'
contact property lin_mode 1 pb_ten 3. 75e8 pb_coh 1e9   range group 'left_right'
contact property lin_mode 1 pb_ten 3. 75e8 pb_coh 1e9   range group 'bottom'
define boundary_condition
  loop foreach local bp ball. list
    sss=ball. group(bp)
    if sss='left_right' then
      xvel000=ball. vel. x(bp)
      yvel000=ball. vel. y(bp)
      ball. force. app(bp,1)=-rocDensity * WaveSpeed * xvel000 * 2. 0 * ball. radius(bp) * 0. 35
      ball. force. app(bp,2)=-rocDensity * WaveSpeed * yvel000 * 2. 0 * ball. radius(bp) * 0. 35
    endif
    if sss='bottom' then
      xvel000=ball. vel. x(bp)
      yvel000=ball. vel. y(bp)
      ball. force. app(bp,1)=-rocDensity * WaveSpeed * xvel000 * 2. 0 * ball. radius(bp) * 0. 35
      ball. force. app(bp,2)=-rocDensity * WaveSpeed * yvel000 * 2. 0 * ball. radius(bp) * 0. 35
    endif
  endloop
end
set fish callback -1 @boundary_condition
define Wave(yanchi);input waveform
  ttt=mech. age-ttt000
  if ttt<yanchi
    Wave=0. 0
  endif
  if ttt>=yanchi
    if ttt<0. 25/Freq
      Wave=4 * Freq * ttt
```

```
            Wave=0. 4 * Freq * ttt
        endif
        if ttt>=0. 25/Freq
            if ttt<(1. 0/Freq+yanchi)
                Wave=-0. 1333333 * Freq * (ttt-1. 0/Freq)
            endif
            if ttt>(1. 0/Freq+yanchi)
                Wave=0. 0
            endif
        endif
    endif
end
def generate_cylinder(x0,y0,x1,y1,r,ID_begin)
    local ddd=math. sqrt((x1-x0)^2+(y1-y0)^2)
    numball=int(ddd/r)+1
    ddd_new=ddd/numball
    local vx=x1-x0
    local vy=y1-y0
    vx=vx/ddd
    vy=vy/ddd
    loop n (1,numball)
        x=x0+n * ddd_new * vx
        y=y0+n * ddd_new * vy
        id0=ID_begin+n
        command
            ball create id [id0] position [x] [y] radius [r]
        endcommand
    endloop
    command
        ball attribute density 1000. 0 range id [id_begin+1] [id_begin+numball]
        ball fix vel spin range id [id_begin+1] [id_begin+numball]
    endcommand
    ID_end=ID_begin+numball
end
[blasting_radius=0. 03]
[stress_blasting_max=50e6]
[rrr_now=blasting_radius]
[rrr_max=3. 0 * blasting_radius]
[kkknnn=stress_blasting_max * 2. 0 * math. pi * (rrr_max+rrr_now)/2. 0/(rrr_max-rr_now)
[velocity_D=4000. 0]
[ID_begin=600000]
[blasting_ini_point_x=10. 0]
[blasting_ini_point_y=9. 0]
```

```
ball delete range  x [10.0 − blasting_radius] [10.0 + blasting_radius] y [7.0 − blasting_radius]
[9.0 + blasting_radius]
@generate_cylinder(@blasting_ini_point_x, @blasting_ini_point_y, 10.0, 7.0, @blasting_radius, @ID_be-
gin)
   [ttt000 = mech.age]
   def  apply_blasting_loading_method_cylinder;
        num = ID_end − ID_begin
        loop n (1,67)
          id0 = ID_begin + n
          bp = ball.find(id0)
          x2 = ball.pos.x(bp)
          y2 = ball.pos.y(bp)
          ddd = math.sqrt((x2 − blasting_ini_point_x)^2 + (y2 − blasting_ini_point_y)^2)
          ddd = math.sqrt((x2 − 10.0)^2 + (y2 − 7.0)^2)
          yanchi = ddd/velocity_D
          ttt = mech.age − ttt000
          r0 = ball.radius(bp)
           dddrrr = 2.0 * math.pi * stress_blasting_max * (rrr_max + rrr_now)/2.0 * wave
(yanchi)/kkknnn
           if n = 1
             dddrrr1 = dddrrr
           endif
           if n = 2
             dddrrr2 = dddrrr
           endif
           rad111 = blasting_radius + dddrrr
           ball.radius(bp) = rad111
        endloop
   end
   set fish callback 16.0 @apply_blasting_loading_method_cylinder
   ball attribute damp 0.0
   call fracture.p2fis
   @track_init
   history id 3000 @crack_num
   measure create id 1 x 10.0 y 9.9  radius 0.1
   measure create id 2 x 10.0 y 9.7  radius 0.1
   measure create id 3 x 10.0 y 9.5  radius 0.1
   measure create id 4 x 10.0 y 9.3  radius 0.1
   measure create id 5 x 10.0 y 9.1  radius 0.1
   set timestep max 1e-7
   cyc 150000
   save final
```

第 11 章　土石混合体细观特征对边坡滑面
形成影响研究

土石混合体是由不同粒径、强度较高的岩块和软弱的土体颗粒组成，一般存在于第四系松散堆积层中。其各种力学性质及特性与普通均质土体差异较大，由此类土体构成土石混合体边坡的稳定性影响因素较多，与普通均质边坡的滑面发展和破坏机制不同。这种类型边坡对大型土木工程是潜在的威胁，因此，研究土石混合体滑动机理与稳定性具有重要意义。

对土石混合体的各种力学性质及特性，很多学者已经有较为详细的研究，并取得了比较丰硕的成果。徐文杰等利用图像数字处理技术及有限元强度折减法研究发现：由于岩块的存在，边坡失稳时的应力集中区域发生改变，并存在滑面绕石现象。李亮等将 MAT-LAB 与有限元结合，发现考虑块石的边坡与均质土坡的塑性区分布存在较大差异，且滑面参数对土石混合边坡稳定性影响较大。Zhu Fangcai 等利用室内模型研究了降雨对土石混合体边坡稳定性的影响，他们发现：侵入水量增大后，土石混合土边坡内部沉降会不断增加，顶部会出现小规模破坏。张宝龙等将力学分析与上限定理结合，研究了土石混合体边坡中坡高、坡角对滑坡的影响。黄生文等利用离散元方法研究了某高速公路土石混合体高边坡的速度场与位移场的变化，并对其稳定性给出评价。以上学者的研究多数集中在土石混合体的力学性质研究，对土石混合体细观特征对边坡稳定性和滑面形成过程影响的研究非常少。

针对土石混合体细观特征对滑面形成机制的影响，本章基于颗粒流方法首先建立细观结构构造方法，在此基础上分析均质边坡与土石混合体边坡破坏机理及滑面发展的不同，同时，对比在不同含石量下，土石混合体边坡的滑面发展过程，探讨该类边坡的破坏机理。

11.1　土石混合体细观模型的构造与评价方法

11.1.1　土石混合体细观模型的构造方法

对土石混合体细观模型的构建，多借助统计窗的方式在现场进行。

数字图像识别法是一种被广泛采用的土石混合体细观特征提取方法，因为数字图像像素很高，如果将每一个像素都按照相应位置转化为数值模型，则单元、节点多，计算工作量非常大。

如图 11-1-1 所示，将数字图像识别的骨架颗粒轮廓线作为边界线，对每一条边界进行读取，处于任意多段线内的像素属于块石，而不在任意多段线内的像素属于胶结物。这样即可将每一像素的性质（土或石）区分，并借助这些多段线数据开展颗粒粒径、形状等信息的统计。

然后，在研究范围内，采用平均颗粒尺寸为5mm，最大与最小半径比为2.0的构造方法，在如图11-1-1所示的人工绘制边界内生成颗粒。通过Cundull提出的模型伺服程序调整颗粒间的重叠量，直至颗粒间的应力接近零应力。然后，将识别出来的块石视作不同的多边形区域，搜索所有颗粒，若某颗粒中心位于其中一个多边形内部，则判断该颗粒属于岩石颗粒，将位于同一多边形区域内的颗粒通过clump组装以模拟岩石介质。最后，为了能模拟块石间的接触，将不同多边形区域内的颗粒赋予不同的编号，将土石分别赋予不同的参数以分别模拟"基质土""岩块骨架"。

图11-1-1　人工绘制边界内生成颗粒

11.1.2　大粒径块石簇的生成方法

在构建土石混合体边坡过程中，块石的生成是模型构造的一大难点，如何判别球形颗粒是否位于块石边界体内部是构造的关键。在数学上，这是一种拓扑关系的算法研究。在土石混合体边坡的块石生成过程中，根据Bagi K提出的颗粒装配算法，可以准确、快速地判别颗粒与块石多边形的位置关系，进而将位于块石边界内部的球形颗粒组装形成岩石。

11.1.3　土石混合体边坡模型的建立

通过以上模型构造与判别方法，采用伺服膨胀机理，利用颗粒流软件分别建立了高度为8.7m、长度为7.7m的均匀土质边坡和土石混合体边坡。

边坡细观结构颗粒流模型如图11-1-2所示。构成此边坡的土石混合体边坡各组分宏观物理力学参数如表11-1-1所示。在使用颗粒流软件建立土石混合体边坡模型过程中，为了更好地模拟土体与块石不同的宏观力学表现，此处分别采用线性接触粘结模型和线性平行粘结模型对土体和块石进行模拟。为了模拟滑坡的动力过程，在计算中采用黏性阻尼，不考虑局部阻尼（局部阻尼系数为0）。对模型细观参数进行多次参数标定后，最终得到土石混合体主要细观力学参数如表11-1-2所示。

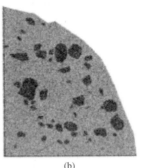

图 11-1-2　边坡细观结构颗粒流模型

(a) 均匀土质边坡；(b) 土石混合体边坡

土石混合体边坡各组分宏观物理力学参数　　　　　　表 11-1-1

介质类型	密度 (g/cm³)	弹性模量 (GPa)	泊松比	内聚力 (kPa)	内摩擦角 (°)
块石	2.8	20	0.19	2.7×10^4	39
土体	2.1	0.04	0.3	93	22.4

土石混合体主要细观力学参数　　　　　　表 11-1-2

块石参数	取值	土体参数	取值
平行粘结有效模量(GPa)	30	接触粘结有效模量(GPa)	0.08
平行粘结法向与切向刚度比	2.5	接触粘结法向与切向刚度比	2.5
线性接触有效模量(GPa)	29	接触粘结抗拉强度(MPa)	0.3
线性接触刚度比	2.5	接触粘结抗剪强度(MPa)	0.1
平行粘结切向黏聚强度(GPa)	0.1	切向临界阻尼比	0.2
平行粘结法向粘结强度(GPa)	0.12	法向临界阻尼比	0.4
摩擦系数	0.55	摩擦系数	0.4
颗粒密度(kg/m³)	3300	颗粒密度(kg/m³)	2100

11.2　土石混合体边坡稳定性分析

为了研究土石混合体形成的细观结构对边坡滑面形成机制的影响，分别模拟均匀土质边坡和土石混合体边坡的滑面破坏过程，记录边坡内部应力变化与颗粒间的传力机制，以及裂隙发展和滑面发展演变过程，对比两种边坡破坏机制的差异，分析土石混合体对边坡滑面破坏的影响。为了使对比更加合理有效，所有模型均以相同的计算步数（100 万步）为参照进行对比。

11.2.1　均匀土体边坡

对建立的纯土体边坡赋予标定得出的土体参数，使其在自重作用下卸荷平衡，最终得到的纯土体边坡自重平衡力链图如图 11-2-1 所示。可以看出：在重力作用下，坡体表层的力链分布稀疏，且坡体表层的接触力明显小于坡体内部的接触力，坡脚位置力链密集区与稀疏区有较为明显的界限，这是边坡潜在的不稳定滑面的产生位置。

对已经自重平衡的纯土体边坡采用强度折减法进行计算分析，得到纯土体土石混合体边坡自重平衡后力链分布图如图 11-2-2 所示。从图 11-2-2 中可以看出：在滑面产生的位置力链出现间断，说明坡体刚刚开始发生滑动时，滑面的产生使得力的传递出现了不连续现象。

11.2.2　土石混合体边坡

图 11-2-3 是土石混合体边坡自重平衡后力链分布图。从图中可以看出：边坡内部接触力链的分布情况与图 11-2-1 中的相关力链分布明显不同，图 11-2-3 中力链的分布更复杂，在块石周围存在明显的剪切环。由于块石的存在，边坡内部接触力链的分布在遇到石块时会绕开石块，形成沿块体边缘的剪切闭环传力路径。浅层力链分布明显有所改善，比纯土质边坡更密集。图 11-2-4 是土石混合体边坡位移和力链演化示意图。可以看出：块石的存在使得土石混合体边坡的位移、力链不出现完全间断。

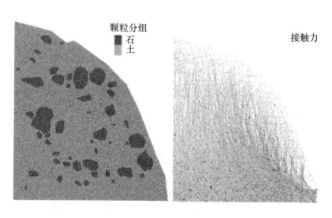

图 11-2-1　纯土体边坡自重平衡力链图

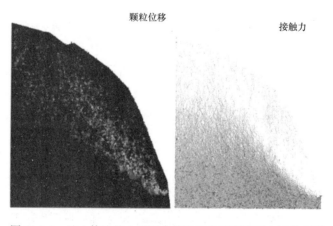

图 11-2-2　纯土体边坡土石混合体边坡自重平衡后力链分布图

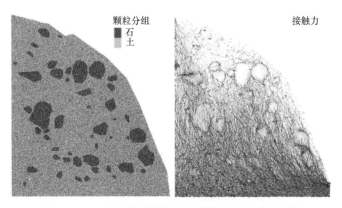

图 11-2-3　土石混合体边坡自重平衡后力链分布图

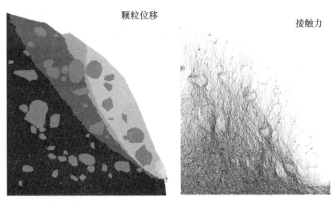

图 11-2-4　土石混合体边坡位移和力链演化示意图

11.2.3　边坡滑面形成过程对比分析

使用 P Wang 提到的强度折减算法估算边坡安全系数，通过边坡滑面搜索机理得到的裂隙发展过程如图 11-2-5 所示。经过强度折减法计算发现：此纯土边坡的安全系数约为 1.05。从图 11-2-5（b）中可以看出：在边坡计算为 50 万步时，边坡表面颗粒开始发生松动，同时，边坡内部裂隙开始发育。随着边坡计算步数的增加，边坡内部裂隙从边坡前沿尖端继续向上发展，从发展过程中可以看出：裂隙发展方向单一，裂隙的分布状况沿其发展方向相对分散。

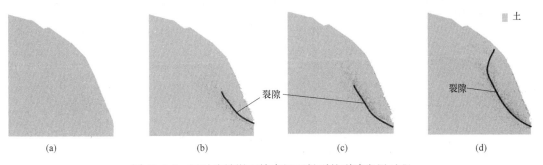

图 11-2-5　通过边坡滑面搜索机理得到的裂隙发展过程
（a）边坡计算为 20 万步；（b）边坡计算为 50 万步；（c）边坡计算为 75 万步；（d）边坡计算为 100 万步

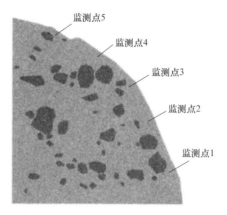

图 11-2-6　土石混合体边坡监测点

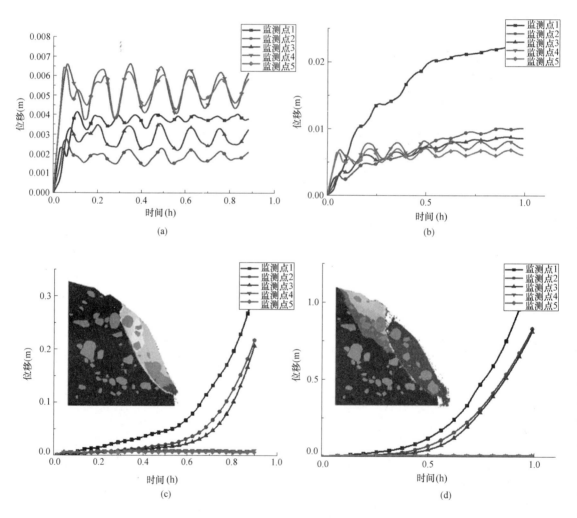

图 11-2-7　土石混合体边坡监测结果

（a）强度折减系数为 1.0；（b）强度折减系数为 1.05；（c）强度折减系数为 1.10；
（d）强度折减系数为 1.15

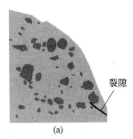 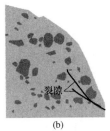 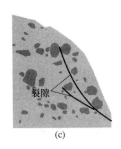 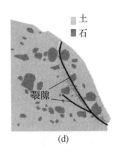

土
石

裂隙　　　裂隙　　　裂隙　　　裂隙

(a)　　　　　(b)　　　　　(c)　　　　　(d)

图 11-2-8　土石混合体边坡裂隙发展过程

(a) 边坡计算为 20 万步；(b) 边坡计算为 50 万步；(c) 边坡计算为 75 万步；(d) 边坡计算为 100 万步

为了更加准确地描述该土石混合体边坡的稳定性，同时求得土石混合体边坡的安全系数，在土石混合体边坡内选取 5 个监测点（图 11-2-6），分别监测不同强度折减系数下 5 个监测点的位移值并记录，监测结果如图 11-2-7 所示。从位移曲线中可以看出：强度折减系数为 1.0 时，5 个监测点的位移曲线均在某一水平线上下浮动，边坡处于稳定状态；强度折减系数为 1.05 时，监测点 1 的位移明显较大，其余监测点位移也有上升的趋势，即边坡下沿开始滑动；当强度折

图 11-2-9　现场出现的边坡滑面

减系数达到 1.10 时，5 个监测点的位移均已达到较大值，且监测点 1 的位移始终是最大的，边坡完全失稳，发生滑坡；强度折减系数为 1.15 时，边坡的滑动更加明显，表层完全错动，形成滑坡。从整个过程可以得知：此边坡的强度折减系数为 1.05～1.10。由于坡脚位移最大且最早发生，因此可推断此滑坡属于牵引式滑坡。

土石混合体边坡裂隙发展过程见图 11-2-8。图中分别记录了边坡计算为 20 万步、50 万步、75 万步、100 万步时的裂隙发育状况，从图 11-2-8 中可以看出：边坡计算为 20 万步时，内部开始产生微小裂隙，边坡计算为 50 万步和 75 万步时，裂隙数量进一步增多，裂隙发展趋势也更加明显。从图 11-2-8（b）和图 11-2-8（c）中可以看出：裂隙沿着一条主裂隙和一条次裂隙的方向发展，两条裂隙均穿过块石之间的间隙，且裂隙的分布在其发展方向上相对集中。图 11-2-8（d）中边坡微小裂隙发展成一条贯通的可视滑面，最终的滑面位置在块石之间的间隙。

现场出现的边坡滑面见图 11-2-9，从图中可以看出：滑面位置与滑坡情况和模拟结果基本吻合。

为了进一步论证土石混合体边坡的滑坡破坏机理，如图 11-2-10 所示，分别模拟了含石率为 10%、20%、30%、50% 的土石混合体边坡滑面扩展过程，从模拟结果可以看出：在含石率为 10%、20% 时，裂隙发展状况基本一致，都穿过石块缝隙自下而上发展，裂隙所处位置基本位于边坡 1/3 处；当含石率继续增加，含石率为 30%、50% 时，裂隙在坡脚位置集中，且基本位于边坡浅层，向上扩展较慢，同时，边坡的破坏模式发生改变，

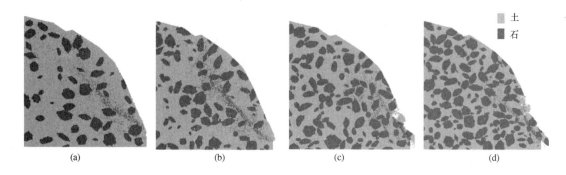

图 11-2-10　土石混合体边坡滑面扩展过程

（a）含石率为 10%；（b）含石率为 20%；（c）含石率为 30%；（d）含石率为 50%

由之前的整体滑动变为坡脚局部破坏滑动，滑坡体体积明显小于含石率为 10% 和 20% 的土石混合体边坡滑坡体体积。

11.3　研　究　结　论

通过颗粒离散元数值模拟，基于土石混合体边坡实例开展数值模拟对比分析，研究了纯土质边坡、土石混合体边坡的变形机制、滑面发展过程和边坡稳定性，得到的主要结论如下：

（1）块石的存在对于边坡内部接触力会产生明显的影响，土石混合体边坡内部的力链分布相较于纯土体边坡复杂，在块石周围会形成剪切环。

（2）在滑面形成过程中，土体边坡的裂隙发展存在小范围内发散的现象，土石混合体边坡裂隙发展相对集中，穿过块石间隙形成一条贯通的滑面。

（3）当含石率不同时，边坡的安全系数不同。当含石率在 30% 以下时，边坡的安全系数随含石率的提高而增加缓慢；当含石率增加到 30% 以上时，边坡的安全系数随含石率的提高而增加较快，变形破坏模式也有显著不同。

可见，土石混合体边坡与纯土体边坡存在明显差距，块石的存在对于边坡稳定性的提高有明显的作用，块石会改变边坡内力的分布与传递。在对土石混合体边坡进行研究时，必须充分考虑其内部块石的大小、分布，考虑块石对土石混合体边坡的影响。

11.4　命令流实例

本章命令流实例见例 11-4-1、例 11-4-2。

例 11-4-1　试样制作

```
New
set random 10001
domain exten  −0.7705  8.5525  −0.8653  9.6046 condition destroy
```

cmat default model linear method deform emod 8. 0e7 krat 2. 5

wall create

  ID   1

  group   1

  vertices

  −0. 0293   8. 6602

   1. 4921   8. 2714

wall create

  ID   2

  group   1

  vertices

   1. 4545   8. 2801

   1. 8871   8. 2153

wall create

  ID   3

  group   1

  vertices

   1. 8707   8. 2223

   2. 2889   7. 9199

wall create

  ID   4

  group   1

  vertices

   2. 2736   7. 9304

   2. 6485   7. 6855

wall create

  ID   5

  group   1

  vertices

   2. 6335   7. 6883

   3. 0372   7. 7891

wall create

  ID   6

  group   1

  vertices

   2. 9964   7. 8101

   4. 7180   6. 6183

wall create

  ID   7

  group   1

  vertices

   4. 6651   6. 6612

   5. 6914   5. 6244

wall create
   ID   8
   group   1
   vertices
     5. 6585   5. 6708
     6. 3437   4. 2988
wall create
   ID   9
   group   1
   vertices
     6. 3129   4. 3696
     7. 2311   2. 0587
wall create
   ID   10
   group   1
   vertices
     7. 2069   2. 1186
     7. 5475   1. 3119
wall create
   ID   11
   group   1
   vertices
     7. 5388   1. 3426
     7. 6505   0. 5563
wall create
   ID   12
   group   1
   vertices
     7. 6472   0. 5828
     7. 7061   −0. 0114
wall create
   ID   13
   group   1
   vertices
     7. 8591   0. 0000
  −0. 1541   0. 0000
wall create
   ID   14
   group   1
   vertices
     0. 0000 −0. 1731
     0. 0000   8. 8258
geometry import shichong. dxf

```
ball distribute porosity 0.1800 radius 0.005   0.01 range geometry shichong count odd
ball attribute density 2500.0 damp 0.1
wall property fric 0.1 kn 1e10
set timestep scale
cycle 2000 calm 100
ball delete range geometry shichong count odd not
set timestep auto
;solve aratio 1e-5
cycle 5000
ball delete range geometry shichong count odd not
def wall_addr
   wadd1=wall.find(1)
   wadd2=wall.find(2)
   wadd3=wall.find(3)
   wadd4=wall.find(4)
   wadd5=wall.find(5)
   wadd6=wall.find(6)
   wadd7=wall.find(7)
   wadd8=wall.find(8)
   wadd9=wall.find(9)
   wadd10=wall.find(10)
   wadd11=wall.find(11)
   wadd12=wall.find(12)
   wadd13=wall.find(13)
   wadd14=wall.find(14)
end
@wall_addr
def compute_wallstress
xdif1=wall.disp.x(wadd1)
ydif1=wall.disp.y(wadd1)
xdif2=wall.disp.x(wadd2)
ydif2=wall.disp.y(wadd2)
xdif3=wall.disp.x(wadd3)
ydif3=wall.disp.y(wadd3)
xdif4=wall.disp.x(wadd4)
ydif4=wall.disp.y(wadd4)
xdif5=wall.disp.x(wadd5)
ydif5=wall.disp.y(wadd5)
xdif6=wall.disp.x(wadd6)
ydif6=wall.disp.y(wadd6)
xdif7=wall.disp.x(wadd7)
ydif7=wall.disp.y(wadd7)
xdif8=wall.disp.x(wadd8)
```

ydif8＝wall. disp. y(wadd8)

xdif9＝wall. disp. x(wadd9)

ydif9＝wall. disp. y(wadd9)

xdif10＝wall. disp. x(wadd10)

ydif10＝wall. disp. y(wadd10)

xdif11＝wall. disp. x(wadd11)

ydif11＝wall. disp. y(wadd11)

xdif12＝wall. disp. x(wadd12)

ydif12＝wall. disp. y(wadd12)

xdif13＝wall. disp. x(wadd13)

ydif13＝wall. disp. y(wadd13)

xdif14＝wall. disp. x(wadd14)

ydif14＝wall. disp. y(wadd14)

ndif1＝math. sqrt(xdif1^2＋ydif1^2)

ndif2＝math. sqrt(xdif2^2＋ydif2^2)

ndif3＝math. sqrt(xdif3^2＋ydif3^2)

ndif4＝math. sqrt(xdif4^2＋ydif4^2)

ndif5＝math. sqrt(xdif5^2＋ydif5^2)

ndif6＝math. sqrt(xdif6^2＋ydif6^2)

ndif7＝math. sqrt(xdif7^2＋ydif7^2)

ndif8＝math. sqrt(xdif8^2＋ydif8^2)

ndif9＝math. sqrt(xdif9^2＋ydif9^2)

ndif10＝math. sqrt(xdif10^2＋ydif10^2)

ndif11＝math. sqrt(xdif11^2＋ydif11^2)

ndif12＝math. sqrt(xdif12^2＋ydif12^2)

ndif13＝math. sqrt(xdif13^2＋ydif13^2)

ndif14＝math. sqrt(xdif14^2＋ydif14^2)

wnst1＝math. sqrt(wall. force. contact. x(wadd1)^2＋wall. force. contact. y(wadd1)^2)

wnst2＝math. sqrt(wall. force. contact. x(wadd2)^2＋wall. force. contact. y(wadd2)^2)

wnst3＝math. sqrt(wall. force. contact. x(wadd3)^2＋wall. force. contact. y(wadd3)^2)

wnst4＝math. sqrt(wall. force. contact. x(wadd4)^2＋wall. force. contact. y(wadd4)^2)

wnst5＝math. sqrt(wall. force. contact. x(wadd5)^2＋wall. force. contact. y(wadd5)^2)

wnst6＝math. sqrt(wall. force. contact. x(wadd6)^2＋wall. force. contact. y(wadd6)^2)

wnst7＝math. sqrt(wall. force. contact. x(wadd7)^2＋wall. force. contact. y(wadd7)^2)

wnst8＝math. sqrt(wall. force. contact. x(wadd8)^2＋wall. force. contact. y(wadd8)^2)

wnst9＝math. sqrt(wall. force. contact. x(wadd9)^2＋wall. force. contact. y(wadd9)^2)

wnst10＝math. sqrt(wall. force. contact. x(wadd10)^2＋wall. force. contact. y(wadd10)^2)

wnst11＝math. sqrt(wall. force. contact. x(wadd11)^2＋wall. force. contact. y(wadd11)^2)

wnst12＝math. sqrt(wall. force. contact. x(wadd12)^2＋wall. force. contact. y(wadd12)^2)

wnst13＝math. sqrt(wall. force. contact. x(wadd13)^2＋wall. force. contact. y(wadd13)^2)

wnst14＝math. sqrt(wall. force. contact. x(wadd14)^2＋wall. force. contact. y(wadd14)^2)

wnst1＝－wnst1/1. 5099

wnst2＝－wnst2/0. 4206

302

```
wnst3=−wnst3/0.4962
wnst4=−wnst4/0.4305
wnst5=−wnst5/0.4001
wnst6=−wnst6/2.0134
wnst7=−wnst7/1.4027
wnst8=−wnst8/1.4746
wnst9=−wnst9/2.3910
wnst10=−wnst10/0.8420
wnst11=−wnst11/0.7637
wnst12=−wnst12/0.5742
wnst13=−wnst13/7.7050
wnst14=−wnst14/8.6528
end
def compute_gain
    fac=0.5
    gx=0.0
    wp=wall.find(1)
    loop foreach contact wall.contactmap(wp)
        gx=gx+contact.prop(contact,"kn")
    endloop
    if gx<1e-2 then
        gx=1.0
    end_if
    gx1=fac * 1.5099/(gx * global.timestep)
    gx=0.0
    wp=wall.find(2)
    loop foreach contact wall.contactmap(wp)
        gx=gx+contact.prop(contact,"kn")
    endloop
    if gx<1e-2 then
        gx=1.0
    end_if
    gx2=fac * 0.4206/(gx * global.timestep)
    gx=0.0
    wp=wall.find(3)
    loop foreach contact wall.contactmap(wp)
        gx=gx+contact.prop(contact,"kn")
    endloop
    if gx<1e-2 then
        gx=1.0
    end_if
    gx3=fac * 0.4962/(gx * global.timestep)
    gx=0.0
```

```
wp=wall. find(4)
loop foreach contact wall. contactmap(wp)
    gx=gx+contact. prop(contact,"kn")
endloop
if gx<1e-2 then
    gx=1. 0
end_if
gx4=fac * 0. 4305/(gx * global. timestep)
gx=0. 0
wp=wall. find(5)
loop foreach contact wall. contactmap(wp)
    gx=gx+contact. prop(contact,"kn")
endloop
if gx<1e-2 then
    gx=1. 0
end_if
gx5=fac * 0. 4001/(gx * global. timestep)
gx=0. 0
wp=wall. find(6)
loop foreach contact wall. contactmap(wp)
    gx=gx+contact. prop(contact,"kn")
endloop
if gx<1e-2 then
    gx=1. 0
end_if
gx6=fac * 2. 0134/(gx * global. timestep)
gx=0. 0
wp=wall. find(7)
loop foreach contact wall. contactmap(wp)
    gx=gx+contact. prop(contact,"kn")
endloop
if gx<1e-2 then
    gx=1. 0
end_if
gx7=fac * 1. 4027/(gx * global. timestep)
gx=0. 0
wp=wall. find(8)
loop foreach contact wall. contactmap(wp)
    gx=gx+contact. prop(contact,"kn")
endloop
if gx<1e-2 then
    gx=1. 0
end_if
```

```
gx8=fac * 1.4746/(gx * global.timestep)
gx=0.0
wp=wall.find(9)
loop foreach contact wall.contactmap(wp)
    gx=gx+contact.prop(contact,"kn")
endloop
if gx<1e-2 then
    gx=1.0
end_if
gx9=fac * 2.3910/(gx * global.timestep)
gx=0.0
wp=wall.find(10)
loop foreach contact wall.contactmap(wp)
    gx=gx+contact.prop(contact,"kn")
endloop
if gx<1e-2 then
    gx=1.0
end_if
gx10=fac * 0.8420/(gx * global.timestep)
gx=0.0
wp=wall.find(11)
loop foreach contact wall.contactmap(wp)
    gx=gx+contact.prop(contact,"kn")
endloop
if gx<1e-2 then
    gx=1.0
end_if
gx11=fac * 0.7637/(gx * global.timestep)
gx=0.0
wp=wall.find(12)
loop foreach contact wall.contactmap(wp)
    gx=gx+contact.prop(contact,"kn")
endloop
if gx<1e-2 then
    gx=1.0
end_if
gx12=fac * 0.5742/(gx * global.timestep)
gx=0.0
wp=wall.find(13)
loop foreach contact wall.contactmap(wp)
    gx=gx+contact.prop(contact,"kn")
endloop
if gx<1e-2 then
```

```
        gx=1. 0
    end_if
    gx13=fac * 7. 7050/(gx * global. timestep)
    gx=0. 0
    wp=wall. find(14)
    loop foreach contact wall. contactmap(wp)
        gx=gx+contact. prop(contact,"kn")
    endloop
    if gx<1e-2 then
        gx=1. 0
    end_if
    gx14=fac * 8. 6528/(gx * global. timestep)
end
def servo_walls
compute_wallstress
if do_servo=true   then
    udv1=-gx1 * (wnst1-sssreg)
    if   math. abs(udv1)>1. 0 then
    udv1=math. sgn(udv1) * 1. 0
    endif
    udx1=udv1 * (0. 247655)
    udy1=udv1 * (0. 968848)
    wall. vel. x(wadd1)=udx1
    wall. vel. y(wadd1)=udy1
    udv2=-gx2 * (wnst2-sssreg)
    if   math. abs(udv2)>1. 0 then
    udv2=math. sgn(udv2) * 1. 0
    endif
    udx2=udv2 * (0. 148189)
    udy2=udv2 * (0. 988959)
    wall. vel. x(wadd2)=udx2
    wall. vel. y(wadd2)=udy2
    udv3=-gx3 * (wnst3-sssreg)
    if   math. abs(udv3)>1. 0 then
    udv3=math. sgn(udv3) * 1. 0
    endif
    udx3=udv3 * (0. 586103)
    udy3=udv3 * (0. 810236)
    wall. vel. x(wadd3)=udx3
    wall. vel. y(wadd3)=udy3
    udv4=-gx4 * (wnst4-sssreg)
    if   math. abs(udv4)>1. 0 then
    udv4=math. sgn(udv4) * 1. 0
```

```
endif
udx4=udv4 * (0.546846)
udy4=udv4 * (0.837233)
wall. vel. x(wadd4)=udx4
wall. vel. y(wadd4)=udy4
udv5=-gx5 * (wnst5-sssreg)
if   math. abs(udv5)>1.0 then
udv5=math. sgn(udv5) * 1.0
endif
udx5=udv5 * (-0.242294)
udy5=udv5 * (0.970203)
wall. vel. x(wadd5)=udx5
wall. vel. y(wadd5)=udy5
udv6=-gx6 * (wnst6-sssreg)
if   math. abs(udv6)> 1.0 then
udv6=math. sgn(udv6) * 1.0
endif
udx6=udv6 * (0.569186)
udy6=udv6 * (0.822209)
wall. vel. x(wadd6)=udx6
wall. vel. y(wadd6)=udy6
udv7=-gx7 * (wnst7-sssreg)
if   math. abs(udv7)> 1.0 then
udv7=math. sgn(udv7) * 1.0
endif
udx7=udv7 * (0.710675)
udy7=udv7 * (0.703521)
wall. vel. x(wadd7)=udx7
wall. vel. y(wadd7)=udy7
udv8=-gx8 * (wnst8-sssreg)
if   math. abs(udv8)> 1.0 then
udv8=math. sgn(udv8) * 1.0
endif
udx8=udv8 * (0.894623)
udy8=udv8 * (0.446822)
wall. vel. x(wadd8)=udx8
wall. vel. y(wadd8)=udy8
udv9=-gx9 * (wnst9-sssreg)
if   math. abs(udv9)> 1.0 then
udv9=math. sgn(udv9) * 1.0
endif
udx9=udv9 * (0.929327)
udy9=udv9 * (0.369257)
```

```
wall. vel. x(wadd9)＝udx9
wall. vel. y(wadd9)＝udy9
udv10＝－gx10 * (wnst10－sssreg)
if   math. abs(udv10)＞1. 0 then
udv10＝math. sgn(udv10) * 1. 0
endif
udx10＝udv10 * (0. 921272)
udy10＝udv10 * (0. 388920)
wall. vel. x(wadd10)＝udx10
wall. vel. y(wadd10)＝udy10
udv11＝－gx11 * (wnst11－sssreg)
if   math. abs(udv11)＞1. 0 then
udv11＝math. sgn(udv11) * 1. 0
endif
udx11＝udv11 * (0. 990057)
udy11＝udv11 * (0. 140663)
wall. vel. x(wadd11)＝udx11
wall. vel. y(wadd11)＝udy11
udv12＝－gx12 * (wnst12－sssreg)
if   math. abs(udv12)＞1. 0 then
udv12＝math. sgn(udv12) * 1. 0
endif
udx12＝udv12 * (0. 995125)
udy12＝udv12 * (0. 098624)
wall. vel. x(wadd12)＝udx12
wall. vel. y(wadd12)＝udy12
udv13＝－gx13 * (wnst13－sssreg)
if   math. abs(udv13)＞1. 0 then
udv13＝math. sgn(udv13) * 1. 0
endif
udx13＝udv13 * (0. 000000)
udy13＝udv13 * (－1. 000000)
wall. vel. x(wadd13)＝udx13
wall. vel. y(wadd13)＝udy13
udv14＝－gx14 * (wnst14－sssreg)
if   math. abs(udv14)＞1. 0 then
udv14＝math. sgn(udv14) * 1. 0
endif
udx14＝udv14 * (－1. 000000)
udy14＝udv14 * (0. 000000)
wall. vel. x(wadd14)＝udx14
wall. vel. y(wadd14)＝udy14
end_if
```

308

```
end
[sssreg=-0.1e6]
[do_servo=true]
set fish callback 1.0 @servo_walls
[tol=5e-2]
[stop_me=0]
[gain_cnt=0]
[gain_update_freq=100]
[nstep=0]
def stop_me
    nstep=nstep+1
    if ntep>200000
        stop_me=1
        exit
    endif
    gain_cnt=gain_cnt+1
    if gain_cnt >=gain_update_freq
        compute_gain
        gain_cnt=0
    endif
    iflag=1
    if math.abs((wnst1-sssreg)/sssreg)>tol then
        iflag=0
    end_if
    if math.abs((wnst2-sssreg)/sssreg)>tol then
        iflag=0
    end_if
    if math.abs((wnst3-sssreg)/sssreg)>tol then
        iflag=0
    end_if
    if math.abs((wnst4-sssreg)/sssreg)>tol then
        iflag=0
    end_if
    if math.abs((wnst5-sssreg)/sssreg)>tol then
        iflag=0
    end_if
    if math.abs((wnst6-sssreg)/sssreg)>tol then
        iflag=0
    end_if
    if math.abs((wnst7-sssreg)/sssreg)>tol then
        iflag=0
    end_if
    if math.abs((wnst8-sssreg)/sssreg)>tol then
```

```
        iflag=0
      end_if
      if math. abs((wnst9−sssreg)/sssreg)>tol then
        iflag=0
      end_if
      if math. abs((wnst10−sssreg)/sssreg)>tol then
        iflag=0
      end_if
      if math. abs((wnst11−sssreg)/sssreg)>tol then
        iflag=0
      end_if
      if math. abs((wnst12−sssreg)/sssreg)>tol then
        iflag=0
      end_if
      if math. abs((wnst13−sssreg)/sssreg)>tol then
        iflag=0
      end_if
      if math. abs((wnst14−sssreg)/sssreg)>tol then
        iflag=0
      end_if
      if mech. solve("aratio")>1e-4
        exit
      endif
      if iflag=0 then
          exit
      end_if
      stop_me=1
end
@compute_gain
ball attribute displacement multiply 0. 0
history @wnst1
history @wnst2
history @wnst3
history @wnst4
history @wnst5
history @wnst6
history @wnst7
history @wnst8
history @wnst9
history @wnst10
history @wnst11
history @wnst12
history @wnst13
```

history @wnst14

plot create

plot hist 1 2 3 4 5 6 7 8 9 10 11 12 13 14

solve fishhalt @stop_me;0＝continue,otherwise＝terminate

;ball delete range geometry shichong count odd not

save ini_state

例 11-4-2 模型分组

res ini_state

set ori on

ball delete range geometry shichong count odd not

ball delete range geometry shichong count odd not

set fish callback 1. 0 remove @servo_walls

ball group 'soil'

geometry import rock_grain. dxf nomerge

geometry copy source rock_grain target poly1   range group 1

geometry copy source rock_grain target poly2   range group 2

geometry copy source rock_grain target poly3   range group 3

geometry copy source rock_grain target poly4   range group 4

geometry copy source rock_grain target poly5   range group 5

geometry copy source rock_grain target poly6   range group 6

geometry copy source rock_grain target poly7   range group 7

geometry copy source rock_grain target poly8   range group 8

geometry copy source rock_grain target poly9   range group 9

geometry copy source rock_grain target poly10   range group 10

ball group 'rock' range geometry poly1 count odd

ball group 'rock' range geometry poly2 count odd

ball group 'rock' range geometry poly3 count odd

ball group 'rock' range geometry poly4 count odd

ball group 'rock' range geometry poly5 count odd

ball group 'rock' range geometry poly6 count odd

ball group 'rock' range geometry poly7 count odd

ball group 'rock' range geometry poly8 count odd

ball group 'rock' range geometry poly9 count odd

ball group 'rock' range geometry poly10 count odd

cmat default model linear method deform emod 8. 0e8 krat 2. 5

ball attribute damp 0. 5 density 2500. 0 range group 'soil'

ball attribute damp 0. 5 density 3000. 0 range group 'rock'

contact groupbehavior or

contact group 'soil_contact'

contact model linearcbond   range group 'soil'

contact method bond gap 0. 1 range group 'soil'

contact method deform emod 8. 0e8 krat 1. 5 range   group 'soil'

contact property dp_nratio 0. 5 dp_sratio 0. 5 range   group 'soil'

```
contact property fric 0.55 range group 'soil'
contact method cb_strength tensile [1e5] shear [3e5] range group 'soil'
contact groupbehavior and
[pb_modules=30.0e9]
[emod000=29.0e9]
[ten_=1.2e8]
[coh_=1.0e8]
contact group 'rock_contact' range group rock
contact model linearpbond  range group 'rock'
contact method bond gap 0.0 range group 'rock'
contact method deform emod [emod000] krat 2.5 range group 'rock'
contact method pb_deform emod [pb_modules] kratio 2.5 range group 'rock'
contact property dp_nratio 0.0 dp_sratio 0.0 range group 'rock'
contact property fric 0.4 range group 'rock'
contact property pb_rmul 1.0 pb_mcf 1.0 lin_mode 1 pb_ten [ten_] pb_coh [coh_] pb_fa 45 range group
'rock'
ball group 'boundary_balls' range x [xxmin-0.5] [xxmin+0.1]
ball group 'boundary_balls' range y [yymin-0.5] [yymin+0.1]
contact model linearpbond  range group boundary_balls
contact method bond gap 0.0 range group boundary_balls
contact method deform emod [emod000] krat 1.4 range group boundary_balls
contact method pb_deform emod [pb_modules] kratio 1.4 range group boundary_balls
contact property pb_rmul 1.0 pb_mcf 1.0 lin_mode 1 pb_ten [ten_ * 100.0] pb_coh [coh_ * 100.0] pb_fa
45 range group boundary_balls
set grav 9.8
ball attribute velocity multiply 0.0 spin multiply 0.0
ball fix velocity rang group boundary_balls
wall delete walls
solve aratio 1e-4
save gravity
```

例 11-4-3 强度折减计算滑动

```
res  gravity
ball delete range geometry shichong count odd not
ball attribute velocity multiply 0.0
ball attribute displacement multiply 0.0
ball attribute contactforce multiply 0.0 contactmoment multiply 0.0
ball attribute damp 0.0
define zhejian_by_person(xishu)
  loop foreach cp contact.list('ball-ball')
      sss000=contact.model(cp)
      if sss000='linearcbond' then
         ;contact.prop(cp,"kn")=contact.prop(cp,"kn")/xishu
         ;contact.prop(cp,"ks")=contact.prop(cp,"ks")/xishu
```

312

```
            contact. prop(cp,"cb_tenf")=contact. prop(cp,"cb_tenf")/xishu
            contact. prop(cp,"cb_shearf")=contact. prop(cp,"cb_shearf")/xishu
        endif
        if sss000='linearpbond' then
            contact. prop(cp,"pb_kn")=contact. prop(cp,"pb_kn")/xishu;
            contact. prop(cp,"pb_ks")=contact. prop(cp,"pb_ks")/xishu
            contact. prop(cp,"pb_ten")=contact. prop(cp,"pb_ten")/xishu
            contact. prop(cp,"pb_coh")=contact. prop(cp,"pb_coh")/xishu
        endif
    endloop
end
@zhejian_by_person(1.05)
call fracture. p2fis
@track_init
hist delete
SET hist_rep=100
hist id 20 @crack_num
[nstep0=0]
set mech age 0.0
[ttt000=mech. age]
def time000
    nstep0=nstep0+1
    time000=mech. age-ttt000
end
define group_assign(vmax)
    loop foreach bp ball. list
        x0=ball. disp. x(bp)
        y0=ball. disp. y(bp)
        dv=math. sqrt(x0^2+y0^2)
        if dv>vmax then
            ball. group(bp)='moving_balls'
        endif
    endloop
end
hist id 10 @time000
hist id 16 @nstep0
plot create plot 'displacement_hist'
plot add hist 11 12 13 14 15 vs 10
plot create plot 'crack_num'
plot add hist 20 vs 10
cyc 240000
save slide1_soil
cyc 250000
```

313

```
save slide2_soil
@group_assign(0. 1)
ball delete range group 'moving_balls'
cyc 250000
save slide3_soil
cyc 250000
hist write 16 11 12 13 14 15 vs 10 file displacement_hist_1_05. txt truncate
```

第 12 章　基于 FLAC—PFC 耦合的降雨滑坡模拟应用研究

滑坡数值模拟是滑坡灾害预测与分析的重要方法。与试验室测试相比，在定量、系统、全面地反演研究和破坏机理分析方面具有明显的优势。目前，基于连续力学计算方法的数值模拟方法已经被广泛应用于研究中，例如，连续拉格朗日方法、欧拉方法和有限元方法。但连续介质力学分析方法，在模拟滑坡之后的大变形破坏、滑坡运动过程、堆积形态与灾害影响范围等时，因为单元之间需要共用节点，所能模拟的变形受限，当变形增大到一定程度时，单元发生畸形，导致刚度矩阵无法求解，计算结果无法收敛。

为了克服连续数值模拟方法的缺陷，近年来，离散元方法得到了更广泛的应用，它能克服连续方法的缺陷，特别是在裂纹扩展和断裂行为方面效果良好，不少学者已将离散元方法应用于滑坡模拟和变形分析、预测。但是离散元方法虽然能很好地模拟滑坡变形破坏，与连续介质方法相比，大量的判断与接触会导致计算效率低下，所需时间相差一到两个数量级。因此，在大规模滑坡分析中，同时考虑连续和不连续方法是一种更合理的选择。

在滑坡过程中，基础式基岩很少发生大变形和破坏，可以通过连续方法模拟，而滑动区域大变形和破坏的过程可以通过不连续方法模拟。将连续—非连续方法相结合进行大规模计算，不仅可以满足计算效率的要求，也可以分析裂纹扩展和大变形。

近年来，连续拉格朗日快速连续分析和颗粒流代码的结合已逐渐被学者广泛采用。本章基于典型二维降雨滑坡和三维复杂地质条件下降雨滑坡灾害问题，提出采用 VG 模型和 GAML 模型进行降雨作用下的渗流场计算，而后通过等效简化力的方式，施加于连续—非连续模型中，实现渗流—应力场的计算。

12.1　连续—非连续耦合分析实现方法

当前基于颗粒流原理的连续—非连续数值模拟主要有两种实现方式，分别为：基于边界控制颗粒和基于边界控制墙体。前者主要用于解决小变形问题，如边坡变形破坏与稳定；后者则可以解决大变形问题，如降雨滑坡、地震滑坡等。

所采用的连续—非连续耦合分析以有限差分计算法（FLAC）和颗粒离散元方法（PFC）原理为基础，采用边界控制墙体的耦合方法使连续与非连续区域相互作用，其原理如图 12-1-1 所示，进行力、位置和速度等耦合数据的相互传递与交换。

非连续方法在计算每一时步前，边界墙会收到来自连续模型传递的节点速度，使得墙体发生运动，并与非连续模型产生新的作用力，按照力—位移法计算后，将墙体单元所受的接触力和力矩传递给连续模型，而后进行等效力转换后将力和力矩施加在连续模块的交界面节点上。

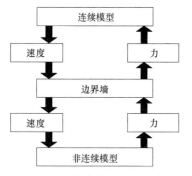

图 12-1-1　耦合方法原理示意图

边界墙墙面是三角形，其中，顶点速度和位置被指定为时间的函数。如图 12-1-2 所示，三个顶点 P_1、P_2、P_3 构成的一个墙面与一个颗粒（ball，中心为 O），对于一般的球—墙相互作用，接触判断为一旦球与墙产生了重叠面，则产生相互接触作用。接触存在于球体和墙面相互重合的部分。墙面接触点是墙面和球体接触平面上与球心最近的一点。通过参数化的有效算法捕捉三角平面来识别墙接触点，同时包括模糊识别点所处在的面上区域。

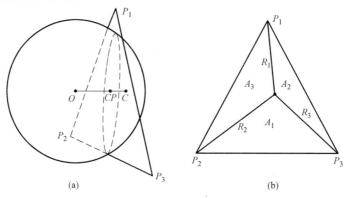

图 12-1-2　边界墙墙面

（a）耦合接触面；（b）重心插值

球体与墙接触点为 C，CP 为墙面上距 C 点最近的点（图 12-1-2a），每一个墙接触点的单元法向向量可以通过式（12-1）计算。

$$\boldsymbol{n} = \frac{CP - O}{d} \tag{12-1}$$

式中，$d = \| CP - O \|$，为球心 O 到墙接触点 CP 之间的距离，球和墙的法向重叠距离为 $U = R - d$，R 为球体半径，$U > 0$ 时即认为接触产生。C 点为球与墙之间的接触点，基于该点进行相对速度和位移计算，接触点 C 位置见式（12-2）。

$$C = O + \left(R - \frac{1}{2}U \right) n \tag{12-2}$$

非连续介质向连续介质传递接触力和力矩的信息，这些力与力矩一起传递到连续介质的网格点和节点，故需要建立等效力方法来实现力和力矩的传递。等效力的计算原理：如图 12-1-2（b）所示，三个三角形顶点位置为 P_k，$k = 1$、2、3。连接三个顶点与 CP，得到三个三角形的面积 A_i，$i = 1$、2、3。顶点加权因子 w_i，$i = 1$、2、3。采取与顶点相反的三角形面积除以三角形的总面积，$w_i = A_i / \sum A_i$。$\boldsymbol{R}_i$，$i = 1$、2、3 为从 CP 到三个顶点的方向向量，$\boldsymbol{R}_i = P_k - CP$。

由非连续介质在接触点 C 上传递的力为 F，接触点处由于粘结产生的力矩为 M_b。施加于网格点或者节点的力为 F_i，$i = 1$、2、3。由于接触点 C 和接触平面上点 CP 可能不

316

是同一个点，所以作用在接触平面上的总力矩见式（12-3）。

$$M = M_b + (C - CP) \times F \tag{12-3}$$

由等效力原理可以得到式（12-4）和式（12-5）。

$$\sum F_i = F \tag{12-4}$$

$$\sum R_i \times F_i = M \tag{12-5}$$

沿着三角面的剪切力矢量见式（12-6）。

$$F^s = F - F \cdot n \tag{12-6}$$

式中，n 为三角面的单元法向向量。

切向单位矢量见式（12-7）。

$$s = \frac{F^s}{\| F^s \|} \tag{12-7}$$

在局部坐标系中，使得 x 轴的方向与法向向量 n 的方向一致，y 轴的方向与剪切方向 F^s 方向一致。由于 CP 点在三角面上，R_i 在 x 方向上均为 0，即 $R_{i,z} = 0$。由于之前的重心加权项，使力的 y 分量分布，即 $F_{i,y} = w_i F_y$，因此在三角形的平面中的最大接触力的方向上施加重心加权。这种简化使得局部坐标系统中的顶点力和力矩可以被直接求解。

连续介质向非连续介质传递速度的信息，其传递原理为：根据各边界墙三角形顶点 P_k，$k = 1$、2、3，其各点对应的速度为 V_i，$i = 1$、2、3，假定速度场在三角形中线性变化，可以得到接触点 CP 处的速度值，并将该点的速度值作为非连续颗粒的速度值，从而保证了节点位移的连续性。接触点 CP 处速度 V 通过重心插值得到，其计算公式如式（12-8）所示。

$$V = \frac{A_1}{\sum_{i=1}^{3} A_i} \times V_1 + \frac{A_2}{\sum_{i=1}^{3} A_i} \times V_2 + \frac{A_3}{\sum_{i=1}^{3} A_i} \times V_3 \tag{12-8}$$

12.2 龙之梦降雨滑坡地质分析

12.2.1 区域位置与地质构造

基于 2016 年发生在中国浙江省龙之梦滑坡案例对降雨滑坡进行分析探讨。根据龙之梦边坡现场勘测分析表明，降雨条件是导致龙之梦边坡发生滑坡破坏的原因。该边坡位于中国浙江省天目山东脉，为低山丘陵地貌，高程为 36～180m，最大高差为 144m。新老滑坡体特征如图 12-2-1 所示，在平面形态上，边坡前缘呈现出敞口状，似圈椅状，边坡后缘为朝南东突出的不对称"牛轭"形。滑坡体Ⅰ区前缘距离受威胁建筑 36～58m。滑坡后缘坡度多大于 30°，Ⅰ区滑体高程在 60～130m 内的地形坡度为 15°～25°，坡面形态呈上陡、中缓、前部陡的折线形；Ⅱ区滑体高程在 60～130m 的地形坡度为 10°～20°，坡面形态呈上陡、下缓的凹形斜面。

该边坡曾在 1993 年因采矿和降雨而经历了滑坡。新老滑坡体的继承性为：该滑坡范围内Ⅰ区滑坡体和Ⅱ区滑坡体滑坡均继承于老滑坡体，而Ⅲ区滑坡体在该次滑坡基础上形

图 12-2-1 新老滑坡特征

成。较老滑坡而言，新滑坡体东北部破坏范围缩小，而东南部以及西北方向均有扩大的趋势，中部的危岩体有向下滑动以及坠落的趋势，直接威胁山脚的建筑物安全。

对滑坡进行地质钻探和表面调查。结果表明：滑坡影响范围内地基岩土体可分为 4 个工程地质层，分为 10 个岩土体亚层。滑坡地质调查如图 12-2-2 所示，滑坡堆积体位于的土层地质特征为：杂色，为上部滑塌的堆积物，主要成分为粉砂岩风化碎块、倒塌的原石矿边坡上冲出的石灰岩大岩块和黏性土及碎石，厚度为 0～10m。经历多年的风化剥蚀及侵蚀，内力已经基本达到平衡。

(a)

(b)

(c)

图 12-2-2 滑坡地质调查
（a）滑坡堆积层；（b）中风化泥质砂岩；（c）中风化泥质砂岩

12.2.2 降雨滑坡堆积体概况

2016 年 6～7 月，该地区降雨量突破历史值，老滑坡堆积层被充分浸润，局部呈淤泥状。在地下水浸泡下的素填土局部变为淤泥，含碎石黏土变为软流塑状，扰动明显，土体强度迅速下降，致使在老滑坡基础上发育了 3 个新滑坡。滑坡等高线图及滑坡分区见图 12-2-3。

滑坡后缘的滑动距离为 35～50m，滑坡堆积于公路，见图 12-2-4（a）。滑坡堆积范围内地势陡峭，见图 12-2-4（b）。

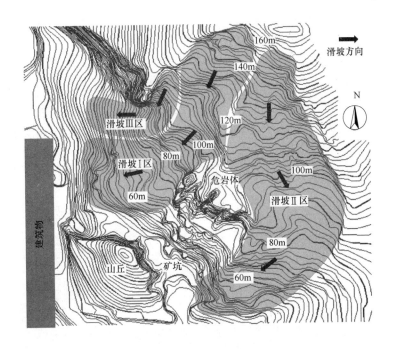

图 12-2-3　滑坡等高线图及滑坡分区

(a)　　　　　　　　　　　　　　　　(b)

图 12-2-4　滑坡破坏堆积情况

(a) 滑坡堆积于公路；(b) Ⅰ区滑坡地势陡峭

　　降雨滑坡导致边坡后缘出现陡峭的斜坡，产生雁行张裂及后缘张裂，见图 12-2-5 (a)。在滑坡的侧缘引起张力裂缝，见图 12-2-5 (b)。滑坡表面呈典型的"醉汉林"形态，见图 12-2-5 (c)。滑坡西南部废弃矿坑底部有岩壁因后部滑坡推挤而崩塌形成的石灰岩倒石锥，见图 12-2-5 (d)。

　　滑坡的侧边缘靠近石灰岩危岩体，石灰岩危岩体在降雨作用下已经发生了毫米级变形，见图 12-2-6 (a)。该岩体易于滑落并从山上坠落，见图 12-2-6 (b)；同时，矿坑顶部的危险岩体的岩石和土壤块可能会滑动并滑落，见图 12-2-7 (a)，并沿山西侧的山谷坠落，从而直接威胁到山下的建筑物，见图 12-2-7 (b)。

图 12-2-5　滑坡体表面变形特征

（a）雁行张裂及后缘张裂；（b）张力裂缝；（c）"醉汉林"形态；（d）石灰岩倒石锥

图 12-2-6　滑坡体风险特征（一）

（a）危岩体临近滑坡区域；（b）矿坑上部的陡峭危岩体

(a)   (b)

图 12-2-7　滑坡体风险特征（二）

（a）危岩体破坏风险；（b）滑坡威胁建筑物

12.3　典型二维降雨滑坡破坏规律研究

12.3.1　基于 VG 模型的饱和—非饱和渗流计算

基于连续—非连续耦合数值模型与降雨渗流的等效计算方法，通过二维典型边坡分析该耦合方法的可行性和适用性，并研究在降雨荷载作用下边坡破坏特征与动力响应。

在二维模型中采用的渗流等效方法如图 12-3-1 所示，模拟分为两个部分：降雨影响分析和滑坡过程分析。该方法考虑降雨是长时间尺度过程，而滑坡是短时间尺度的模拟，故通过两步骤耦合叠加实现降雨渗流场和滑坡应力位移场的耦合分析。降雨过程通过连续模型 FLAC 计算，通过其饱和—非饱和渗流理论对降雨荷载进行分析得到渗流场，由于降雨是长时间尺度的过程，通常持续数个小时甚至数天，故在分析时通常不考虑边坡土体变形，因此在计算时固定模型位移，仅对降雨荷载作用下的渗流场进行计算，并对渗流场和孔压场实时记录。

滑坡过程模拟采用连续 FLAC—非连续 PFC 模型，通过将降雨荷载导致的渗流场和孔压场等效为力和土体弱化效应，施加于模型中。在计算时允许颗粒的自由变形，将可能发生大变形破坏的区域离散化，生成连续—非连续模型，实现降雨荷载作用下的大变形破坏过程模拟。

在非饱和渗流分析中，采用常用的 Van Genuchten（VG）模型分析。VG 模型中主要考虑土—水特征线和水力传导方程，其中，用土—水特征线解释含水率与吸力的关系，用水力传导方程解释渗透系数与吸力的关系。

土—水特征线的表达式见式（12-9）。

$$\theta = \theta_r + \frac{\theta_s - \theta_r}{\left[1 + (p/a)^{n'}\right]^{m'}} \tag{12-9}$$

式中，θ 为土的体积含水率；p 为土的孔隙水压力；θ_s 为饱和体积含水率；θ_r 为残余体积含水率；a、n'、m' 均为拟合参数。

负孔隙水压力与土体饱和度的关系式见式（12-10）。

321

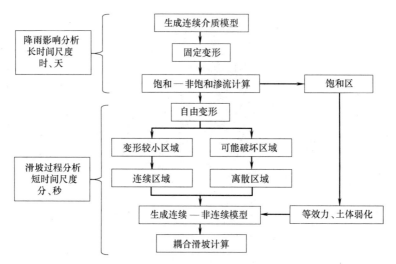

图 12-3-1　渗流等效方法

$$s = s_r + \frac{1 - s_r}{[1 + (p/a)^{n'}]^{m'}} \tag{12-10}$$

式中，s_r 为残余饱和度；s 为土体饱和度。

非饱和土的渗透系数 $k(s)$ 与饱和渗透系数 K 的关系见式（12-11）。

$$k(s) = K \cdot s^2 \cdot (3 - 2s) \tag{12-11}$$

现有研究表明，当降雨强度大于边坡的渗透系数时，边坡坡面会产生积水。此时，由于边坡渗透系数的限制，边坡降雨入渗量等于边坡的渗透系数；而当降雨强度小于边坡的渗透系数时，坡面不会产生积水，边坡降雨入渗量的取值等于降雨强度值。通过对 FLAC—PFC 程序自定义 FISH 函数，实现在每一个分析步时对入渗边界动态的分析。

12.3.2　降雨渗流场的等效力方法

在降雨影响范围内，将降雨荷载等效简化为渗透力、浮力，水入渗导致土重量增加和抗剪强度的降低，同时忽略非饱和区域对土体的影响。在饱和岩土内，由于水头压力差的存在会对土产生渗流力，其数值大小等于颗粒抵抗水流流动力的大小。在饱和区域内施加的等效渗透作用力见式（12-12）。

$$J = \gamma_w \cdot i \cdot V \tag{12-12}$$

式中，J 为渗透力；V 为体积；γ_w 为水的重度；$i = (H_1 - H_2)/L$ 为水力梯度，其值为土中两点水势之差与其渗透距离的比值，渗透力的单位与重度的单位一致。在非连续模型中，渗流力施加在颗粒单元上，作用在每个颗粒上的渗流力值见式（12-13）。

$$F_f = \gamma_w i \cdot V = \gamma_w i \cdot \frac{4}{3} \pi r^3 \tag{12-13}$$

式中，V 为颗粒的体积。颗粒在饱和作用下所受浮力由式（12-14）计算得出。

$$F_f = \rho g V = \rho g \cdot \frac{4}{3} \pi r^3 \tag{12-14}$$

除此之外，必须考虑由于水入渗而引起土的重度增加。受降雨影响土的重度按式
（12-15）计算。

$$\rho = \rho_d + \theta \cdot \rho_w \tag{12-15}$$

式中，ρ_d 为土的干重度，θ 为土的体积含水率，ρ_w 为水的重度。

由于岩土在饱和水状态下存在软化作用，此处根据工程经验将土参数折减 15%。在连续—非连续耦合计算中，需要在连续力学中计算水荷载，通过等效简化的方式，将水荷载分别施加到非连续模型和连续模型中。在非连续模型中，要考虑式（12-12）～式（12-15）计算时的土重增加、渗流力和浮力及 15% 参数折减。

12.3.3　降雨滑坡的耦合计算分析

为了避免关注点在于诱发滑坡的降雨强度阈值问题，此处选取安全系数为 1.1 的二维典型边坡，在降雨荷载作用后安全系数小于 1.0，边坡将在降雨荷载作用下诱发滑坡。由于采用的流固耦合方法基于三维条件，为了兼顾问题的三维性，使用假设三维模型来进行平面问题的模拟，假设三维厚度为 3m，模型共生成连续网格 14636 个、单元节点 29796 个，边坡饱和渗透系数为 1.0×10^{-4} cm/s，通过三维模型进行饱和—非饱和渗流计算。土体内非饱和区的渗透系数由式（12-11）计算。如图 12-3-2 所示，在模型两侧边界设定孔压边界条件，而后通过 VG 饱和—非饱和渗流理论计算，生成稳定初始孔压场模型。图中孔隙水压力值为负的区域为非饱和区，为 0 的黑线为饱和、非饱和区域之间的分界线。

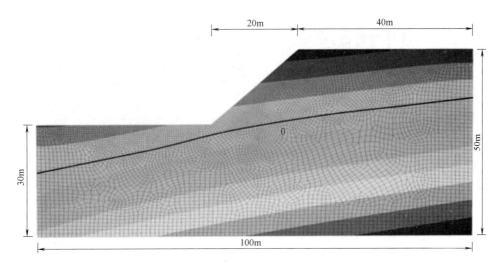

图 12-3-2　初始计算模型及孔压力分布示意图

研究边坡土体在恒定降雨强度为 1.0×10^{-6} m/s 的连续 10 天降雨荷载条件下的渗流场变化。降雨荷载通过动态边界施加，并实时通过 FISH 函数判定降雨强度与非饱和渗透系数之间的大小关系。图 12-3-3 描述了边坡土体在降雨 10 天后孔隙水压力分布云图，可见，此时边坡坡面、坡脚、坡顶直接受降雨影响的土已经由负孔压变成了正孔压，且坡脚正孔压部分已经和边坡下部的正孔压区连通，说明这部分土已经在降雨荷载作用下由非饱

和区转化为暂态饱和区。此外，由于降雨荷载同样受重力影响，边坡坡面及坡顶的水在重力作用下向坡脚下渗，使得坡脚的土更容易饱和，饱和范围更大，孔隙水压力上升较为明显。

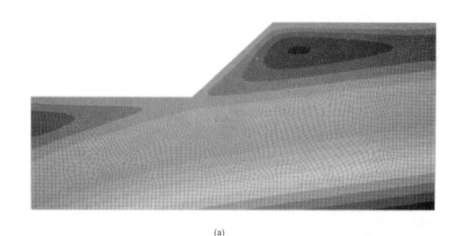

(a)

(b)

图 12-3-3 边坡土体在降雨 10 天后孔隙水压力云图
(a) 孔隙水压力分布示意图；(b) 饱和度等值图

在完成长时间尺度的降雨荷载计算后，进行短时间尺度的降雨滑坡过程模拟。将降雨作用孔压场、渗流场、饱和度场记录在 FLAC 单元内部另开辟的存储空间中，先生成连续—非连续模型，而后将降雨作用通过等效方法施加于模型中。在模型中可能有滑坡破坏的区域，通过离散化处理，形成连续—非连续模型。本例中认为坡面、坡脚和坡体范围内均属于危险区域而离散化，而在实际工程或实际灾害滑坡模拟中，可以基于现场破坏形式选择离散化区域。

为了保证非连续模型和连续模型之间的连续性，保证良好的接触面，防止平滑的薄弱交界面出现，生成如图 12-3-4 所示的锯齿状接触面。由图 12-3-4 可见非连续颗粒和连续

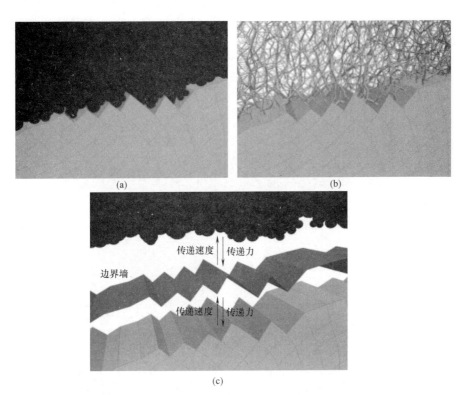

图 12-3-4 耦合模型边界墙建立
（a）连续—非连续过渡面；（b）接触力链；（c）边界墙示意图

单元之间紧密接触，并通过耦合边界墙完成力与速度的信息交互。

基于离散元三轴压缩试验的宏—细观参数标定，降雨滑坡模型细观力学参数见表 12-3-1，降雨滑坡模型宏观力学参数见表 12-3-2。模型局部阻尼值为 0.3，颗粒半径为 0.15～0.3m 均匀分布，共生成颗粒 18153 个，在伺服与自重作用下平衡，得到稳定平衡的连续—非连续耦合模型，如图 12-3-5 所示。

降雨滑坡模型细观力学参数   表 12-3-1

细观模型	接触粘结模量（MPa）	法向/切向刚度比	接触粘结强度（kPa）	接触粘结张拉强度（kPa）	摩擦系数
土体	80	3.0	47.36	94.72	0.4

降雨滑坡模型宏观力学参数   表 12-3-2

宏观模型	密度（kg/m³）	弹性模量（MPa）	黏聚力（kPa）	摩擦角（°）	泊松比
土体	1700	40.0	25.0	20.5	0.35

图 12-3-5（a）为连续—非连续耦合模型在自重作用下平衡后的竖向应力图。由图可见，将边坡危险部分离散化后，生成的颗粒离散元模型仍能使传递至下部的力呈现自然应力分布，但由于离散元模型具有一定的随机性，在允许情况下，应力存在一定的细微波动。图 12-3-5（b）为初始模型平衡过程位移示意图，由图可见，基于边界墙耦合方法和

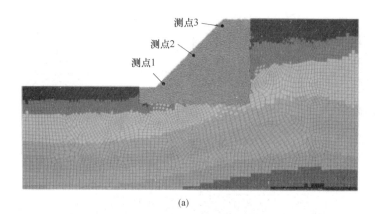

(a)

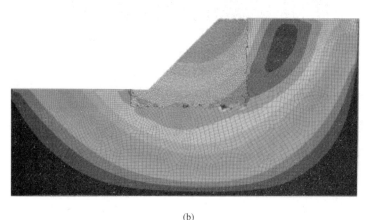

(b)

图 12-3-5　稳定平衡的连续—非连续耦合模型

(a) 在自重作用下平衡后的竖向应力图；(b) 初始模型平衡过程位移示意图

锯齿状的耦合边界能够很好地捕捉位移的连续性。与单一介质模型不同的是：在耦合模型平衡过程中，最大位移位于竖直耦合交界面的附近，这是因为在初始模型平衡前，连续—非连续之间接触并不紧密，接触力分布不均；但在自重平衡后，接触紧密且力链分布均匀，位移不再发展，生成稳定均匀的连续—非连续耦合降雨滑坡模型，且在滑坡计算前，需要对此位移清零。

将降雨作用下的渗流场、孔压场、饱和度场通过等效力方法施加在连续—非连续耦合模型中，进行降雨诱发滑坡耦合计算分析。如图 12-3-6（a）所示，滑坡呈现明显的圆弧滑动面，滑坡类型为浅层滑坡，主要发生在饱和区内，但圆弧的最大深度超过了暂态饱和区分界线，这说明非饱和区内的土体也遭到了滑坡破坏。如图 12-3-6（b）所示，在降雨荷载作用下滑坡体沿坡面滑落，最大位移为 29.3m，滑坡最终稳定堆积于坡脚处，滑坡堆积角约为 31.6°。

通过对滑坡过程的位移场和速度场进行实时监测，滑坡体速度位移曲线如图 12-3-7 所示。可见随着滑坡进行，各测点速度迅速增加，在 0~25s 达到峰值。边坡后缘监测点 3 在 7s 后速度才明显增大，这说明在前缘有破坏后，后缘才有失稳破坏，滑坡属于牵引式滑坡，前缘正是因为在降雨作用下更容易饱和，土体弱化明显而率先滑动。滑坡速度在 25s 后不断减小，在 175s 时，滑坡体逐渐稳定，位移不再发展。

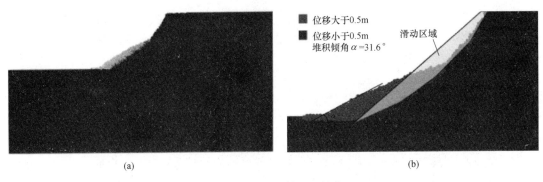

(a)   (b)

图 12-3-6　滑坡体堆积状态

（a）滑坡位移云图；（b）滑动区域及堆积图

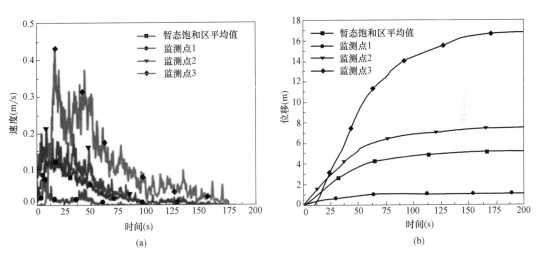

(a)   (b)

图 12-3-7　滑坡体速度位移曲线

（a）速度曲线；（b）位移曲线

　　为了研究降雨滑坡破坏机理，滑坡裂隙发展曲线如图 12-3-8 所示。可见，由于降雨荷载导致孔压场和渗流场变化，初期滑坡已经产生了一定的裂隙，随着滑坡过程进行，裂隙在 0～25s 迅速增加，并出现了几个陡增段，说明剧烈的滑坡可能导致小的崩塌。100s 以后裂隙发展缓慢，说明滑坡逐渐由破坏阶段过渡为堆积阶段。

　　以上计算结果表明：基于连续—非连续耦合数值模型与降雨渗流的等效计算方法对降雨荷载作用下的二维典型滑坡进行耦合分析，能够较好地还原和分析降雨导致的渗流场、孔压场、饱和度场的变化规律，能够较好地模拟降雨荷载作用下的滑坡过程和破坏特征、动力响应分析。

　　在滑坡过程模拟中，通过基于局部阻

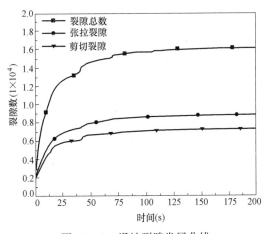

图 12-3-8　滑坡裂隙发展曲线

尼防止动能积累过快，实现控制能量衰减的目的，因此，在降雨滑坡耦合分析中局部阻尼的设置十分重要。经过测算可知，在0～25s，暂态饱和区平均速度与局部阻尼是负相关规律，局部阻尼越大，运动速度越慢；当局部阻尼系数分别为0.15、0.2、0.25、0.3、0.35时，平均速度分别为0.42m/s、0.26m/s、0.17m/s、0.13m/s、0.09m/s。在25s后，在不同阻尼下的运动规律一致，表现为随着滑坡的进行，平均速度不断减小，直到逐渐稳定。最后，我们可知，暂态饱和区的平均位移受局部阻尼控制明显，局部阻尼越大，平均位移越小，这是因为更多的能量通过阻尼设置被消耗在了颗粒碰撞、冲击等作用过程中。

从图12-3-9可以看出，当阻尼系数小于0.3时，滑坡堆积距离、滑坡体积、滑动颗粒数随阻尼的变化明显，此时阻尼较小，能量耗散缓慢，在滑坡过程中的土体颗粒碰撞、冲击等作用导致能量损失缓慢，故对滑坡造成的影响范围更大，破坏更为剧烈。而当局部阻尼系数大于等于0.3时，滑动堆积距离、滑坡体积等随着阻尼的变化不再明显，这说明增大能量损失导致在颗粒碰撞、冲击作用下，无法更进一步地使滑坡范围扩大。

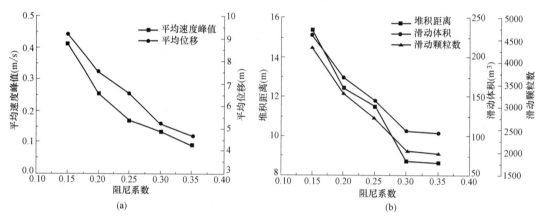

图12-3-9　阻尼系数变化曲线
（a）滑坡速度随阻尼系数变化曲线；（b）滑动区域随阻尼系数变化曲线

以上结果表明：通过滑坡现场堆积距离地质情况调查，反演分析得到滑坡对应的阻尼系数，构建与现场真实滑动状态对应的数值模型，对于连续—非连续降雨滑坡模拟是十分重要的。

12.4　龙之梦三维降雨滑坡破坏规律研究

12.4.1　数值模型及参数

本节通过基于龙之梦降雨滑坡灾害案例分析研究基于连续—非连续数值模型与渗流场等效计算方法的三维复杂大规模、大尺度条件下的岩土水力灾变问题。通过FLAC3D有限差分与PFC离散元软件建立耦合数值模型。

如图12-4-1所示，在滑坡体及邻近区域内生成离散颗粒，共生成颗粒106923个，颗粒半径为0.6～1.2m，均匀分布。在滑动过程中，对滑坡体采用接触粘结模型，该粘结模型能够很好地模拟土体应力—应变特性及其破坏特性。危岩体、建筑及地基等距离滑坡较远区域因为在实际降雨滑坡过程中并未有崩塌等大变形，故采用连续单元建立，共生成单元网格 338437 个，单元节点 179323 个，三维模型平面尺寸为 675m×700m，高度为 180m，采用基于宏观力学模型的摩尔库仑模型模拟其力学特征，建筑物在计算时可简化为弹塑性模型，并设置较高的模量。

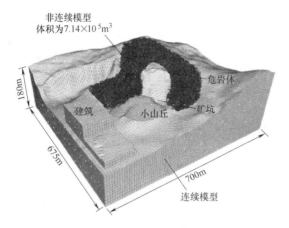

图 12-4-1　三维耦合模型

滑坡离散模型及监测点布置如图 12-4-2 所示。模型共布置 19 个监测点，每个监测点的平均颗粒为 63 个。监测点基于颗粒单元布置，能跟随滑坡运动。与常规测量圆方法不同的是，该方法即使在发生大变形破坏滑坡或崩塌后，仍能够实时监测各监测点区域的速度和位移。

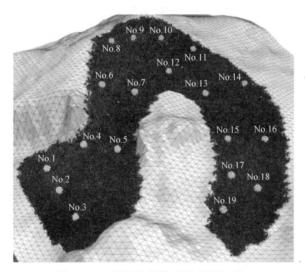

图 12-4-2　滑坡离散模型及监测点布置

滑坡体中使用的接触粘结模型的参数是基于现场地质钻探和表面勘测的结果。通过三轴压缩试验模拟，进行宏细观力学参数标定，与现场试验得到的宏观参数相对应。

表 12-4-1 和表 12-4-2 分别为龙之梦边坡模型细观强度和宏观强度参数表。由于滑坡过程中块体相互作用的机理复杂，采用黏性阻尼容易使得滑动速度过快，因此，通常采用局部阻尼和黏性阻尼组合的方法，局部阻尼通常取值 0.3~0.7，此处根据案例滑坡征兆

和堆积状态对比，多次尝试，最终确定当局部阻尼为 0.5，黏性阻尼为 0.1 时，计算结果与真实滑动状态较为吻合。

龙之梦边坡模型细观强度参数表　　表 12-4-1

岩土体	接触粘结模量 （MPa）	法向切向刚度比	接触粘结 强度（kPa）	接触粘结张拉 强度（kPa）	摩擦 系数
老滑坡堆积层	20	3.0	110	220	0.4

龙之梦边坡模型宏观强度参数表　　表 12-4-2

岩土体	重度 （kN/m³）	弹性 模量（GPa）	黏聚力（kPa）	摩擦角 （°）	泊松比
泥质砂岩全风化	20.5	1.0	36.9	12.9	0.35
泥质砂岩中风化	21.5	5.0	70.0	14.0	0.25
泥质砂岩强风化	22.5	10.0	320.0	20.0	0.2

12.4.2　基于 GAML 模型的降雨渗流计算

降雨作用会对土产生一定的影响，计算降雨影响首先需要确定的是降雨影响范围，即确定暂态饱和区，而后对降雨影响范围内的土，考虑其抗剪强度的降低和重度的增加，并考虑渗流力和浮力对土的作用。由于在降雨过程中，未对滑坡体布置测点探测各土层的孔隙水压力变化，故根据当地降雨资料，采用 GAML 降雨入渗模型（简称 GAML 模型）对降雨荷载影响范围进行简化计算。GAML 模型假定在降雨入渗过程中湿润锋平行向下推进，传导区含水率均匀分布，当降雨强度小于土体的饱和渗透系数时，边坡表面不会发生积水，只有当降雨强度大于土体的饱和渗透系数时，边坡表面才形成积水。当 P 为降雨量时，开始积水时的累计入渗量 I_p 见式（12-16）。

$$I_p = \frac{SM}{\dfrac{P\cos\beta}{K_s} - \cos\beta} \tag{12-16}$$

式中，S 为湿润锋平均基质吸力；M 为饱和含水率与初始含水率的差值，即 $M = \theta_w - \theta_i$。积水时间 t_p 见式（12-17）。

$$t_p = \frac{SM}{\dfrac{P^2\cos^2\beta}{K_s} - P\cos^2\beta} \tag{12-17}$$

各时段的累计入渗量见式（12-18）。

$$\left.\begin{aligned} I &= Pt, t < t_p \\ I - SM\ln\left[1 + \frac{I}{SM}\right] &= K_s\left[t - (t_p - t_s)\right], t > t_p \end{aligned}\right\} \tag{12-18}$$

在龙之梦边坡降雨中，降雨强度始终小于土体的饱和渗透系数，根据 Mein-Larson 的

330

假设，地面不会发生积水，降雨全部渗入土中。考虑边坡坡度 β 对降雨入渗的影响，则累积入渗量 I 见式（12-19）。

$$I = Pt\cos\beta \tag{12-19}$$

根据式（12-19）以及水量平衡的原理，可以求得降雨持续时间 t 所对应的入渗深度见式（12-20）。

$$Z_w = \frac{I}{(\theta_w - \theta_i)\cos\beta} = \frac{Pt}{\theta_w - \theta_i} \tag{12-20}$$

式中，$\theta_w = 50.5\%$，$\theta_i = 35.2\%$。根据边坡当地的降雨数据资料，得到 2016 年 6、7 月的降雨量如图 12-4-3 所示。根据滑坡发生之前的每日降雨量，通过上述公式可得总降雨量 $I = 530$mm，进而求得边坡所在地区的饱和入渗深度 $Z_w = 3.46$m。

对于降雨荷载的等效简化方法，由饱和入渗深度 $Z_w = 3.46$m，在饱和范围内将等效降雨荷载简化为渗流力、浮力、渗水导致土体单位重量增加、抗剪强度降低，不考虑非饱和区的影响。在非连续模型中，考虑式（12-12）～式（12-15）计算的土重增加、渗流力和浮力及 15% 的参数折减。在连续模型中，由于不是滑坡发生的主要区域，为保证

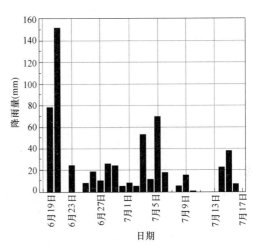

图 12-4-3 边坡所在地区 2016 年
6、7 月的降雨量

合理计算效率，将降雨荷载简化为由式（12-15）计算的土体重度增加和 15% 的参数折减，并简化忽略非饱和区域内降雨荷载的影响。

12.4.3 降雨滑坡模拟堆积与现场对比分析

采用表 12-4-1 和表 12-4-2 的宏细观强度学参数，按如图 12-4-3 所示的降雨量，通过式（12-16）～式（12-20）简化计算边坡在降雨条件下形成的暂态饱和区深度为 $Z_w = 3.46$m，并按照式（12-12）～式（12-15）等效施加在离散颗粒模型上，以模拟真实降雨条件下边坡的连续—非连续滑坡过程模拟。

不同时刻下滑坡体位移云图如图 12-4-4 所示，图中滑坡位置分别对应真实滑坡中的Ⅰ、Ⅱ、Ⅲ分区（见图 12-2-1，要将图 12-2-1 与图 12-4-4 结合看）。最后得出的结论是：在滑坡初始 13.20s 后，Ⅰ区及Ⅱ区土体首先发生滑动，Ⅰ区滑动最大位移约 6m，位于Ⅰ区顶部，Ⅱ区滑动最大位移可达 8.1m，位于Ⅱ区顶部，同时Ⅱ区底部小范围区域出现滑动。当滑坡进行至 26.44s 时，Ⅱ区底部产生了明显的断裂陡坎，矿坑附近坡脚产生了明显的滑坡，土体颗粒向矿坑处滑落，位移达到约 12m。随后三块滑坡区域沿着坡面加速滑动，44.12s 时Ⅰ区顶部滑坡区位移约 9m，Ⅱ区顶部滑坡区位移约 15m，Ⅱ区底部滑坡区逐渐形成堆积体并整体沿坡面滑落，位移最大约 18.5m。220.42s 后Ⅱ区顶部滑坡区及下部堆积体滑动速度明显减缓，逐渐趋于稳定，但Ⅰ区顶部滑坡体仍在进一步发展。在

331

1103.27s，Ⅰ区顶部滑坡体下滑过程中下部区域因坡度变陡，下滑速度加快，迅速发展成了Ⅲ区滑坡体，部分土体沿着坡面下滑，重力势能转换为动能，滑坡距离可达百米。

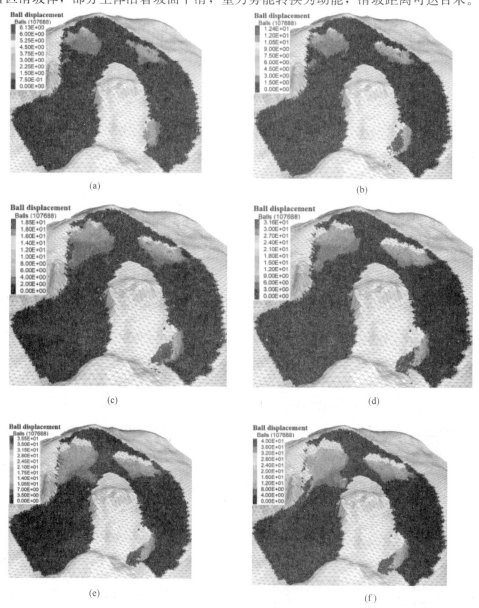

图 12-4-4　不同时刻下滑坡体位移云图（图中 Ball displacement＝位移，单位：m）

(a) 13.20s；(b) 26.44s；(c) 44.12s；(d) 88.10s；(e) 220.42s；(f) 1103.27s

　　将数值模拟与实际滑坡情况对比，见图 12-4-5。最后得出的结论是：Ⅲ区滑坡在Ⅰ区滑坡基础上发育而成，其前缘岩土体已经冲出上山道路边坡，沿途的植被也基本破坏，数值模拟结果与实际情况基本相符，土体沿着坡面滑落，上部Ⅰ区底部边缘已经产生了陡坎。Ⅱ区底部矿坑坡脚处的滑坡，实际滑坡中坡脚处土体滑落堆积至废弃矿坑底部，侧翼产生了 0.5m 的拉裂隙，并未继续下滑。数值模拟结果与实际情况基本相符，滑坡后形成

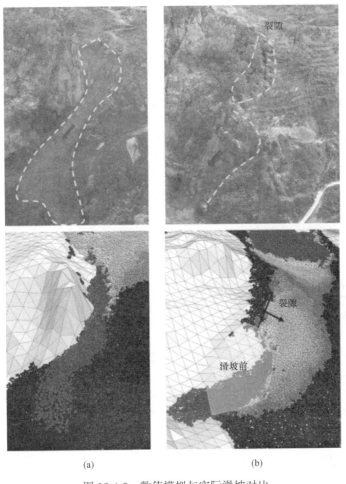

(a)   (b)

图 12-4-5　数值模拟与实际滑坡对比

（a）Ⅲ区滑坡体；（b）矿坑附近滑坡体

堆积体并以弧形状滑落，侧翼与原始滑坡区分离。

图 12-4-6 为数值模拟与实际滑坡的比较（Ⅱ区滑坡体）。在实际滑坡中，此区域主要受地形控制，后缘陡峭处先向下滑动，数值模拟结果与实际情况基本相符，陡峭处土颗粒

图 12-4-6　数值模拟与实际滑坡的比较（Ⅱ区滑坡体）

沿峭壁下落，并继续沿坡面推动下部土体滑动一定距离。

以上对比结果表明，采用如表 12-4-1 和表 12-4-2 所示参数，结合 GAML 降雨入渗模型，通过渗流等效方法，建立的连续—非连续数值计算分析方法模拟的滑坡过程可以较好地吻合现场发生的降雨滑坡过程。

12.4.4 降雨滑坡变形破坏过程及机理分析

为了探究降雨荷载作用下边坡破坏机理，通过分析滑坡发生过程中边坡土体碎裂化，对接触粘结破裂数随时间的变化进行了监测，由于滑动区域过大，仅以Ⅱ区顶部滑坡区为例，分析裂隙随滑坡时间发展的过程，结果如图 12-4-7 所示。在滑坡初期，因后缘陡峭处土体较易失稳发生滑落，裂隙主要产生在后缘地势陡峭处，上部土体滑落后冲击下部土体，下部土体出现零星的裂隙，以张拉裂隙为主，并随时间逐步发展，裂隙逐渐扩大至整个后缘，后缘土体大部分有破坏，裂隙的分布走向受地势影响较明显。

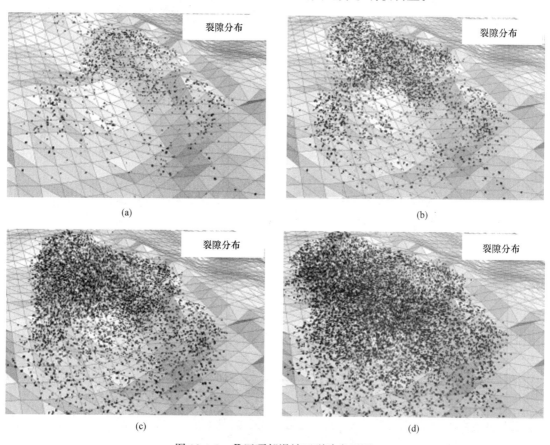

图 12-4-7　Ⅱ区顶部滑坡区裂隙发展图
(a) 4.37s；(b) 17.64s；(c) 44.12s；(d) 221.7s

由图 12-4-8 可知，裂隙在滑坡初始的 100s 内增长迅速，在整个非连续区域内，大约 15% 的接触粘结发生破坏，岩土颗粒之间产生相对位移，位移速度迅速增加，沿着坡面滑落，本阶段产生的破坏主要来自于降雨荷载和滑坡动力因素的双重影响。在 100~200s，裂隙增长速率逐渐减缓，此时产生的接触粘结破坏主要来自滑坡动力影响，包括岩土体的拉裂、碰撞、冲击等。200s之后，滑坡已经基本稳定，裂缝发展不再明显。

图12-4-9是剪切/张拉裂隙比曲线，总体上以张拉裂隙为主，这是因为滑坡最初是由后缘拉裂隙产生的。在滑坡初期，剪切裂隙占比迅速增加，在滑动面上产生了较多的剪切裂隙，具有明显的滑动面。而在滑坡中后期，滑坡导致岩土由接触密实的整体破碎成零散的颗粒，故张拉裂隙占比增加。

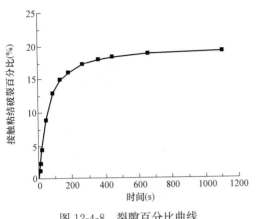

图12-4-8 裂隙百分比曲线　　　　图12-4-9 剪切/张拉裂隙比曲线

通过滑坡区域范围内布置的监测点，分析滑坡运动的发展过程以及变形破坏响应。图12-4-10（a）是不同测点的平均速度曲线，在降雨滑坡启动的初期，各点速度从零开始迅速增大，最大速度可达0.3m/s，属于缓速滑坡，各测点因为所属区域的地势不同，陡峭地势的滑动速度明显大于缓坡处的滑动速度，在滑坡进行100s后，各点速度均逐渐减小，趋近于零。从图12-4-10（b）位移曲线可以看出，在滑坡后期，各测点的运动模式并不一致，6号测点位移仍然逐渐扩大，有进一步岩土破坏的趋势；7～9号测点变化趋势变缓，进入缓慢蠕变的阶段；而12号测点在100s之后就已经完全稳定，位移不再变化。各测点之间地势不均，在滑坡发生之后的堆积情况也并不一致，这导致在同一个滑坡中，不同位置的土体滑动状态不一致，产生灾害的影响范围和影响区域也是由复杂的滑坡过程与

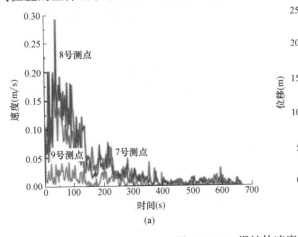

(a)

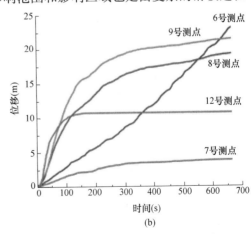

(b)

图12-4-10 滑坡体速度—位移曲线
(a) 平均速度曲线；(b) 位移曲线

堆积形态所决定的。基于连续—非连续的耦合能模拟大变形的破坏，有助于更准确地模拟滑坡运动特征。

危岩体部分采用的连续介质模拟，模拟中监测了危岩体西南山顶处的位移见图 12-4-11（a）虚线围成的范围。在 600s 时产生的塑性区如图 12-4-11（b）所示，塑性区主要产生在危岩体西南前缘及危岩体下部的岩壁上，现场废弃矿坑底部有岩壁因后部滑坡推挤而崩塌形成的石灰岩倒石锥。

(a)   (b)

图 12-4-11   危岩体变形与塑性区对比图
（a）现场滑坡形态；（b）600s 时产生的塑性区（深色是塑性区）

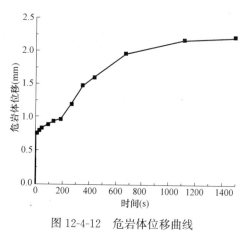

图 12-4-12   危岩体位移曲线

图 12-4-12 为危岩体位移曲线。可见危岩体位移变形分为三个阶段：第一阶段，变形主要由降雨控制，危岩体位移在 20s 内迅速增加至 0.75mm，随后变形速率变缓。第二阶段，危岩体在周边滑坡产生的破坏冲击、堆积挤压、震动影响等综合作用下，变形不断扩大，在 600s 后进入第三阶段。第三阶段，由于周边土体颗粒滑坡的大范围稳定，危岩体变形也趋于不变，最终稳定在 2.24mm。

12.5   降雨滑坡影响参数分析

12.5.1   降雨强度影响分析

设置同一时间内不同降雨量 I，使其形成的不同饱和土的范围深度 Z_w 分别取值为 2.5m、3.0m、3.5m、4.0m、4.5m，并保持其他影响因素不变，土体宏细观参数不变，对不同降雨强度下的滑坡规律及灾害范围影响因素进行分析。

不同降雨强度下滑坡响应见图 12-5-1。当降雨饱和深度小于 4.5m 时，滑坡呈现相同的趋势，即在 200s 内发生一定的位移，继而区域稳定。破坏区域为Ⅰ区和Ⅱ区的后缘，Ⅱ区坡脚的矿坑处随着降雨强度的增大也会逐渐滑动，平均位移为 75m，受地势影响，在地势平缓处逐渐停止。而当降雨饱和深度大于 4.5m 时，滑坡呈现大范围滑动，Ⅰ区和Ⅱ区相连为一个整体，滑坡土体冲击建筑物，最大位移超过 250m，为推移式滑坡。

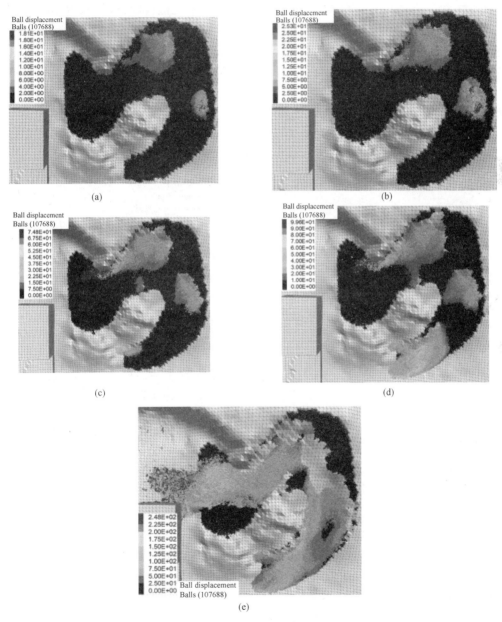

图 12-5-1　不同降雨强度下滑坡响应（Ball displacement＝颗粒位移，单位：m）

(a) 2.5m；(b) 3.0m；(c) 3.5m；(d) 4.0m；(e) 4.5m

图 12-5-2 为不同降雨强度下滑坡平均位移曲线,该图仅统计位移超过 0.05m 以上的颗粒。从图中可以看出,当降雨饱和深度小于 3.5m 时,滑坡位移发展较小,平均位移在 0～1200s 内均处于较小的变化范围内。当降雨饱和深度增加到 4.0m 时,滑坡平均位移在 0～200s 内增加迅速,而在 200～1200s 时,已进入逐渐稳定状态,位移增长缓慢,大部分滑坡已经堆积至坡脚而稳定。当降雨饱和深度增加到 4.5m 时,在整个检测时间段内位移持续增加,且在 800s 后位移仍出现增大的趋势,这说明随着滑坡发展,破坏范围不断扩大而有更多的土体发生了破坏,进一步影响坡脚建筑的安全。

图 12-5-3 是不同降雨强度下滑坡位移和破坏范围平均位移曲线,可以看出,不同区域内滑坡的最大位移随着降雨强度的增加而增大,增加幅度也变大。当降雨饱和深度小于等于 3.0m 时,虽然滑坡滑动区域占比达到 20%,但是总体位移很小;当降雨饱和深度达到 3.5m 时,滑动区域占比达到 33%,滑坡Ⅰ区、Ⅱ区、矿坑底部的平均位移分别为 8.9m、3.7m 和 3.5m,此时认为滑坡产生了较大的位移。模拟显示,越表层的土体滑动距离越大,显然降雨作用弱化了表层土体的强度,而深层的土体由于降雨不足以使其土体饱和,故仍存在一定的强度阻碍滑坡。

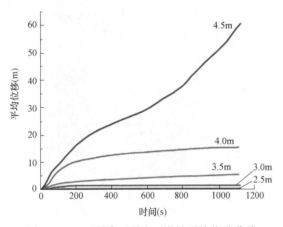

图 12-5-2 不同降雨强度下滑坡平均位移曲线

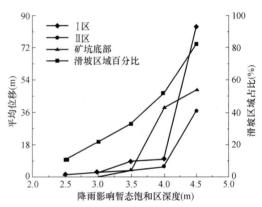

图 12-5-3 不同降雨强度下滑坡位移和破坏范围平均位移曲线

12.5.2 土体参数强度影响分析

探讨不同土体参数强度影响下滑坡过程的动力响应,研究相同降雨强度下土体参数强度对滑坡破坏规律及灾害范围的影响。土体强度变化通过改变表 12-4-1 和表 12-4-2 中的参数实现:在表 12-4-1 中,改变接触粘结强度和接触粘结张拉强度;在表 12-4-2 中,改变黏聚力和摩擦角。为保持变量的单一性,固定降雨条件不变,降雨入渗量 $I=530mm$,饱和深度 $Z_w=3.46m$。原始模型中土体强度参数为 1.0,取土体参数值分别为 0.8、0.9、1.0、1.1、1.2,实现土体强度增加和减弱不同条件下,降雨荷载下边坡动力响应及灾害范围程度模拟分析。

不同强度参数下滑坡响应示意图见图 12-5-4。最终得出结论:土体强度参数对滑坡影响较大,当土体强度参数大于 1 时,土体平均位移均为 1.0m 以下,仅有零星区域发生局部破坏,有区域的局部表层土体在降雨条件下弱化并产生位移。当土体强度参数小于 1

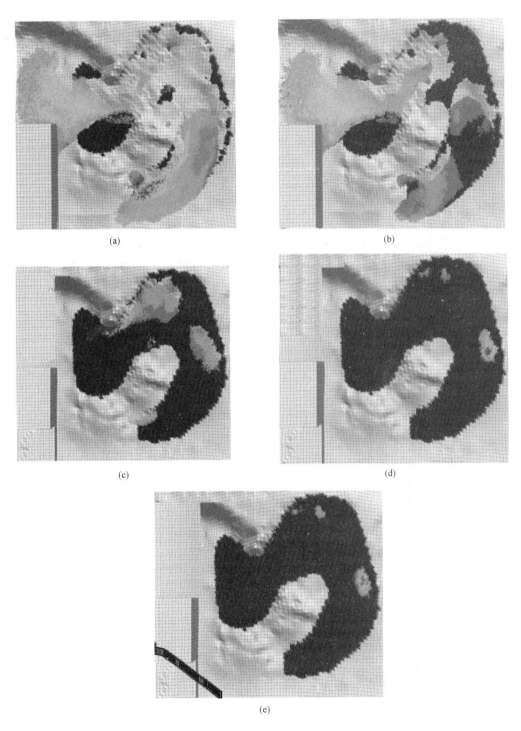

图 12-5-4　不同强度参数下滑坡响应示意图

(a) 强度参数为 0.8；(b) 强度参数为 0.9；(c) 强度参数为 1.0；

(d) 强度参数为 1.1；(e) 强度参数为 1.2

时，土体发生大规模的破坏，超过 80% 区域的土体参与了滑坡，平均位移分别为 70m、140m，此外当土体强度参数为 0.8 时，有局部位移的区域连为一个整体，后缘产生大规模破坏，滑落土体冲击建筑物。

图 12-5-5 为不同土体强度参数下滑坡平均位移曲线。可以看出：土体强度对滑坡位移的影响较大，这是因为土体强度越小，越多的土体在降雨作用下被破坏而产生失稳滑动。在土体强度参数为 0.8 和 0.9 时，滑坡平均位移分别为 140m 和 70m，且随着滑坡的进行，土地有进一步被破坏的趋势。

图 12-5-6 为不同强度参数下土体的平均位移。说明土体强度对滑坡有显著影响。当土体强度参数大于 1 时，只有不到 5% 的土体发生移动，最大位移小于 2m；当土体强度参数大于 1 时，土体被迅速破坏，80%~90% 的土体发生较大位移，其中 I 区土地平均位移最大，且平均位移增长幅度明显。

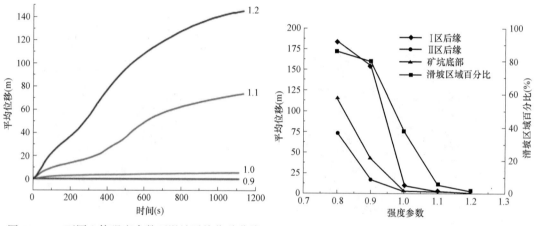

图 12-5-5　不同土体强度参数下滑坡平均位移曲线　　图 12-5-6　不同强度参数下土体的平均位移

图 12-5-7 是建筑物在不同强度参数下受到的滑坡土接触力。可见，土体强度参数越低，建筑物受到冲击时间越早，土体受到的冲击力也越大。分析时，将建筑物简化为刚性体，未考虑其破坏过程，滑坡土最终堆积在建筑物上，因此，当土体强度降低或者降雨强度足够大时，建筑物会被损毁，会有更大的损失。

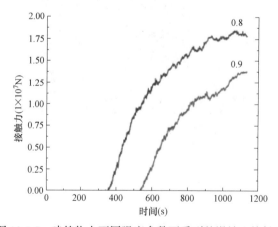

图 12-5-7　建筑物在不同强度参数下受到的滑坡土接触力

12.6　本　章　小　结

本章基于连续—非连续的 FLAC—PFC 耦合分析方法，用连续模型模拟基岩、地基等变形较小的区域，用非连续模型模拟大变形破坏部分。针对大规模、大尺度条件下粗网格法复杂烦琐的问题，提出了通过 VG 模型和 GAML 模型实现降雨作用下渗流场求解，通过等效力的方式将降雨荷载施加于连续—非连续耦合模型中。以龙之梦降雨滑坡破坏灾害为例，分析了大规模、大尺度条件下的水力渗透破坏问题，得到主要结论如下：

（1）通过连续—非连续的 FLAC—PFC 耦合方法，结合 VG 模型饱和非饱和模拟，针对二维典型边坡分析了降雨作用下的滑坡机理分析，结果表明：该方法能够较好地模拟渗流场、孔压场、饱和度场的变化规律和降雨荷载作用后的边坡大变形破坏过程分析。

（2）龙之梦滑坡耦合数值计算规律与实际滑坡状态相同，在滑坡范围内出现了三个明显的滑动带，滑坡类型滑属于慢速滑坡，不同位置的破坏情况与滑动面积主要受地形控制，地势陡峭处率先有破坏，在地势较缓处破坏逐渐停止。结果表明：连续—非连续耦合模型与 GAML 渗流等效方法能够较好地模拟大规模、大尺度条件下的降雨诱发滑坡灾害研究。

（3）在不同降雨强度和接触强度的影响因素下，滑坡的滑动状态有不同的表现。随着降雨强度的增加或土体参数的减小，滑坡体由零星的局部破坏转而呈现出沿坡面整体破坏，滑移范围和滑坡位移增加，这会带来更进一步的灾害损失。在连续—非连续耦合分析方法中，依据现场地质分析确立合理的阻尼、离散区域、宏细观参数，有助于更准确地模拟滑坡运动特征和分析滑坡破坏机理。

利用 FLAC3D＋PFC3D 耦合的方法考虑滑坡问题，由于可以兼顾连续变形的效率和非连续变形的破坏机理优势，应该是未来岩土灾害分析的主要方法之一。

12.7　命令流实例

12.7.1　生成连续—非连续三维模型

```
model new
model domain extent −1 676 −1 701 −101 220 condition destroy
zone import 'Flac_6_model_shichong. F3grid' use-given-ids
model random 10001
zone cmodel assign elastic
zone face apply velocity-normal 0 range position-z        −101. 000        −99. 000
zone face apply velocity-normal 0 range position-x         −1. 000          1. 000
zone face apply velocity-normal 0 range position-x        674. 000        676. 000
zone face apply velocity-normal 0 range position-y         −1. 000          1. 000
zone face apply velocity-normal 0 range position-y        699. 000        701. 000
zone gridpoint fix velocity
model largestrain on
model mechanical timestep scale
wall-zone create name 'slope_top' face 5 starting-zone 186158 range group '4' position-x 1. 000 674. 000
```

position-y 1. 000 699. 000

    wall group ' slope_top '

    zone cmodel assign null range group " 3 " ;

    zone cmodel assign null range group " 5 "

    zone cmodel assign null range group " 6 "

    wall-zone create name ' slope_down ' skip-errors face 6 starting-zone 114931 range group ' 4 ' position-x 1. 000 674. 000 position-y 1. 000 699. 000

    wall group ' slope_down ' range group ' slope_top ' not

    zone cmodel assign mohr-coulomb range group " 3 " ;

    zone cmodel assign mohr-coulomb range group " 5 "

    zone cmodel assign mohr-coulomb range group " 6 "

    wall export geometry set ' deposit_geo ' range group ' slope_down ' ;

    wall export geometry set ' deposit_geo ' range group ' slope_top '

    wall export geometry set ' deposit_top ' range group ' slope_top '

    zone cmodel assign null range group " 4 "

    ball distribute porosity 0. 50 radius 0. 6 1. 2 box 90 524 133 552 5 193 range geometry-space ' deposit_geo ' count 2 ; ; 0. 6 1. 2

    ball attribute density 2000 damp 0. 7

    wall-zone create name ' slope ' skip-errors face 5 starting-zone 64295 range group ' 3 ' position-x 1. 000 674. 000 position-y 1. 000 699. 000

    wall-zone create name ' slope ' skip-errors face 5 starting-zone 192960 range group ' 6 ' position-x 1. 000 674. 000 position-y 1. 000 699. 000

    wall-zone create name ' slope ' skip-errors face 5 starting-zone 311705 range group ' 5 ' position-x 1. 000 674. 000 position-y 1. 000 699. 000

    wall group ' slope_surface '

    zone prop density 2200 young 1e9 poisson 0. 35 range group ' 3 '

    zone prop density 2200 young 5e9 poisson 0. 25 range group ' 2 '

    zone prop density 2700 young 1e10 poisson 0. 2 range group ' 1 '

    zone prop density 2700 young 1e10 poisson 0. 2 range group ' 5 '

    zone prop density 2700 young 5e9 poisson 0. 2 range group ' 6 '

    wall import geometry ' deposit_top ' id 1000

    model cmat default model linear method deformability emod 1e8 kratio 2. 0

    cmat default prop fric 0. 67

    model cycle 2000 calm 10

    zone gridpoint free velocity

    ball delete range geometry-space ' deposit_geo ' count 2 not

    model mechanical timestep auto

    model save ' ini '

12. 7. 2　参数施加与平衡

model res ' ini '

zone gridpoint initialize displacement 0 0 0

zone cmodel assign mohr-coulomb range group ' 4 ' not

zone prop density 2200 young 1e9 poisson 0. 35 friction=26. 5 cohesion=0. 02e6 range group ' 3 '

zone prop density 2200 young 5e9 poisson 0. 25 friction=38 cohesion=1e6 range group ' 2 '

zone prop density 2700 young 1e10 poisson 0. 2 friction=50 cohesion=10e6 range group ' 1 '

```
zone prop density 2700 young 1e10 poisson 0. 2 friction=50 cohesion=10e6 range group'5'
zone prop density 2700 young 5e9 poisson 0. 25 friction=38 cohesion=1e6 range group'6'
cmat default model linearcbond type ball-ball method bond gap 5e-2 deformability emod 2e7 kratio 3. 0
cb_strength tensile 1. 25e5 shear 2. 5e5 property fric 0. 6 lin_mode 1
cmat default model linearcbond type ball-facet method bond gap 5e-2 deformability emod 2e7 kratio 3. 0
cb_strength tensile 1. 25e5 shear 2. 5e5 property fric 0. 6 lin_mode 1
ball attribute damp 0. 1
contact model linearcbond range contact type'ball-ball'
contact method bond gap 5e-2 range contact type'ball-ball'
contact method deform emod 2e7 krat 3. 0 range contact type'ball-ball'
contact property dp_nratio 0. 1 dp_sratio 0. 1 range contact type'ball-ball'
contact property fric 0. 6 lin_mode 1 range contact type'ball-ball'
contact method cb_strength tensile 1. 25e5 shear 2. 5e5 range contact type'ball-ball'
contact model linearcbond range contact type'ball-facet'
contact method bond gap 5e-2 range contact type'ball-facet'
contact method deform emod 2e7 krat 3. 0 range contact type'ball-facet'
contact property dp_nratio 0. 1 dp_sratio 0. 1 range contact type'ball-ball'
contact property fric 0. 6 lin_mode 1 range contact type'ball-facet'
contact method cb_strength tensile 1. 25e5 shear 2. 5e5 range contact type'ball-facet'
cyc 2000
model grav 1. 0
cyc 500
ball delete range geometry-space'deposit_geo' count 2 not
model grav 2. 0
cyc 500
ball delete range geometry-space'deposit_geo' count 2 not
model grav 3. 0
cyc 500
ball delete range geometry-space'deposit_geo' count 2 not
model grav 4. 0
cyc 500
ball delete range geometry-space'deposit_geo' count 2 not
model grav 5. 0
cyc 500
ball delete range geometry-space'deposit_geo' count 2 not
model grav 6. 0
cyc 2000
ball delete range geometry-space'deposit_geo' count 2 not
model grav 7. 0
cyc 2000
ball delete range geometry-space'deposit_geo' count 2 not
model grav 8. 0
cyc 5000
ball delete range geometry-space'deposit_geo' count 2 not
model grav 9. 0
cyc 5000
ball delete range geometry-space'deposit_geo' count 2 not
model grav 9. 81
```

```
model solve ratio 1e-5
model save 'balance'
call 'gravity. f3dat'
model res 'balance'
ball delete range geometry-space 'deposit_geo' count 2 not
zone initialize state 0
zone gridpoint initialize displacement 0 0 0
zone gridpoint initialize velocity 0 0 0
ball attribute velocity multiply 0. 0
ball attribute displacement multiply 0. 0
wall delete walls range id 1000
ball attribute damp 0. 3
cyc 5000 calm 10
[nsteps=0]
[stop_me=0]
def stop_me
    nsteps=nsteps+1
    if nsteps > 200000
        stop_me=1
        exit
    endif
    if mech. solve(" ratio")<1. 0e-6
        stop_me= 1
        exit
    endif
end
model solve fishhalt @stop_me
model save 'gravity'
```

12.7.3　降雨滑坡计算

```
model res 'gravity'
zone initialize state 0
zone gridpoint initialize displacement 0 0 0
zone gridpoint initialize velocity 0 0 0
ball attribute velocity multiply 0. 0
ball attribute displacement multiply 0. 0
ball delete range geometry-space 'deposit_geo' count 2 not
ball attribute damp 0. 5
ball group 'waterup0_5' range geometry-distance 'deposit_top' gap 0. 5
ball group 'waterup1_0' range geometry-distance 'deposit_top' gap 1. 0 group 'None'
ball group 'waterup1_5' range geometry-distance 'deposit_top' gap 1. 5 group 'None'
ball group 'waterup2_0' range geometry-distance 'deposit_top' gap 2. 0 group 'None'
ball group 'waterup2_5' range geometry-distance 'deposit_top' gap 2. 5 group 'None'
ball group 'waterup3_0' range geometry-distance 'deposit_top' gap 3. 0 group 'None'
ball group 'waterup3_5' range geometry-distance 'deposit_top' gap 3. 5 group 'None'
ball group 'waterup4_0' range geometry-distance 'deposit_top' gap 4. 0 group 'None'
ball group 'waterup4_5' range geometry-distance 'deposit_top' gap 4. 5 group 'None'
```

```
ball group'waterup5_0' range geometry-distance'deposit_top'gap 5.0 group'None'
ball extra 2 1 range group'waterup0_5'
ball extra 2 2 range group'waterup1_0'
ball extra 2 3 range group'waterup1_5'
ball extra 2 4 range group'waterup2_0'
ball extra 2 5 range group'waterup2_5'
ball extra 2 6 range group'waterup3_0'
ball extra 2 7 range group'waterup3_5'
ball extra 2 8 range group'waterup4_0'
ball extra 2 9 range group'waterup4_5'
ball extra 2 10 range group'waterup5_0'
fish define  apply_water_force_cwx11
    count = 0
    loop foreach local cp contact.list
        if type.pointer(cp) = 'ball-ball' then
            cp_num=cp_num+1
            ball1=contact.end1(cp)
            ball2=contact.end2(cp)
            if ball.extra(ball1,2)<7.6
            if ball.extra(ball1,2)>0.0
                contact.group(cp)='watercp'
            endif
            endif
            if ball.extra(ball2,2)<7.6
            if ball.extra(ball2,2)>0.0
                contact.group(cp)='watercp'
            endif
            endif
        endif
        if  type.pointer(cp) = 'ball-facet' then
            ball1=contact.end1(cp)
            ball2=contact.end2(cp)
            if type.pointer(ball1) = 'ball' then
                if ball.extra(ball1,2)<7.6
                if ball.extra(ball1,2)>0.0
                    contact.group(cp)='watercp'
                endif
                endif
            endif
            if type.pointer(ball2) = 'ball' then
                if ball.extra(ball2,2)<7.6
                if ball.extra(ball2,2)>0.0
                    contact.group(cp)='watercp'
                endif
                endif
            endif
        endif
    endloop
```

```
ball_vv=0
loop foreach ball ball.list ;
    if ball.extra(ball,2)<7.6
    if ball.extra(ball,2)>0.0
        ball_vv=ball_vv+4.0/3.0 * 3.14159 * ball.radius(ball)^3
        vx=wall.facet.normal.x(wall.facet.near(ball.pos(ball)))
        vy=wall.facet.normal.y(wall.facet.near(ball.pos(ball)))
        vz=wall.facet.normal.z(wall.facet.near(ball.pos(ball)))
        if vz < 0 then
            vx=-vx
            vy=-vy
            vz=-vz
        endif
        vxx=vx/(math.sqrt(vx^2+vy^2+(vx^2+vy^2)^2/vz^2))
        vyy=vy/(math.sqrt(vx^2+vy^2+(vx^2+vy^2)^2/vz^2))
        vzz=(-(vx^2+vy^2)/vz)/(math.sqrt(vx^2+vy^2+(vx^2+vy^2)^2/vz^2))
ball.force.app.x(ball)=1000 * 10 * 0.331 * 4.0/3.0 * 3.1415 * ball.radius(ball)^3 * vxx
ball.force.app.y(ball)=1000 * 10 * 0.331 * 4.0/3.0 * 3.1415 * ball.radius(ball)^3 * vyy
        ball.force.app.z(ball)=1000 * 10 * 0.331 * 2 * ball.radius(ball) * 4.0/3.0 * 3.1415 *
ball.radius(ball)^3 * vzz
    endif
    endif
endloop
loop foreach ball ball.list
    if ball.extra(ball,2)<7.6
    if ball.extra(ball,2)>0.6; #0
        ball.force.app.z(ball)=ball.force.app.z(ball)+(-1000 * 10 * 3.5 * 0.15 * 3361 * 7.6 *
7.6/2.0/ball_vv) * 4.0/3.0 * 3.14159 * ball.radius(ball)^3
    endif
    endif
endloop
end
@apply_water_force_cwx11
contact model linearcbond range contact type 'ball-ball'
contact method bond gap 5e-2 range contact type 'ball-ball'
contact method deform emod 2e7 krat 3.0 range contact type 'ball-ball'
contact property dp_nratio 0.1 dp_sratio 0.1 range contact type 'ball-ball'
contact property fric 0.6 lin_mode 1 range contact type 'ball-ball'
contact method cb_strength tensile 1.25e5 shear 2.5e5 range contact type 'ball-ball'
contact model linearcbond range contact type 'ball-facet'
contact method bond gap 5e-2 range contact type 'ball-facet'
contact method deform emod 2e7 krat 3.0 range contact type 'ball-facet'
contact property dp_nratio 0.1 dp_sratio 0.1 range contact type 'ball-ball'
contact property fric 0.6 lin_mode 1 range contact type 'ball-facet'
contact method cb_strength tensile 1.25e5 shear 2.5e5 range contact type 'ball-facet'
zone prop density 2200 young 1e9 poisson 0.35 friction=26.5 cohesion=0.02e6 range group '3'
zone prop density 2200 young 5e9 poisson 0.25 friction=38 cohesion=1e6 range group '2'
```

```
zone prop density 2700 young 1e10 poisson 0.2 friction=50 cohesion=10e6 range group'1'
zone prop density 2700 young 1e10 poisson 0.2 friction=50 cohesion=10e6 range group'5'
zone prop density 2700 young 5e9 poisson 0.25 friction=38 cohesion=1e6 range group'6'
[ball_hist_id1=3254083]
def fanweijiance
        loop foreach ball ball.list
vecx=ball.pos.x(ball.near(ball.pos(ball.find([ball_hist_id1]))-vector(0,0,3.5)))— ball.pos.x(ball)

vecy=ball.pos.y(ball.near(ball.pos(ball.find([ball_hist_id1]))—vector(0,0,3.5)))— ball.pos.y(ball)

vecz=ball.pos.z(ball.near(ball.pos(ball.find([ball_hist_id1]))—vector(0,0,3.5)))— ball.pos.z(ball)
            if math.sqrt(vecx^2+vecy^2+vecz^2) < 5.0
                ball.extra(ball,21) = 1.0
            endif
        endloop
end
@fanweijiance

[nn_step_vf=0]
fish define fanwei_velocity
    nn_step_vf=nn_step_vf+1
      if nn_step_vf < 100.0
            exit
endif
nn_step_vf=0
xxxxfv1=0.0
xxxxfd1=0.0
ball_num_1=0.0
loop foreach local bp ball.list
            if ball.extra(bp,21) = 1.0
                x=ball.vel.x(bp)
                y=ball.vel.y(bp)
                z=ball.vel.z(bp)
                vt=math.sqrt(x^2+y^2+z^2)
                xxxxfv1=xxxxfv1+vt
                x1=ball.disp.x(bp)
                y1=ball.disp.y(bp)
                z1=ball.disp.z(bp)
                vd=math.sqrt(x1^2+y1^2+z1^2)
                xxxxfd1=xxxxfd1+vd
                ball_num_1=ball_num_1+1
            endif
        endloop
    xxxxfv1=xxxxfv1/ball_num_1
    xxxxfd1=xxxxfd1/ball_num_1
    end
    fish callback add  @fanwei_velocity  —1.55
    hist id 141 @xxxxfv1
```

```
hist id 142 @xxxxfd1
def wall_group
    loop foreach fp wall. facet. list
        if wall. facet. pos. y(fp) < 686
        if wall. facet. pos. y(fp) > 587
        if wall. facet. pos. x(fp) < 305
        if wall. facet. pos. x(fp) > 152
            wall. facet. group(fp) = 'building'
        endif
        endif
        endif
        endif
    endloop
end
@wall_group

[nn_step_c=0]
def jilu_contact
    nn_step_c=nn_step_c+1
    if nn_step_c < 100. 0
        exit
    endif
    nn_step_c=0
    max_contact=0. 0
    pinjun_contact=0. 0
    contact_wall_num=0. 0
    loop foreach cp contact. list
        if type. pointer(cp) = 'ball-facet'
            bp1 = contact. end1(cp)
            bp2 = contact. end2(cp)
            if type. pointer(bp1) = 'facet' then
                if wall. facet. group(bp1) = 'building'
                    fg=math. sqrt(contact. force. global. x(cp)^2+contact. force. global. y(cp)^2+
                    contact. force. global. z(cp)^2)
                    if fg > max_contact
                        max_contact = fg
                    endif
                    pinjun_contact=pinjun_contact+fg
                    contact_wall_num=contact_wall_num+1
                endif
            endif
            if type. pointer(bp2) = 'facet' then
                if wall. facet. group(bp2) = 'building'

                    fg=math. sqrt(contact. force. global. x(cp)^2+contact. force. global. y(cp)^2+
                    contact. force. global. z(cp)^2)
                    if fg > max_contact
                        max_contact = fg
```

348

```
                        endif
                        pinjun_contact=pinjun_contact+fg
                        contact_wall_num=contact_wall_num+1
                    endif
                endif
            endif
        endloop
        if contact_wall_num # 0
            pinjun_contact=pinjun_contact/contact_wall_num
        endif
end
fish callback add  @jilu_contact -3.51
[dddtime1=mech.time.total]
[nn_step_v=0]
fish define pingjun_velocity
    nn_step_v=nn_step_v+1
      if nn_step_v < 100
          exit
      endif
      nn_step_v=0
    xxxx=0.0
    loop foreach local bp ball.list
        x=ball.vel.x(bp)
        y=ball.vel.y(bp)
        z=ball.vel.z(bp)
        vt=math.sqrt(x^2+y^2+z^2)
        xxxx=xxxx+vt
      endloop
      nums=ball.num
      pingjun_velocity=xxxx/nums
      dddtime=mech.time.total-dddtime1
end
fish callback add  @pingjun_velocity -1.6
hist id 1 @pingjun_velocity
hist id 2 @dddtime
program call 'fracture.f3dat'
@track_init
hist purge
hist interval 100
plot create 'vel'
zone mechanical energy active on
def sol
    loop n(1,500)
        command
            cyc 20000
            [save_filename = 'solver' + string(n)]
            save @save_filename
        endcommand
```

```
        endloop
    end
    @sol


附:' fracture. f3dat '裂隙监测文件
fish define add_crack(entries)
    local contact      = entries(1)
    local mode         = entries(2)
    local frac_pos   = contact. pos(contact)
    local norm        = contact. normal(contact)
    local dfn_label   = ' crack '
    local frac_size
    local  bp1 = contact. end1(contact)
    local  bp2 = contact. end2(contact)
    if type. pointer(contact)=' ball—ball '
        local  ret = math. min(ball. radius(bp1),ball. radius(bp2))
                        ;contact. method(contact,' pb_radius ')
    endif
    if type. pointer(contact)=' ball—facet '
        if type. pointer(bp1) = ' ball '
            ret = ball. radius(bp1)
        endif
        if type. pointer(bp2) = ' ball '
            ret = ball. radius(bp2)
        endif
    endif
    frac_size = ret
    local arg = array. create(5)
    arg(1) = ' disk '
    arg(2) = frac_pos
    arg(3) = frac_size
    arg(4) = math. dip. from. normal(norm)/math. degrad
    arg(5) = math. ddir. from. normal(norm)/math. degrad
    if arg(5) < 0. 0
        arg(5) = 360. 0+arg(5)
    end_if
    crack_num = crack_num + 1
    if mode = 1 then
        ; failed in tension
        dfn_label = dfn_label + '_tension'
    else if mode = 2 then
        ; failed in shear
        dfn_label = dfn_label + '_shear'
    endif

    global dfn = dfn. find(dfn_label)
    if dfn = null then
        dfn = dfn. create(dfn_label)
```

```
    endif
    local fnew = fracture. create(dfn,arg)
    fracture. prop(fnew,' age')   =zone. dynamic. time. total
    fracture. extra(fnew,1) = bp1
    fracture. extra(fnew,2) = bp2
    crack_accum += 1
    if crack_accum > 50
        if frag_time < zone. dynamic. time. total
            frag_time = zone. dynamic. time. total
            crack_accum = 0
            command
                fragment compute
            endcommand
            ; go through and update the fracture positions
            loop for (local i = 0, i < 2, i = i + 1)
                local name = ' crack_tension'
                if i = 1
                    name = ' crack_shear'
                endif
                dfn = dfn. find(name)
                if dfn # null
                    loop foreach local frac dfn. fracturelist(dfn)
                        local ball1 = fracture. extra(frac,1)
                        local ball2 = fracture. extra(frac,2)
                        if ball1 # null
                            if ball2 # null
                                local len = fracture. diameter(frac)/2. 0
                                local pos = (ball. pos(ball1)+ball. pos(ball2))/2. 0
                                if comp. x(pos)—len > xmin
                                    if comp. x(pos)+len < xmax
                                        if comp. y(pos)—len > ymin
                                            if comp. y(pos)+len < ymax
                                                if comp. z(pos)—len > zmin
                                                    if comp. z(pos)+len < zmax
                                                        fracture. pos(frac) = pos
                                                    end_if
                                                end_if
                                            endif
                                        endif
                                    endif
                                endif
                            endif
                        endif
                    endloop
                endif
            endloop
        endif
    endif
endif
```

```
end

fish define track_init
    command
        fracture delete
        ;ball result clear
        model results clear-map
        fragment clear
        fragment register ball-ball
        fragment register ball-facet
    endcommand
    activate fishcalls
    command
        fish callback remove @add_crack event bond_break
        fish callback add      @add_crack event bond_break
    endcommand
    reset global variables
    global crack_accum = 0
    global crack_num = 0
    global track_time0 = zone. dynamic. time. total
    global frag_time = zone. dynamic. time. total
    global xmin = domain. min. x()
    global ymin = domain. min. y()
    global xmax = domain. max. x()
    global ymax = domain. max. y()
    global zmin = domain. min. z()
    global zmin = domain. min. z()
end
```

第13章　红石岩地震滑坡机理数值模拟研究

地震诱发岩体滑坡是一类常见的地质灾害，给人们的生命财产造成重大损失。如何对地震诱发的滑坡过程进行分析，揭示地震诱发滑坡的形成过程，从而为边坡稳定措施的确定提供依据，对于边坡工程防灾减灾具有重要意义。

边坡数值模型建立的准确性主要取决于工程师对工程地质资料的合理简化，建立合理的离散体系模型是利用离散元方法研究岩体物理力学特性的先决条件。只有根据地质勘查资料选取合理的颗粒范围和尺寸，通过单轴压缩、三轴压缩和直剪等数值试验，准确获取岩体的宏观力学参数，构建合理的模型，并基于此模型进行相应研究才是合理的，所得到的科学结果才有意义。在地震作用下，也要考虑地震滑坡数值模拟过程中岩体的宏观力学特性、裂隙扩展与应变率之间的变化关系。

本章基于红石岩地震诱发滑坡案例，根据中国云南省牛栏江红石岩地震滑坡现场勘查数据和数值模型计算规模，采用考虑应变率效应的动态软粘结模型模拟岩体材料，运用宏细观参数关联性研究成果快速标定合适的细观参数，实现离散元模型细观接触参数随应变率的动态变化，建立连续—非连续耦合数值模型，探讨地震诱发滑坡合理的阻尼取值组合，探讨地震波作用下红石岩滑坡的启动时间、破坏形式、运动和堆积过程。

13.1　工程地质背景与数值模型

13.1.1　红石岩滑坡工程地质概况

牛栏江左岸原地形坡度为 35°～40°，近河床段坡高为 200～220m；右岸原地形坡度为 50°～60°，局部为陡崖，近河床段边坡高度超过 400m。岩层总体倾向下游偏右岸，倾角为 20°～25°。在某次地震后，左岸滑坡堆积物表层松动，并向河床滑动；右岸山体在地震作用下高速倾倒崩塌，产生大规模滑坡，迅速向河床堆积形成堰塞体。红石岩滑坡等高线图如图 13-1-1（a）所示。图 13-1-1（b）为右岸滑坡不同扩展区域分布。图 13-1-1（c）为滑坡不同区域地形图。

右岸滑坡后，地形发生较大变化，上部滑床后缘为陡崖，最大高度约 350m，中部形成一个朝向下游的斜面地形，在此斜面以下为陡崖。左岸存在古滑坡体，在地震作用下仅坡脚部分发生崩塌，体量较小。考虑河水除最终堆积区域外对滑坡过程不构成影响，仅选取牛栏江右岸岩体进行地震诱发岩崩和岩滑分析。

13.1.2　数值模型与边界条件

研究采用 FLAC3D 与 PFC3D 的连续—非连续耦合方法，构建地震滑坡数值模型，如图 13-1-2 所示。滑坡体区域采用离散元颗粒建立，考虑颗粒组成相对较粗，以碎石块为

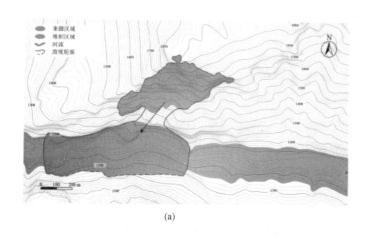

(a)

(b)

(c)

图 13-1-1　红石岩地震滑坡图

（a）红石岩滑坡等高线图；（b）右岸滑坡不同扩展区域分布；（c）滑坡不同区域地形图

主，设置颗粒半径为 $1.5\sim3.0m$，共生成颗粒 96970 个。由于颗粒尺寸较大，如采用常用的线性平行粘结模型则无法模拟因小于颗粒尺寸的裂隙扩展而产生的应变软化现象，因此，采用考虑应变率效应的软粘结模型。滑坡体离散模型以顺时针方向间隔均匀布置 17 个测点，颗粒测点布局如图 13-1-2 (a) 所示。滑床区域在滑坡过程中形变较小，未有崩塌等大变形，采用连续单元生成网格 134482 个。三维模型平面尺寸为 $2061m\times1139m$，高度最大为 $980m$，采用基于宏观力学模型的摩尔库仑模型模拟其力学特征。根据工程报告参数，运用细观参数快速标定方法，对边坡进行 PFC 细观参数的标定。红石岩边坡数值模型力学参数如表 13-1-1 所示。

红石岩边坡数值模型力学参数　　　　　表 13-1-1

	颗粒半径(m)	颗粒密度($kg\cdot m^{-3}$)	有效模量E^+(GPa)	法向一切向刚度比	抗拉强度(MPa)	黏聚力(MPa)
PFC	$1.5\sim3.0$	3900	48.1	6.0	85.8	132.0
	摩擦角(°)	摩擦系数	力矩贡献系数	软化系数	软化抗拉强度系数	
	80	1.5	0.6	4.0	0.7	
FLAC	密度($kg\cdot m^{-3}$)	杨氏模量(GPa)	泊松比	摩擦角(°)	黏聚力(MPa)	
	2600	12	0.22	50	0.9	

在黏弹性边界上输入动力时程，将加速度、速度时程转化为应力时程，而后施加于黏弹性边界。速度时程要按照式（13-1）、式（13-2）转化为应力时程。

$$\sigma_n = 2\rho C_p v_n \tag{13-1}$$
$$\sigma_s = 2\rho C_s v_s \tag{13-2}$$

式中，σ_n、σ_s 分别为施加的法向力、切向力；ρ 为质量密度；C_p、C_s 为介质中的波速，计算见式（13-3）和式（13-4）；v_n、v_s 分别为输入的法向颗粒速度和切向颗粒速度。

$$C_p = \sqrt{\frac{K+4G/3}{\rho}} \tag{13-3}$$

$$C_s = \sqrt{G/\rho} \tag{13-4}$$

式中，K 为体积模量；G 为剪切模量。

13.1.3 岩体细观接触参数演化过程

在地震运动堆积过程中，岩体的应变率随运动速率的变化而急剧改变，导致能量耗散和裂纹扩展模式的差异，最终影响岩体的破碎特性，导致震后边坡破坏和堆积形态的差异。在地震滑坡分析中，必须要考虑岩体的动态应变率变化对滑坡状态的影响。

在地震作用数值模拟过程中，每一个时步都对所有接触进行遍历，计算接触对象的相对应变率，代入细观参数 E^*、σ_c、c 赋值更新，从而形成岩体接触变形与法向刚度的动态变化。为了说明这一问题，任意选取接触编号 $ID = 10000$、50000、200000 的接触，获得地震动荷载作用下不同接触测点应变率和抗拉强度随时间变化曲线，见图 13-1-3。图中 3 个点的应变率在 $1\times10^{-5}\sim1\times10^{-2}s^{-1}$ 变化，规律不同，表明这种处理方法能体现地震作用于岩体不同空间、时间的变化，可以反映岩体的动力学特性。

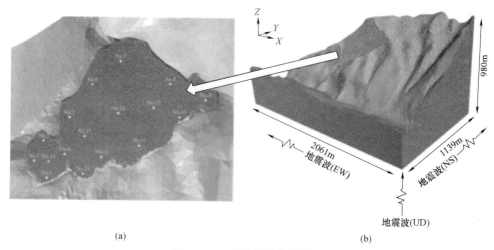

(a)   (b)

图 13-1-2　地震滑坡数值模型

（a）颗粒测点布局；（b）耦合数值模型

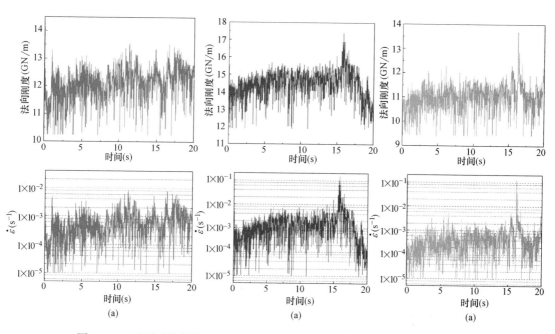

(a)   (a)   (a)

图 13-1-3　地震动荷载作用下不同接触测点应变率和法向刚度随时间变化曲线

（a）ID＝10000；（b）ID＝50000；（c）ID＝200000

13.2　耦合模型阻尼参数选取

13.2.1　局部阻尼参数选取

局部阻尼作用于每个球或簇，给其施加一个与不平衡力大小成正比的阻尼力，颗粒运动方程见式（13-5）。

$$F_{(i)}+F_{(i)}^{d}=\begin{cases}m\ddot{x}_{(i)}, & i=1,2,3\\ I\dot{\omega}_{(i-3)}, & i=4,5,6\end{cases} \tag{13-5}$$

式中，$\ddot{x}_{(i)}$、$\dot{\omega}_{(i-3)}$、$F_{(i)}$ 和 $F_{(i)}^{d}$ 分别为颗粒的平均加速度、转动加速度、不平衡力和阻尼力；m、I 分别为颗粒的质量和转动惯量；i 为颗粒的自由度，$i=1$、2、3 时表示平动，$i=4$、5、6 时表示转动。

阻尼力 $F_{(i)}^{d}$ 见式（13-6）。

$$F_{(i)}^{d}=-\alpha\,|\,F_{(i)}\,|\,\mathrm{sign}(v_{(i)}),i=1,2,\cdots,6 \tag{13-6}$$

式中，α 为阻尼常数；$\mathrm{sign}(x)$ 为符号函数；$v_{(i)}$ 为广义速度，如式（13-7）所示。

$$v_{(i)}=\begin{cases}\dot{x}_{(i)}, & i=1,2,3\\ \omega_{(i-3)}, & i=4,5,6\end{cases} \tag{13-7}$$

在地震下对边坡模型施加 3 组不同的局部阻尼常数（$\alpha=0.15$、0.3、0.5），进行连续—非连续耦合数值分析，在不同局部阻尼下随时间的变化曲线如图 13-2-1 所示。从图 13-2-1（a）可以看出，当地震发生 100s 后，颗粒的速度趋近于 0，位移发展进入平缓阶段，故选取如图 13-2-1（b）所示的平均位移—时间曲线进行对比分析。结合图 13-2-1 可知，随着局部阻尼的增大，颗粒的速度和位移呈现上升趋势，残留在原滑坡体区域的颗粒范围逐步减小。地震开始 100s 后不同局部阻尼模型图见图 13-2-2。

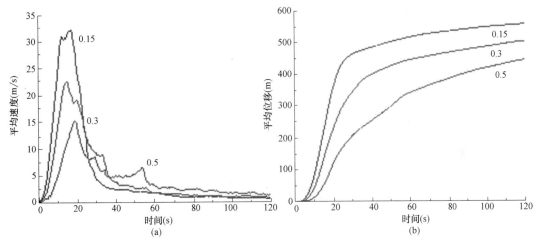

图 13-2-1 不同局部阻尼下随时间的变化曲线

（a）平均速度—时间曲线；（b）平均位移—时间曲线

图 13-2-2 地震开始 100s 后不同局部阻尼模型图

（a）$\alpha=0.15$；（b）$\alpha=0.3$；（c）$\alpha=0.5$

图 13-2-3（a）为震后实际闭塞区域，图 13-2-3（b）为局部阻尼 $\alpha = 0.3$ 时滑坡发生 2min 后的模型阻塞区域，两者位置和规模大体一致，因此认为局部阻尼 α 取 0.3 比较符合实际滑坡情况。

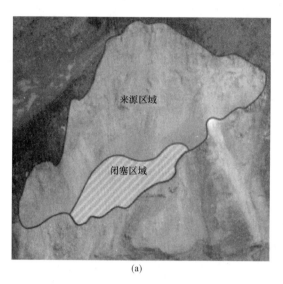

图 13-2-3 实际和模型闭塞区域对比

（a）震后实际闭塞区域；（b）局部阻尼 $\alpha = 0.3$ 时滑坡发生 2min 后的模型阻塞区域

13.2.2 黏滞阻尼参数选取

黏滞阻尼力的大小通过式（13-8）确定。

$$F^d_{(i)} = C_{(i)} \dot{\delta}_{(i)}, i = n, s \tag{13-8}$$

式中，$C_{(i)}$ 为阻尼常数；$\dot{\delta}_{(i)}$ 为接触处法向（切向）的相对速度；n 为法向；s 为切向。阻尼常数 $C_{(i)}$ 与系统临界阻尼常数 $C^{crit}_{(i)}$ 之间关系如式（13-9）所示。

$$C_{(i)} = \beta_{(i)} C^{crit}_{(i)} = \beta_{(i)} (2 \sqrt{m k_{(i)}}), \quad i = n, s \tag{13-9}$$

式中，m 为接触颗粒的平均质量；$k_{(i)}$ 为接触处法向（切向）刚度；$\beta_{(i)}$ 为接触处法向（切向）黏滞阻尼比。

非零的局部阻尼可用于建立平衡和进行准静态变形模拟，但是在地震滑坡过程中，存在大量颗粒间碰撞的现象，此时仅仅考虑局部阻尼是不合适的，应采用基于软粘结接触模型的黏滞阻尼方法，设置不同的法向（切向）黏滞阻尼比，开展进一步的对比分析。

所有颗粒的平均速度—时间曲线和平均位移—时间曲线见图 13-2-4，图中 β_n 为法向黏滞阻尼比，β_s 为切向黏滞阻尼比。不同黏滞阻尼比作用下滑坡 100s 后不同黏滞阻尼模型示意图见图 13-2-5。由两图可以看出，不同黏滞阻尼比下的颗粒速度和位移差别不大，颗粒峰值速度随黏滞阻尼比的增加而略有上升。考虑实际滑坡速度较快，动能较大，堆积体堵塞形成堰塞湖，β_n、β_s 取 0.5～0.7 较为合适。

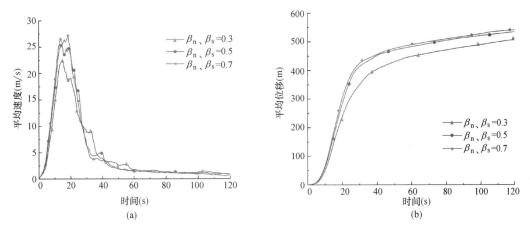

图 13-2-4　所有颗粒的平均速度—时间曲线和平均位移—时间曲线

（a）平均速度—时间曲线；（b）平均位移—时间曲线

图 13-2-5　不同黏滞阻尼比作用下滑坡 100s 后不同黏滞阻尼模型示意图

（a）β_n、β_s=0.3；（b）β_n、β_s=0.5；（c）β_n、β_s=0.7

13.3　地震诱发滑坡过程数值分析

如图 13-3-1（a）所示，红石岩边坡具有反倾分层的结构特征。在地震诱发作用下，岩体首先沿岩层倾角的节理发生破坏，然后沿次级结构面发生体崩，岩质滑坡经历了由关键块体破坏到整体破坏的过程。由于位于斜坡和陡岩上的块体可动条件以及块体间相互嵌合的紧密程度不同，当块体受到重力、地震力、摩擦力等因素作用时，必然有一些块体在力的作用下首先向外发生位移，成为变形破坏的关键块体，块体连续破坏如图 13-3-1（b）所示。

13.3.1　不同区域滑坡分析

在图 13-3-2 滑床应力监测点布置图中，在地震波作用下，测点 A 的垂直应力存在数个峰值，主要为 5.7s 的－10.5MPa 和 8.9s 的－9.2MPa，达到初始应力的 2 倍以上；测点 B 的垂直应力在 5.4～9.0s 内存在巨大峰值段；测点 C 的曲线较为平缓，无明显峰值段。

图 13-3-3 显示了不同区域的测点地震开始 40s 内的垂直速度—时间曲线。由于坡度较

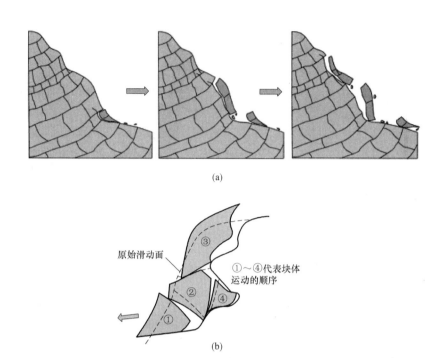

(a)

原始滑动面

①~④代表块体
运动的顺序

(b)

图 13-3-1　坡体岩崩和岩滑过程

（a）岩崩的渐进和连续破坏；（b）块体连续破坏

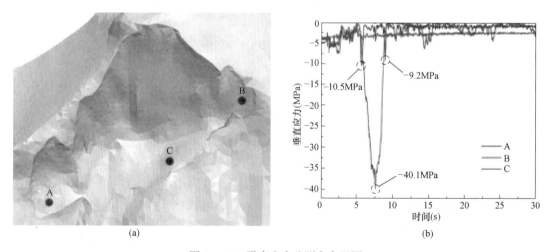

(a)

(b)

图 13-3-2　滑床应力监测点布置图

（a）A、B、C 测点分布图；（b）测点垂直应力随时间变化曲线

大，滑坡体有着较大的初始势能。在地震诱发作用下，1 号测点所在区域最先破坏发生滑动，势能通过滑动、滚动或自由下落转化为动能，岩块在运动过程中具有很高的速度。2 号测点所在区域在 1 号测点区域滑动约 2s 后破坏发生滑动，在与坡底发生碰撞后动能几乎全部损失，块体迅速稳定。9 号测点所在区域在 1 号测点区域和 2 号测点区域滑动后失稳发生滑动。

图 13-3-4 为不同时刻模型滑坡运动和堆积过程示意图。

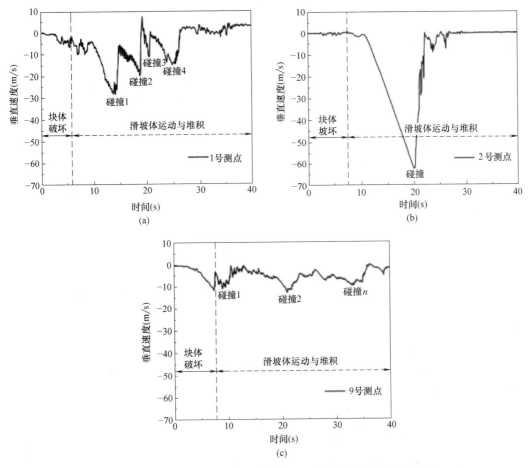

图 13-3-3　不同区域的测点地震开始 40s 内的垂直速度—时间曲线

(a) 1 号测点；(b) 2 号测点；(c) 9 号测点

13.3.2　地形放大效应

在滑坡灾害中，高度易感的斜坡代表地震引发的高潜在破坏区域。研究发现，地形的不规则性可以极大地影响地震的振幅和频率，地震运动在凸地形（如山丘和山脊）被有系统地放大，在凹地形（如峡谷和山脚）减弱。红石岩滑坡属于超大规模滑坡，滑坡过程中地形发生剧烈变化，因此分析地形效应时需结合实际滑坡过程。图 13-3-4 是不同时刻滑坡模型位移云图示意图，从图中可知：初始地震波传播阶段断崖位置有明显的地震放大效应；随着滑坡的进行，崖体更加突出，曲率增大，地震放大效应进一步加强，位移快速增长；当滑坡大部分落入坡底后，崖体的曲率减小，与此同时坡顶的地震放大效应逐步增大，滑坡有明显位移。图 13-3-5 为震后边坡模型与实际滑坡状态对比。

13.3.3　应变率效应的影响

大量研究表明，地震滑坡通常是在循环往复荷载作用下诱发岩体内原有裂隙扩展，形成孤（悬）块体，然后在自重作用下形成滑坡。滑坡一旦产生，滑坡的运动主要受块体尺

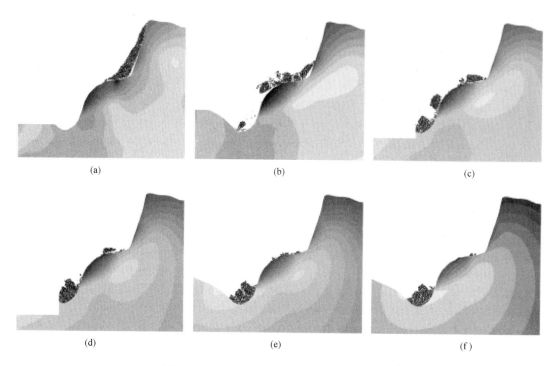

图 13-3-4　不同时刻滑坡模型位移云图示意图
（a）震后 5s；（b）震后 20s；（c）震后 40s；（d）震后 60s；（e）震后 80s；（f）震后 100s

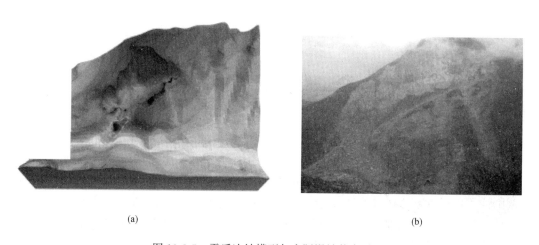

(a)

(b)

图 13-3-5　震后边坡模型与实际滑坡状态对比
（a）震后 120s 坡体模型位移云图；（b）震后坡体实际地形图

小、阻尼、地形坡度等多种因素的影响。如果采用恒定的材料强度参数，不考虑岩体的小尺度裂隙引起的软化现象，滑坡的崩解破碎、最终扩展距离、沉积地形的计算结果与现场观测结果有很大的不一致性。

在地震运动堆积过程中，岩体的应变率随运动速率的变化而急剧改变，进而导致了能量耗散和裂纹扩展模式的差异，最终影响岩石的破碎特性，导致震后边坡破坏和堆积形态的差异。在地震滑坡分析中，必须要考虑岩石的动态应变率变化对滑坡状态的影响。

图 13-3-6 为考虑和不考虑应变率效应下边坡破坏特征对比曲线，可见考虑应变率效应时，颗粒的峰值速度略有下降。应变率效应对岩体裂纹的扩展模式产生了一定的影响，导致最终岩石破碎程度和堆积形态的差异。相比较不考虑应变率效应，滑坡的运动和堆积过程能够更快稳定，模拟结果与现场勘察结果基本一致，表明采用动态软粘结模型进行的模拟结果能较好地反映红石岩滑坡的运动和扩展行为。震后最终滑坡形态示意图如图 13-3-7 所示。

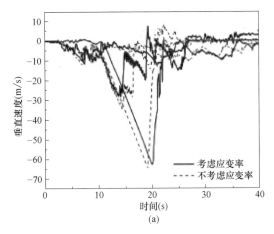
(a)

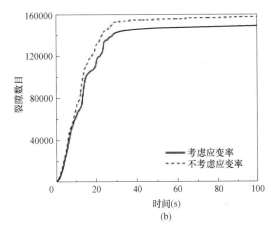
(b)

图 13-3-6　考虑和不考虑应变率效应下边坡破坏特征对比曲线
（a）不同颗粒测点速度随时间变化曲线；（b）坡体裂隙数目随时间变化曲线

(a)

(b)

图 13-3-7　震后最终滑坡形态示意图
（a）考虑应变率效应；（b）不考虑应变率效应

13.4　震后边坡岩体灾害预测

堰塞湖是由一定量的固体物质堵塞河道而形成一定库容的水体。巨型滑坡堵江形成的堰塞湖往往具有滑坡土石方数量多、集雨面积大、蓄水量大等特点，对人民群众生命财产安全构成巨大威胁。

某次 6.5 级地震发生后，红石岩边坡右岸发生巨型滑坡，震后坡顶地形陡峭，在地形放大效应影响下形成高坡度，坡中为横切牛栏江的斜面，坡下部坡度重新增高，整个边坡具有陡峭—倾斜—陡峭的地貌特征，属于高边坡。图13-4-1为震后100s边坡模型接触分布图，从图中可以看到，滑坡在发生块体连续破坏后呈散块状，堆积在河床区域形成堰塞体，块体与块体之间构成贯通裂隙，结构稳定性较差，在余震和洪水等作用下存在明显的溃决风险。

对于残留在坡体表面的滑坡，从图13-4-1中可以看到离散元颗粒之间接触较少，新增大量裂隙，坡面分布很多危岩体。震后坡面坡顶危岩体勘察情况如图13-4-2所示。在余震以及降雨冲刷、侵蚀的影响和作用下，坡体发生垮塌的危险性不断提高，需要依据实际地质条件提出对应的防治措施和治理方案。

图13-4-1　震后100s边坡模型接触分布图
（图中contact＝接触）

图13-4-2　震后坡面坡顶危岩体勘察情况

13.5　本章小结

地震作用下边坡破坏是一个动态、渐进累积的过程，岩体的变形、强度特性随应变率不断变化。本章建立了可反映小尺度裂隙引起软化及应变率强化作用的动态软粘结接触模型，通过数值模拟对红石岩地震诱发滑坡进行计算分析，得到如下主要结论：

（1）基于大尺度模型计算时颗粒尺寸较大，无法考虑较小尺度裂隙的影响，在现有软粘结模型基础上考虑应变率影响，建立可反映小尺度裂隙引起软化及应变率强化作用的动态软粘结接触模型，能够同时满足应变率效应和裂隙网络造成的软化现象。

（2）在地震滑坡过程中，阻尼参数对滑坡过程影响非常显著。随着局部阻尼的增大，滑坡的速度和位移发生明显下降；随着黏滞阻尼的增大，滑坡的速度和位移略有上升，整体影响不大。数值计算结果表明：采用较高的黏滞阻尼比（0.7）与较低的局部阻尼（0.3）得到的滑坡堆积与现场勘查情况一致性较好。

（3）红石岩地震滑坡案例表明，地震形成作用初始（6s）时，首先在岩体内产生裂隙扩展，然后岩体表现为块体在地震和重力作用下的失稳下滑，滑坡体经历不断碰撞，能量不断损失，最终堆积在河谷一定范围内，由于边坡崖体在地形放大效应作用下隆起产生的束口锁固效应，部分滑坡残留在原区域。

（4）与不考虑应变率效应的地震滑坡数值模拟结果对比，考虑应变率效应时滑坡的运动和堆积过程能够更快、稳定、较好地反映红石岩滑坡的运动堆积和扩展行为。

（5）震后坡顶和坡面存在危岩体，堰塞体呈现块状堆积，存在明显贯通裂隙，在自重、余震和降雨等影响下有进一步垮塌、滑坡的风险。

13.6 命令流实例

13.6.1 导入犀牛软件建立的边坡模型

（本代码实例是在 FLAC3D6.0 基础上编制而成，打开软件后需要先将 PFC 各计算模块导入才能计算）

```
program load module 'contact'
program load module 'PFC'
program load guimodule 'PFC'
program load module 'PFCthermal'
program load guimodule 'PFCthermal'
program load module 'ccfd'
program load guimodule 'ccfd'
program load module 'wallsel'
program load module 'wallzone'
model new
model title 'sliding of a slope'
model random 10001
;zone import 'huachuang. f3grid' use-given-ids
;zone import 'huapoti. f3grid' use-given-ids
zone import 'shi_new. f3grid' use-given-ids
model domain extent 0 2100 −100 1100 900 2000 condition destroy
model largestrain on
model mechanical timestep scale
zone cmodel assign elastic
zone prop density 2550 young 2e9 poisson 0. 28
zone gridpoint fix velocity
wall-zone create name 'slope_surface' face 4 starting-zone 15129 range group 'huachuang' position-x 3
2064 position-y −88 1050
call 'second'
```

13.6.2 模型平衡

```
wall group 'slope_surface'
wall-zone create name 'deposit' face 4 starting-zone 126001 range group 'huapoti'
wall group 'deposit' range group 'slope_surface' not
wall export geometry set 'deposit' range group 'deposit'
ball distribute porosity 0. 35 radius 1. 5 3. 0 box 500 1400 400 900 1200 2000 range geometry-space 'deposit
' count 1
ball attribute density 3923 damp 0. 7
zone cmodel assign null range group 'huapoti'
wall import geometry 'deposit' id 1000
model cmat default model linear method deformability emod 2e9 kratio 1. 5
```

365

```
cmat default prop fric 0.3
model cycle 3000 calm 1000
zone gridpoint free velocity
ball delete range geometry-space 'deposit' count 1 not
zone face apply velocity-normal 0 range position-x 2.9 3.9
zone face apply velocity-normal 0 range position-x 2063.7 2064.7
zone face apply velocity-normal 0 range position-y -88.7 -87.7
zone face apply velocity-normal 0 range position-y 1049.9 1050.9
zone face apply velocity (0,0,0)    range position-z 935.7 936.7
model mechanical timestep auto
model solve ratio 1e-5
model save 'ini-elas'
fish define boundary_ball_shrink
    loop foreach cp contact. list
        gap=contact. gap(cp)
            if gap < -1.0
                p1=contact. end1(cp)
                p2=contact. end2(cp)
                s1=type. pointer(p1)
                s2=type. pointer(p2)
                  if s1='ball'   then
                      ball. radius(p1)=ball. radius(p1) * 0.7
                        if ball. radius(p1) < 1.5
                          ball. radius(p1) = 1.5
                        endif
                      endif
                    if s2='ball'   then
                  ball. radius(p2)=ball. radius(p2) * 0.7
                    if ball. radius(p2) < 1.5
                      ball. radius(p2) = 1.5
                    endif
                  endif
            endif
      endloop
end
@boundary_ball_shrink
zone gridpoint initialize displacement 0 0 0
zone cmodel assign mohr-coulomb range group 'huachuang'
zone group 'dingbu' slot 1 range position-y 780 890 position-z 1660 2065
zone group 'dingbu' slot 1 range position-y 890 950 position-z 1605 2065
zone group 'dingbu' slot 1 range position-y 950 1050 position-z 1575 2065
zone prop density 2550 young 7e9 poisson 0.24 friction 47.0 cohesion 0.8e6 range group 'huachuang'
zone prop density 2600 young 10e9 poisson 0.22 friction 50.0 cohesion 0.9e6 range group 'dingbu'
```

```
Fish define basic_parameters
    pb_modules=5. 0e10
    emod000=pb_modules * 0. 3
    ten_=1. 0e8 * 1. 05
    coh_=1. 0e8 * 1. 05
end
@basic_parameters
ball attribute damp 0. 7
cmat default model linear type ball-ball method deformability emod [emod000] kratio 1. 5
cmat default model linear type ball-facet method deformability emod [emod000] kratio 1. 5


contact group 'pbond111' range contact type 'ball-ball'
contact model linearpbond range contact type 'ball-ball'
contact method bond gap 0 ...
                    deform emod [emod000] krat 1. 6
                    pb_deform emod [pb_modules] kratio 1. 6 range contact type 'ball-ball'
contact property dp_nratio 0. 3 dp_sratio 0. 3
                    fric 1. 5
                    lin_mode 1 pb_rmul 1. 0 pb_mcf 0. 5 pb_ten [ten_] pb_coh [coh_]  pb_fa 40   range
contact type 'ball-ball'
fish define part_contact_turn_off
    num111_contact=contact. num(' ball-ball')
    num222_contact=contact. num. all(' ball-ball')
    loop foreach cp contact. list. all(' ball-ball')
            sss000=contact. model(cp)
            if sss000 = 'linearpbond' then
                ccz=contact. pos. z(cp)
                x=math. random. uniform
                    if x < 0. 50 then
                            contact. group(cp)=' pbond222'
                    endif
            endif
    endloop
end
@part_contact_turn_off
[xishu=0. 1]
[emod222=emod000 * xishu]
[pb_modules222=pb_modules * xishu]
contact groupbehavior contact
contact model linearpbond   range group 'pbond222'
contact method bond gap 0
                    deform emod [emod222] krat 1. 6
                    pb_deform emod [pb_modules222] kratio 1. 6 range group 'pbond222'
```

```
contact property dp_nratio 0. 3 dp_sratio 0. 3
                 fric 0. 5
                 lin_mode 1 pb_rmul 1. 0 pb_mcf 0. 5 pb_ten [ten_ * 0. 05] pb_coh [coh_ * 0. 05]   pb_fa
45   range group ' pbond222 '
ball group ' left' range position-x 600 760
contact group ' pbond333 ' range group ' left' contact type ' ball-ball'
contact model linearpbond   range group ' pbond333 '
contact method bond gap 0
                 deform emod [emod000 * 1. 5] krat 1. 6
                 pb_deform emod [pb_modules * 1. 5] kratio 1. 6 range group ' pbond333 '
contact property dp_nratio 0. 5 dp_sratio 0. 5
                 fric 1. 5
                 lin_mode 1 pb_rmul 1. 0 pb_mcf 0. 5 pb_ten [ten_ * 1. 5] pb_coh [coh_ * 1. 5]   pb_fa
40   range group ' pbond333 '
ball group ' right' range position-x 1260 1330
contact group ' pbond444 ' range group ' right' contact type ' ball-ball'
contact model linearpbond   range group ' pbond444 '
contact method bond gap 0
                 deform emod [emod000 * 1. 5] krat 1. 6
                 pb_deform emod [pb_modules * 1. 5] kratio 1. 6 range group ' pbond444 '
contact property dp_nratio 0. 5 dp_sratio 0. 5
                 fric 1. 5
                 lin_mode 1 pb_rmul 1. 0 pb_mcf 0. 5 pb_ten [ten_ * 1. 5] pb_coh [coh_ * 1. 5]   pb_fa
40   range group ' pbond444 '
model grav 9. 8
ball delete range geometry-space ' deposit' count 1 not
wall delete walls range id 1000
model solve ratio 3e-5
ball delete range geometry-space ' deposit' count 1 not
model save ' plastic'
fish define pingjun_velocity
   xxxx=0. 0
   loop foreach local bp ball. list
       x=ball. vel. x(bp)
       y=ball. vel. y(bp)
       z=ball. vel. z(bp)
       vt=math. sqrt(x^2+y^2+z^2)
       xxxx=xxxx+vt
   endloop
   nums=ball. num
   pingjun_velocity=xxxx/nums
end
[stop_compute0=false]
```

368

```
def stop_compute0
    if pingjun_velocity < 0. 05
        stop_compute0=true
    endif
end
model solve fishhalt @stop_compute0
model save ' plastic_ball_balance '
call ' monitor '
```

13.6.3 地震动力计算

```
model restore ' monitor '
zone face apply-remove velocity range position-x 2. 9 3. 9
zone face apply-remove velocity range position-x 2063. 7 2064. 7
zone face apply-remove velocity range position-y −88. 7 −87. 7
zone face apply-remove velocity range position-y 1049. 9 1050. 9
zone face apply-remove velocity range position-z 935. 7 936. 7
zone face apply quiet-dip range position-x 2. 9 3. 9
zone face apply quiet-normal range position-x 2. 9 3. 9
zone face apply quiet-strike range position-x 2. 9 3. 9
zone face apply quiet-dip range position-x 2063. 7 2064. 7
zone face apply quiet-normal range position-x 2063. 7 2064. 7
zone face apply quiet-strike range position-x 2063. 7 2064. 7
zone face apply quiet-dip range position-y −88. 7 −87. 7
zone face apply quiet-normal range position-y −88. 7 −87. 7
zone face apply quiet-strike range position-y −88. 7 −87. 7
zone face apply quiet-dip range position-y 1049. 9 1050. 9
zone face apply quiet-normal range position-y 1049. 9 1050. 9
zone face apply quiet-strike range position-y 1049. 9 1050. 9
zone face apply quiet-dip   range position-z 935. 7 936. 7
zone face apply quiet-normal   range position-z 935. 7 936. 7
zone face apply quiet-strike   range position-z 935. 7 936. 7
zone face group ' EW ' range position-x 2. 7 3. 0 position-x 2064. 5 2065. 3 union
zone face group ' NS ' range position-y −89. 0 −88. 6 position-y 1050. 5 1052. 0 union
zone face group ' UD ' range position-z 935. 7 935. 8
table 1 import ' vel_EW_correct. txt '
table 2 import ' vel_NS_correct. txt '
table 3 import ' vel_UD_correct. txt '
[old_time=mech. time. total]
define boundary_condition
        real_time=mech. time. total-old_time
        vel_x=table(1,real_time)
        vel_y=table(2,real_time)
        vel_z=table(3,real_time)
```

```
K=7e9/(3 * (1-2 * 0.24))
G=7e9/(2 * (1+0.24))
CP=math.sqrt((K+4 * G/3)/2550)
CS=math.sqrt(G/2550)
if real_time > 39.99
    vel_x=0
    vel_y=0
    vel_z=0
endif
nstess=2 * 2550 * CP * vel_z
tstress_NS=2 * 2550 * CS * vel_y
command
    zone face apply stress-xz @tstress_EW range group 'UD'
    zone face apply stress-yz @tstress_NS range group 'UD'
    zone face apply stress-zz @nstess range group 'UD'
endcommand
end
fish callback add @boundary_condition -1 interval 1
model dynamic active on
call 'fracture.f3dat'
@track_init
history purge
history interval 300
model history name 1 dynamic time-total
model history name 2 dynamic cycles-total
fish history name 3 @pingjun_velocity
fish history name 4 @pingjun_displacement
fish history name 5 @crack_num
fish define save_paraters_to_extraplace
    loop foreach local cp contact.list
        s1 = contact.model(cp)
        e1 = contact.end1(cp)
        e2 = contact.end2(cp)
        s2 = type.pointer(e1)
        s3 = type.pointer(e2)
        if s1='linearpbond' then
        if s2='ball'  then
          if s3 = 'ball' then
                contact.extra(cp,51)= contact.prop(cp,'pb_kn')
                contact.extra(cp,52)= contact.prop(cp,'pb_ks')
                contact.extra(cp,53)= contact.prop(cp,'pb_ten')
                contact.extra(cp,54)=contact.prop(cp,'pb_coh')
          endif
        endif
```

370

```
              endif
          endloop
    end
    @save_paraters_to_extraplace
    [num_frequency=200]
    [num=0]
    fish define change_paraters_according_to_strainrate
        num=num+1
        if  num > num_frequency   then
        loop foreach local cp contact. list
              s1 = contact. model(cp)
              bp1 = contact. end1(cp)
              bp2 = contact. end2(cp)
              s2 = type. pointer(bp1)
              s3 = type. pointer(bp2)
              if s1=' linearpbond' then
              if s2=' ball'   then
              if s3 = ' ball' then
                  vx1=ball. vel. x(bp1)
                  vy1=ball. vel. y(bp1)
                  vz1=ball. vel. z(bp1)
                  vx2=ball. vel. x(bp2)
                  vy2=ball. vel. y(bp2)
                  vz2=ball. vel. z(bp2)
                    dvx=vx2-vx1
                    dvy=vy2-vy1
                    dvz=vz2-vz1
                    vdirec_x=ball. pos. x(bp2)-ball. pos. x(bp1)
                    vdirec_y=ball. pos. y(bp2)-ball. pos. y(bp1)
                    vdirec_z=ball. pos. z(bp2)-ball. pos. z(bp1)
                    ddddd=math. sqrt(vdirec_x^2+vdirec_y^2+vdirec_z^2)
                    knnn=contact. prop(cp,' pb_kn')
                    ksss=contact. prop(cp,' pb_ks')
                    kn=contact. prop(cp,' kn')
                    ks=contact. prop(cp,' ks')
                    vdirec_x=vdirec_x/ddddd
                    vdirec_y=vdirec_y/ddddd
                    vdirec_z=vdirec_z/ddddd
                    loading_rate=math. abs(dvx * vdirec_x+dvy * vdirec_y+dvz * vdirec_z)/ddddd
                    if loading_rate <= 1e-5
                      loading_rate = 1e-5
                    endif
                    xishu_e=5. 32 * math. log(loading_rate/1e-5)+48. 14
                    xishu_s=0. 095 * math. log(loading_rate/1e-5)+1. 32
```

```
                    contact. prop(cp,' pb_kn')=contact. extra(cp,51) * xishu_e
                    contact. prop(cp,' pb_ks')=contact. extra(cp,52) * xishu_e
                    contact. prop(cp,' pb_ten')=contact. extra(cp,53) * xishu_s
                    contact. prop(cp,' pb_coh')=contact. extra(cp,54) * xishu_s
                endif
                endif
                endif
            endloop
            num=0
            endif
end
fish callback add @change_paraters_according_to_strainrate 7. 0
fish define parameter_changing_rule_31
        cp=contact. find(' ball-ball',10000)
        parameter_changing_rule_31=contact. prop(cp,' pb_kn')
end
fish define parameter_changing_rule_32
        cp=contact. find(' ball-ball',10000)        ;;;;id= contact number
        parameter_changing_rule_32=contact. prop(cp,' pb_ks')
end
fish define parameter_changing_rule_33
        cp=contact. find(' ball-ball',10000)        ;;;;id= contact number
        parameter_changing_rule_33=contact. prop(cp,' pb_ten')
end
fish history name' 31' @parameter_changing_rule_31
fish history name' 32' @parameter_changing_rule_32
fish history name' 33' @parameter_changing_rule_33
plot create' strain_rate'
plot item create chart-history history' 31' history' 32' history' 33' vs' 1'
[stop_compute=false]
[old_time0=mech. time. total]
def stop_compute
  if pingjun_displacement > 100
    if pingjun_velocity < 0. 05
      stop_compute=true
    endif
  endif
end
model solve fishhalt @stop_compute
model save' landslide'
hist export 1 vs 2 file' time-cycle. txt' truncate
hist export 3 vs 1 file' average_vel. txt' truncate
hist export 4 vs 1 file' average_dis. txt' truncate
hist export 5 vs 1 file' crack_num. txt' truncate
```

第 14 章　基于 Python 驱动 PFC 开展数值计算研究

Python 作为目前最流行的解释性语言，其主要特点是简洁。另外，面向 Python 的开源数据库数量很大，迅速增长，可以帮助用户节约时间成本。本章简要介绍 Python 语言及在 PFC 中调用 Python 进行数值计算，最后借助案例说明 Python 语言嵌套 PFC 的数值模拟方法。

14.1　Python 简介

14.1.1　基本类型

1. 概述

Python 中的每个值都有一个特定的类型。最常见的类型是 int、float 和 str，它们表示整数、实数和字符串。下面我们给一些变量赋值。

```
size＝0.5
box_count＝10
first_name＝" Fred "
last_name＝' Baker '
long_string＝" " "
This is a multi-line string.
Triple quotes are used to define strings like this.
```

2. 列表

列表是用[]字符创建的。

在 IPython 控制台中输入 id_list 将显示此列表的值。

```
In [1]：id_list ＝ [1,2,3,4]

In [2]：id_list

Out[2]：[1,2,3,4]
```

使用 append 方法将项添加到列表的末尾。

```
In [3]：id_list. append(777)

In [4]：id_list

Out[4]：[1,2,3,4,777]
```

用 for 循环（见 8.1.6）在列表（或任何序列）上迭代。

```
In [11]：for i in id_list：
    . . .：      print ' id:',i
    . . .：
id：1
```

id：2

id：3

id：4

id：777

得到列表的长度。

In [12]：len(id_list)

Out[12]：5

访问列表中的各个元素。

In [13]：id_list[0]

Out[13]：1

对列表进行切片。

In [14]：id_list[1：3]

Out[14]：[2,3]

列表索引可以是负数，这将返回列表倒数的元素。

In [15]：id_list[−2]

Out[15]：4

更改列表元素的值。

In [16]：id_list[0]＝5

In [17]：id_list

Out[17]：[5,2,3,4,777]

不同类型的对象也可以存进列表。

In [20]：id_list

Out[20]：[5,2,3,4,777,' str',true]

3. 元组

元组类似于列表，但在创建后无法更改。换句话说，元组是不可变的。

In [21]：id_list ＝ tuple(id_list)

In [22]：id_list

Out[22]：(5,2,3,4,777,' str',true)

4. 字典

Python 字典用于对象（键、值对）之间的一对一映射。

下面的代码显示了我们分配给 ball_rad 目录的字典文本。

In [23]：ball_rad ＝ {1：1.0,2：5.0,3：2.0}

In [24]：ball_rad

Out[24]：{1：1.0,2：5.0,3：2.0}

在字典中查一个值。

In [25]：ball_rad[1]

Out[25]：1.0

将值添加到现有字典中，可修改原有键的值，也可以添加键值对。

In [26]：ball_rad[1] ＝ 3.0

In [27]：ball_rad[4] ＝ 7.0

In [28]：ball_rad

Out[28]：{1：3.0,2：5.0,3：2.0,4：7.0}

从字典中删除键、值对。

In[29]：del(ball_rad[1])

In[30]：ball_rad

Out[30]：{2：5.0,3：2.0,4：7.0}

迭代字典的键、值对。

In[32]：for key,value in ball_rad.iteritems()：

...:　　　print 'key：{} with value：{}'.format(key,value)

...:

key：2 with value：5.0

key：3 with value：2.0

key：4 with value：7.0

5. 定义函数

函数在 Python 中用 def 关键字定义。

In[35]：def addition(a,b)：

...:　　　return a+b

...:

In[36]：addition(1,3)

Out[36]：4

6. 控制流语句

编程中最重要的控制流部分即语句本身。语句代表了程序将做出的实际决定。

(1) for 循环

for 循环类似 fish 语言中的 loop foreach，可用于遍历或让代码执行固定次数。for 循环包括以下部分：

for 关键字；

一个变量名；

in 关键字；

可迭代对象；

冒号；

从下一行开始，缩退的代码块（可称为 for 子句）。

下例即为遍历体系中的所有颗粒，并输出每一个颗粒的 id 号。

In[1]：for ball in itasca.ball.list()：

...:　　　print(ball.id())

(2) if 语句

最常见的控制流语句是 if 语句。if 语句的子句（也就是紧跟 if 语句的语句块），将在语句的条件为"真"时执行。如果条件为"假"，子句将跳过。

if 语句念起来可能是："如果条件为真，执行子句中的代码。"在 Python 中，if 语句包含以下部分：

if 关键字；

条件（即求值为 True 或 False 的表达式）；

冒号；

在下一行开始，缩进的代码块（称为 if 子句）。

以一个设置的颗粒半径代码为例，假设体系中有 10 个颗粒，遍历 10 个颗粒，并对每个颗粒进行判断，if 后接判断条件，该代码即表示设置 id 为 1 的颗粒半径为 5.0。

In [1]: if ball. id() == 1:

...:   ball. set_radius(5.0)

Python 中的比较操作符见表 14-1-1。

Python 中的比较操作符 表 14-1-1

操作符	中文含义
=	等于
! =	不等于
<	小于
>	大于
<=	小于等于
>=	大于等于

（3）else 语句

if 子句后面有时候也可以跟着 else 语句。只有 if 语句的条件为"假"时，else 子句才会执行。在英语中，else 语句读起来可能是："如果条件为真，执行这段代码。否则，执行那段代码。"else 语句不包含条件，在代码中，else 语句中包含下面部分：

else 关键字；

冒号；

在下一行开始，缩进的代码块（称为 else 子句）。

继续上面的例子，对于 id 不为 1 的颗粒，将其半径设置为 2.5。

In [1]: if ball. id() == 1:

...:   ball. set_radius(5.0)

...: else:

...:   ball. set_radius(2.5)

（4）elif 语句

虽然只有 if 或 else 子句会被执行，但有时候编程人员希望"许多"可能的子句中有一个被执行。elif 语句是"否则，如果"，总是跟在 if 或另一条 elif 语句后面。它提供了另一个条件，仅在前面的条件为"假"时才检查该条件。在代码中，elif 语句总是包含以下部分：

elif 关键字；

条件（即求值为"真"或"假"的表达式）；

冒号；

在下一行开始，缩进的代码块（称为 elif 子句）。

在上述例子中加入 elif 语句，将 id 为 1 的颗粒半径设为 5.0，将 id 为 3、4 的颗粒半径设为 10.0，其余颗粒半径设为 2.5。

In [1]: if ball. id() == 1:

```
...:        ball. set_radius(5.0)
...: elif 2 < ball. id() < 5:
...:        ball. set_radius(10.0)
...: else:
...:        ball. set_radius(2.5)
```

elif 语句可以是多条，但 elif 语句的次序十分重要，一旦满足条件剩余的句子将自动跳过。

（5）while 循环语句

利用 while 语句，可以让一个代码块一遍又一遍地执行。只要 while 语句的条件为 True，while 子句中的代码就会执行。在代码中，while 语句总是包含下面几部分：

关键字；

条件（求值为"真"或"假"的表达式）；

冒号；

从新行开始，缩进的代码块（称为 while 子句）。

while 语句看起来和 if 语句类似。不同之处是它们的行为。if 子句结束时，程序继续执行 if 语句之后的语句。但在 while 子句结束时，程序执行跳回到 while 语句开始处。while 子句常被称为"while 循环"，或就是"循环"。

通过 while 循环，将颗粒半径持续放大，直到颗粒半径大于 5.0。

```
In [1]: while ball. radius < 5.0:
...:        ball. set_radius(ball. radius() * 1.1)
```

（6）break 语句

break 语句可以让 while 循环提前退出。以上述例子为例，如果遍历到 id 为 1 的颗粒，则只将颗粒放大 1 次。

```
In [1]: while ball. radius < 5.0:
...:        ball. set_radius(ball. radius() * 1.1)
...:        if ball. id() == 1:
...:               break
```

（7）continue 语句

像 break 语句一样，continue 语句用于循环内部。如果程序执行遇到 continue 语句，就会马上跳回到循环开始处，重新对循环条件求值。

如下例所示，遍历体系中的颗粒，如果颗粒 id 为 1，则直接遍历下一个颗粒而不执行设置颗粒半径的操作。

```
In [1]: for ball in itasca. ball. list():
...:        if ball. id() == 1:
...:               continue
...:        else:
...:               ball. set_radius(5.0)
```

14.1.2 导入模块

由于在 PFC5.0 中已经装有 Python 程序，可以在环境变量中添加路径（PFC 安装目录)\exe64\python27 及（PFC 安装目录)\exe64\python27\Scripts，即可在命令提示符中调用 Python 进行学习而无须打开 PFC 软件。同时，在命令提示符下使用 pip install ＋库名即可安装 Python 第三方库。

Python 程序可以调用一组基本的函数，这称为内建函数，包括你见到过的 print( )、input( ) 和 len( ) 函数。Python 也包括一组模块，称为标准库。每个模块都是一个 Python 程序，包含一组相关的函数，可以嵌入你的程序之中。例如，math 模块有数学运算相关的函数，numpy 模块能进行高性能计算等。在开始使用一个模块中的函数之前，必须用 import 语句导入该模块。在代码中，

import 语句包含以下部分：

import 关键字；

模块的名称；

可选的更多模块名称，之间用逗号隔开；

在导入一个模块后，就可以使用该模块中所有函数。

14.2　在 PFC 中使用 Python 的基础操作

1. 概述

本节提供了通过 Python 程序与 PFC 进行交互的示例。首先，使用 import 语句导入 itasca 模块。itasca 模块定义了 Python 和 PFC 之间的交互，我们将创建一些粒子来显示 Python 脚本的功能。itasca. command 函数用于发出 PFC 命令。此命令将创建 8000 个球形颗粒的立方堆积。三引号用于定义多行字符串。

```
itasca. command("""
new
domain extent −5e-2 6e-2 −6e-2 5e-2 −5e-2 5e-2
cmat default model linear property kn 1e1 dp_nratio 0. 2
ball generate cubic box −0. 02375 0. 02375 rad 1. 25e-3
ball attr dens 2600
""")
```

可以使用 itasca. ball. count 函数确认已创建 8000 个球。在 IPython 终端中键入此值会将数字 8000 打印到屏幕上。

```
itasca. ball. count(  )
```

输出：

8000

itasca 模块定义用于与 PFC 模型进行交互的函数和类。其中一些函数返回对象。

```
ball ＝ itasca. ball. find(1)
print ball
```

输出：

＜itasca. ball. Ball object at 0x0000000011DE8810,ID:1＞

在这里 itasca. ball. find（1）返回 ID 为 1 的球对象。大多数 PFC 模型项都是这样的对象（类的实例）。球对象有很多方法，例如：

378

ball. radius( )

输出：

0.00125

可变球上方是一个球对象。radius 是返回球半径的球方法。

for 语句用于迭代事物。

```
radius_sum = 0.0
for b in itasca. ball. list( )：
    radius_sum += b. radius( )
```

在此示例中，for 语句用于循环所有 PFC 球。在每个循环中，变量 b 是一个不同的球对象。最后，我们检查球半径的总和是否符合我们的期望。

```
print radius_sum
print ball. radius( ) * itasca. ball. count( )
```

输出：

10.0

10.0

我们在两个地方与 PFC 球进行交互：（i）isasca. ball 模块一部分的功能，以及（ii）单个球对象的方法。用 Python 术语来说，itasca. ball 是 itasca 模块的子模块。上面的 itasca. ball. count、itasca. ball. list 和 itasca. ball. find 是在 itasca. ball 模块中定义的函数，而 b. radius 是定义为 Ball 类的一部分的方法。

<链接到 itasca. ball. rst>的此处提供了 itasca. ball 模块功能的完整列表。

在<链接到 itasca. ball. Ball. rst>的此处提供球对象方法的完整列表。

PFC 接触以与 Ball 相同的方式链接到 Python。为了说明这一点，我们将 PFC 循环一个步骤，以便接触。

```
itasca. command(" cycle 1")
```

让我们找到离原点最近的球。

```
b = itasca. ball. near((0,0,0))
```

并使用 pos 方法确认其位置。

```
b. pos( )
```

输出：

vec3((1.250000e-03，1.250000e-03，1.250000e-03))

通过接触方法，我们可以看到这个球有多少接触。

```
len(b. contacts( ))
```

输出：

6

内置函数 len 在 Python 中被用于确定序列的长度。以下代码循环遍历球所具有的所有触点，并打印触点 ID 和触点位置。

```
for c in b. contacts( )：
    print " contact with id：{} at {}". format(c. id( ), c. pos( ))
```

输出：

contact with id：11063 at vec3((1.250000e-03，1.250000e-03，−1.951564e-18))

contact with id：12163 at vec3((1.250000e-03，−1.951564e-18，1.250000e-03)) contact with id：12218 at vec3（（ −1.951564e-18，1.250000e-03，1.250000e-03 ））

contact with id：12221 at vec3（（ 2.500000e-03，1.250000e-03，1.250000e-03 ））

contact with id：12222 at vec3（（ 1.250000e-03，2.500000e-03，1.250000e-03 ））

contact with id：12223 at vec3（（ 1.250000e-03，1.250000e-03，2.500000e-03 ））

接下来，我们调查一个接触对象。

c＝b.contacts（ ）[0]

[ ] 括号用于从 contact 方法返回的元组中获取项目。在 Python 中，索引以 0 开头。我们可以看到接触力（在全局框架中）：

c.force_global（ ）

输出：

vec3（（ 0.000000e＋00，0.000000e＋00，0.000000e＋00 ））

或使用以下命令查看此接触上定义的属性：

c.props（ ）

输出：

{' rgap'：0.0，' dp_sratio'：0.0，' dp_force'：vec3（（ 0.000000e＋00，−0.000000e＋00，−0.000000e＋00)），' lin_force'：vec3（（ 0.000000e＋00，0.000000e＋00，0.000000e＋00)），' kn'：10.0，' lin_mode'：0，' ks'：0.0，' dp_mode'：0，' lin_slip'：False，' emod'：5092.958178940651，' fric'：0.0，' dp_nratio'：0.2，' kratio'：0.0}

props 方法返回一个 Python 字典对象。要访问字典的各个部分，请使用 [ ] 括号和字符串键。

c.props（ ）[' fric']

输出：

0.0

或可以使用 prop 方法。

c.prop（' fric'）

输出：

0.0

可以使用 set_prop 方法设置接触（或球）属性。

c.set_prop（' fric'，0.5）

print c.prop（' fric'）

输出：

0.5

可以使用 end1 和 end2 方法访问接触两侧的主体。

print c.end1（ ）

print c.end2（ ）

输出：

＜itasca.ball.Ball object at 0x0000000011DE8330，ID：3811＞

＜itasca.ball.Ball object at 0x0000000011DE8330，ID：4211＞

print c.end1（ ）＝＝b

print c.end2（ ）＝＝b

输出：

False

True

在下面的示例中，使用 Python 列表推导创建了所有与对象 b 表示的球接触的球的列表。

```
neighbor_list=[c.end1( ) if c.end2( )==b else c.end2( ) for c in b.contacts( )]
print " central ball id:{},position:{}".format(b.id( ),b.pos( ))
print
for i, neighbor in enumerate(neighbor_list):
print " neighbor ball {} id: {}, position: {}".format(i, neighbor.id( ),
neighbor.pos( ))
```

输出：

central ball id:4211,position:vec3((1.250000e-03,1.250000e-03, 1.250000e-03))

neighbor ball 0 id:3811,position:vec3((1.250000e-03,1.250000e-03, −1.250000e-03))

neighbor ball 1 id:4191,position:vec3((1.250000e-03,−1.250000e-03, 1.250000e-03))

neighbor ball 2 id:4210,position:vec3((−1.250000e-03,1.250000e-03, 1.250000e-03))

neighbor ball 3 id:4212,position:vec3((3.750000e-03,1.250000e-03, 1.250000e-03))

neighbor ball 4 id:4231,position:vec3((1.250000e-03,3.750000e-03, 1.250000e-03))

neighbor ball 5 id:4611,position:vec3((1.250000e-03,1.250000e-03, 3.750000e-03))

正如我们预期的那样，由于立方堆积，该球有 6 个相邻球体。

2. Python 类型系统

接下来，创建一个具有三个球和一堵墙的新模型，演示 Python 类型系统。

```
itasca.command("""
new
domain extent −1 1 −1 1 −1 1
cmat default model linear property kn 1e1 dp_nratio 0.2
""")
from vec import vec
origin=vec((0.0, 0.0, 0.0))
rad=0.1
eps=0.001
b1=itasca.ball.create(rad,origin)
b2=itasca.ball.create(rad,origin+(rad-eps,0,0))
# create a third ball close enough to generate a virtual contact
b3=itasca.ball.create(rad,origin+(rad * 3+eps,0,0))
itasca.command("""
ball prop dens 1200
wall create vertices ...
    −{rad} −{rad} −{rad} ...
    {rad} −{rad} −{rad} ...
    {rad} {rad} −{rad}
cycle 1
""".format(rad=rad))
```

执行此代码并绘制球和墙的外观如图 14-2-1 所示。

图 14-2-1 球和墙的外观

在此模型中，有三个活动接触和一个非活动接触。在默认情况下，itasca. contact. list 函数仅返回活动接触。

```
for c in itasca. contact. list(  ):
    print c
```

输出：

```
<itasca. BallBallContact object at 0x0000000011DE84C8,ID:1>
<itasca. BallFacetContact object at 0x0000000011DE8390,ID:1>
<itasca. BallFacetContact object at 0x0000000011DE84C8,ID:2>
```

通过添加 all＝True 关键字参数，可以将不活动的接触包括在列表中。

```
for c in itasca. contact. list(all＝True):
    print c
```

输出：

```
<itasca. BallBallContact object at 0x0000000011DE8390,ID:1>
<itasca. BallBallContact object at 0x0000000011DE84C8,ID:2>
<itasca. BallFacetContact object at 0x0000000011DE8390,ID:1>
<itasca. BallFacetContact object at 0x0000000011DE84C8,ID:2>
```

不同的接触类型具有不同的 Python 类型。与内置类型函数一起使用来确定对象的类型。

```
c1,c2,c3,c4＝tuple(itasca. contact. list(all＝True))

print type(c1) is itasca. BallBallContact
print type(c1) is itasca. BallFacetContact
print type(c3) is itasca. BallFacetContact
```

输出：

```
<itasca. BallBallContact object at 0x0000000011DE8948,ID:1>
<itasca. BallBallContact object at 0x0000000011DE84C8,ID:2>
```

3. Python 回调函数

Python 函数可以在 PFC 计算序列中的特定点运行。itasca. set_callback 函数注册要在循环期间调用的 Python 函数，而 itasca. remove_callback 会删除这些回调函数。

```
i＝0
def my_callback( * args):
    global i
    i＋＝1
    print" in Python callback function."
itasca. set_callback(" my_callback",－1)
```

382

```
itasca. command(" cycle 5 ")
print " The Python callback function was called {} times". format(i)
itasca. remove_callback(" my_callback",−1)
i=0
itasca. command(" cycle 5 ")
print " The Python callback function was called {} times". format(i)
```
输出：
```
in Python callback function.
in Python callback function.
in Python callback function.
in Python callback function.
in Python callback function.
The Python callback function was called 5 times
The Python callback function was called 0 times
```

14.3 Python 控制数值试验实例

14.3.1 土石混合体三维直剪试验

由于颗粒流中无法通过设置含量生成土石含量与实际相符的土石混合体试样，通过上述代码，可获得如图 14-3-1 所示三维直接剪切模型，使该土石混合体试样中土石含量为实际设置值。

```
import itasca as it
import numpy as np
x0=0. 0
y0=0. 0
z0=0. 0
xlength=1. 0
ylength=1. 0
zlength=1. 0
x_extend=0. 2 * xlength
y_extend=0. 2 * ylength
z_extend=0. 2 * zlength
wlength=0. 2 * xlength
ballFriction=0. 1
wallFriction=0. 1
w_resolution=0. 05
poros=0. 35
rlo=0. 05e-2
rhi=0. 1e-2
clump_poro=0. 7
stone_need=0. 33
```

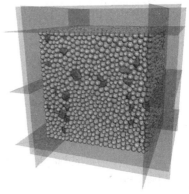

图 14-3-1 三维直接剪切模型

```python
def in_box( ):
    clump_delete = [  ]
    for cp in it. clump. pebble. list( ):
        p_x=cp. pos_x( )
        p_y=cp. pos_y( )
        p_z=cp. pos_z( )
        p_r=cp. radius( )
        if p_x+p_r>=x0+xlength or p_x-p_r<=x0 \
        or p_y+p_r>=y0+ylength or p_y-p_r<=y0 \
        or p_z+p_r>=z0+zlength or p_z-p_r<=z0:
            if cp. clump( ). id( ) not in clump_delete:
                clump_delete. append(cp. clump( ). id( ))
    for cp_delete in clump_delete:
        it. clump. find(cp_delete). delete( )
def compute_block_ratio( ):
    v_stone=0. 0
    v_total=0. 0
    v_cement=0. 0
    for cl in it. clump. list( ):
        if cl. in_group('stone'):
            vc=cl. vol( )
            v_total=v_total + vc
            v_stone=v_stone + vc
        if cl. in_group('cement'):
            vb=cl. vol( )
            v_total=v_total+vb
            v_cement=v_cement+vb
    global ratio_stone
    global ratio_cement
    ratio_stone=v_stone/v_total
    ratio_cement=v_cement/v_total
def Generate_Shear_Box( ):
    x1=x0-x_extend
    y1=y0-y_extend
    z1=z0
    x2=x0+xlength+x_extend
    y2=y0-y_extend
    z2=z0
    x3=x0+xlength+x_extend
    y3=y0+ylength+y_extend
    z3=z0
    x4=x0-x_extend
    y4=y0+y_extend+ylength
```

```
z4＝z0
it. command("'
wall create id 1 . . .
    name   bottom . . .
    vertices . . .
       {} {} {} . . .
       {} {} {} . . .
       {} {} {} . . .
       {} {} {} . . .
       {} {} {} . . .
       {} {} {} . . .
       "'. format(x1,y1,z1,
              x2,y2,z2,
              x3,y3,z3,
              x1,y1,z1,
              x3,y3,z3,
              x4,y4,z4))
x1＝x0＋xlength
y1＝y0－y_extend
z1＝z0－z_extend
x2＝x0＋xlength
y2＝y0－y_extend
z2＝z0＋zlength/2. 0
x3＝x0＋xlength
y3＝y0＋ylength＋y_extend
z3＝z0＋zlength/2. 0
x4＝x0＋xlength
y4＝y0＋ylength＋y_extend
z4＝z0－z_extend
it. command("'
wall create id 2 . . .
    name   right_bottom . . .
    vertices . . .
       {} {} {} . . .
       {} {} {} . . .
       {} {} {} . . .
       {} {} {} . . .
       {} {} {} . . .
       {} {} {} . . .
       "'. format(x1,y1,z1,
              x2,y2,z2,
              x3,y3,z3,
              x1,y1,z1,
```

```
                                x3,y3,z3,
                                x4,y4,z4))
    x1＝x0＋xlength
y1＝y0－y_extend
z1＝z0＋zlength/2.0
x2＝x0＋xlength＋wlength
y2＝y0－y_extend
z2＝z0＋zlength/2.0
x3＝x0＋xlength＋wlength
y3＝y0＋ylength＋y_extend
z3＝z0＋zlength/2.0
x4＝x0＋xlength
y4＝y0＋ylength＋y_extend
z4＝z0＋zlength/2.0
it.command('''
wall create id 3 ...
        name  dangban_right ...
        vertices ...
          {}{}{} ...
          {}{}{} ...
          {}{}{} ...
          {}{}{} ...
          {}{}{} ...
          {}{}{} ...
        '''.format(x1,y1,z1,
                        x2,y2,z2,
                        x3,y3,z3,
                        x1,y1,z1,
                        x3,y3,z3,
                        x4,y4,z4))
x1＝x0＋xlength
y1＝y0－y_extend
z1＝z0＋zlength/2.0
x2＝x0＋xlength
y2＝y0－y_extend
z2＝z0＋zlength＋z_extend
x3＝x0＋xlength
y3＝y0＋ylength＋y_extend
z3＝z0＋zlength＋z_extend
x4＝x0＋xlength
y4＝y0＋ylength＋y_extend
z4＝z0＋zlength/2.0
it.command('''
```

```
wall create id 4 . . .
    name    right_top . . .
    vertices . . .
        {} {} {} . . .
        {} {} {} . . .
        {} {} {} . . .
        {} {} {} . . .
        {} {} {} . . .
        {} {} {} . . .
        "'. format(x1,y1,z1,
                x2,y2,z2,
                x3,y3,z3,
                x1,y1,z1,
                x3,y3,z3,
                x4,y4,z4))
x1＝x0－x_extend
y1＝y0－y_extend
z1＝z0＋zlength
x2＝x0－x_extend
y2＝y0＋y_extend＋ylength
z2＝z0＋zlength
x3＝x0＋xlength＋x_extend
y3＝y0＋ylength＋y_extend
z3＝z0＋zlength
x4＝x0＋xlength＋x_extend
y4＝y0－y_extend
z4＝z0＋zlength
it. command('"
wall create id 5 . . .
    name    top_wall . . .
    vertices . . .
        {} {} {} . . .
        {} {} {} . . .
        {} {} {} . . .
        {} {} {} . . .
        {} {} {} . . .
        {} {} {} . . .
        "'. format(x1,y1,z1,
                x2,y2,z2,
                x3,y3,z3,
                x1,y1,z1,
                x3,y3,z3,
                x4,y4,z4))
```

387

```
x1＝x0
y1＝y0－y_extend
z1＝z0＋zlength/2.0
x2＝x0
y2＝y0＋ylength＋y_extend
z2＝z0＋zlength/2.0
x3＝x0
y3＝y0＋ylength＋y_extend
z3＝z0＋zlength＋z_extend
x4＝x0
y4＝y0－y_extend
z4＝z0＋zlength＋z_extend
it.command("'
wall create id 6 ...
      name   left_top ...
      vertices ...
        {} {} {} ...
        {} {} {} ...
        {} {} {} ...
        {} {} {} ...
        {} {} {} ...
        {} {} {} ...
      "'.format(x1,y1,z1,
                x2,y2,z2,
                x3,y3,z3,
                x1,y1,z1,
                x3,y3,z3,
                x4,y4,z4))

x1＝x0－wlength
y1＝y0－y_extend
z1＝z0＋zlength/2.0
x2＝x0
y2＝y0－y_extend
z2＝z0＋zlength/2.0
x3＝x0
y3＝y0＋ylength＋y_extend
z3＝z0＋zlength/2.0
x4＝x0－wlength
y4＝y0＋ylength＋y_extend
z4＝z0＋zlength/2.0
it.command("'
wall create id 7 ...
```

388

```
        name   dangban_left ...
        vertices ...
           {} {} {} ...
           {} {} {} ...
           {} {} {} ...
           {} {} {} ...
           {} {} {} ...
           {} {} {} ...
        "'. format(x1,y1,z1,
                   x2,y2,z2,
                   x3,y3,z3,
                   x1,y1,z1,
                   x3,y3,z3,
                   x4,y4,z4))


x1＝x0
y1＝y0－y_extend
z1＝z0－z_extend
x2＝x0
y2＝y0+ylength+y_extend
z2＝z0－z_extend
x3＝x0
y3＝y0+ylength+y_extend
z3＝z0+zlength/2. 0
x4＝x0
y4＝y0－y_extend
z4＝z0+zlength/2. 0
it. command("'
wall create id 8 ...
        name   left_bottom ...
        vertices ...
           {} {} {} ...
           {} {} {} ...
           {} {} {} ...
           {} {} {} ...
           {} {} {} ...
           {} {} {} ...
        "'. format(x1,y1,z1,
                   x2,y2,z2,
                   x3,y3,z3,
                   x1,y1,z1,
                   x3,y3,z3,
                   x4,y4,z4))
```

```
    x1＝x0－x_extend
y1＝y0
z1＝z0－z_extend
x2＝x0－x_extend
y2＝y0
z2＝z0＋zlength＋z_extend
x3＝x0＋xlength＋x_extend
y3＝y0
z3＝z0＋zlength＋z_extend
x4＝x0＋xlength＋x_extend
y4＝y0
z4＝z0－z_extend
it. command("'
wall create id 9 ...
    name   front ...
    vertices ...
       {} {} {} ...
       {} {} {} ...
       {} {} {} ...
       {} {} {} ...
       {} {} {} ...
       {} {} {} ...
       "'. format(x1,y1,z1,
               x2,y2,z2,
               x3,y3,z3,
               x1,y1,z1,
               x3,y3,z3,
               x4,y4,z4))
x1＝x0－x_extend
y1＝y0＋ylength
z1＝z0－z_extend
x2＝x0－x_extend
y2＝y0＋ylength
z2＝z0＋zlength＋z_extend
x3＝x0＋xlength＋x_extend
y3＝y0＋ylength
z3＝z0＋zlength＋z_extend
x4＝x0＋xlength＋x_extend
y4＝y0＋ylength
z4＝z0－z_extend
it. command("'
wall create id 10 ...
    name   behind ...
```

390

```
            vertices ...
                {} {} {} ...
                {} {} {} ...
                {} {} {} ...
                {} {} {} ...
                {} {} {} ...
                {} {} {} ...
            '''. format(x1,y1,z1,
                        x2,y2,z2,
                        x3,y3,z3,
                        x1,y1,z1,
                        x3,y3,z3,
                        x4,y4,z4))
def clump_distribute( ):
    global clump_poro
    extent_x1＝x0－x_extend * 2. 0
        extent_x2＝x0＋xlength＋x_extend * 2. 0
        extent_y1＝y0－y_extend * 2. 0
        extent_y2＝y0＋ylength＋y_extend * 2. 0
        extent_z1＝z0－z_extend * 2. 0
        extent_z2＝z0＋zlength＋z_extend * 2. 0
        it. command('''
        new
        set random 10001
        domain extent {0} {1} {2} {3} {4} {5} condition destroy
        cmat default model linear method deform emod 1. 0e9 kratio 3. 0
        '''. format(extent_x1, extent_x2,extent_y1, extent_y2,extent_z1, extent_z2))
        Generate_Shear_Box( )
        it. command('''
        call input_clump_moban
        clump template create ...
                    name cement ...
                    pebbles 1 ...
                    {0} 0 0 0 ...
                    volume {1} ...
                    inertia {2} {2} {2} 0 0 0
'''. format(rhi,4/3 * np. pi * pow(rhi,3),(2. 0/5. 0) * 4/3 * np. pi * pow(rhi,3)))
        it. command('''
        clump distribute
            diameter
            porosity {   }
            numbin   5
```

```
bin    1
template    s1
azimuth    0. 0 360. 0
tilt      0. 0 360. 0
elevation    0. 0 360. 0
size    0. 05 0. 1
volumefraction    0. 2
group ' stone'
bin    2
template    s2
azimuth    0. 0 360. 0
tilt   0. 0 360. 0
elevation    0. 0 360. 0
size    0. 05 0. 1
volumefraction    0. 2
group    ' stone'
bin        3
template    s3
azimuth    0. 0 360. 0
tilt   0. 0 360. 0
elevation    0. 0 360. 0
size 0. 05 0. 1
volumefraction    0. 2
group ' stone'
bin        4
template    s4
azimuth    0. 0 360. 0
tilt 0. 0 360. 0
elevation 0. 0 360. 0
size 0. 05 0. 1
volumefraction 0. 2
group ' stone'
bin    5
template s5
azimuth 0. 0 360. 0
tilt 0. 0 360. 0
elevation 0. 0 360. 0
size 0. 05 0. 1
volumefraction 0. 2
group ' stone'
range x 0 1 y 0 1 z 0 1
'''. format( clump_poro) )
in_box( )
```

```
it. command("
clump attri density 2700 damp 0. 3 range group ' stone '
; set timestep scale
; cycle 3000 calm 1000
")
it. command("
clump distribute
diameter
porosity 0. 55
numbin    1
bin 1
template cement
size {0} {1}
volumefraction    1
group ' cement '
box {2} {3} {4} {5} {6} {7}
clump attri density 1500 damp 0. 3 range group ' cement '
". format(0. 03,0. 05,x0,x0+xlength,y0,y0+ylength,z0,z0+zlength))
clump_distribute()
compute_block_ratio()
it. command("
set timestep scale
cycle 1000 calm 100

")

it. command("
clump delete range z 1. 001    4
clump delete range z −1 −0. 001
clump delete range x 1. 002 5
clump delete range x −1 −0. 002
clump delete range y −1 −0. 002
clump delete range y 1. 002 2
set timestep auto
cyc 1000
calm
clump attribute spin multiply 0. 0
clump attribute velocity multiply 0. 0
clump attribute displacement multiply 0. 0
clump attribute contactforce multiply 0. 0 contactmoment multiply 0. 0
save ini

")
```

14. 3. 2   达西渗流模拟实例

Python 渗流驱动计算模型见图 14-3-2。

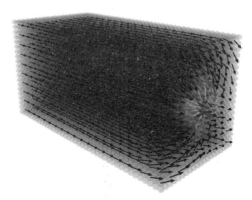

图 14-3-2 Python 渗流驱动计算模型

```
import numpy as np
import pylab as plt
import fipy as fp
import itasca as it
from itasca import ballarray as ba
from itasca import cfdarray as ca
from itasca. element import cfd
class DarcyFlowSolution(object):
    def__init__(self):
        self. mesh=fp. Grid3D(nx=10,ny=20,nz=10,
                            dx=0. 01,dy=0. 01,dz=0. 01)
        self. pressure=fp. CellVariable(mesh=self. mesh,
                                    name=' pressure',value=0. 0)
        self. mobility=fp. CellVariable(mesh=self. mesh,
                                    name=' mobility', value=0. 0)
        self. pressure. equation=(fp. DiffusionTerm(coeff=self. mobility) == 0. 0)
        self. mu=1e-3
        self. inlet_mask=None
        self. outlet_mask=None
        ca. create_mesh(self. mesh. vertexCoords. T, self. mesh. _cellVertexIDs. T[:,(0,2,3,1,4,6,7,
5)]. astype(np. int64))
        if it. ball. count(  )==0:
            self. grain_size=5e-4
        else:
            self. grain_size=2 * ba. radius(  ). mean(  )
        it. command("""
        configure cfd
        element cfd attribute density 1e3 ;
        element cfd attribute viscosity {  }  ;
        cfd porosity polyhedron ;
        cfd interval 20 ;
```

```python
        """.format(self.mu))

    def set_pressure(self, value, where):
        print "setting pressure to { } on { } faces".format(value, where.sum( ))
        self.pressure.constrain(value, where)

    def set_inflow_rate(self, flow_rate):
        assert self.inlet_mask.sum( )
        assert self.outlet_mask.sum( )
        print "setting inflow on %i faces" % (self.inlet_mask.sum( ))
        print "setting outflow on %i faces" % (self.outlet_mask.sum( ))

        self.flow_rate = flow_rate
        self.inlet_area = (self.mesh.scaledFaceAreas * self.inlet_mask).sum( )
        self.outlet_area = (self.mesh.scaledFaceAreas * self.outlet_mask).sum( )
        self.Uin = flow_rate/self.inlet_area
        inlet_mobility = (self.mobility.getFaceValue( ) * \

    self.inlet_mask).sum( )/(self.inlet_mask.sum( )+0.0)
        self.pressure.faceGrad.constrain(
            ((0,),(-self.Uin/inlet_mobility,),(0,),), self.inlet_mask)
    def solve(self):
        self.pressure.equation.solve(var=self.pressure)
        ca.set_pressure(self.pressure.value)
        ca.set_pressure_gradient(self.pressure.grad.value.T)
        self.construct_cell_centered_velocity( )
    def read_porosity(self):
        porosity_limit = 0.7
        B = 1.0/180.0
        phi = ca.porosity( )
        phi[phi>porosity_limit] = porosity_limit
        K = B * phi ** 3 * self.grain_size ** 2/(1-phi) ** 2
        self.mobility.setValue(K/self.mu)
        ca.set_extra(1,self.mobility.value.T)
    def test_inflow_outflow(self):
        a = self.mobility.getFaceValue( ) * np.array([np.dot(a,b) for a,b in
                                zip(self.mesh._faceNormals.T,

    self.pressure.getFaceGrad( ).value.T)])
        self.inflow = (self.inlet_mask * a * self.mesh.scaledFaceAreas).sum( )
        self.outflow = (self.outlet_mask * a * self.mesh.scaledFaceAreas).sum( )
        print "Inflow: { } outflow: { } tolerance: { }".format(
            self.inflow,   self.outflow,   self.inflow + self.outflow)
```

```python
            assert abs(self.inflow + self.outflow) < 1e-6
    def construct_cell_centered_velocity(self):
        assert not self.mesh.cellFaceIDs.mask
        efaces = self.mesh.cellFaceIDs.data.T
        fvel = -(self.mesh._faceNormals * \
                self.mobility.faceValue.value * np.array([np.dot(a,b) \
                for a,b in zip(self.mesh._faceNormals.T, \
                                    self.pressure.faceGrad.value.T)])).
        def max_mag(a,b):
            if abs(a) > abs(b): return a
            else: return b
        for i, element in enumerate(cfd.list()):
            xmax, ymax, zmax = fvel[efaces[i][0]][0], fvel[efaces[i][0]][1],\
                            fvel[efaces[i][0]][2]
            for face in efaces[i]:
                xv,yv,zv = fvel[face]
                xmax = max_mag(xv, xmax)
                ymax = max_mag(yv, ymax)
                zmax = max_mag(zv, zmax)
            element.set_vel((xmax, ymax, zmax))
if __name__ == '__main__':
    it.command("call particles.p3dat")
    solver = DarcyFlowSolution()
    fx,fy,fz = solver.mesh.getFaceCenters()
    solver.inlet_mask = fy == 0
    solver.outlet_mask = reduce(np.logical_and,(fy==0.2, fx<0.06, fx>0.04, fz>0.04, fz<0.
06))
    solver.set_inflow_rate(1e-5)
    solver.set_pressure(0.0, solver.outlet_mask)
    solver.read_porosity()
    solver.solve()
    solver.test_inflow_outflow()
    it.command("cfd update")
    flow_solve_interval = 100
    def update_flow(*args):
        if it.cycle() % flow_solve_interval == 0:
            solver.read_porosity()
            solver.solve()
            solver.test_inflow_outflow()
    it.set_callback("update_flow",1)
    it.command("""
cycle 20000
save end
""")
```

14.4 应 用 探 讨

由于 PFC 中自带的 CFD 模块仅适用于三维单向渗流影响分析，要考虑复杂的双向耦合渗流分析需要结合其他开源软件，此时利用 Python 是很容易进行数据传递的工具。

对于一些复杂的数学、力学问题，Python 目前有强大的功能包，利用 Python 与 PFC 的耦合，可以实现很多 PFC 目前不具备的功能，这对很多编程爱好者是一个福音。当我们学会编程与软件计算相结合，只要明白了原理，就可以做到随心所欲。

参 考 文 献

[1] 石崇，张强，王盛年. 颗粒流（PFC5.0）数值模拟技术及应用 [M]. 北京：中国建筑工业出版社，2018.

[2] 石崇，徐卫亚. 颗粒流数值模拟技巧与实践 [M]. 北京：中国建筑工业出版社，2015.

[3] 李汪洋. 地震作用下岩体边坡灾变机理数值模拟研究 [D]. 南京：河海大学，2021.

[4] 陈闻潇. 基于颗粒流与水力作用耦合的岩土灾变数值模拟研究 [D]. 南京：河海大学，2021.

[5] 杨俊雄. 岩石爆炸效应颗粒离散元数值实现方法与应用研究 [D]. 南京：河海大学，2020.

[6] 段丽军. 颗粒迁移对杂填土强度及边坡稳定性分析研究 [D]. 南京：河海大学，2020.

[7] 杨文坤. 龙之梦边坡降雨破坏机制与稳定性数值模拟研究 [D]. 南京：河海大学，2019.

[8] 金成. 混凝土率相关效应试验与数值模拟研究 [D]. 南京：河海大学，2018.

[9] 刘苏乐. 土石混合体力学特性室内试验与数值模拟研究 [D]. 南京：河海大学，2018.

[10] 沈俊良. 岩土颗粒三维细观表征与数值模拟研究 [D]. 南京：河海大学，2017.

[11] 白金州. 流纹岩循环加卸载本构模型与数值模拟研究 [D]. 南京：河海大学，2017.

[12] 李德杰. 抛石基床夯击密实效应与承载力特性研究 [D]，南京：河海大学，2017.

[13] Chong Shi, Wangyang Li, Qingxiang Meng. A Dynamic Strain-Rate-Dependent Contact Model and Its Applicationin Hongshiyan Landslide [J]. Geofluids, 2021, 9993693：1-23.

[14] Chong Shi, Junxiong Yang, Weijiang Chu, et al. Macro and Micromechanical Behaviors and Energy Variation of Sandstone under Different Unloading Stress Paths with DEM [J]. Int. J. Geomech, 2021, 21 (8)：04021127.

[15] Xiao Chen, ChongShi, Huai NingRuan, Wen KunYang. Numerical simulation for compressive and tensile behaviors of rock with virtual microcracks [J]. Arabian Journal of Geosciences, 2021, 14 (870)：1-12.

[16] Xiao Chen, Chong Shi, Yu Long Zhang, Jun Xiong Yang. Numerical and experimental study on strain rate effect of ordinary concrete under low strain rate [J]. KSCE Journal of Civil Engineering, 2021：1-16.

[17] Zhang Y, Shi C, Zhang Y, Yang J, Chen X. Numerical analysis of the brittle-ductile transition of deeply buried marble using a discrete approach [J]. Computational Particle Mechanics, 2021, 8 (4)：893-904.

[18] Junxiong Yang, Chong Shi, Wenkun Yang, Xiao Chen, Yiping Zhang. Numerical simulation of column charge explosive in rock masses with particle flow code [J]. Granular Matter, 2019, 21 (4)：96.

[19] Chong Shi, WenkunYang, Junxiong Yang, Xiao Chen. Calibration of micro-scaled mechanical parameters of granite basedon a bonded-particle model with 2D particle fow code [J]. Granular Matter, 2019, 21 (2)：21：38.

[20] Chong Shi, Chenghui Zhang, Cheng Jin, Qiang Zhang. Experimental study and numerical simulation of propagation and coalescence processes of pre-existing flaws in a transparent rock-like material [J]. Advances in Mechanical Engineering, 2019, 11 (5)：1-11.

[21]　SHI Chong，SHEN Jun-liang，XU Wei-ya，WANG Ru-bin，WANG Wei. Micromorphological characterization and random reconstruction of 3D particles based on spherical harmonic analysis [J]. Journal of CentralSouth University，2017，24（5）：1197-1206.

[22]　Chong SHI，De-jie LI，Kai-hua CHEN，Jia-wen ZHOU. Failure mechanism and stability analysis of the Zhenggang Landslide at the Yunnan Province of China using 3D particle flow code simulation [J]. Journal of Mountain Science，2016，13（5）：891-905.

[23]　Chong Shi，De jie Li，Wei ya Xu，Rubin Wang. Discrete element cluster modeling of complex mesoscopic particles for use with the particle flow code method [J]. Granular Matter ，2015，17：377-387.

[24]　Chong Shi，Jinzhou Bai. Compositional Effects and Mechanical Parametric Analysis of Outwash Deposits Based on the Randomized Generation of Stone Blocks [J]. Advances in Materials Science and Engineering，2015，（2015）：1-13.

[25]　SHI Chong，CHEN Kai hua，XU Wei ya，et al. Construction of a 3D meso-structure and analysis of mechanical properties for deposit body medium [J]. J. Cent. South Univ. 2015，22（1）：270-279.

[26]　Shi Chong，Zhang，Yu Long，Xu Wei Ya，et al. Risk analysis of building damage induced by landslide impact disaster [J]. European Journal of Environmental and Civil Engineering，2013，17（s1）：126-143.

[27]　Shi Chong，Wang Sheng nian，Liu Lin. Mesomechanical simulation of direct shear test on outwash deposits with granular discrete element method [J]. Journal of Central South University of Technology，2013，20（4）：1094-1102.

[28]　Wang S. N，Shi C，Xu WY，et al. Numerical direct shear tests for outwash deposits with random structure and composition [J]. Granular Matter，2014，16（5）：771-783.

[29]　Wang SN，Xu WY，Shi C，Zhang Q. Numerical simulation of direct shear tests on mechanical properties of talus deposits based on self-adaptive PCNN digital image processing [J]. Journal of Central South University of Technology，2014，21（7）：2904-2914.

[30]　SHI Chong. A construction method of complex discrete granular model [J]. Journal of Theoretical and Applied Information Technology，2012，43（2）：203-207.

[31]　Shao J. F. ，Rudnicki J. W. . A microcrack-based continuous damage model for brittle geomaterials [J]. Key Engineering Materials 32（10），607-619（2000）.

[32]　Potyondy D. O. The bonded-particle model as a tool for rock mechanics research and application：current trends and future directions [J]. Geosystem Engineering 2015. 18（1）：1-28.

[33]　Cundall P. A. Distinct Element Models of Rock and Soil Structure [J]. In Analytical and Computational Methods in Engineering Rock Mechanics，129-163，（1987）.

[34]　Cundall P A. Strack O D L. A discrete numerical model for granular assemblies [J]. Géotechnique，1979，29（1）：47-65.

[35]　Jia Wen Zhou，Wei Ya Xu，Xing Guo Yang，Chong Shi，Zhao Hui Yang. The 28 October 1996 landslide and analysis of the stability of the current Huashiban slope at the Liangjiaren Hydropower Station. Southwest China [J]. Engineering Geology，2011，114：45-56.

[36]　Zhihua Luo，Zhende Zhu，Huaining Ruan，ChongShi. Extraction of microcracks in rock images based on heuristic graph searching and application [J]. Computers & Geosciences，2015，85：22-35.

[37]　王秀菊，石崇，李德杰，等. 基于距离和局部 Delaunay 三角化控制的颗粒离散元模型填充方法研究 [J]. 岩土力学，2015，36（7）：2081-2087.

[38] 杨俊雄，石崇，王盛年，等．岩体爆破破坏效应颗粒流数值模拟验证研究［J］．2019，39（2）：217-226.

[39] 陈闻潇，石崇，李汪洋，等．基于连续-非连续耦合方法的降雨滑坡数值模拟研究［J］．河南科学，2020，258（05）：81-88.

[40] 石崇，白金州，于士彦，等．基于复数傅里叶分析的岩土颗粒细观特征识别与随机重构方法［J］．岩土力学，2016，37（10）：2780-2786.

[41] 王海礼，石崇，王盛年，等．多元混合介质骨料的随机构形生成方法及应用［J］．岩石力学与工程学报，2014，33（s1）：2827-2834.

[42] 王海礼，石崇，王盛年，等．随机散粒岩土材料自然堆积 2D 数值仿真分析［J］．三峡大学学报（自然科学版），2013（05）：73-77.

[43] 石崇，王盛年，刘琳，等．基于灰度方差统计的冰水堆积体细观建模与力学特性研究［J］．岩石力学与工程学报，2012，13（S1）：2997-3005.

[44] 石崇，王盛年，刘琳，等．基于数字图像分析的冰水堆积体结构建模与力学参数研究［J］．岩土力学，2012（11）：3393-3399.

[45] 石崇，沈俊良．岩土颗粒三维形状表征参数对比分析［J］．沈阳工业大学学报，2016：1-6.

[46] 陈闻潇，石崇，李汪洋，等．基于连续-非连续耦合方法的降雨滑坡数值模拟研究［J］．河南科学，2020，38（05）：763-770.

[47] 陈闻潇，石崇，单治刚，等．基于 PFC-CFD 的土体管涌数值模拟研究［J］．三峡大学学报（自然科学版），2021，43（03）：60-64.

[48] 陈闻潇，石崇，单治刚，等．基于 OpenFOAM 与 PFC 耦合方法的水下滑坡数值模拟研究［J］．工程地质学报，2021，29（6）：1823-1830.

[49] 李汪洋，石崇，张一平，等．改进线性平行粘结模型的宏细观参数关联性研究［J］．河南科学，2021，39（04）：559-571.

[50] 戴薇，石崇，阮怀宁，等．基于区域生长算法的土石混合介质细观识别与数值模拟研究［J］．三峡大学学报（自然科学版），2019，41（06）：37-42.

400

后　记

王国维在他的《人间词话》中描述了人生三种境界，他认为：古今之成大事业、大学问者，必经过三种之境界。

"昨夜西风凋碧树，独上高楼，望尽天涯路"，此第一境界也；

"衣带渐宽终不悔，为伊消得人憔悴"，此第二境界也；

"众里寻他千百度，蓦然回首，那人却在，灯火阑珊处"，此第三境界也。

我觉得同样适合学习颗粒流数值模拟方法的诸位同仁、朋友。人的一生只不过如风中的飘絮，沉沉浮浮，进进退退，闻达或是无名，得志抑或失落，又有什么区别呢？到头来还不是如柳絮浮萍一般消逝在历史的烟河之中吗？

这种随年龄变化的心境在学习颗粒流数值方法时亦有同感。少年时喜欢立志，学习软件时干脆利落，遇到难题毫不畏惧、勇往直前，但也有浅尝辄止，自惭形秽，未能深究的情况。正应了少年不知愁滋味，爱上层楼，爱上层楼，为赋新词强说愁那种心态。随着心智的逐步成熟，解决问题的能力逐步提高，遇到困难总是想方设法解决，开始进入第二个境界，这个时候不是走在解决问题的路上，就是走在问题已解决的路上。当有了一定积累后再考虑问题，其境界、深度、看待问题的角度已经相当熟练，遇到问题经过痛苦磨砺突然豁然开朗的那一天，不正是我们孜孜以求的人生第三境界吗？

自 2010 年课题组初涉 PFC 方法研究，已然十余载春秋，常有朋友向我咨询颗粒流中相关技术，常自责自己知者甚少，不能一一解决。交流时亦唯恐误人子弟，故解"不积跬步，无以至千里；不积小流，无以成江海"之内涵，然而惶恐间仍能坚持不断地学习，促使自己与课题组不断进步，能坚持不忘初心、牢记使命足矣。虽然未达到预期的目标，然能看到与我经常交流的学生、同事、朋友日渐优秀，在自己的学习过程中、工作岗位上能够竭尽所能，学有所长，亦未有憾矣。

写到此处，心中感触颇多，只求随心、随性，有感而发，与诸君共勉。学习期间，一些想法、新的思路常在几个课题组交流群中与同仁共享，特分享于大家，欢迎大家保持交流。

著者

2022.4.1